JN309104

森棲みの生態誌

アフリカ熱帯林の人・自然・歴史 I

木村大治・北西功一［編］

京都大学学術出版会

アフリカ熱帯林の生態とその変容

アフリカ大陸の中心部を流れるコンゴ川（キサンガニ付近）。全長 4,700km，流域面積は 370 万 km^2 に達し，流域にはアマゾン川に次ぐ広さを持つ熱帯雨林が広がる。コンゴ川は赤道を横断して南北両半球を流れるため，1 年中，流域のどこかで雨が降っており，河口付近の流量はほぼ一定である。現在，膨大な炭素の貯蔵庫あるいは生物多様性の宝庫として世界的な保護活動の対象になっているが，この森には古くから，森の恵みに強く依存した人々が生活していた。

コンゴ民主共和国赤道州の焼畑。バントゥー系の農耕民は，森を切り開くための鉄器とアジア起源のプランテン・バナナを入手し，森林環境に適した焼畑システムを導入することによって森の奥に入り込んでいった。低人口密度のもとで長い休閑期間をおいた焼畑を営んでいた彼らの社会は，頻繁な移動と分散を繰り返しながら，森のあちこちに二次林を交えたモザイク植生を残していった。

カメルーン東部州の焼畑。プランテン・バナナやキャッサバのほか，ヤウテア，インゲンマメ，カボチャ，ラッカセイ，トウガラシなど多種類の作物が混作される。これらはいずれも新大陸あるいはアジア起源の作物であるが，こうした湿潤気候に適した作物を導入したことによって，熱帯雨林での農耕生活が格段に容易になったと言われている。

遷移がすすむ焼畑。明るい日差しを受けた焼畑耕地には成長のはやい二次林性の植物が繁茂し，数年後には叢林化してしまう。しかしそこは，さまざまな成長段階のプランテン・バナナが林立する畑であり，それらの果実が成熟の具合をみながら収穫されている。

カメルーン東部州のカカオ畑。50年ほど前に導入されたカカオ栽培は現金収入源として重要であるが，森林の伐開や除草，収穫と種子の摘出・乾燥作業等に多大な労働力を要する。カメルーン東部及び南部州では，狩猟採集民のバカ・ピグミーがその労働力を補っている。

コンゴ民主共和国のムブティ・ピグミーのキャンプ。街道沿いの農耕民の集落や畑から森の中に入ると，そこでは狩猟採集を主生業とするピグミーの人たちが主役である。彼らがいつ頃からこの森に住んでいるのか，はっきりした証拠はないが，森の資源を巧みに利用した生活からは，彼らの「森の文化」が長い年月をかけて形成されたものであることがうかがわれる。キャンプの生活を一瞥するだけで，食物や薬をはじめ，住居や家具，装身具などの物質文化など，多様な森の恵みが巧みに活用されていることがわかる。

槍で倒されたゾウ（コンゴ民主共和国イトゥリの森）。コンゴ盆地は象牙や野生のゴム，樹脂などの森林物産の宝庫で，コンゴ自由国及びベルギーの植民地時代初期には象牙とゴムが主要な輸出品であった。ゾウ狩りはこの頃から急速に盛んになり，彼らは勇敢なエレファント・ハンターとして知られるようになる。ゾウ狩りの歌や狩猟の名人（トゥーマ）が生み出されるなど，ゾウ狩りには深い文化的意義が付与されるようになったが，最近では，自然保護運動の高まりによって，多くの地域で住民によるゾウ狩りが非合法化されている。

ネットにかかったブルーダイカー（コンゴ民主共和国イトゥリの森）。毎日の食生活にとって重要な獣肉は，中・小型のアンテロープ類である。コンゴ盆地東部のイトゥリの森のムブティや西部のアカ等は集団的な網猟，エフェは弓矢猟が主要な猟法とするが，カメルーンのバカなどでは撥ね罠猟が主要な猟法である。獲物は，周辺住民のタンパク源として交易の対象にもなっており，近年，散弾銃やスチール製のワイヤーを使った撥ね罠による獲物の乱獲が危惧されている。

木材搬出のトラック（カメルーン東部州）。コンゴ盆地はアフリカン・マホガニーなどの良質材の宝庫である。1980年代からこの地域では森林伐採が急速に拡大し，カメルーンのように短期間のうちに世界の主要な木材産出国になったところもある。森林を切り開いて縦横に伐採道路が走り，巨大な丸太が搬出される。また，これらの道路網を伝って農地や狩猟地を求める人々の進入がつづいた。

地方都市の市場で販売されるブッシュミート（コンゴ共和国リクアラ州）。野生獣肉（ブッシュミート）の交易は伐採とならんで，熱帯雨林生態系に脅威を与えるものとされている。もっぱら自給目的で行われていた狩猟が，都市でのタンパク質供給源として，また地域住民にとっての手軽な現金稼得源として注目されるようになり，狩猟圧が急上昇した。自然保護の観点からこうした狩猟が規制されようとしているが，自然保護を地域住民の需要といかに両立させるかが現在の課題になっている。

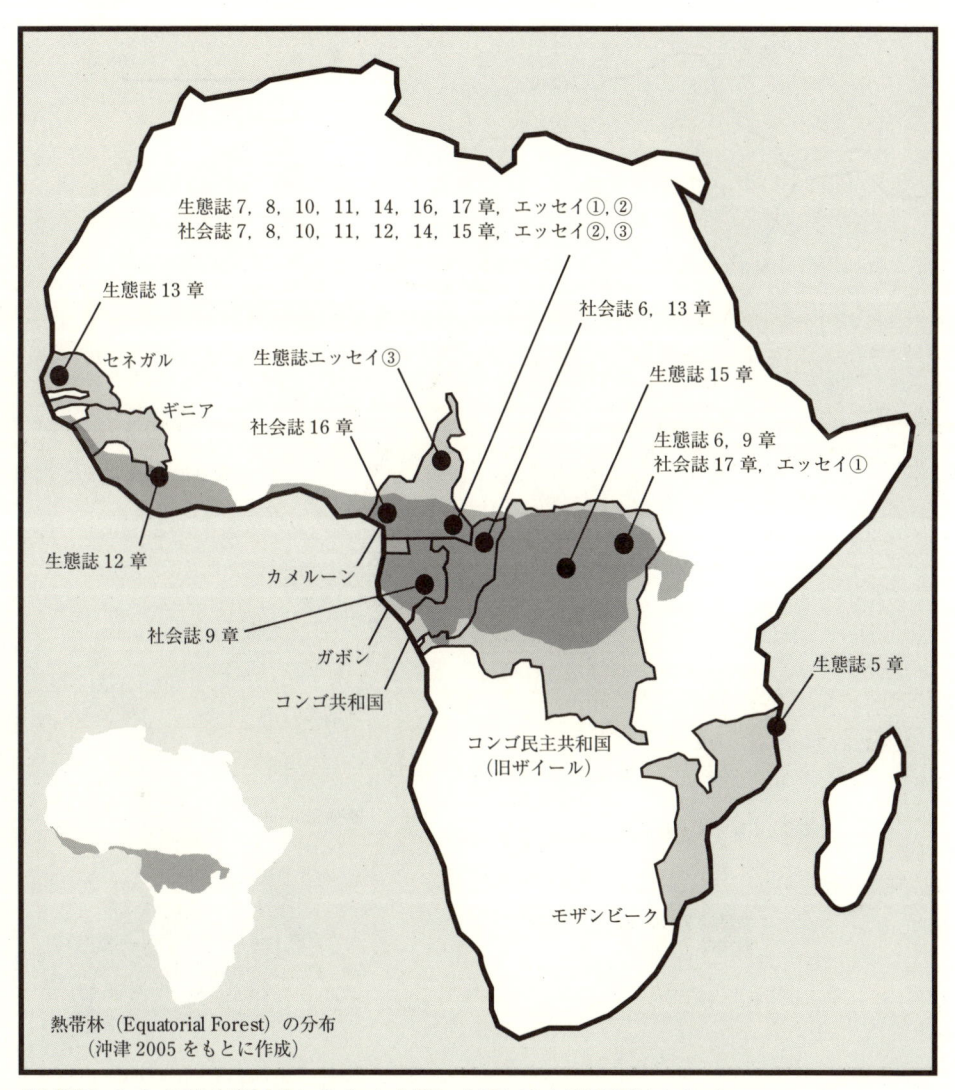

生態誌 7, 8, 10, 11, 14, 16, 17 章, エッセイ①, ②
社会誌 7, 8, 10, 11, 12, 14, 15 章, エッセイ②, ③

生態誌 13 章
セネガル
ギニア

生態誌エッセイ③
社会誌 16 章

社会誌 6, 13 章

生態誌 15 章

生態誌 6, 9 章
社会誌 17 章, エッセイ①

生態誌 12 章

カメルーン
社会誌 9 章
ガボン
コンゴ共和国

コンゴ民主共和国
（旧ザイール）

生態誌 5 章

モザンビーク

熱帯林（Equatorial Forest）の分布
（沖津 2005 をもとに作成）

※生態誌 1, 2, 3, 4 章および社会誌 1, 2, 3, 4, 5 章は，中部アフリカ全域を対象としている。

地図 1　各論文の調査地の位置

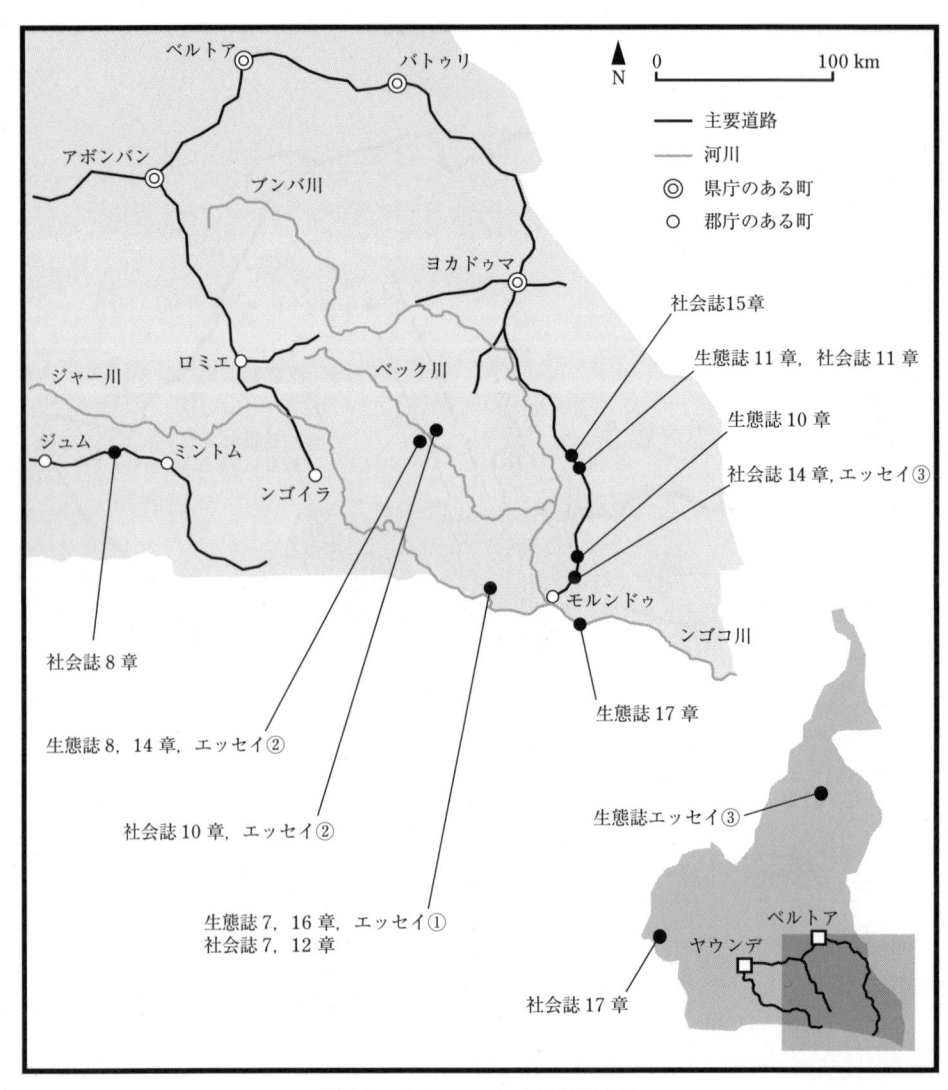

地図 2 カメルーンにおける調査地

はじめに
人類社会への生態学的アプローチのために

熱帯林研究の意義

　熱帯林は近年，様々な意味で注目を集めている。地球環境の文脈においては，森林伐採や焼畑耕作による森林の減少，ブッシュミート・象牙を目的とする狩猟の増加による動物相の「空洞化」が大きな問題となっている。一方，そこに暮らす住民は決して豊かな暮らしをしているとはいえず，国によっては内戦など大きな問題も抱えている。この「自然保護」と「地域住民の生活改善」は，しばしば矛盾する関係となる。たとえば，自然保護のために地域住民が野生動植物資源の利用を制限されてしまうと，かれらの生活は悪化するかも知れない。このように複雑に絡まった問題への対処は，どちらかをとってどちらかを捨てるといった単純な結論を，外部の人間や組織が上から押しつけるというやり方ではうまくいかないことは明らかである。地域の実情を細やかに見つめ，さらに地域の人たちとの緊密な対話を持つところから出発すべきだろう。

　熱帯林のなかに住む地域住民たちは，「森の文化」とでも呼べる，それぞれの集団に独自の文化を育んできた。自然保護計画や開発計画において，地域の自然環境および地域社会の持続可能性を考える必要性が叫ばれているが，それに対しては，住民たちが森と共に生きてきた知恵から，多くの事柄を学びとることができる。

　本書の執筆者である研究者たちは，これまでアフリカ熱帯林地域で調査研究を続けてきたが，その研究対象となっているのが，ここで述べた，熱帯林をめぐる様々な問題群である。本書はその成果を集大成し，世に問うことを目的としたものである。

日本人による初期のアフリカ熱帯林研究

　ここでまず，この地域の研究史について簡単に振り返ってみることにしたい。

　わが国における熱帯アフリカの人類学的調査は，1972年に伊谷純一郎と原子令

三が旧ザイールのイトゥリの森を訪れ，ムブティ・ピグミーの調査を行ったことを嚆矢とする。そののち，丹野正，市川光雄，寺嶋秀明，澤田昌人などの研究者がイトゥリに入り，調査地域，調査対象が拡大されていった。1980年代後半から，調査地は西に展開を見せ，コンゴ共和国では，丹野正，佐藤弘明，竹内潔，北西功一，塙狼星，小松かおりなどによって，アカ・ピグミーやバカ・ピグミー，焼畑農耕民の詳細な研究が行われた。それと並行して，旧ザイール中央部において，ボノボの調査地ワンバを拠点とした焼畑農耕民の調査が武田淳，佐藤弘明，木村大治らによって進められた。

初期の調査は，人類社会の進化の解明を目指した，生態人類学的色彩の強いものであったが，やがて調査は，文化的，精神的な側面にも関心を向けるものへと多様な広がりを見せてきた。それらの成果は，これまでに，『人類の自然誌』（伊谷，原子編1977），『アフリカ文化の研究』（伊谷，米山編1984），『自然社会の人類学』（伊谷，田中編1986），『ヒトの自然誌』（田中，掛谷編1991），『続自然社会の人類学』（田中ら編1996），『森と人の共存世界』（市川，佐藤編2001）などの書物にまとめられている。

アフリカ中西部熱帯林への展開

しかしその後，旧ザイールおよびコンゴ共和国の政治・経済状況が悪化し，1990年代に入ってからは入国すること自体が困難になってきた。そこで研究者たちは，調査地を中西部アフリカへと展開し，カメルーンへと向かったのである。

わが国のカメルーンでの学術調査は，1958年に伊谷純一郎が大型類人猿の調査のためにカメルーン東南部に入ったのが最初であった。その後1980年代に入ると，森林性オナガザル類の調査，北部乾燥地帯や西部高地での文化人類学的調査など，多くの研究が行われている。

しかし，熱帯林での人類学的調査は，伊谷の予察のあと30年以上を経て，1993年の木村大治，塙狼星，小松かおり，佐々木重洋による調査においてようやく開始された。それ以降，多くの研究者が相次いで調査に加わり，研究のテーマも，狩猟採集活動や民族植物学などの当初からのテーマに加えて，焼畑農耕システム，漁撈活動，食文化，行動人類学，社会的相互行為，儀礼と踊り，病気と治療，母子関係，子どもの遊びと学校教育，自然保護と地域住民の関係など，多岐に広がっていった。

1990年代の末には，コンゴ共和国との国境に位置するドンゴ村に調査用の家屋が建設され，京都大学大学院アジア・アフリカ地域研究研究科・21世紀COEプログラムの「フィールドステーション」として使用されることになった。ヤシの葉葺きの質素な家ではあるが，太陽光発電設備や衛星電話，コンピュータ，船外機などが整備されており，京都大学をはじめとする様々な機関からの，30名をこえる研究者が利用する拠点となっている。また2000年以降は，WWF，GTZ（ドイツの政

府援助機関），MINEF（カメルーン環境森林省，現在はMINFOFと改称）などの関係諸機関と協力し，自然保護計画と住民の生活の融合についての調査研究が進められており，2003年，2005年，2009年には，共同のワークショップが開催されている。

本書に収録された研究の特徴

　このような歴史を持つわが国のアフリカ熱帯林の研究であるが，そこには内容の多様さにもかかわらず，いくつかの明瞭な特色を見て取ることができる。

　一つは，どの研究も，長期間にわたるフィールドワークに裏打ちされているという点である。この点は，人類学や地域研究の方法論としては当然であるように思えるが，実際にはこれらの分野においても，「これで本当に現地の実態が分かっているのか」という感想を抱かざるを得ない論文がしばしば見受けられるのが実情である。

　もう一つの特徴は，「研究密度」の高さである。これは特に本書の論文の対象地域のほぼ半分を占めるカメルーン東南部，また以前では旧ザイールのイトゥリの森によくあてはまる。カメルーン東南部では，比較的狭い面積のなかで，狩猟採集，農耕，漁撈といった多彩な生業形態を観察できる。人びとの居住地は，道路沿いの村落に軸足を置きつつも，一次林のなかの狩猟キャンプや，河川のほとりに作られる漁撈キャンプにも展開されている。このような多様なプロフィールを持つ人びとが居住する地域を，20人をこえる研究者が集中的に調査しているのである。これだけの密度をもって研究されている地域は，日本の人類学全般を見渡しても他に例を見ないであろう。一方，最近では，そのような先行研究を背景としつつ，新たなフィールドが切り開かれてきている。本書には，中部アフリカの熱帯雨林に加え，東アフリカ・インド洋岸のマングローブ林が存在する島嶼や，西アフリカの森林地域に広がるラフィアヤシ林，また同じく西アフリカのサバンナに形成されたサース林といった，広義の「熱帯林」に関係する研究が収められている。

　このような研究のバックボーンとなっているのは，広い意味での「生態学」の思想である。生態学ecologyとは，現在では「生物とそれをとりまく環境の相互関係を研究する学問」などと定義されているが，その本来の意味は，より広い射程を持っている。生態学ecologyという語は，ギリシャ語の「オイコス（οικοσ）＝家」に由来し，「住み家とその外側の環境との関係を考える学問」という意味を持つのだが，そこでいう「環境」とは，生物学的環境に限定されているわけではない。社会・文化的な領域においても，当該の事象をその周囲の環境との関わりにおいて捉えていこうとする姿勢，それこそが広義の生態学的態度といえるのである。本書では，このような「生態学」の原義に立ち返り，自然環境に加えて，社会的・文化的・情報的環境を統合した形での，アフリカ熱帯林における人びとの環境のなかへの「棲ま

い方」を明らかにすることを目標としている。

　一方，これまでの生態人類学的研究に対しては，「歴史的視点」の少なさがその弱点として指摘されてきた。すなわち，いま現在の人びとの生きざまの記述に集中するあまり，歴史資料などを用いた研究がおろそかになり，地域史のなかに当該の事象を位置づけることができていなかった，というわけである。生態人類学の欠点とされてきたもう一つの問題は，当該社会とその環境に集中的に焦点を当てていたため，より広い世界とのつながりへの配慮が欠けていたということである。しかし，本書に収録されている近年の研究では，歴史的な視点からのアプローチ，外の世界との関係に配慮した研究が数多く試みられている。これは執筆者のひとりである市川光雄が唱えた「三つの生態学」という研究プランに集約されるだろう。

　本書はアフリカ熱帯林をフィールドとしたものであるが，そこで「広い意味での生態学的研究」の方法論を確立することができれば，それは地球上の他の地域にも応用可能なはずである。その延長線上に，「我々人類が地球に棲まうことによって何が起こっているか」，という問いへの答えを見出していくことも可能になるはずである。

5　本書の構成

　ここまで述べてきた構想のもとに，本書は以下のような構成をとっている。

　第Ⅰ部「総説」においては，これまでのアフリカ熱帯林の生態学的研究を振り返ると共に，第Ⅱ部以降の論文をそうした研究史のコンテクストのなかに位置づけるための論文が配置されている。しかし，それらは必ずしも教科書的な概説に終始しているわけではなく，それぞれのテーマに関する最新の話題を提供し，突っ込んだ議論を行っている。特に，この地域についての知識をあまりもたない読者は，第Ⅰ部から読むことで第Ⅱ部以降の理解も深まるだろう。

　第Ⅱ部「森といきる」では，熱帯林に住む人たちが，森とどのように関わりながら生きているかについての記述が行われる。そこで主人公となっているのは，ピグミーと呼ばれる狩猟採集民たちである。

　第Ⅲ部「森をひらく」では，森林や樹木といった植物と農耕民の関わりに焦点が当てられている。アフリカの農耕民には，焼畑，森林破壊というイメージが流布しているかも知れないが，ここで描かれるのは，そのようなイメージとはうらはらに，森や樹木に対する深い理解をもとに，それらとうまく付き合っている人びとの姿である。

　第Ⅳ部「森でとる」では，熱帯林の哺乳類，魚といったタンパク質資源となる動物と狩猟採集民・農耕民との関係がテーマとなっている。最初に記したように，熱帯林の動物相の「空洞化」は深刻な問題であり，国際的な取り組みが行われつつあ

る。しかし，ここでは「地を這うような」調査に基づいて，現地の状況を，特に動物を実際に利用している人びとの立場に立って描いており，自然保護に取り組むに当たっても欠かせない情報となるだろう。

なお，本書では，各「部」のあいだに，三つの「フィールドエッセイ」を掲載している。論文にはなかなか書きにくい，我々の調査の舞台裏や現地の人たちの印象に残る姿を垣間見ていただければ幸いである。

姉妹編『森棲みの社会誌』

本書と同時に，アフリカ熱帯林の社会・文化的研究をまとめた『森棲みの社会誌』が刊行されている。本書と『社会誌』はそれぞれ独立した論文集ではあるが，共通の問題意識をもって同時に編集されており，巻をまたいでの相互引用が多くなされているので（本書のなかでは「北西『社会誌』第2章参照」などという形で引用している），ぜひ併読されることをお勧めしたい。

木村大治・北西功一

目　次

巻頭図　　i
はじめに　　iii

第Ⅰ部　総説

第1章　アフリカ熱帯雨林の歴史生態学に向けて
市川光雄　　3

1-1　「グローバル・イシュー」から「森棲みの視点」へ　　3
1-2　人間の生活環境としての熱帯雨林　　6
1-3　植生環境に対する人間活動のインパクト　　10
1-4　コンゴ盆地の森林景観を読み替える　　13

第2章　ワイルドヤム・クエスチョンから歴史生態学へ
　　　　　――中部アフリカ狩猟採集民の生態人類学の展開――
安岡宏和　　17

2-1　ワイルドヤム・クエスチョン前史　　17
　　　森の民ピグミー／ピグミーの生態人類学／「始原の豊かな社会」
2-2　リヴィジョニズムの台頭とワイルドヤム・クエスチョン　　20
　　　狩猟採集社会の真正性に対する疑義／熱帯雨林において完全な狩猟採集生活は存
　　　立可能か？／熱帯雨林とは？
2-3　ワイルドヤム・クエスチョンをめぐる初期の論争　　24
　　　コンゴ盆地北東部における狩猟採集生活の生態基盤に対する疑義／コンゴ盆地北西
　　　部における野生ヤムのアベイラビリティ／ベイリーとヘッドランドによる再反論
2-4　ワイルドヤム・クエスチョンの展開　　28
　　　アカの食物獲得の季節性／カメルーン東南部における野生ヤムのアベイラビリ
　　　ティ／バカの長期狩猟採集生活（モロンゴ）
2-5　ワイルドヤム・クエスチョンを組み替える　　34
　　　歴史生態学の視座／野生ヤムの擬似栽培／野生ヤムの分布様態と人間活動
2-6　森と人のポリフォニー　　38

第3章　中部アフリカ熱帯雨林の農耕文化史
　　　　　　　　　　　　　　　　　　　　　　　　　小松かおり　41

- 3-1　アフリカの農耕文化　41
- 3-2　中部アフリカの農耕のはじまり　42
- 3-3　東南アジアからのバナナの到来　43
- 3-4　南米からのキャッサバの到来　45
- 3-5　主食作物の分布　46
- 3-6　作物としてのバナナとキャッサバの比較　48
- 3-7　調理と加工の技術の変化　50
- 3-8　キャッサバによる農耕と食の変化　53
- 3-9　コーヒーとカカオの受け入れと農産物の商品化　55
- 3-10　半栽培の文化　57
- 3-11　中部アフリカの農耕文化　58

第4章　アフリカ熱帯雨林とグローバリゼーション
　　　　　　　　　　　　　　　　　　　　　　　　　北西功一　59

- 4-1　はじめに　59
- 4-2　木材伐採と野生動物　60
  コンゴ盆地における木材伐採／コンゴ盆地における野生動物の減少
- 4-3　カメルーンの森林法と行政　64
- 4-4　カメルーン東南部の自然保護，森林利用，地域住民　65
- 4-5　ピグミーと様々な援助活動　67
  これまでのピグミーに対する援助活動とそれに対する批判／近年のピグミーへの援助活動
- 4-6　グローバルな世界とローカルな世界をつなぐ新しい動き　73
- 4-7　おわりに　75

第5章　交易の島から展望する「三つの生態学」
　　　── 東アフリカ，ムワニ世界の漁師たち ──
　　　　　　　　　　　　　　　　　　　　　　　　　飯田　卓　77

- 5-1　はじめに　77
- 5-2　ムワニ世界　79
  ムワニ世界の歴史／ムワニ世界の現在
- 5-3　三つの生態学を展開させる「糸口」　83
- 5-4　キリンバ島の地曳網漁　87
  漁業の概況／地曳網漁による漁獲の分配と流通／商人としての網元／投資家とし

　　　　ての網元
　5-5　人との絆に頼る漁撈社会　95
　　　　自然に頼る社会と，人との絆にも頼る社会／広い時空間を見とおす視点／生態人類学の領野の拡大

第Ⅱ部　森といきる

第6章　植生からみる生態史
　　　── イトゥリの森 ──　　　　　　　　　　　　　市川光雄　101
　6-1　森への誘い　101
　6-2　二つの森林タイプ　102
　6-3　生活史の比較　106
　6-4　植生史の復元　107
　6-5　野火の影響　108
　6-6　Marantaceae forest の謎　110
　6-7　地域の植生を考える視点　113
　6-8　森に刻まれた歴史　116

第7章　熱帯雨林狩猟採集民が農耕民にならなかった理由
　　　　　　　　　　　　　　　　　　　　　　　　　佐藤弘明　119
　7-1　はじめに　119
　7-2　「農耕民」インパクトを推し量る資料と方法　121
　　　　熱帯雨林における実験的な狩猟採集生活の観察記録／定住村における日常生活の観察記録
　7-3　熱帯雨林における純粋な狩猟採集生活　123
　　　　実験的狩猟採集生活の概要／体重と健康状態／採捕された食物／食物獲得活動に費やされた時間と歩数
　7-4　定住村における日常生活　129
　　　　定住村における日常生活の概要／体重の変動／定住村におけるバカ住民の食物摂取行動／定住村における生計活動／歩数
　7-5　熱帯雨林狩猟採集民が農耕民と接触したとき何が起きたか？　134
　　　　熱帯雨林における狩猟採集生活の特徴／熱帯雨林狩猟採集民が農耕民と初めて接したとき，どう反応したか？

第8章　バカ・ピグミーの生業の変容
　　　── 農耕化か？　多様化か？ ──　　　　　　　　安岡宏和　141

- 8-1　未熟な農耕？　141
- 8-2　調査地およびバカの生活の概要　142
- 8-3　栽培　144
- 8-4　採集　148
- 8-5　半栽培　154
- 8-6　バカによる植物性食物の利用形態　157
- 8-7　農耕民になるということ　160

第9章　森が生んだ言葉
　　　── イトゥリのピグミーにおける動植物の名前と属性についての比較研究 ──
　　　　　　　　　　　　　　　　　　　　　　　　　　　寺嶋秀明　165

- 9-1　「ピグミー語」をめぐる問題　165
- 9-2　植物の名前とその利用　170
　　　植物名の一致，不一致／植物の用途と名前
- 9-3　動物の名前と文化的属性　177
　　　哺乳類／鳥類／名前と属性
- 9-4　考察　181
　　　植物名，動物名とピグミーのオリジナルな言葉／ピグミー語の柔軟性と社会の流動性

Field essay 1　森の恋占い
　　　　　　　　　　　　　　　　　　　　　　　　　　　四方　篝　191

第Ⅲ部　森をひらく

第10章　バナナとカカオのおいしい関係
　　　── カメルーン東南部の熱帯雨林における焼畑農耕とその現代的展開 ──
　　　　　　　　　　　　　　　　　　　　　　　　　　　四方　篝　195

- 10-1　バナナがそだつ森　195
- 10-2　調査地域の概要　198
　　　自然環境，および調査の対象／バンガンドゥの生活
- 10-3　バナナを基幹とする焼畑　200
　　　バナナと暮らす／バナナの周年収穫／バナナとムサンガ林

10-4　カカオ栽培の導入と農耕システムの変化　211
　　　　カカオ栽培の概要／カカオ畑の形成過程／カカオと庇蔭樹／カカオ畑から収穫されるバナナ
10-5　バナナとカカオのおいしい関係　218

第11章　森と人が生み出す生物多様性
　　　　── カメルーン熱帯雨林の焼畑・混作畑 ──　　　　小松かおり　221
11-1　農地における生物多様性　221
11-2　調査対象と調査方法　222
11-3　主食畑の作り方　223
11-4　農地のなかの植物群　225
　　　　三種の植物群／多種・多品種の栽培植物／伐り残された樹木／除草されない雑草
11-5　農地の生物多様性　231
　　　　農地の生物多様性はどのように生まれるか／多種・多品種の混作の理由とその影響／伐開時に樹木が切り残される理由とその影響／除草が徹底されない理由とその影響
11-6　生物多様性を生みだす関係性　236

第12章　ヤシ酒と共に生きる
　　　　── ギニア共和国東南部熱帯林地域におけるラフィアヤシ利用 ──
　　　　　　　　　　　　　　　　　　　　　　　　　　伊藤美穂　243
12-1　ヤシ植物の重要性　243
12-2　ラフィアヤシの利用　245
12-3　ヤシの樹液採取　247
12-4　ヤシ酒の消費　250
12-5　ラフィアヤシの管理　255
12-6　ラフィアヤシ利用の持続性を支えるもの　260

第13章　サバンナ帯の人口稠密地域における資源利用の生態史
　　　　── セネガルのセレール社会の事例 ──　　　　平井將公　263
13-1　はじめに　263
13-2　集約的農業の展開とサース林の形成　265
　　　　調査地の概要／農業と牧畜の結合／サース林の形成
13-3　サースの稀少化をめぐって　271
　　　　稚樹の「しつけ」の滞り／稀少性の高まりに潜む問題／競合・枯渇回避の可能性
13-4　飼料採集の現場　276

　　　　　飼料の季節変化／サースの給飼パターンと質的重要性／飼料の採集方法
　13-5　サースの生態に対する理解と精緻な切枝技法　285
　　　　　成木の「しつけ」／成木の「しつけ」とサースの用益権
　13-6　資源利用の生態史　291
　　　　　セレールの生業の変遷／「共有資源」としてのサース

Field essay 2 　エコック行
木村大治　295

第Ⅳ部　森でとる

第14章　バカ・ピグミーの狩猟実践
―― 罠猟の普及とブッシュミート交易の拡大のなかで ――
安岡宏和　303

　14-1　森林伐採・ブッシュミート交易・国立公園　303
　14-2　バカの狩猟　305
　　　　　狩猟の方法と対象／槍猟／罠猟
　14-3　罠猟が普及した生態的要因　311
　　　　　ピグミー系狩猟採集民における猟法の多様性／動物個体群の構成と罠猟の普及
　14-4　ブッシュミート交易の拡大　317
　　　　　伐採道路開通にともなう人の流入とブッシュミート交易の拡大／ブッシュミート
　　　　　交易時における罠猟の拡大
　14-5　罠猟のサステイナビリティ　324
　　　　　ブッシュミート交易時における狩猟のサステイナビリティ／サステイナブルな罠
　　　　　猟の条件
　14-6　森棲みのレジティマシーの確立へ向けて　328
　　　　　槍猟から罠猟へ，ブッシュミート交易から自然保護プロジェクトへ／農耕民の狩
　　　　　猟とバカの狩猟

第15章　コンゴ民主共和国・ワンバにおけるタンパク質獲得活動
　　　　　の変遷
木村大治　安岡宏和　古市剛史　333

　15-1　熱帯雨林におけるタンパク質獲得　333
　　　　　ワンバの生態人類学研究史／ボンガンド
　15-2　1970年代から2000年代にかけての社会・経済・生態学的変化　336
　　　　　ザイール，コンゴ民主共和国の内戦／戦中，戦後のワンバの状況／狩猟圧の増大
　　　　　／「売るために獲る」／動物狩猟の規制

15-3　ワンバの生活調査　342
15-4　タンパク質獲得活動の変遷　344
　　　武田のデータ 1975-1978 ／加納のデータ 1976-1977 ／木村のデータ 2006-2007 ／
　　　タンパク質獲得の変遷
15-5　今後何ができるか　348
　　　新しいタンパク源開発
15-6　地域の未来と定点観測の意味　351

第16章　バカ・ピグミーのゾウ狩猟
　　　　　　　　　　　　　　　　　　　　　　　　　　　　　　林　耕次　353

16-1　はじめに　353
16-2　ピグミーのゾウ狩猟に関する先行研究　354
　　　ムブティ・ピグミー／アカ・ピグミー／バカ・ピグミー
16-3　バカの概況と調査方法　356
　　　バカ・ピグミー／調査方法
16-4　バカの狩猟活動　357
　　　狩猟活動の概観／農耕民からの委託による狩猟／政府の狩猟規制
16-5　バカ文化のなかのゾウ　359
16-6　ゾウ狩猟の実際　363
　　　筆者の観察したゾウ狩猟／ゾウ狩猟活動の特徴／2002 年のゾウ銃猟 (1) ／ 2002
　　　年のゾウ銃猟 (2)
16-7　おわりに　372

第17章　出稼ぎ漁民と地元漁民の共存
　　　　── カメルーン東南部における漁撈実践の比較から ──
　　　　　　　　　　　　　　　　　　　　　　　　　　　　　　稲井啓之　373

17-1　伐採活動と共に活性化する熱帯雨林の漁撈　373
17-2　調査地　374
　　　自然環境と社会環境／二つのタイプの漁民／キャンプ／漁撈キャンプの１日／漁
　　　撈キャンプの生活時間配分と食生活／地元漁民と出稼ぎ漁民との関係
17-3　ンゴコ川における漁撈活動　383
　　　概況／魚梁漁（地元漁民）／掻い出し漁（地元漁民）
17-4　二つの漁撈ストラテジー　389
　　　漁具の選択／所有する漁具の数と漁法選択／漁獲量／漁獲物の用途／異なる漁の
　　　傾向
17-5　異質なグループはいかに共存をはかっていたか　395
　　　漁撈活動の対照性／出稼ぎ漁民を受け入れる生態的・社会的基盤／地域経済の消

長と河川漁撈の持続性

Field essay 3　響く銃声と響かない声
　　　　　　　　　　　　　　　　　　　　　　　安田章人　　399

あとがき　　403
引用文献　　405

第Ⅰ部
総　説

第1章

市川光雄

アフリカ熱帯雨林の歴史生態学に向けて

1-1 ▶「グローバル・イシュー」から「森棲みの視点」へ

　現在，世界各地で熱帯雨林の保護が問題になっているが，その際にたびたび強調されるのが，これは「グローバルな問題」だということである。「熱帯雨林の破壊は，稀少種を含む生物多様性や遺伝資源の消失につながり，また膨大な量の炭素を酸化させ，二酸化炭素を放出することによって地球温暖化をもたらす。それらは地球規模での取り組みを必要とする人類共通の課題である……」，といった風に語られる。とりわけ温暖化ガスの 20% 近くを排出する森林破壊に対しては，多額の資金と人員が投入され，世界各地で熱帯雨林に関する調査と保護活動が行われている。

　その結果，熱帯雨林に関する世界的なネットワークが形成され，それを通して調査研究の方向づけとそのための人的・財政的資源の配分，研究集会や印刷物の公刊等の研究成果の流通が行われるようになっている。このネットワークは，保護計画の策定や実際の保護活動にも関わっており，膨大な資金と人員がそれらをめぐって動いている。熱帯雨林の保護に関わる活動は，利潤を生まない，いわゆる「非営利活動」の典型であるが，一方では多くのプロジェクト実施組織や「専門家」を生みだし，現地の人びとにも少なからぬ「経済的影響」を及ぼしている。さらにこの同じネットワークが，森林資源の配分や環境をめぐるガバナンスにも大きな影響を与えており，いわばそこでは，熱帯雨林をめぐる科学（調査研究）と経済，行政（政治）が密接に関連した複合体をなしている。人類学者の J. フェアヘッドと M. リーチ (Fairhead & Leach 2003) は，こうした状況にある熱帯雨林研究の枠組とそれをめぐる状況を "Tropical Forest International" と呼び，熱帯雨林問題に関する言説が，まさにミシェル・フーコーがいったような「権力 / 知 (pouvoir/savoir)」の典型を示し

ていると指摘している。

　しかし熱帯雨林をめぐるこのような世界的な取り組みにおいて、最近まではほとんど顧みられなかった問題がある。それは、地域における住民と森林との関係についての問題である。グローバルな見地から熱帯雨林の保護を目指す側にとって、地域の住民はその「貧しさ」ゆえに森林を破壊する者であった。あるいはせいぜい、保護計画によって資源へのアクセスを奪われることに対する代償を考えるべき存在であり、森林保護の重要性を理解させる「環境教育」の対象くらいにしか考えられていなかった。かれらがどのように森を認識・利用し、また維持してきたかといったことが問われたことはほとんどなく、住民と森林とのあいだの文化的かつ歴史的な関係は、人類学者等のごくわずかな研究者の注意をひくものにすぎなかった。

　私たちは1970年代から、アフリカ熱帯雨林の狩猟採集社会や焼畑農耕社会に関する調査を続けてきた。当初の主な関心は、人類進化の解明に対するヒントを、これらの自然に強く依存した人びとの生活から得ようというものであった。しかし、調査の関心は次第に、そうした人類進化の解明のための手段という目的から、森の民、すなわちこの森に強く依存して生活する人びとの自然に対する認識と利用の実態を明らかにすることに移っていった。最近になってようやくそうした人びとの「伝統的な」生態学的知識（TEK = Traditional Ecological Knowledge）の性格や、それらを地域開発や保護計画に活用しようとする動きがみられるようになったが、私たちが調査を始めた頃には、人類学者ですらそんなことに関心をもつ人は少なかった。しかし私たちにとっては、かれらの助けを借りながら森と人の関係という奥深い知識の世界にわけ入っていくことは大きな喜びであった。

　森の民が動植物について豊かな知識をもっていることは、短時間でも一緒に森を歩けばすぐに理解できる。大小様々な樹木や地面に残る動物の足跡、どこからともなく聞こえる物音について、かれらはどんなに多くのことを語ることか。森のキャンプを一瞥するだけでも、かれらがいかに多くを森に負っているかを知ることができる（図1-1）。小さな家屋をはじめ、運搬用の籠や蔓などは全て森でとれた素材からできている。キャンプのあちこちに森で採集してきた果実や根茎がある。子どもたちの遊び道具も森の植物の実や葉で作ったものが多い。そして日が暮れれば、わきたつようなポリフォニーに呼応して森のなかから現れた「精霊」と共に夜更けまで歌い、踊る。食生活や住居、道具のような物質面だけでなく、遊びや儀礼といったことにまで、生活のあらゆる側面において森との密接な関わりがみられる。かれらの文化が、森が有する様々な可能性を存分に利用したものだということがよく分かる。

　私たちはそうしたかれらの「森の文化」の把握を目指して調査を進めてきたが、なかでも力を注いだのが植物に対する知識の収集と整理の作業である（図1-2）。「アフローラ（AFlora）」と名づけられたこのプロジェクトでは、物質的・精神的、

図1-1 ムブティのキャンプ

また直接的・間接的な利用と認知，すなわち森の植物に関する知識をできるだけ多く集め，それを一定のフォーマットに沿って整理し，データベースの形にして保存するという作業が進められた（図1-3）。森のなかには，現地では利用されているものの，科学的には成分が未知の薬用植物や，今後新しい食用植物として開発・改良が期待される植物がまだまだたくさんあるにちがいない。このデータベースはそうした新しい可能性について検討するための第一次的な情報として使うことができるだろう。しかし，それだけではない。それは，森の植物に対するかれらの知識を集成することによって，かれらの「植物文化百科」を作る試みであり，かれらが何世紀にもわたって蓄積してきた無形の知的遺産を保全する企てともいえる。

1-2 ▶ 人間の生活環境としての熱帯雨林

　森の民が多様な森の資源に依存していることは明らかであるが，実は熱帯雨林において狩猟採集の産物のみに依存した生活が可能かどうかについては議論のあるところである。熱帯雨林はいっけんすると膨大なバイオマスを有し豊穣そのもののイメージを与えるが，そのほとんどは人間の食用にならない木の葉や幹などであって，熱帯雨林を人間の生活環境としてみた場合にはまた別の評価になる。
　中部アフリカの狩猟採集民は長いあいだ，この地域の多数派を占めるバントゥー語系等の焼畑農耕民が西アフリカのサバンナ地帯から森林に移入する以前の先住民だと考えられていた。しかし，1980年代後半から，こうした「狩猟採集民＝先住民説」に疑問が呈されるようになった（Bailey et al. 1989; Headland 1987, 1997）。その根拠として挙げられたのは，現在の熱帯雨林の狩猟採集民は全て周辺の農耕民とのあいだの交換，あるいは自身の農耕活動によって入手した農作物に食生活のかなりの部分を依存していること，過去にも純粋な狩猟採集民が熱帯雨林のなかで生活していたことを示す考古学的証拠が発見されていなかったこと，そして，そもそも熱帯雨林のなかには人間の生存を支えるに足る十分な食物基盤がなく，特に果実が入手できない乾季にはエネルギー源が極端に不足すること，などである。とりわけ，最後の食物基盤の問題は，熱帯雨林での狩猟採集生活を支える鍵となる食物として注目された野生ヤムにちなんで「ワイルドヤム・クエスチョン」と呼ばれ，その後のいくつかの研究においてこの問題が議論されてきた（この問題に関する詳しい説明は，安岡（本書第2章）を参照されたい）。しかしそれらの多くは，野生ヤムの種類やそれらの分布密度等に関する研究で，実際の狩猟採集生活の観察にもとづいてこの問題を実証的に検討したものは皆無であった。2001年から2003年にかけて，当時，京都大学のアジア・アフリカ地域研究研究科大学院生であった安岡宏和（現在は法政大学専任講師，図1-4）は，カメルーンの狩猟採集民バカの人びとが乾季に実施す

図1-2 カメルーンのバカ・ピグミーの村で植物利用の調査をする服部志帆さん（木村大治氏撮影）

AFlora on the Web
The database of traditional plant utilization in Africa

What is AFlora?
Characteristics and Merits of AFlora
Structure of AFlora
 Information items in each record.

1. **ID number** of the record
2. **Species name** of the plant (scientific name)
3. **Family name** of the plant (scientific name)
4. **Common names** in English, French, Swahili
5. **Date of the collection** of the specimen
6. **Collector(s)** of the specimen
7. **Area information** region category, typical vegetation
8. **Location**: information on the location of the research
9. **Specimen information**: the place of the specimen
10. **Identification**: made by
11. **Plant form** tree, herb, shrub, or liane
12. **Environment**: micro habitat of the plant collected
13. **Frequency**: of the plant
14. **Other botanical information**
15. **Ethnic group** with which information is concerned
16. **Vernacular names** given by the ethnic group
17. **Etymology** of the vernacular names
18. **Usage type**: usage and plant categories
19. **Usage**: details of usage written in free text style
20. **Informant(s)**: the name, age, ethnicity and sex
21. **Chemical substances** that were contained in the plant
22. **Figure or Photograph**, when available
23. **References**
24. **Remarks**
25. **Record author**: the person who reported the record
26. **Date of registration** of the record into AFlora database

Search Record

Ethnic group / Area / Family / Usage / Field name / Show records with photo only / Word contained in the above field / Fields to show / Edit database (user ID and password required)

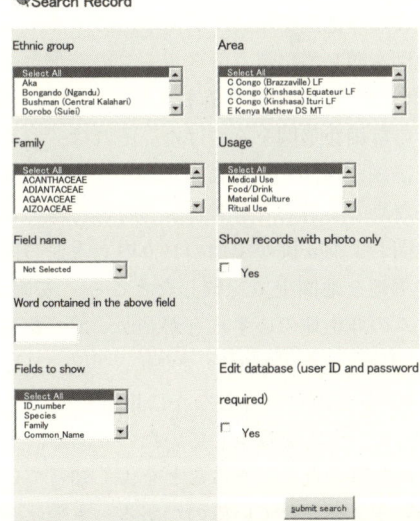

図1-3 植物利用データベース「アフローラ」のフィールドとシーン

るモロンゴと称する長期の狩猟採集行に同行し，この期間の生計活動と食生活に関する定量的なデータをもとに，食料源が一般的に乏しいとされる乾季においてさえ，狩猟採集のみに依存する生活が可能であることを世界で初めて実証した（Yasuoka 2006a）。モロンゴの期間のバカの食物は，20種あまりの哺乳類・爬虫類の肉と，10種ほどの植物，それに川魚や蜂蜜，食用昆虫などから構成されている。そのなかでも特に一年型の野生ヤム（安岡 本書第8章を参照）が重要で，これだけで摂取エネルギーの7割近くを占めていた。

　安岡はさらに，後続の調査で野生ヤムの分布について徹底的に調べ，それをもとに森の歴史を考える上できわめて興味深い指摘を行っている（Yasuoka 2006a, b）。まず，一年型のヤムの生育地であるが，多年生のヤムが森林内のどこでもみられるのに対し，一年型のヤムは，バカが「ビ」と呼んでいるギャップ，すなわち森林の樹冠が開き，光がよく当たる環境でもっぱら生育することが分かった。さらに，そのようなギャップの分布と一年型のヤムの生育地の関係を調べたところ，ギャップは頻度の差はあるものの，森林内の至る所にみられるのに対し，ヤムの生育地はごくかぎられた場所にしかないことが判明した。つまり，これらのヤムは，1か所に大量に群生するものの，そのような群生地はごく局所的にしか形成されていないのである。

　このように局所的に分布するヤムの群生地はどうして形成されたのだろうか？そのヒントを与えてくれたのが，今から100年ほど前にドイツ人が描いた地図である。M. モイゼル（Max Moisel）という地理学者は，20世紀の初めにカメルーン各地をまわり地図を描いているが，カメルーン東南部の森林に関してもきわめて詳細な地図を残している。カメルーンの首都ヤウンデの古文書館で資料をあさっていた私たちは，うずたかく積まれた古い地図の山のなかに，1910年に出版されたモイゼルの詳細な地図をみつけた。それは，バカの居住地である，ジャー川とその支流域の詳細な地図で，そこにはジャー川に注ぐ多数の支流の合流方向とその幅，名称，主な森の小道などと共に，当時の村落の位置がきわめて正確に示されていた。この地図および安岡が現地のバカの老人から聞き出したかつての集落の位置と，ヤムの群生地を地図上で比較したところ，安岡が同行したモロンゴのさいに利用されたヤムの群生地のいずれもが，かつての集落跡から数kmの範囲内に位置していることが分かった（Yasuoka, 2009a）。現在では，それらの位置は，かれらの村からは30－40kmも離れた森のなかに位置しているが，かれらはわざわざそんなに遠くまで行って，ヤムを採集していたのである。つまり，かれらは，ヤムの群生地が，かつての集落の近くにあることをよく知っていて，ヤムが成熟する頃合いを見計らいながらそこを訪れているのである。実際に，ヤムの群生地に対して当時の集落の住民がどのような働きかけを行ったかについては，まだよく分かっていない。しかし，両者の分布の一致から，少なくとも，かれらが重点的に利用する野生ヤムの群生地

図1-4　バカに同行して森のキャンプに向かう安岡宏和さん

の形成に，過去における人間の居住や生計活動が肯定的なインパクトを与えたという可能性が高いといえるのではないか。

　いずれにせよ，熱帯雨林ではたして純粋な狩猟採集生活が可能かという問題は，そもそもこの地域の熱帯雨林そのものがはたしてどれだけ「原生的な」状況にあるのかという根本的な疑問へと発展していったのである。少なくとも，森と人間の相互作用の歴史について，もう少し理解してからでなければ，人間の生活環境としての熱帯雨林の評価はできないといえる。

1-3 ▶ 植生環境に対する人間活動のインパクト

　野生の植物性食物の分布に過去の人間の居住や生計活動が少なからぬ影響を与えていることには，私たちも以前から気にかかっていた。たとえば私たちは，1980年代にコンゴ北東部のイトゥリの森で狩猟採集民のムブティの人たちが利用する食用植物の調査をしたさいに，それらのなかに日光がよく当たる場所でしか発芽・成長しない，いわゆる陽樹が多いことに気がついた (Ichikawa 1996)。熱帯雨林のなかで光がよくあたる環境といえば，風雨や落雷による倒木などによって林冠に空隙が生じた「ギャップ」である。たしかに森のなかを歩いていると，こうしたギャップが意外に多いことに気がつく。雨季が終わりに近づいたある日，イトゥリの森の北部にあった調査地では突風を伴った強い雨が降った。その直後に森を歩いたところ，1時間ほどのあいだに4-5か所も突風と豪雨による倒木のために生じたギャップに遭遇した。

　しかし，森のなかにはそれ以外にも，様々な人間活動によって形成された人為的なギャップがみられる（図1-5）。たとえば蜂蜜採集のために樹を倒せばそのようなギャップができるし，森のキャンプ地では邪魔になる大小の樹木が伐り払われて自然のギャップよりも大きな開放空間が形成され，陽樹が生育しやすい環境が整えられる。これに加えてキャンプ地では，食べ残しの根茎や果実の種子が廃棄され，そこから新しい植物が成長する。実際，キャンプの周囲を歩いてみると，あちこちにそうして芽生えた有用植物の実生を見ることができる。甘い果肉をもつ森の木の実には，果肉と種子が離れにくいものがあり，それらは種ごと呑み込まれる。そうして人間や動物の消化管を通って排泄されることによって種子の散布や発芽が促進されるような植物もある。

　さらにキャンプ地の生活から生じる別の効果もある。数十人もの集団が何日も滞在するキャンプでは，森のなかの広い範囲から集められた薪や食物等の生活物資が灰や排泄物となって蓄積し，周辺の土壌が肥沃化される。ざっと試算したところ，50人ほどの集団が1か月間キャンプに滞在するあいだに，食物だけからでも硫安

図 1-5　人為的な「ギャップ」をつくりだすキャンプ地

にして 200-300 kg に匹敵するほどの窒素がキャンプ周辺に蓄積されるという計算になった。熱帯雨林の土壌は貧弱だといわれるが，キャンプ地は森のなかで稀薄に散在する土壌養分を人間活動の介入によって集積させた場所である。しかもかれらは，獲物や植物性食物のとれ具合に応じて，2週間から2か月くらいの周期で，森のなかを移動しながら生活しているので，そうした土壌養分の集積地があちこちに形成されることになる。このようにして，キャンプ地周辺の資源は短期的には消費されて減少するかも知れないが，将来の再生産の種がまさにそうした消費を通して播かれている。いうならば，かれらの生活は森の資源を含む生態系の循環に貢献してきたのである（もっとも現在では，森林産物の商業化や伐採によって，大量の物質が森の外に搬出されたり流出することによって，このような循環の切断が進んでいるのであるが）。

　農耕活動は耕地化，すなわち地上の植被を取り除くことを伴うので，さらに大きなインパクトを森林環境に与えることになる（図 1-6）。しかし，これとても否定的な側面ばかりではない。畑の跡地が光を好む植物の生育を助けることはいうまでもないが，それ以外にも，放棄されたばかりの焼畑にはまだ食用となる作物が残っていることが多く，そこに野生動物が集まってくる。さらに年数を経た二次林は，原生林に比べて平均して2倍以上もの野生食用植物を含むという報告もある。しかも，農耕民も狩猟採集民も，植民地政府の政策によって主要な道路沿いに移住する前には，森のなかで分散して居住し，移動性の高い生活を営んでいたことが知られている。実際に衛星写真などでみると，そのようなかつての集落の跡を，森のなかのあちこちに残る古い二次林として確認することができる。

　現在，私たちは森林環境に及ぼす人間活動のインパクトの調査にあたっている。

図1-6 農耕集落や畑の開墾はさらに大きな開放空間を森のなかに残す

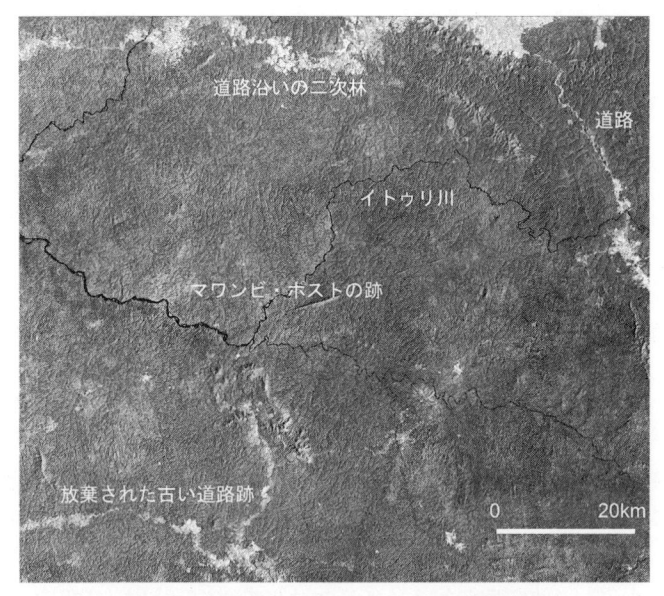

図1-7 衛星写真からみたイトゥリの森の東部

そこでは，森のなかの原生的植生や，キャンプや集落，畑の跡地などの様々な植生において，有用植物の生育状況や人間活動の痕跡とその影響に関する詳細な調査を行っているが，とりわけ，前述した野生ヤム等の有用植物の分布とそれに対する過去の人間活動の影響に強い関心を払っている。また，かつては森林地帯に広く分布していた焼畑農耕民の移動の歴史と集落放棄後の植生変化についても調査しており，それによれば現在国立公園の設置が予定されている地域のなかにも点々とかつての人間居住の跡を示す古い二次林が分布するという。もしかしたら，この地域の豊富な動物相と過去の人間活動とのあいだに何か生態学的な関係があるかも知れない。いずれにせよ，こうした一連の調査によって自然環境に対する人間活動の肯定的なインパクトが立証できれば，かれらは，単に森とその産物に依存するだけでなく，それらの再生産の条件をも整えている，ということが分かるであろう（図1-7）。

1-4 ▶ コンゴ盆地の森林景観を読み替える

人間活動の形跡はコンゴ盆地ではかなり古くからみつかっている。最近の考古学的研究（Mercader 2002）によれば，中期旧石器時代からアフリカの熱帯雨林には狩猟採集民が住んでいたという新しい事実も明らかになっている。コンゴ盆地東部の洞窟からは，数千年前の狩猟採集民の居住跡と思われる遺跡もみつかった

(Mercader 2001; Mercader et al. 2000)。1992年にコンゴ共和国北部のモタバ川沿いで森林内の土壌を調査していた私たちの仲間（塙狼星，中条廣義）は，地下に数層からなる炭化物の層を発見した。それらの炭化物の年代測定をしたところ，一番深い層から出土した炭は2600年ほど前のものであることが判明した。熱帯雨林では自然発火によって広範囲な野火が起きることは稀なので，これらの層はいずれも人間によるもの，すなわち焼畑に伴う野火の跡と考えられる。コンゴ盆地の森でこんなに古い時代から焼畑が営まれていたことを示す証拠に，私たちは強い印象を受けた。

　人為の跡ということに関しては思い当たることが他にもある。森のなかに突然，赤い土の硬い塊がでてきたりすることがある。熱帯雨林地帯における鉄の塊のような堅い赤土は，地表面が降雨と日射に直接さらされることによって形成されると聞いていたので不思議に思ったが，そのようなところはかつての農耕地か集落か，かなり開けた空間だった可能性がある。

　それにそもそも，この地域の森林の形成自体が人為の関与を疑わせるものである。コンゴ盆地西部には，降水量が季節的に変化するため通常の熱帯雨林とは異なった半落葉樹林が広がっている。その主要な構成樹種はアオギリ科 (Sterculiaceae) の *Triplochyton* やシクンシ科 (Combretaceae) の *Terminalia* などの直径1-2mに達する大木であるが，これらはいわゆる陽樹の類であり，発芽・成長にはかなりの広さの開放空間が必要である。しかも，これらの樹が卓越する森のなかに入ると，次世代を継承するはずのこれらの稚樹がほとんどなく，みな大木ばかりである。こうしたことから四方篝（四方 2006）は，これらの樹種が成長した環境は現在のように鬱閉した森林ではなく，かなり大規模な開放空間であった可能性が高いと考えている。そうした空間の形成に，たとえば焼畑に伴う伐開などの人為の関与があったとすれば，この地域の森林の見方もずいぶん変わるにちがいない。

　コンゴ盆地を上空から眺めると，見渡すかぎりの原生林が続くようにみえる（図1-8）。しかし，コンゴ盆地の現在の森林景観は，たとえ原生的な状態で残っているようにみえるものであっても，実は何世紀にもわたる人為の影響を受けている場合が多いのである。3000年近く前に西アフリカのサバンナからコンゴ盆地の森林に移住してきたバントゥー系の焼畑農耕民は，1000年以上前に一部の湿地帯を除くこの森のほぼ全域に分布を広げていた。もちろんその人口密度は低かったことであろう。しかしかれらが頻繁な移動を繰り返しながらこの森の至るところに足跡を残すのに，3000年もあれば十分であろう。「熱帯多雨林」を書いた植物生態学者のP. W. リチャーズも，アフリカの森はいっけん立派な原生林のようにみえても実は古い二次林であることが多いと述べている。今後は，「歴史生態学」の立場からこの地域の森林景観の再検討を行う必要があろう。

　自然と文化を峻別し，人為のまったく加わっていない原生的自然を至高のものとする西欧的な二元論と保護理念にしたがえば，このように広範な人為の影響が残る

図 1-8　上空からみたコンゴ盆地の熱帯雨林

コンゴ盆地の森林は「価値」が低いということになるのかも知れない。しかし，現代はもはや，かつてのように住民を排除して自然保護を強行するような時代ではない。私はむしろ，自然のなかに人為の足跡を認めることによって，住民の文化と歴史に配慮した新しい森林保全のありかたを考えるきっかけが生まれるのではないかと期待する。

第2章

安岡宏和

ワイルドヤム・クエスチョンから歴史生態学へ
―― 中部アフリカ狩猟採集民の生態人類学の展開 ――

2-1 ▶ ワイルドヤム・クエスチョン前史

森の民ピグミー

　中部アフリカのコンゴ盆地に広がる熱帯雨林には，ピグミー系狩猟採集民と呼ばれる人びとが住んでいる（図2-1）。ピグミーという呼称はギリシャ語で肘から手までの長さをあらわす単位に由来し，いつごろからか小柄な森の民の総称として用いられるようになったという（市川 2001；北西『社会誌』第2章）。ただし，ピグミー族という一つの民族があるわけではない。今日，コンゴ盆地に散在しているピグミーと呼ばれる集団は十をこえ，それぞれ異なる民族名称をもっている。さらに B. S. ヒューレットは，人口規模が大きく研究の蓄積の厚いピグミーの四つの集団（ムブティ，エフェ，アカ，バカ）における，言語，生計活動，社会関係などを比較したうえで，「ピグミー文化」というものを想定するのは困難であると述べている（Hewlett 1996）。また，近年の遺伝学的な研究によれば，コンゴ盆地東部に住むムブティやエフェのグループと，コンゴ盆地西部に住むアカやバカのグループは，数万年前に分岐していたことになるという[1]。

　このようにピグミーの諸集団において言語や文化，遺伝的形質の変異がかなり大きいこともあって，かれらの総称としてピグミーという語を用いるのは適当ではないという主張もある。しかし，ピグミー諸集団のあいだには，熱帯雨林という生活環境における狩猟採集を主とする生業，森の精霊が主役を果たす儀礼の存在，それらの儀礼において演じられる歌と踊りのパフォーマンス，近隣の農耕民との密接で

---

[1] 「ピグミー」という語がさす対象や，その問題点については，北西（『社会誌』第2章）が詳述している。

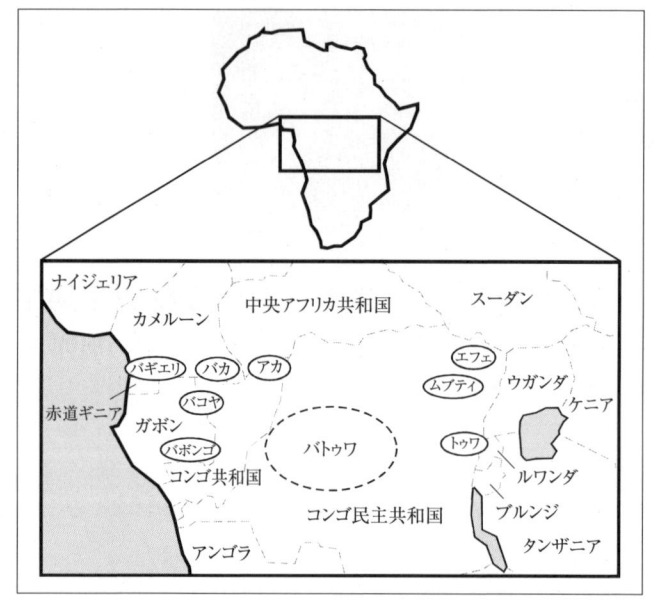

図 2-1　中部アフリカのピグミー系狩猟採集民の分布
Lewis (2002) 等をもとに作成。コンゴ民主共和国中央部の「バトゥワ」は複数の集団の総称。集団名の表記は、本書および『森棲みの社会誌』各章での言及に準じている。

はあるが互いに強く差異化しようとする関係など、共通する文化的・社会的特徴が多くみられることもたしかである（市川 2001）。先に挙げた相違点よりも、これらの類似点を重視すべきだという立場にたてば、かれらをピグミーと総称することにもそれなりの根拠があるといってよいだろう。市川光雄は、ある地域のピグミーに別の地域のピグミーによる歌と踊りの録音を聴かせたところ、かれらは即座にそれらの歌い手を自分たちの同類であると認めたと記している（市川 2001）。かれら自身も、ピグミー諸集団における類似性を直ちに知覚するのである。

ピグミーの生態人類学

　京都大学理学部を出自とする研究者を中心にして1972年から開始された日本のピグミー研究は、定量的な記述と分析に基づく考察を展開することを通して、それまで C. M. ターンブルの『森の民』(Turnbull 1961) に代表される主観的な記述に偏重していたピグミー研究を大きく前進させた (Harako 1976; Tanno 1976; Ichikawa 1983; Terashima 1983)。日本人研究者による初期のピグミー研究の対象は、ザイール（現コンゴ民主共和国）北東部のイトゥリの森に住むムブティやエフェにほぼ限定されていたが、1980年代半ばころから、ザイールの政情不安もあって西方のコンゴ共

和国のアカやカメルーンのバカへと対象を拡大した。研究テーマも，以前のように生態や生業経済，社会構造に焦点をあてたものだけではなく，儀礼パフォーマンスや，人びとの会話などにみられる社会的相互関係，自然保護計画にともなう生活変容などへと多様な展開をみせてきた。

　本章では，そのなかでも生態人類学の中心的関心の一つである食物資源のアベイラビリティ（availability，利用可能性）に関する研究について，1980年代半ば以降に焦点を絞って海外の研究展開もふまえつつレビューし，今後の展望を示すことを目的とする。対象を1980年代半ば以降の研究とするのは，熱帯雨林において農作物に依存することのない完全な狩猟採集生活は存立可能か，というワイルドヤム・クエスチョン（wild yam question, Headland 1987）と呼ばれる問題がこの時期に提起されたからである。

「始原の豊かな社会」

　ワイルドヤム・クエスチョンの詳細に入る前に，ここでは『人類の起源と進化』第3章「ヒトの社会」（市川 1987）を参考にしながら，その当時までの狩猟採集社会研究の到達点を簡潔に整理しておこう。

　我々ヒトの祖先が最も近縁な現生動物であるチンパンジー属の祖先と分岐したのは，およそ500-700万年前だとされている。それ以降，1万数千年前に農耕を始めるまで，人類は採集と狩猟によって食物を得てきた。人口変動に注目して人類の歴史を振り返れば，農耕開始までの非常に長い停滞と，農耕開始以降の爆発的な発展のように見えるかもしれない。現在でもわずかに残っている狩猟採集社会の人口は数十万人程度と考えられており，世界の全人口に占める割合は0.01％にも満たない。

　しかし，人口の少なさは，狩猟採集文化の未熟さであるとか，狩猟採集生活の過酷さを意味するわけではない。今日でも，狩猟採集社会は，熱帯から寒帯まで，半砂漠から熱帯雨林まで，平地から山岳地まで，多様な環境に存在している。狩猟採集社会は，農耕に適さない環境においても存立可能なのである。そのような多様な環境への適応や，それにともなう狩猟採集社会の著しい多様性は，人類がもつ高度な環境適応能力の一端を示しているといえる。

　さらに，本格的な人類学的研究の成果がまとめられ始めた1960年代になって，狩猟採集生活は，けして過酷なものではなく，むしろ豊かだともいいうることが分かってきた。オーストラリアのアボリジニ，南部アフリカのブッシュマン，東アフリカのハッザなどの狩猟採集社会の研究は，成人ひとりが1日平均2-3時間，長くても5時間程度の生業活動によって十分な食物を入手していることを定量的なデータにもとづいて示している（Lee & DeVore 1968）。狩猟採集生活といういわば

「その日暮らし」の生活は，朝から晩まで食物を探しまわる過酷な日々ではなく，ありあまるほどの余暇に恵まれているのである。M. サーリンズはこのような社会を「始原の豊かな社会」(original affluent society, Sahlins 1968) と呼んだ。

そのような狩猟採集社会では，個々の生計単位における食物獲得の不確実性を補うために，居住集団内において徹底した食物分配（シェアリング）が行われていることが指摘されている。さらに，生態的，経済的な平等化のメカニズムだけではなく，狩猟の巧拙にともなって食物分配の方向に偏りが生じることや，その結果として食物の与え手になりやすい有能なハンターに権威がもたらされることを回避するための巧妙なメカニズムが社会に内在しており，政治的にも平等な関係が達成されていることが指摘されている (Woodburn 1982; 寺嶋 2004)。

このように 1960 年代には，人類史における農耕の意義を再考することをも要求するような画期的な成果が，狩猟採集社会研究からもたらされた。しかしながら，この時期にピグミー研究は実質的な貢献をしていない。当時の知見をふまえて狩猟採集社会の豊かさについて論じているサーリンズの『石器時代の経済学』(Sahlins 1972) にピグミーに関する記述がほとんどないことが，それを象徴している。とはいえ，当時ピグミー研究の第一人者であったターンブルの著作は，いきいきとした筆致で多くの研究者や一般の読者を魅了し，ブッシュマンやハッザとならぶ典型的な狩猟採集民としてピグミーが世に認知されることに貢献したのであった。

ようやく 1970 年代になって，日本やアメリカ，フランスの研究者によって，定量的な記述と分析を含む本格的なピグミー研究が始められた。このころにはすでに，研究者のあいだでは，狩猟採集社会の「豊かさ」は実証すべき課題ではなく，研究の出発点になっていたはずである。つまり，熱帯雨林の豊かな資源を享受しながらピグミーは自立した狩猟採集生活を営んでいる，あるいは近年までそうしてきた，ということを前提として研究が進められたということである。数えきれない動植物が存在し巨大なバイオマスをもつ熱帯雨林は地球上で最も豊かな生態系なのだから，人間の食物も豊富にあるにちがいない，というわけである。

しかし，そこが盲点ではないか。これがワイルドヤム・クエスチョンの着想であった。

2-2 ▶ リヴィジョニズムの台頭とワイルドヤム・クエスチョン

狩猟採集社会の真正性に対する疑義

熱帯雨林において農作物に依存することのない完全な狩猟採集生活は存立不可能ではないか，というワイルドヤム・クエスチョンは，1960 年代以来の狩猟採集社

会の研究成果に対する見直しの潮流のなかで提起されたものである。

その端緒となったのは，南部アフリカのカラハリ砂漠に住むブッシュマンの社会の狩猟採集社会としての真正性に関する，カラハリ・ディベートと呼ばれる論争である（池谷 2004）。1980 年代初頭からなされてきたこの論争では，全人類が狩猟採集民であった旧石器時代における文化や社会構造を，現存する狩猟採集社会が保持していると考えることができるのか，ということが論点となった。実際，それ以前の研究で周囲から孤立した狩猟採集民だと考えられてきた人びとのなかには，かなり古い時代から農耕民との交易を前提として生計をたててきた人びとがいることや，かつては広域の交易圏に組み込まれて生計をたてていたり，農耕や牧畜に従事していたりしていたにもかかわらず，植民地時代以降の政治経済の変化のなかで再び狩猟採集生活に回帰した人びとがいることが分かってきた（Headland & Reid 1989; Wilmsen 1989）。したがって現存する狩猟採集社会は，同時代のマクロシステムにおける権力関係のなかで圧迫され，周辺化された結果として形成されたものであって，その意味ですぐれて現代的な社会だと考えるべきではないか，というわけである。このような主張を行った研究者は，伝統的な知見を修正するという意味で，リヴィジョニスト（revisionist，修正主義者）と呼ばれた。

もちろん伝統的な見解を全ての狩猟採集社会に一般化できないのと同様に，リヴィジョニストの見解を全ての狩猟採集社会に一般化することはできない。現代の狩猟採集社会のなかに，旧石器時代の文化や社会構造を解明するためのヒントを見いだすことも可能だろうし，近年になって構築されたものとして解釈すべき部分もあるにちがいない。リヴィジョニストによる問題提起と，その後の議論によって明らかになったのは，ある狩猟採集社会で観察された何らかの文化的・社会的特徴が旧石器時代のそれを色濃く残していると結果的に了解されるにしても，近隣社会との交流や国家機構や広域交易網への編入といった社会的，政治的，経済的な条件がその社会に及ぼしてきた影響を慎重に検討したうえで，そう結論せねばならないということである。

熱帯雨林において完全な狩猟採集生活は存立可能か？

ワイルドヤム・クエスチョンは，狩猟採集社会の真正性を問うという点においてカラハリ・ディベートと軌を一にするとはいえ，議論された争点に相違がある。カラハリ・ディベートにおいては，様々な外部社会の影響のもとで構築された今日のブッシュマン社会が過去の狩猟採集社会の要素を保持しているかどうか，という点が争点となった。つまり，かれらが生活している乾燥サバンナという生態環境において狩猟採集生活が存立可能かどうかは，主たる争点ではなかった。一方，ワイルドヤム・クエスチョンでは，そもそも熱帯雨林において狩猟採集生活が存立可能か

どうか，あるいは過去において存立可能であったかどうか，という生態学的な問題が主たる争点となったのである。

とはいうものの，進化の隣人であるチンパンジーやゴリラなども暮らしている熱帯雨林は，多様な動植物種と巨大なバイオマスが存在する地球上で最も豊かな環境ではないのだろうか。どうして，そこでは狩猟採集生活ができないというのだろうか。たしかに今日では，ピグミーをはじめとする「森の民」は，森林産物との交換や労働提供の対価として農産物を得ることを通して，近隣農耕民との共生的関係を築いている。しかし，そのような共生的関係が構築されたのは，ここ数百年のことで，それ以前には独立して狩猟採集生活を営んでいたにちがいない。多くの研究者のあいだで狩猟採集社会の豊かさが常識となっていた1970年代には，こういった考えが暗黙の前提となっていたのである (Bailey et al. 1989)。

ところが1980年代に入って，熱帯雨林は人間にとって必ずしも豊穣の地とはいえないのではないか，という主張が現れ始めた。熱帯雨林のバイオマスはきわめて大きいとはいえ，その大部分は人間の食用にはならない樹木の木部である。また生物多様性が高いとはいえ，栄養価の高い果実やイモ類は，まばらに分散しているうえに，林冠や地中深くにあって収穫するためには相当の労力を要する。なかでもカロリー源食物が問題である。熱帯雨林には，野生ヤム，果実・種子，蜂蜜，食用昆虫，動物の脂肪などのカロリー源食物があるけれども，それらは生産量の季節変異が大きく，1年を通してみると利用できるカロリー源食物が極端に減少する時期が必ず存在する。

T. N. ヘッドランドや R. C. ベイリーらは，次第に増加してきたこうした見解を総括しつつ，熱帯雨林では野生の食物資源のみに依存する生活は不可能ではないか，という仮説を提示した (Headland 1987; Bailey et al. 1989)。さらに，東南アジアやアフリカ，南アメリカの熱帯雨林の狩猟採集社会を対象とする数多くの民族誌や考古学的研究をかれらが渉猟したところ，農作物に依存することなく年間を通して完全に狩猟採集のみによって生活を営んでいる人びとの存在が，十分な証拠をもとにして示されている例は，皆無であった。反対に，狩猟採集民とされる人びとが，近隣農耕民との食物交換や商人との取引を通してかなりの食物を得ているという報告は，ピグミーに関するものを含めて枚挙にいとまがない。このことは，熱帯雨林そのものが提供する食物資源に依存する狩猟採集生活は，それを補う相当量の農作物の利用を前提として存立しうるのではないか，いいかえれば，森を伐り開いて食糧生産を行う農耕民の進入こそが熱帯雨林における人間生活の端緒となったのではないか，という疑念を喚起するには十分である。

ヘッドランドやベイリーらの問題提起は，一種の帰無仮説であり，その検証を通して熱帯雨林における狩猟採集生活の実態を再考することを促したものだといえる。とりわけヘッドランドは，その検証において野生ヤムが鍵となるカロリー源食

物であるとし，野生ヤムのアベイラビリティの検証が必要であると指摘した。かれ自身は，それは完全な狩猟採集生活を支えるには十分ではないとして，自らの問題提起をワイルドヤム・クエスチョンと表明したのであった[2]。

熱帯雨林とは？

　ここまで熱帯雨林という語を特に定義せずに使用してきたが，文献によって熱帯雨林という語はかなりの幅をもって用いられている。T. C. ホイットモアによれば，一般的に熱帯雨林と呼ばれる森林は，最寒月の平均気温が18℃を下回らず，年平均降水量が乾燥限界以上の地域に分布している森林で，乾季のない熱帯多雨林 (tropical rain forest) と，年数か月の乾季（月間降水量60mm以下の月）がある熱帯季節林 (tropical seasonal forest) に区分される（ホイットモア 1993）。しかし，境界を厳密につきとめることは現実的に困難であり，両者を包括して熱帯湿潤林 (tropical moist forest) と呼ぶこともある。

　またC. マーティンは，景観のちがいに依拠して，西アフリカの熱帯雨林を4類型に分類している。まず常緑樹林と半落葉樹林に分類され，さらに湿潤の度合いにもとづいて二つずつに細分される。すなわち，年間降水量1750－2000mmかそれ以上の多湿常緑樹林 (wet evergreen forest)，1500－1750mmの湿潤常緑樹林 (moist evergreen forest)，1250－1750mmの湿性半落葉樹林 (moist semi-deciduous forest)，1250－1500mmの乾性半落葉樹林 (dry semi-deciduous forest) である（Martin 1991; 門村 1992）。多湿常緑樹林において種数が最も多いが，樹高が50mをこえる巨大高木は湿性半落葉樹林に多く出現する。

　ワイルドヤム・クエスチョンをめぐる議論において，想定されている熱帯雨林は以下のとおりである。ヘッドランドは，検討対象とする熱帯雨林を，年間降水量4000mm以上で，3年のうち2年は月間降水量100mmを下回る月がない森林と定義している（Headland 1987）。この定義は，ホイットモアのいう熱帯多雨林やマーティンのいう多湿常緑樹林よりもさらに狭い範囲である。一方，ベイリーらは，熱帯すなわち南北回帰線のあいだにあって，最低気温が氷点下にならず，年間降水量が1000mm以上の地域にある常緑林および半落葉樹林としている（Bailey et al. 1989）。この条件にあてはまる森林は，ホイットモアのいう熱帯湿潤林あるいはマーティンの4類型全てを含む広い意味での熱帯雨林と一致する。

---

2) ヤムとは，ヤマノイモ科ヤマノイモ属 (*Dioscorea* spp.) の植物のなかで，食用となるものである。日本では，ジネンジョやナガイモが知られている。ヤマノイモ属の植物は，根茎をもち多年生であること，蔓性であること，雌雄異株であること，穂状花序に小さく目立たない花を多数つけること，果実はさく果で，風散布型の翼のある種子をもつこと，などで特徴づけられ，世界中の熱帯から温帯において500－650種が知られている (Burkill 1960; 寺内 1991)。

両者における熱帯雨林が意味するところの相違は，ヘッドランドはかなり雨量の多い熱帯雨林が存在するフィリピンで，ベイリーは一部を除いて年間降水量が3000mmに達しないコンゴ盆地で研究をしてきたことによるものだろう。ワイルドヤム・クエスチョンの学説史的な視点からこの相違について補足しておくと，まずヘッドランドが狭い意味での熱帯雨林における狩猟採集生活の存立可能性について疑義を呈し，ついでベイリーらが広い意味での熱帯雨林においても同様の問題が検証されるべき課題であると主張した，ということになる。

次節以降で言及する研究蓄積の厚いピグミーの4集団が居住する地域における，降水量と熱帯雨林の類型は以下のとおりである。ムブティとエフェが住むコンゴ盆地北東部の年間降水量は，1700－1950mmとなっている（Hart & Hart 1986, Bailey & Peacock 1988）。マーティンの類型にしたがえば，多湿常緑樹林が分布していることになる。一方，アカとバカが住むコンゴ盆地北西部の年間降水量は，1500－1700mmである（Bahuchet 1988; Kitanishi 1995; Yasuoka 2006a）。すなわち，湿潤常緑樹林ないし湿性半落葉樹林が分布していることになる。両地域とも，12月から2月にかけて月間降水量が60mm程度かそれ以下になることが多く，原則として，この時期を乾季，それ以外の時期を雨季と考えてよい。ただし，コンゴ盆地北西部では，年によっては7月から8月に降水量が乾季なみに減少することがあり，現地の農事暦を勘案して，この季節を小乾季とみなすこともある（四方 本書第10章；小松 本書第11章）。

2-3 ▶ ワイルドヤム・クエスチョンをめぐる初期の論争
—— アフリカ熱帯雨林を中心に

コンゴ盆地北東部における狩猟採集生活の生態基盤に対する疑義

本節以降，アフリカ熱帯雨林における研究に焦点を絞って，ワイルドヤム・クエスチョンをめぐる論争の展開を追っていく。ヘッドランドやベイリーらは問題提起のために数多くの研究を渉猟しているが，その大部分が年間を通して完全な狩猟採集生活が可能であることを証明するには十分でない，という文脈で参照されている。つまり，狩猟採集生活が不可能であるという主張を積極的に展開している研究も，また少ないのである。アフリカの例では，T. B. ハートとJ. A. ハートによる研究とベイリーとN. R. ピーコックによる研究にかぎられている。

ハートらは，ムブティが住むコンゴ盆地北東部のイトゥリの森で，野生の果実や種子を中心とする野生食物資源のアベイラビリティに関する研究を行い，その結果，イトゥリの森においてカロリー供給量の多い野生植物の果実や種子は，乾季か

ら雨季の初めにかけての少なくとも 5 か月間は十分な収穫を期待できず，蜂蜜や獣肉など他の野生食物によっても必要なカロリーを賄うことは困難であると指摘した (Hart & Hart 1986)。ハートらによれば，蜂蜜は季節性が強く，またその生産量が相関する蜜源植物の開花量は年変動が大きいことから，他の野生食物が利用できる季節までの安定したカロリー源として期待することはできない。野生動物は年間を通して利用できるものの，長期間にわたってタンパク質をカロリー源として代謝するのは生理学的に問題があり，主たるカロリー源として利用することには無理がある (Speth & Spielman 1983)。野生ヤムは，まばらに分布しており，個々のイモは小さく，採集するのに骨が折れ，不味い，とハートらは述べ，さらに最も重要な点として，野生ヤムは原生林では生育せず，焼畑休閑地など林縁部のかぎられた場所に分布することから，熱帯雨林での狩猟採集生活を支える主たるカロリー源とはならない，と指摘している。以上からハートらは，イトゥリの原生林では近年まで人間が居住していなかった可能性が高いと主張した。

このような食物条件の厳しい季節に，ムブティはどのようにして食物を得ているのだろうか。植物性の野生食物が少なくなり始める乾季のあいだ，ムブティは毎日のように網猟をする (市川 1982)。獲物の半分ほどは近隣農耕民から農作物を得るために用いられ，結果的にかれらのカロリー摂取量の 60% 以上は農作物から得られることになる (Ichikawa 1983)。ヘッドランドやベイリーらの説にしたがえば，ピグミーは，このような形で農耕民との共生関係を構築することによって，熱帯雨林のなかで生活できるようになった，というわけである。

コンゴ盆地北東部に住むもう一つのピグミー系集団であるエフェの食物獲得に関する研究を行ったベイリーとピーコックによれば，エフェはカロリーの 64% を農作物から得ており，野生植物由来の食物は，たかだか 14% のカロリーを供給しているにすぎない (Bailey & Peacock 1988)。農作物のうち，68% が近隣農耕民レッセへの労働提供への対価として，27% が放棄された畑からの採集 (畑の所有者である農耕民にとっては「盗み」であることも多い) によって，7% が動物や果実・種子などとの交換によって得られたものである。ハートらの調査地と比べて野生ヤムが生育しやすい 3 か月程度の乾季が存在する地域で研究がなされたにもかかわらず，エフェの野生ヤム利用に関する言及は特になく，この地域では主たる食物として利用されていないと考えられる。

さらにベイリーとピーコックは，食糧欠乏時におけるエフェの対応の奇妙さについて述べている。1983 年の後半，いくつかの悪条件がかさなり，かれらの調査地域は農作物の不作による著しい食物不足に見舞われた。まず，エフェの労働提供への報酬として農耕民レッセから渡される農作物の量が削られた。しかしエフェたちは，野生食物の探索を増やしつつも，腹をすかせながらレッセの集落近辺にとどまっていた。いよいよエフェにまわってくる農作物が枯渇してくると，かれらは関係の

深いレッセの家にころがりこんだり，農作物にまだ余剰がある別の村へ一時的に移住したりしたのである。ベイリーとピーコックは，このような緊急事態においても，森のキャンプに生活拠点を移して野生食物に依存する生活をしないのはどうしてだろうか，と疑問を投げかける。そして，上述した食物調査の結果とあわせて，たかだか数週間でさえ，エフェは森林のなかで野生食物のみに依存して生活しようとはしないし，これまでもしてこなかったのではないか，そして，そもそもそのような生活は不可能なのではないか，と推測するのである。

コンゴ盆地北西部における野生ヤムのアベイラビリティ

　ヘッドランドやベイリーらによる問題提起を受けて，世界各地の熱帯雨林で狩猟採集社会を研究してきた研究者から様々な反論がよせられた。ここではアフリカの例として，コンゴ盆地北西部に住むアカの研究を行ってきたS.バウシェらの反論を紹介する。かれらは，中央アフリカ共和国南西部に住んでいるアカを対象とした民族誌的研究をふまえつつ，A.ラディックらによる野生ヤムの分布に関する知見にもとづいて反論を展開している (Bahuchet et al. 1991; Hladik et al. 1984)。

　まずバウシェらは，ハートらの研究ではサバンナのような乾燥地域で生育する野生ヤムしか念頭におかれておらず，森林地域に生育する野生ヤムのアベイラビリティが検討の対象から除外されている点を批判している。バウシェらは，コンゴ盆地北西部には森林内でよく生育するタイプの野生ヤムがあると指摘し，森林内におけるそのような野生ヤムのイモの現存量は1ha当たり1－4kgと推定している。アカの平均的な集団が遊動しながら利用する森林は2万5000ha程度なので，その範囲における野生ヤムの現存量を2kg/haとして推算すると，5万kgとなる。

　アカの平均的な集団の構成人数は26人で，多めにみて1日に26kg，年間で9490kgの野生ヤムが収穫できれば，その集団に必要なカロリーを賄うことができる。つまり，野生ヤムの現存量の20％を1年間に消費する程度の利用圧で，必要なカロリーを賄うことができるわけである。もし，全ての野生ヤムを消費しながら移動生活をすると仮定すれば，5年に一度同じ土地に滞在することになる。このインターバルのあいだに野生ヤムの現存量が回復するかどうかが問題であるが，この点については明らかにされていない。しかし，ハートらが考えている以上に野生ヤムが存在していることはたしかであり，バウシェらは，コンゴ盆地北西部においては完全な狩猟採集生活が存立しうる可能性が高いと主張したのであった。

　またバウシェらは，農耕民とピグミーとの共生関係の起源についても言及し，不足しがちな食物を補完するという経済的功利性にのみ依拠して，両者の共生関係が構築されているわけではないことを強調している。実際，農耕民の多くは狩猟や採集の知識と技能を持っているし，ピグミーの多くも今日では農耕の知識と技能を

持っている。しかし，農耕民は，自分たちで動物を獲ることと，ピグミーから獣肉を入手することとでは異なる意味づけをしており，ピグミーもまた，農耕民から農作物を得るのと，自分たちで栽培するのとでは異なる意味づけをしている。だからこそ両者は分業的な共生関係を維持している，というわけである。

このバウシェらの論文は，民族誌的ないし生態人類学的な観点からなされたワイルドヤム・クエスチョンに対する反論のなかで，ベイリーとヘッドランドが最も評価したものであった。ただ，この反論に奇異にみえるところがあるとすれば，それは，野生ヤムに強く依存しているアカの生活実践が実際に観察され，分析されてはいないにもかからず，そのような生活が生態学的に実現可能であると推定する議論の展開によるものであろう。そもそも，生態人類学の観察と分析の対象となってきたのは，どのような食物資源を，いつ，どこで，どれだけ，どのように獲得し，消費しているかという，人びとの生活実践であり，その範囲をこえて特定の食物資源のアベイラビリティが実験的に検証されることは，ほとんどなかったのである。バウシェらにしてみれば，想定外の批判に対して，ありあわせのデータを用いてブリコラージュ的に反論した，といった手合だったのではないだろうか。

ベイリーとヘッドランドによる再反論

ワイルドヤム・クエスチョンへの数々の反論に対して，ベイリーとヘッドランドは再反論を行った。そのなかでベイリーとヘッドランドは，反論の根拠となっているデータの大部分が定量的データによる裏づけの乏しい逸話的なもので，修辞的な立論に終始していると批判している（Bailey & Headland 1991）。たしかに，ワイルドヤム・クエスチョンは研究の展開を促すための一種の帰無仮説と考えるべきであり，それに対して熱帯雨林において狩猟採集生活が存立不可能であるという証拠もないではないかと反論しても不毛である。しかし，少なくともアフリカ熱帯雨林における問題に関しては，バウシェらが定量的なデータにもとづいた議論を展開したことで，論点が明確になったといえる。そこで，ここではベイリーとヘッドランドの再反論を吟味しながら，新しい論点を整理しておこう。ただし，バウシェらに対する再反論にひきよせて論点を整理しているため，ベイリーとヘッドランドの論文の構成とは必ずしも一致していない。

第一に，バウシェらが依拠している野生ヤム分布の推定は，アフリカ熱帯雨林におけるほとんど唯一の定量的データとして価値があるとはいえ，調査区の規模が数haと小さく，より広域における野生ヤムの分布を知るための端緒にすぎない。少なくともコンゴ盆地北西部全域に外挿できるような高精度の推定を得るためには，緻密な計画にもとづくさらなる研究が必要である。

第二に，バウシェら自身も指摘していることであるが，上記の利用圧のもとで野

生ヤムが枯渇してしまうことはないのだろうか。かりに野生ヤムの現存量は十分であるとしても，それを探し，掘り出し，キャンプへ持ち帰り，料理する，といった一連の作業に要する労働量を勘案したうえで，なお野生ヤムに依存する生活が存立可能だろうか。短期間には可能だとしても，年間を通して継続可能だろうか。また農耕民との接触以前のように，鉄器がない条件でも可能だろうか。こういった疑問点に答えるためには，野生ヤムに依存する生活におけるカロリー収支に関する実験的な研究が必要である。

第三に，バウシェらの調査地に野生ヤムが十分に存在しているとして，そこは真正な熱帯雨林といえるのか。ハートらがいうように，野生ヤムは主として焼畑休閑地に生育しているのではないか。また現在その場所が森林だからといって，過去の農耕活動の影響が皆無であるといえるのか。この疑問に答えるためには，農耕活動（ベイリーとヘッドランドによれば，栽培植物であれ半栽培段階の植物であれ，それらの生育を補助する明確な意図のもとでの森林伐開をともなう活動）およびその痕跡が存在しない熱帯雨林を対象として，野生ヤムや野生食物資源のアベイラビリティを検証しなければならない。

これらの論点のうち，第一と第二の論点は検証可能な問題であり，十分な研究資本さえあれば着実な進展が期待できる。実際，コンゴ盆地北西部に住むバカを対象として，佐藤弘明らによる研究が進められている（佐藤 本書第7章）。それに対して第三の論点は，このままの形では現実的に検証困難であり，反論のための反論にしかなっていない。このような，物語の前提を崩すことがもっぱらの目的であるかのような「ポストモダン的レトリック」の不毛を回避するためには，ワイルドヤム・クエスチョンの問題設定を修正する必要があるだろう（Headland 1997）。次の2-4節では第一と第二の論点，2-5節では第三の論点を取りあげ，ワイルドヤム・クエスチョンのさらなる展開を追っていく。

2-4 ▶ ワイルドヤム・クエスチョンの展開
—— アカとバカの生態人類学的研究から

アカの食物獲得の季節性

ワイルドヤム・クエスチョンをめぐる初期の論争が一段落したころ，それまでコンゴ盆地東部に偏っていた日本の生態人類学者がコンゴ盆地北西部でも研究を開始し，アカやバカの食物資源の利用に関する定量的データが蓄積され始めた。特に北西功一は，コンゴ共和国北東部に住んでいるアカの食物獲得の季節変化について詳細な記述と分析を行っている。ただ，北西はワイルドヤム・クエスチョンに直接反

論するような形で論考を進めているわけではないので，ここでは北西のデータを筆者が再解釈しながら，ワイルドヤム・クエスチョンへのインプリケーションを引きだしてみたい。

　北西によれば，森のキャンプに滞在しているあいだアカは1日1820kcal（大人ひとりに換算して1日当たり。以下同様）を摂取しており，うち82%，つまり1490kcalを野生の動植物から得ている（Kitanishi 1995: 116-117）。野生食物のうちわけは多い順に，野生動物27%，農作物（再野生化したアブラヤシを含む）22%，野生ヤム17%，野生果実17%，蜂蜜15%，その他2%である。

　北西が調査を実施した6か所のキャンプが設けられた時期は，1年の季節変化，すなわち乾季，雨季前半，雨季後半それぞれに相当する期間を含んでいることから，年間を通しての食物資源のアベイラビリティを検討することができる。そのなかで注目すべき点は，野生ヤムと野生果実は季節性が小さいのに対して，野生動物と蜂蜜，そして農作物の季節性が大きいことである。野生ヤムと野生果実は年間を通してあわせて700kcalに相当する量が収穫されているのに対して，野生動物は120-1200kcal，蜂蜜は0-730kcal，農作物は0-1250kcalと，大きな季節的変異を示している。

　それでは，これらの野生食物の収穫が減少するのはいつだろうか。まず野生動物に関していえば，北西の調査地のアカが主たる猟法としている罠猟は，効率に関しては季節的な制約はほとんどないと考えられるので，捕獲量の変動は季節性というよりも，かれらの狩猟に対するモチベーションやキャンプ地周辺の動物の密度の変異なども含めた，狩猟活動に内在する偶発性あるいは不確実性と考えたほうがよいだろう。蜂蜜は，乾季末期から収穫がはじまり，雨季前期に収穫量が最大になって雨季後期まで収穫されている一方で，雨季末期から乾季には，ほとんど収穫されていない。農作物は，年間を通して利用可能なので，野生動物と蜂蜜の収穫量が少ないときに不足分を補う役割を果たしていると考えられる。また消費量の大小は，キャンプと定住集落との距離にも関係する。

　野生果実も年によっては収穫が減少する場合がある。北西が調査を行った6か所のキャンプのうち5か所ではアカは大量の野生果実を収穫し，350-550kcalを獲得した。そのうち重量にして86%が，イルビンギア（*Irvingia gabonensis*）の果実の仁（イルビンギア・ナッツ）である。しかし，1992年の雨季後期のキャンプでは，イルビンギア・ナッツの収穫が極端に少なくなっている。この原因として北西は，イルビンギア・ナッツの生産量には年変動が大きい可能性を指摘している。つまり，イルビンギア・ナッツの果実の生産量が少ない年の場合には，雨季末期から乾季になると食べつくされてしまう可能性があると考えられる。その場合には，翌年の雨季中盤まで野生果実にカロリー供給を期待できないことになる。

　以上をまとめると，野生ヤムと野生果実に加えて蜂蜜が収穫できる季節には，野

生動物の収穫には不確実性があるとはいえ，アカに必要なカロリーを野生食物資源のみによって賄うことができそうである。しかし，雨季末期から乾季には蜂蜜の収穫量が減少し，年によっては野生果実も収穫できない可能性がある。そのとき，野生動物が大量に捕獲できればよいが，そうでなければ農作物に頼らねばならない。ここまでは，コンゴ盆地北東部において野生食物のアベイラビリティを検証したハートらの指摘と，ほとんどかわらない（Hart & Hart 1986）。

しかしコンゴ盆地北西部には野生ヤムがある，とバウシェらが反論したことは，すでに述べた。北西のデータによれば，蜂蜜の収穫量が少なくなる雨季後期から乾季にかけては，野生ヤムの一種である *Dioscorea semperflorens* が大量に収穫できるため，野生ヤム全体の収穫量が増加している。カロリー供給量は，180-350kcal の範囲で比較的安定している。問題は，農作物によって補充されているカロリーを，野生ヤムによって代替することができるかどうかである。

北西によれば，蜂蜜や野生果実のアベイラビリティが減少する雨季末期から乾季を経て雨季初期に設けられたキャンプにおいて，アカは，農作物を除けば 1000-1500kcal に相当する野生食物を獲得している。アカの平均体重を45kgとして，1日に必要とされる 2250kcal（Bailey & Peacock 1988）に到達するためには，750-1250kcal に相当する野生ヤムを，上記の量に加えて収穫しなければならない。ただし，1250kcal 相当の野生ヤムの追加を要する結果となったのは，期間が1-2週間と短く，野生動物の捕獲が特に少なかったキャンプであり，狩猟の成果が平均化する長期間のキャンプであれば，750kcal 相当の追加で十分だろう。

したがって，蜂蜜や野生果実のアベイラビリティが減少する乾季から雨季の初めに，すでに収穫されている分とあわせて 1000kcal に相当する野生ヤムの収穫があれば，年間を通して完全な狩猟採集生活ができる，ということになる。ちなみにバウシェらが考えた野生ヤムの必要収穫量も，ほぼ同じである（Bahuchet et al. 1991）。

カメルーン東南部における野生ヤムのアベイラビリティ

カメルーン東南部，ガボン北東部，コンゴ共和国北西部に住むバカは，アカとならんでコンゴ盆地北西部の代表的なピグミー系集団である。日本人研究者によるバカの研究は，まずコンゴ共和国北西部で1987年から佐藤弘明らによって開始され，1990年代に入ってカメルーン東南部に展開している。ここでは，まず野生ヤムの生態学的特徴について整理し，ついで佐藤による野生ヤムの分布に関する研究をとりあげる。

カメルーンの森林地帯には15-17種のヤマノイモ属の植物が自生しており，その多様性はアフリカで最も高い（表2-1）。バカが住んでいる地域には14種が自生し，バカは，そのうち *D. praehensilis*，*D. semperflorens*，*D. mangenotiana*，*D.*

表 2-1　バカが居住するカメルーン東南部に分布しているヤマノイモ属の植物（*Dioscorea* spp.）の特徴

ラテン名	バカ語名	生育環境	蔓の生活型	イモの生活型	主たる繁殖方法	バカの利用頻度
D. burbifera L.	ndíá mbòke	林縁	1年	1年	珠芽・種子	非食
D. dumetorum (Kunth) Pax	ndíá ɓɛŋɓɛ	林縁	1年	多年	珠芽・種子	非食
D. sansibarensis Pax	ndíá pàmɛ̀	林縁	1年	多年	珠芽・種子	非食
D. preussii Pax	ŋɛ ndíá	林縁	1年	多年	珠芽・種子	非食
D. hirtiflora Benth.	ʔè sɛ̀ŋgɛ̀	林縁	1年	1年	珠芽・種子	まれ
D. praehensilis Benth.	sapà	森林内〜林縁	1年	1年	種子	極高
D. semperflorens Uline	ʔè sùmà	森林内〜林縁	1年	1年	種子	極高
D. mangenotiana Miège	ba	森林内	2年	多年	種子	高
D. burkilliana Miège	kɛ́kɛ	森林内	多年	多年	種子	高
D. sp.	ɓoli	森林内	多年	多年	種子	まれ
D. minutiflora Engl.	kuku	森林内	多年	多年	匍匐茎	低
D. smilacifolia De Wild. and Dur.	ɓalɔ́kɔ́	森林内	多年	多年	匍匐茎	低
D. sp.	njàkàkà	森林内	多年	多年	匍匐茎	低
D. sp.	ʔè pàngɛ	森林内	多年	多年	匍匐茎	まれ

注：Hladik & Dounias 1993, Hamon et al. 1995, Dounias 2001, Yasuoka 2009a をもとに作成。

burkilliana を頻繁に採集して食べる（Yasuoka 2006a, 2009a）。ここまでヤマノイモ属の食用種を野生ヤムと一括して言及してきたが，これらの野生ヤムは，1年周期で蔓をつけかえるか，多年ないし不定期で蔓をつけかえるか，それにともなってイモがどのような周期で肥大・縮小するかで，二つのタイプにわけることができる。野生ヤムのアベイラビリティを考えるとき，両者を区別して考えると分かりやすい。

　D. praehensilis と *D. semperflorens* は1年ごとに蔓をつけかえる。ここからは，この2種を一年型ヤムと呼ぶ。一年型ヤムは，雨季が始まるとイモの養分をつかって蔓をのばし，葉を広げて光合成をする。光合成でつくられたデンプンは，下方へ垂直にのびるイモに再び貯蔵される。そして雨の少ない乾季になると，蔓などの地上部を枯らすのである。こうして季節変化に同調してイモが一斉に肥大したり，縮小したりするので，雨季の終わりころから乾季にかけてイモが最も肥大する（McKay et al. 1998）。なお，カメルーン東南部では，乾季は12月から2月頃まで，雨季は3月から11月頃までである。このような1年周期のサイクルをもつ野生ヤムは，一般にサバンナ地域に広く分布しているが，この2種だけ例外的に森林地域に分布している（Dumont et al. 1994; Hamon et al. 1995）。

　D. mangenotiana や *D. burkilliana* などバカの食用となる多くの野生ヤムは，複数年ないし不定期で蔓をつけかえる。*D. mangenotiana* の蔓は2年生で，太く直立して林冠までのびる。地下部は多年生で，巨大な木質の部位をもっており，その下にある食用となる部分を動物の食害から物理的に保護している。*D. burkilliana* は

多年生の蔓とイモをもち，イモの肥大・減衰のサイクルは不定期である。地表近くにある木質部から下方に細長くのびでた器官の先端がふくらんで塊になっており，ここが食用となる。不定期の生活型をもつのは，倒木などの偶発的な植生の攪乱にすぐさま反応して蔓や葉をのばして光合成をするというやり方で，森林環境に適応したのだと考えられている（Hladik et al. 1984)。ここからはこの2種および同様な性質をもちバカの食用となる他の野生ヤムを，多年型ヤムと呼ぶ。多年型ヤムは，一年型ヤムと比べて収穫期の偏りがなく，年間を通して利用できる。

さて，カメルーン東南部の熱帯雨林において野生ヤム分布の研究を行った佐藤は，1ha当たりの野生ヤムの現存量を，林冠の閉じた場所では5.8kg，焼畑跡地の二次林を含む林冠の開いた場所では18kgと推定している（Sato 2001)。この結果は，1ha当たり1-4kgとするラディックらの研究（Hladik et al. 1984）よりも，大きな数値を示している。さらに，佐藤のデータのなかで注目すべき点として，林冠の閉じた場所で重量比にして73%，林冠の開いた場所で55%を，多年型ヤムの *D. burkilliana* が占めていることを挙げておく。

この研究にひきつづいて佐藤は，かれが研究拠点とするバカの定住集落から25kmほど離れた森のなかにある丘の0.7ha程度の頂に，一年型ヤムの *D. praehensilis* が群生している場所があることを報告している（Sato 2006)。そこでは，1ha当たりに換算して118kgの *D. praehensilis* が存在すると推定されている。このような野生ヤムの集中分布についてはこれまで報告がなく，貴重なデータである。ただし，このような群生地が，どのようにしてつくられたのか，カメルーン東部一帯の森林のなかでどのような分布を示すのかについては，いまだ解明されておらず，今後の課題である。

佐藤によって，少なくとも1ha当たり数kg以上の野生ヤムが存在することが，ラディックらにつづいて確認されたことは，コンゴ盆地北西部における野生ヤムの分布の，たしかな推定へと近づいているといえる。ただし，このようなやり方で野生ヤムの分布を推定したとしても，探索に必要な時間や収穫の労働量を考慮したうえで，継続的に，十分な量の野生ヤムを採集できるのか，という疑問が生じることは，どうしてもさけられない。この疑問を払拭するためには，実際に継続的に野生ヤムを採集しながら生活している事例を提示すればよい。

バカの長期狩猟採集生活（モロンゴ）

バカは，モロンゴと呼ばれる，乾季を中心として数か月にわたる長期狩猟採集生活を行う（Yasuoka 2006a)。そこでは野生ヤムを中心とする野生食物のみによって，ほぼ全ての食物が賄われる。2002年2月から4月にかけて，すなわち乾季中盤から雨季初めころにかけて行われた，筆者が同行したモロンゴは，89人が参加

し，73泊の行程であった。一行は，定住集落を発った後，いくつかの短期滞在キャンプを経て，定住集落から40kmほどのところで43泊した。その長期キャンプでは，大人ひとり当たりに換算して1日2390kcalに相当する食物を獲得した。うちわけは多い順に，野生ヤム1572kcal（全体の65％），野生動物604kcal（25％），蜂蜜183kcal（8％），野生果実その他31kcal（2％）であった。野生ヤムの全収穫量の95％以上を一年型ヤムが占めていた。先ほど北西の研究から，蜂蜜や野生果実のアベイラビリティが減少する乾季から雨季の初めに1000kcal相当の野生ヤムが収穫できるならば，アカは年間を通して完全な狩猟採集生活をおくることができるという結論を得たが，このモロンゴの事例は北西のデータに欠けていたピースにぴたりと一致している。

さらに筆者は，調査村の人びとへのインタビュー調査と，過去にかれらがキャンプを設けた場所を踏査した結果をもとに，人口約150人の調査村の人びとが優先的に利用する森林を1000km^{2}と推定した（Yasuoka 2006a）。もちろん，この範囲にまんべんなくモロンゴの食生活の基盤となる一年型ヤムが存在しているわけではない。人びとの話では，その範囲のなかに，一年型ヤムの群生地が集中的に分布している地域が3か所あり，それぞれに上記のモロンゴの数回分を支えられるだけの一年型ヤムの群生地があるという。それらを年ごとに使いわけることによって，継続的にモロンゴを実施できるのである。

したがってモロンゴの事例は，コンゴ盆地北東部で疑問視されていた乾季から雨季初期における狩猟採集生活が，カメルーン東南部の熱帯雨林では存立可能であることを示している。また雨季には，多年型ヤムだけでなく，蜂蜜，野生果実の収穫が期待できることから，年間を通して完全な狩猟採集生活を実施できる可能性が高い。さらに近年，佐藤を中心とする研究チームが，栄養学的・生理学的な観点にも注目しつつ，実験的な方法をとりいれて，バカの狩猟採集生活におけるカロリー収支に関する研究を進めており，それによると，栄養学的な観点からみても，バカが実施している野生ヤムに依存する狩猟採集生活は問題がないとされている（佐藤ら2006；佐藤 本書第7章）。

モロンゴの事例で特に強調しておきたいのは，完全に野生食物資源に依存しているにもかかわらず，バカは，定住集落での生活と同程度か，より多くのカロリーを獲得できているということである。ワイルドヤム・クエスチョンに対する当初の論争において，反論者は，熱帯雨林はそれまで考えられていたよりも豊かではないかも知れないが，と譲歩しつつ，不可能とはいえない，という形で反論を展開していたが，モロンゴの例は，むしろそれまで考えられてきた以上に，熱帯雨林における狩猟採集生活が豊かである可能性を示唆しているのである。

モロンゴを，このように農耕生活にまさるともおとらない豊かな生活であらしめているのは，一年型ヤムである。もっとも，バカが最も多く収穫する*D.*

praehensilis は，アカの住むコンゴ共和国北東部にはあまり分布していないようなので (Kitanishi 1995)，直ちにアカについても同じ結論を得られるわけではない。また，コンゴ盆地北東部のイトゥリの森では，ムブティやエフェが，バカのモロンゴのような形で野生ヤムを大量に収穫していることは，これまでの研究では言及されていない。いずれにしても，一年型ヤムのアベイラビリティの大小は，ピグミーのそれぞれの集団において，食生活や居住場所，集団構成の季節変化，農耕民との共生関係の構築のされ方などを含む，かれらの生活と社会の編成全体に影響を及ぼすことは間違いなく，そのアベイラビリティの地域ごとの変異を明らかにしていくことは，ピグミー研究における今後の中心的な課題の一つであろう。

2-5 ▶ ワイルドヤム・クエスチョンを組み替える
—— 歴史生態学の視座から

歴史生態学の視座

　2-3節では，ベイリーとヘッドランドによる再反論の論点を三つ挙げた。本節では，その第三の論点，すなわち現在の熱帯雨林で狩猟採集生活が存立可能だとして，その森林が真正な熱帯雨林であるといえるのか，という問題について，歴史生態学の視点に依拠しながら批判的に論じ，その問題構制の組み替えを試みる。歴史生態学は，人類学の一つの研究領域であり，人間と環境の相互作用を，地域的，社会的，生物学的なコンテクストをふまえながら，総合的に理解することを目的とする。関心の比重が，生態景観にあるか，人間の生活実践にあるか，という相違はあるものの，自然と人間との関わりを主たる研究対象としてきた生態人類学の関心と大きく重複しているといえる。

　W. バレーは，歴史生態学的研究の前提となるコンセプトとして，以下の四点を挙げている (Balée 1998b)。第一に，人間以外の生物の生活圏の，全てではないにしてもかなりの部分が，人間活動の影響を受けてきたこと。第二に，人間活動は，必ずしも人間以外の生物の生活圏の劣化や，それらの生物の絶滅を引き起こすわけではないこと。第三に，人間社会の政治，経済などの仕組みが変われば，同じ地域における生物種の豊富さやそれらの生活圏に対して異なる影響を及ぼすこと。第四に，人間の地域社会とその文化は，かれらが長年のあいだ関係をもってきた人間以外の生物の生活圏とともに，地域の生態景観 (ecological landscape) として理解できること。こういった視点から，歴史生態学の研究では，人間活動の増大にともなって森林形成が促進されたり，生物種の多様性が増加したり，さらにその多様性を土台とした豊かな生態学的知識が形成される，といった事象が研究対象となってきた（市

川 2003；本書第1章）。

　このような歴史生態学の視点に立てば，ピグミーや農耕民が長らく住んできた熱帯雨林を，過去から不変のものとして想定することはできなくなる。人びとの食物資源を提供する熱帯雨林環境は，人びとの生活実践との相互作用のもとで，たえず変容していると考えなければならない。ワイルドヤム・クエスチョンの文脈に即していえば，野生ヤムのアベイラビリティの増大にさいして，ピグミーあるいは農耕民の関与が，直接的なもの間接的なものを含めて，どの程度あったのかを問わねばならないということである。

野生ヤムの擬似栽培

　カメルーン東南部でバカの野生ヤム利用に関する民族植物学的研究を行ったE. ドゥニアスは，バカが野生ヤムを採集したあと，蔓がついているイモの頭部に一定量のイモを残したまま埋め直す行為を通して，植物体を殺してしまわないように配慮していることを指摘している（Dounias 1993, 2001）。この行為がなされるのは，一年型ヤム（*D. praehensilis* と *D. semperflorens*）と，多年型ヤムのなかでも特に大きなイモを収穫できる *D. mangenotiana* である（筆者の観察によれば，*D. burkilliana* の場合にも埋め直しをすることがある）。再生したイモから期待できる収穫量は前年の80%程度になるため，持続的な利用のためには2-3年の間隔をあける必要がある。この行為を施した野生ヤムには所有権が認められており，それが相続されたり，婚資として譲渡されたりすることもあるという。

　ドゥニアスが強調するのは，この行為は，やがて完全な栽培へと移行するproto-cultivation（原栽培）ではなく，栽培に近似しているけれども決して完全な栽培に至ることのないpara-cultivation（擬似栽培）だということである。両者を峻別する点としてドゥニアスは，擬似栽培には，別の場所に移植する行為が欠落していることを指摘している。つまり，移動生活を継続するなかで，たまたま同じ場所を訪れたときに，再び採集するにとどまるというわけである。さらにドゥニアスは，擬似栽培は，野生ヤム以外にも，あるいはピグミーにかぎらず，熱帯雨林の様々な食物資源とそこに住む人びとのあいだに見られるのではないかと述べている（小松 本書第11章，安岡 本書第8章も参照）。

　ドゥニアスのこの見解をふまえたとき，上述したモロンゴの食生活の基盤となっていた一年型ヤムのアベイラビリティの歴史的な変化の過程は，どのように理解できるのだろうか。一年型ヤムの集中分布地は，まったくの野生状態で形成されたと考えてよいのだろうか。あるいは，継続的な人間の関与のもとで一年型ヤムが分布を広げてきた可能性はないのだろうか。

野生ヤムの分布様態と人間活動

　これまでの一年型ヤムの分布密度に関する研究では，その分布密度は，多年型ヤムと同程度かそれ以下と推定されている（Hladik et al. 1984; Sato 2001）。しかし，一年型ヤムが，ある傾向をもって分布しているとすれば，森のなかにランダムあるいは規則的に設置した調査区での出現数から推定された分布密度は，人間にとっての食物資源としてのアベイラビリティと相関するとはかぎらない。資源が集中分布する地域をすでに知っている人びとにとっては，その地域のなかでの分布密度が資源を探索する労力に関係するからである。実際に筆者が調査を行った村の人びとが一年型ヤムを採集に出かける地域に設置した調査区では，一年型ヤムが高頻度で出現する（Yasuoka 2009a）。だからこそ，かれらは定住集落から40kmも離れた地域にまで，モロンゴに出かけるのである。

　さらに筆者は，一年型ヤムがよく生育するのは林冠の開けた明るい場所，つまり林冠ギャップであること，そして調査地域にあまねく分布するギャップと比べて，一年型ヤムの分布には偏りがあることを明らかにした。したがって，一年型ヤムは，攪乱環境を好む一方で，その分散能力は，新しくできた攪乱地を次々とコロナイズしていくような典型的なパイオニア植物ほどには強くないと指摘した（Yasuoka 2009a）。ただし，ここでいくつかの疑問が生じる。第一に，どうして一年型ヤムは，森の奥深くに分布しているのだろうか。第二に，開けた場所に生育しやすいとすれば，定住集落周辺の焼畑休閑地などに集中分布があってもよいのではないだろうか。

　第一の疑問については，ドイツ統治時代の1910年に作成された地図にヒントがある。その地図には，モロンゴの長期キャンプが設けられた地域に，農耕民の集落とみられる記号が記載されている。実際に集落跡を訪れたところ，一年型ヤムの群生はみられず，またこの地域に住む農耕民が野生ヤムを採集するのは稀であることから（大石『社会誌』第7章），モロンゴのキャンプ周辺の野生ヤムが農耕民によって意図的に植えられた可能性は低いと考えられる。しかし，上述した擬似栽培の例を勘案すると，農耕民の存在や，そこに出入りしていたバカの存在が，一年型ヤムの集中分布に何らかの影響を及ぼした可能性は高い。いずれにしても，一年型ヤムは，人為的に攪乱された環境において生育しやすい，いわゆる「人里植物」のような性質をもっていると考えられる。

　次に第二の点についてである。現在の村落は，第一次世界大戦後のフランス統治時代に，森のなかの小集落から人びとが移住してきたものである。畑の開墾とともに移動していたかつての集落と比べて人口が集中しており，集落周辺の人口密度は大きい。一年型ヤムに対しては，擬似栽培のような保護行為がなされているとはいえ，遺伝的な変異をともなう品種改良がなされているわけではなく，あくまで野生

種である。したがって，人口集中地域では採集圧が超過してしまい，すぐに枯渇してしまうと考えられる。筆者が参加したモロンゴで，定住集落に一年型ヤムをもちかえり移植を試みた例があったが，畑に移植したとしても，再生産を繰り返して群生地を形成するのは容易ではない。この点において，バカの野生ヤム利用は完全な栽培に至ることのない擬似栽培である，というドゥニアスの指摘は的を射ている。

さらに両者に関連する要因として，植生のちがいがある。一年型ヤムの集中分布地域と定住集落周辺にて植生調査を行った結果，両者ともに常緑樹林と半落葉樹林の混交ではあるものの，前者では半落葉性が強く，後者では常緑性が強いことが分かった (Yasuoka 2009b)。一年型ヤムは明るい環境を好むので，当然，明るい環境が相対的に多い半落葉樹林でよく生育するはずである。また，林床における光条件が悪い常緑樹林では，新しい林冠ギャップに首尾よく進出したとしても，その後，成長力の強いパイオニア植物に遅れをとってしまうのだと考えられる。

それでは，半落葉性の強い森林が形成される過程において，人間の関与はなかったのだろうか。カメルーン東南部の森林は常緑樹林と半落葉樹林がモザイク状に混在しており，そのうち半落葉樹林には光環境の良いところでよく生育する *Triplochiton scleroxylon*（アオギリ科）や *Entandrophragma cylindricum*（センダン科），*Terminalia superba*（シクンシ科）などの半落葉性かつ二次林性の高木が出現する (Letouzey 1985; 中条 1992; Yasuoka 2009b)。中条は，それらの高木の下には同種の樹木がほとんどないことを指摘し，ほんらいなら植生遷移の進行とともに，これらの樹種は姿を消していくはずだと述べている。それにもかかわらず，半落葉の樹種が卓越する森林が，常緑樹林と混交しつつ，カメルーン東南部にモザイク状に分布していることから，中条は，このような植生景観が形成される過程において焼畑や集落の造成など大規模な森林伐開が関与してきたのではないかと指摘している（中条 1992）。上述したように，一年型の生活サイクルをもつ野生ヤムは，一般に，サバンナ地域に分布しているにもかかわらず，バカが大量に収穫する一年型ヤムの2種のみが森林地域にも広く分布している。もし中条の主張が一般的に成立するのであれば，半落葉樹林の拡大への関与という形で，人間活動が，一年型ヤムの分布拡大に対して間接的に寄与してきた可能性があるだろう。

ここまで歴史生態学の視点を導入しながら，ワイルドヤム・クエスチョンの問題構制の組み替えの方向性を探ってきた。それによって明らかになったのは，年間を通した完全な狩猟採集生活が可能かどうかを問うワイルドヤム・クエスチョンは，農耕と狩猟採集との峻別を強調しすぎていたということである。ドゥニアスは「擬似栽培」と呼んでいるが，人間と食物資源との広い意味での「半栽培」的な関係，つまり植生攪乱のような間接的な関与も含めて，農耕と狩猟採集との中間領域に位置づけられるような利用のしかたこそが，熱帯雨林における食物資源を有効に活用するのに適しているのではないだろうか（安岡 本書第8章も参照）。このような観点

から，ピグミーだけでなく，農耕民をも視野にいれて，コンゴ盆地における食物資源のアベイラビリティの変化の過程について再検討していく必要があるだろう．

2-6 ▶ 森と人のポリフォニー

　ここまで生態人類学的なアプローチに焦点をあてつつ，ワイルドヤム・クエスチョンをめぐる議論の展開を追ってきたが，考古学的なアプローチからも重要な知見が得られている．J. メルカデルらは，カメルーンから赤道ギニア，およびコンゴ盆地東部のイトゥリの森で考古学的調査を行い，その結果，それぞれ3万5000年前および1万8000年前から，断続的に現在に至るまでの遺跡が発掘されたのである（Mercader 2003a）．

　考古学的研究の強みは，そこに人間生活がたしかに実在していたという，直接的で有無をいわさぬ証拠を提示できることにある．ただし，メルカデルらの研究においては，当時の人びとが何を食べていたのかという点についての十分な考古学的な証拠は得られておらず，生態学や生態人類学の知見を援用しながら，野生の果実類や獣肉などを候補として挙げるにとどまっている．

　人間生活の遺跡を観察対象とする考古学的研究と，人びとの生活実践を観察対象とする生態人類学的研究は，過去と現在という時間軸上において相補的関係にある．しかしながら，両者の知見を何の媒介もなく接合させることは難しい．たとえ空間的な立地が同じであっても，過去の熱帯雨林と現在の熱帯雨林とを同一の環境とみなすことはできないからである．

　古生態学的な研究によれば，中南米や東南アジアと比べてアフリカ大陸の熱帯雨林は地球規模の気候変動の影響を受けやすく，最終氷期末の最も寒冷で乾燥が著しかった1万年前から1万2000年前には，その分布域が著しく縮小して，コンゴ盆地の大部分は植生のまばらなサバンナやステップになっていたという（門村 1992）．このとき森林は，カメルーンからガボンのギニア湾岸，コンゴ盆地東部，コンゴ川水系の湿性地，西アフリカのシエラレオネなど比較的降水量が多い，いくつかの地域にのみ避難地（refuge）として残存していたと考えられている．1万年前頃からは気候が温暖化・湿潤化し，8000年前頃には現在よりも広い地域が熱帯雨林に覆われていた．その後，4500年前から現在に至る再度の寒冷化・乾燥化によって，熱帯雨林の分布は縮小する傾向にある，というのが現状である．なお，上述したメルカデルらの発掘は，最終氷期末に熱帯雨林が残存していたと考えられている地域で行われている．

　このような熱帯雨林の分布の歴史的な変遷は，そこに住む人間の生活にも大きな影響を及ぼしてきた可能性が高い．J. マレは，一時的に気候の乾燥化の度合いが増

し，コンゴ盆地の森林の内部にモザイク状にサバンナが形成された時期と，コンゴ盆地各地の遺跡で鉄器と土器がみつかり始める時期が，ともに 2500-2000 年前で一致していることから，この時期の気候変動にともなう森林の退縮が，バントゥー系農耕民がコンゴ盆地へ進入していくバントゥー・エクスパンションの契機になったのではないかと指摘している（Maley 2001）。

　完全な狩猟採集生活の存立可能性を検証するというワイルドヤム・クエスチョンの当初の問題構制にこだわりすぎてしまうと，このような熱帯雨林そのものの変容や，それに対応して変容してきた人びとの生活実践のダイナミズムを，非真正なものとして軽視することになりかねない。このとき前節で述べた歴史生態学の視点を導入することで，問題を矮小化してしまう事態を回避し，さらに魅力的な研究の枠組みを構築することができると筆者は考えている。

　ただし，やっかいな問題がある。人びとの生活実践と，それをとりまく熱帯雨林環境との，様々な形の相互作用を十全に理解するためには，いくつもの時間スケールをまたぎながら，研究を進めていかなければならない。問題は，準拠する時間スケールが異なれば，対象の性質を不変とみなすことができたり，できなかったりするということである。たとえば日常生活のなかでのバカの野生ヤム採集の分析をするときと，数千〜数万年におよぶ森林の拡大・縮小のなかでの野生ヤムの分布拡大の過程を検討するときでは，野生ヤムの遺伝的形質の変異や種分化の可能性に対して異なる配慮が必要である。また，現在生きている人びとにとっては，森林が常緑樹林であるか半落葉樹林であるかは所与の条件と考えてよいが，数百〜数千年スケールでの野生ヤムの分布拡大について検討するときには，森林の恒常性を前提とすることはできない。もちろん，一つの論文においてとり扱われるような個別の対象については，適切な時間スケールを設定することで，十分に精密な分析を施すことができる。しかし，準拠する時間スケールにともなってその真正性がゆらぎ，さらに大きく相互作用する複数の対象を一体のものとして把握しようとするとき，対象と時間スケールを限定することで分析の精密性を担保する科学的方法は，とたんに無力になる（百瀬 2005）。

　この難題を克服することは，すなわち，いくつもの時間スケールを往還しながら，森棲みの人びとの生活と社会の編成の過程と，食物資源のアベイラビリティの変化との相互作用，さらにそれらをとりまく熱帯雨林環境との相互作用を，ひとまとめに捉え，森と人の関係を厚く重層的に記述するということである。それは，異なるリズムをもつ歌声が折り重なり一体となって響きわたる，ピグミーのポリフォニーの合唱に，どこか似ているのではないだろうか。濃緑のイトゥリと，淡緑のカメルーンでは，森と人のポリフォニーの響きは，やや異なっているのかもしれない。農耕という攪乱的な声によって，ポリフォニーの響きが転調したこともあっただろう。商業伐採の轟音と，人びとを森から排除する国立公園がもたらす沈黙は，今後

どのような変化をもたらしていくのだろうか。ピグミーの生活や社会，そして熱帯雨林の生態景観のあり様が，さまざまなスケールにおける森と人との関係が折り重なったポリフォニーであるとすれば，我々の観察と記述の方法も，しぜんにポリフォニー的になっていくにちがいない。

第3章

小松かおり

中部アフリカ熱帯雨林の農耕文化史

3-1 ▶ アフリカの農耕文化

　サハラ以南のアフリカには，非常におおまかにいえば，二つのタイプの農耕文化が存在する。穀類の生産を中心としたサバンナ型の農耕と，根栽作物の生産を中心とした熱帯雨林型の農耕である。熱帯雨林型の農耕は，西アフリカのギニア湾岸地帯からコンゴ盆地，ビクトリア湖周辺まで広がり，サバンナ型の農耕は，それを取り囲むように広がっている。

　これらの農業の原型は，中尾佐助によって「スーダン農耕文化複合」と「ギネア（ギニア）農耕文化複合」[1]と名づけられた，アフリカが独自に作り上げた農耕文化であると考えられる（中尾 1993）。「スーダン農耕文化複合」は西アフリカの大西洋岸からチャド，さらには東アフリカに至る，サハラ砂漠と熱帯雨林地帯にはさまれたベルト状のサバンナ地帯で起こったと考えられる農業で，トウジンビエや各種のソルガムといった穀類，ササゲ，ゴマ，オクラ，ヒョウタンなど西アフリカ起源の多くの植物を栽培化した。それに対して「ギニア農耕文化複合」は，「スーダン農耕文化複合」の影響を受けて，西アフリカの海岸沿いの熱帯雨林に発達した農耕文化であり，各種のヤムイモ[2]と，アブラヤシ，コーラなどを栽培化した。

　現在，アフリカのサバンナやウッドランド各地では，西アフリカ原産の作物や，エチオピア起源のシコクビエに加えて，中南米起源のトウモロコシ，キャッサバ，

---

1) 中尾佐助は「ギネア」と表記しているが，一般的には「ギニア」と表記されるので，以降「ギニア農耕文化複合」と記述する。
2) ヤムイモは *Dioscorea* 属の多種のイモの総称である。現在，アフリカでは東南アジア起源の数種と西アフリカ起源の数種の栽培ヤムに加えて，多種の野生ヤムが食用にされている。野生ヤムに関しては，安岡（本書第3章）参照。

ラッカセイなどを加えた農耕が行われている。中でもトウモロコシは各地で最重要作物となっている。もともとの鍬と堀り棒に加えて，牛耕が行われている地域もある。一方，西アフリカと中部アフリカの熱帯雨林地帯では，紀元頃までにギニア農耕文化複合に加わった東南アジア原産の作物群 ―― バナナ，タロイモ，ヤムイモ，サトウキビ ―― に，16世紀以降にはさらにアメリカ大陸起源のトウモロコシやラッカセイ，キャッサバが加わったが，現在ではそのなかでもキャッサバが非常に大きな位置を占めている。

また，西アフリカでは，アジアイネとは異なるアフリカイネ[3]が独自に栽培化され，陸稲や冠水地帯での浮き稲として栽培されてきた。現在はイネのほとんどがアジアイネであるが，そのなかにアフリカイネが混植されていることもある。

これらの農耕文化には，熱帯雨林とサバンナとを問わない共通の特徴もある。一つは混作であり，様々なタイプの混作が発達している。もう一つは，焼畑移動耕作で，現在では人口密度の高い地域を中心に常畑も増えたが，もともとは，畑地を移動することで土地を長期間休閑させて再利用する農法であった。サハラ以南のアフリカでは，食文化にも共通点が多い（小松 2008）。

3-2 ▶ 中部アフリカの農耕のはじまり

中部アフリカの熱帯雨林で最初に農耕を開始したのは，西アフリカから作物と技術を持って森林に入ったバントゥー系の言語を話す人びとであった（小松『社会誌』第1章）。それ以前に狩猟採集民が居住していたと考えられるが，熱帯雨林の隅々にまで居住していたかどうかに関しては論争中である（安岡 本書第2章）。

現在のナイジェリアとカメルーンの国境地帯の付近に暮らしていたバントゥー系グループの祖先は，西アフリカ起源の農業技術を持っていた。バントゥー発祥の地は，スーダン農耕文化複合とギニア農耕文化複合が接する，ナイジェリアとカメルーンの国境付近であったと想定されている。かれらは，発祥の地から熱帯雨林を迂回したグループと，熱帯雨林を中心に拡散したグループに分化した。前者の言語グループを東バントゥー，後者を西バントゥーと呼ぶ。それらの言語グループは移動と拡散の過程でどんどん分化を繰り返し，数百の言語集団に細分化した。現在も，中部地域の農耕民のマジョリティは，西バントゥー系の言語を話す人びとである（小松

---

3) アフリカのイネには，西アフリカ起源のアフリカイネ（*Oryza glaberima*）と，アジアイネ（*Oryza sativa*）の2種がある。後者は，8世紀頃にアラブ人によって東アフリカ沿岸へ，16世紀頃にヨーロッパ人によって西アフリカにもたらされたと考えられる（ポルテール，バロー 1990）。アフリカイネは陸稲か浮き稲として栽培されることが多い。現在は，アジアイネの方が圧倒的に優勢だが，西アフリカでは混じっていることも多い。

『社会誌』第1章)。

　中部アフリカ熱帯雨林に分布した西バントゥー系の言語集団はギニア農耕複合を継承した。この農耕文化は，当初，鉄器は持たず，石器と土器を使用し，アフリカ原産の数種のヤムイモ（*Dioscorea cayenensis, D. rotundata* など)，アブラヤシ，コーラ，種子を食用にするウリなどを栽培していた。この地域の食文化には臼と縦杵が随伴しており，これもギニア農耕複合から受け取ったもので，東南アジアの根栽農耕とのちがいでもある。ヤムイモ栽培には明確な乾季が2か月以上あることが望ましく，日当たりも必要とする。熱帯雨林のなかでは，生産は可能であるが生産量はあまり上がらない。この作物群で農業を主体に熱帯雨林の中心部で生活するのは困難である。おそらく，初期には，森林性の野生のヤムイモの採集なども組み合わせ，狩猟採集に重点をおいた生業だったであろう。熱帯雨林に西バントゥー系のグループが拡大したのは，鉄器と，東南アジア起源の作物セットを手に入れたからであると考えられている。中でも，重要なのは鉄器とバナナであった。鉄器によって，大木の伐採が容易になり，熱帯雨林の状況下ではヤムの10倍の生産力をもつといわれるバナナが，カロリー源の安定を保証したのである。

　熱帯雨林のなかの移動の歴史は，高温多湿なために考古学的遺物が残りづらく，これまでは言語と社会組織の分析で推定されてきた。ここ20-30年，コンゴ川流域を中心に考古学的調査の蓄積が増えたこと，植物遺物の分析の手法などが発達したことから，物的証拠も増えてきた。土器は一般的に，ある程度定住的な生活の証拠と考えられているが，ガボン西部の海岸地帯では，紀元前750年頃の土器が，コンゴ川中流域でも紀元前500年頃の土器が発見されている。カメルーン南部では，紀元前750年頃からアブラヤシを含む遺跡が出現しており，農業を伴う西アフリカからの移住があったことを示している。紀元前4世紀頃にはガボンで，石斧と土器，アブラヤシがセットで出現していて，この頃までに農耕がカメルーンから伝わっていたことが分かる。ガボンではまた，紀元前8-9世紀以降に集中して製鉄の跡が見つかっている (Eggert 1993)。

　言語学的証拠と物証をあわせてこの地域の歴史を復元したJ. ヴァンシナは，バントゥー系言語の話者が発祥の地から移動を始めたのが紀元前3000年頃，森林地帯に足を踏み入れたのが紀元前1500年頃，コンゴ川流域に広がったのが紀元前500年頃と推定している (Vansina 1990)。

3-3 ▶ 東南アジアからのバナナの到来

　現在，中部アフリカの重要な主食の一つとなっている食用バナナの祖先は，*Musa acuminata* と *Musa balbisiana* という2種の野生バナナであり，栽培バナ

ナの起原地は東南アジアと推定されている (Stover & Simmonds 1987)。アフリカには，バナナと近縁のエンセーテ (*Ensete* spp.) は広く存在するが，野生の *Musa acuminata* も *Musa balbisiana* も存在しないため，バナナはアジア方面からもたらされたものである。二つの祖先種の交雑と，ゲノムの倍数性によって，様々なゲノムタイプが生み出された[4]。このようなゲノムタイプは，*Musa acuminata* を A，*Musa balbisiana* を B と表現して，AA, AAA, AB, AAB, ABB, BB などと表記される。バナナの品種は非常に多いが，このなかには，生食用の他に，生食用より繊維質で料理や酒造りに用いられる品種もあり，アフリカでは，後者の品種がより重要である[5] (小松ら 2006)。

　バナナがいつどのようにしてアフリカに達したかについては，エチオピア・エジプト―ナイル川ルート，アラブ―東海岸ルート，インド―東海岸ルート，インドネシア―マダガスカル―東海岸ルートなど，現在の品種の分布と言語分析を元に推定した諸説があり，おそらく時代を異にする数種のルートが存在したと考えられる (De Langhe et al. 1994)。交易や移住などのために訪れた人びとによってもたらされたのであろう。アフリカに到来したバナナは，さらに様々なルートを通って西アフリカまで到達したが，それらの移動の結果，現在，アフリカには3種のまったく異なるバナナ栽培地域が存在することになった。東海岸には，様々なゲノムタイプを少しずつまんべんなく含む地域があり，デ・ランゲはこれを「インド洋複合」と呼んでいる (De Langhe et al. 1994)。この地域では，ゲノムタイプはアジア各地と類似して多様であり，食文化においてはイネやキャッサバの副次的な存在である。次の地域は大湖地帯の周辺で，この地域のバナナは「東アフリカ高地 AAA」と呼ばれ，アジアには見られないタイプの料理用，醸造用 AAA 品種が発達していることが特徴である (丸尾 2002；佐藤 2004)。この地域の主食は完全にバナナに依存している。

　最後に，本書が扱う中部アフリカの熱帯雨林地帯から西アフリカにかけて，「プランテン」が発達した地域がある。この地域では品種のほとんどが，AAB のゲノムタイプのなかでも「プランテン」と呼ばれる，長く大きな果指をもつ料理用品種群である[6]。以下，中部アフリカにおけるバナナに言及するときは，特に断らないかぎり，プランテン・バナナを対象とする。

　この地域にバナナがもたらされた時期については紀元前後と考えられているが，起源前 500 年頃のバナナの遺物が発掘されたという報告もあり (Mbida et al. 2001)，まだ議論が続いている。バナナと共に，マードックがマレーシア複合と呼んだ東南

---

4) ニューギニアや太平洋地域には，フェイバナナと呼ばれる別の系統の食用バナナがある。
5) 同じ地域に AA, AAA のアクミナータ系品種と AAB, ABB などの交雑種がある場合，前者は生食用，後者が料理用に用いられることが多いが，必ずしもゲノムタイプと利用法は一致しない。
6) プランテンという語は，広義には調理用バナナを指し，狭義には AAB ゲノムタイプのなかの一つの品種群を指す。

アジア原産の各種の作物（バナナ以外に，タロイモ，*Dioscorea alata* や *D. esculenta* などのヤムイモ，サトウキビなど）がもたらされたと考えられ，中部アフリカの混作畑は，これらの作物が混作されてきた（Murdock 1959）。中部アフリカに分け入った西バントゥーの言語をもつ集団は，熱帯雨林の生活での初期にマレーシア複合の作物と鉄を手に入れ，人口を増やし，分布を広げたのである。

　プランテン・バナナのなかにも多くの品種がある。コンゴ民主共和国に住むソンゴーラの生業について報告した安渓遊地は，35 品種を記載している（安渓 1981）。また，コンゴ共和国の西北端近くに居住するボバンダでは，57 品種が栽培されていることを塙が報告している（塙 2002）。これらの品種は，プランテン・バナナがこの地域にもたらされたあとに生み出されたものと考えられ，他の作物と比べても，プランテン・バナナの重要性は非常に高い。

3-4 ▶ 南米からのキャッサバの到来

　現在，中部アフリカで量的に最も重要な主作物はキャッサバである。キャッサバ（*Manihot esculenta*）は中米または南米北部の原産で，マニオク，タピオカなどとも呼ばれる多年生の木本である。キャッサバには，青酸配合体を高濃度に含む品種と非常に低濃度にしか含まない品種があり，前者をビター・キャッサバ（有毒キャッサバ），後者をスイート・キャッサバ（無毒キャッサバ）と呼ぶ。スイート・キャッサバは中米から南米全体で副作物として生産されているのに対して，ビター・キャッサバはアマゾン川下流域の熱帯雨林を中心に主作物として栽培されてきた。キャッサバをアフリカに最初にもたらしたのは，16 世紀初期からブラジルに住み着いたポルトガル人であった。南米に到着したポルトガル人は早いうちから，キャッサバを主食としていた先住民と通婚し，キャッサバとその加工法を取り入れていた。

　キャッサバは，複数のルートでアフリカにもたらされた。その際，気候条件，地域在来の毒抜きの技術，もたらされた地域とポルトガルの関係の深さなどによって，中部アフリカ，西アフリカ，東アフリカでそれぞれ異なる時期と方法で取り入れられた。その結果，バナナと同じようにアフリカのキャッサバにも地域性があるのだが，バナナの地域性とは一致していないところが興味深い。

　W. O. ジョーンズの著作を中心に，キャッサバの導入史を概観すると以下のようになる（Jones 1959）。中部アフリカでは，14 世紀にコンゴ川の河口を中心に確立したコンゴ王国とポルトガル人が 15 世紀後半に接触して交流を深める中で，16 世紀後半頃，コンゴ王国の周辺でキャッサバの栽培化が進んだと考えられている。コンゴ王国の東側，内陸部に位置していたブションゴ王国では，キャッサバ導入についての口頭伝承が記録されていて，それによると，キビ，バナナ，ヤムを主食とし

ていたかれらに，薄切りにして茹でて食べるキャッサバがもたらされ，1650年頃，チマキ状の料理法が知られるようになったという。当時の王が，イナゴ害に対抗するためにキャッサバを導入したという伝承もある。この伝承が伝える重要な点は，アメリカの「発見」から150年以内にキャッサバが中部アフリカの内陸まで伝わっていたこと，最初は，おそらくプランテン・バナナの調理法を真似た簡単な調理法だったのが，後にキャッサバ独自の調理法が導入されたこと，キャッサバが導入された最初の理由が，イナゴの害に対抗するためだったということ，それが王国主導で政策的に行われたことだ。イナゴに対抗するためのキャッサバ導入，という伝承は，他の地域にも見られる。コンゴ川流域は，19世紀後半にリヴィングストンやスタンレイが踏破するまでは，ヨーロッパにとって「暗黒大陸」で，作物導入の記録もほとんどないのだが，スタンレイがコンゴ川流域を旅した1876-1877年頃には，少なくとも彼の通過した流域各地ではキャッサバが重要な主食材料だったという。コンゴ川流域には，奴隷をはじめとする交易を背景に，キャッサバが浸透した。一方，同じ熱帯雨林でも，ガボンでは20世紀の初めでもキャッサバをほとんど取り入れず，バナナを中心に栽培していた。20世紀になると，キャッサバはますます重要性を増し，アフリカで最も生産の多い作物となった。

一方，西アフリカのギニア湾沿岸地域では，コンゴ川河口より早くポルトガルとの接触があり，キャッサバも早くに伝えられたものの，コンゴ王国のようにポルトガルとの親密な関係を築かなかったためか，ビター・キャッサバの毒抜き法などの調理法が浸透せず，受容が遅れた。奴隷交易が最も盛んになった18世紀に，南米起源のガリと呼ばれるビター・キャッサバの粗挽き粉の加工法とセットでキャッサバが広範に広がった。また，東アフリカでは，ヨーロッパとの接触当時にすでにアラブとの関係が深かったこともあってキャッサバの受け入れが進まず，19世紀以降にスイート・キャッサバを中心にして栽培が広がった。

3-5 ▶ 主食作物の分布

この地域の作物のほとんどは，歴史のいずれかの時点で移入された外来の作物である。ヤムとアブラヤシという，西アフリカ起源の作物が最初に持ち込まれ，その後，バナナ，タロイモが東南アジアから，ヤムイモの一部は西アフリカ，一部は東南アジアから，キャッサバ，ヤウテア[7]，サツマイモ，カカオはアメリカ大陸からもたらされた。この地域にとって，農業の歴史は，外来作物の受け入れと作物の組み合わせの変化の歴史であったといってもよい。

---

7) *Xanthosoma* spp.。別名アメリカサトイモ，仏名マカボ。中南米と西インド諸島原産で，サトイモに似た根茎などを食用にする。

表 3-1　主食作物の生産量

生産量単位：1000t　人口単位：1000 人

	人口	キャッサバ	バナナ／プランテン**	トウモロコシ	コメ	ソルガム／ミレット
コンゴ民主共和国	32202	15959	2112*	1184	338	90*
コンゴ共和国	1229	790*	130*	2*	—	—
ガボン	464	225*	292*	31*	1*	—
赤道ギニア	322	45*	20*	—	—	—
アフリカ全体	793627	91849	29463	44581	17190	32056

出典：2002 年度版　FAO 農業生産年報 (1998-2000)
＊ FAO による推計値。必然的に，アフリカ全体は推計額の合算である。
＊＊バナナとプランテンは国によって分類の基準が異なるため合算した。

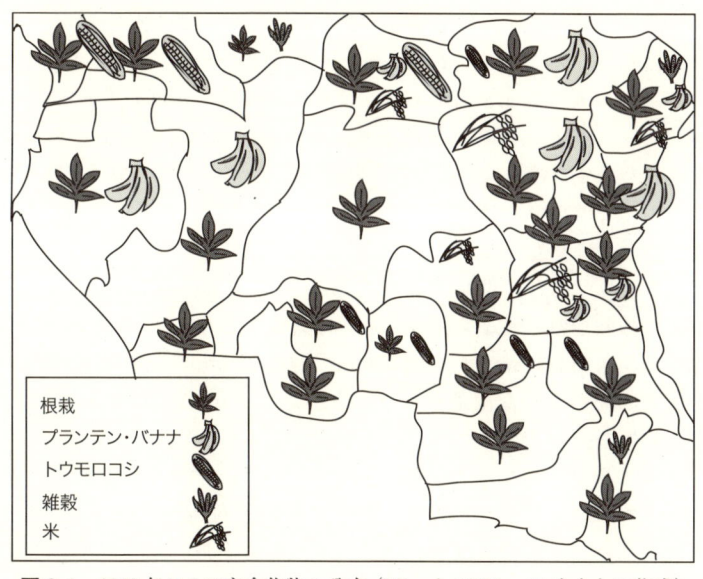

図 3-1　1950 年ころの主食作物の分布（Miracle 1967: p. 11 をもとに作成）

　15 世紀後半以降，南米原産の作物が導入されてから，これらの作物の受容の程度と既存の作物との組み合わせによって，現在のこの地域の主食作物地図ができあがった。1972 年から 1974 年に，サブ・サハラをいくつかの地域に分けて分析した資料では，サブ・サハラの他地域と異なり，中部アフリカだけがカロリーの半分以上を根栽作物によって賄っていることが示されている。国連食糧農業機関（FAO）が公表している国別の作物生産量によれば，コンゴ民主共和国，コンゴ共和国，ガボン，赤道ギニアの穀物とイモ類の生産量は表 3-1 のとおりである。中部アフリカの熱帯雨林地帯ではキャッサバ，ついでプランテンを含むバナナの生産量が多い。

次に，この地域のなかでの主食作物の分布を見てみると，1950年代の資料では，ほぼ全ての地域でキャッサバが主要な主食作物（の一つ）となっている。また，コンゴ民主共和国東部と北部，コンゴ共和国，ガボンでは，プランテン・バナナが主要な主食作物（の一つ）である地域が数カ所あった。その他には，イネがコンゴ民主共和国北部と中央部で重要な役割を担い，トウモロコシが南部のサバンナ地方を中心に重要な役割を担っていた（Johnston 1958）（図3-1）。

現在は，キャッサバの割合がますます増えていると考えられる。

3-6 ▶ 作物としてのバナナとキャッサバの比較

作物の分布は，第一に，適した環境によるが，この地域にかぎれば，バナナを育てる適地ではイネも育つことが多く，キャッサバはバナナ，イネ，トウモロコシが育てられる地域のうち湿地と高地を除くほぼ全てで栽培が可能である。そのため，ある地域にとって適した作物は複数あり，作物の分布はそれ以外の要因が影響する。キャッサバは多くの地域で重要な作物になったが，全ての地域でキャッサバが最も重要なわけではない。では，バナナとキャッサバは，生産と消費においてどのような共通性と差異をもつのだろうか。

バナナもキャッサバも，北緯30度から南緯30度までの赤道周辺が主な栽培域である。バナナの栽培に最適な条件は，平均月気温が27度で，21度以下では葉の成長が遅くなる。年間2000mmから2500mm，週に25mm以上の降水が望ましいが，それ以下であっても十分な雨量をもつ雨季があれば育つ。*Musa balbisiana*との交雑種の方が乾燥に強い。水はけがよく，栄養分に富んだ土壌が必要で，バナナの生長はよい土壌の指標ともなる。一方，キャッサバは，平均月気温が27-28度が最適で，寒さと霧に弱い。乾燥に強く，降水量が年間500mm-5000mmの地域まで栽培が可能である。土壌を選ばないので，冠水した土地，表層が非常に薄い土地，石が多い土地以外ならあらゆる土壌で栽培できる（Purseglove 1968; 1972）。これらの条件を比較すると，高地の少ない中部アフリカでは，バナナの栽培が可能な環境条件では，キャッサバも栽培が可能であり，土壌が貧しいところではキャッサバがより適応的であることが分かる。

バナナとキャッサバの栽培適地についての農民の考え方には，明確なちがいがある。バナナとキャッサバを栽培する中部アフリカの多くの地域で，バナナは土壌がよくないとよく育たないので一次林が好ましいといわれ，それに対してキャッサバは二次林でも十分に育つという。このため，バナナを主作物とするときには一次林を伐開し，キャッサバを主作物とするときには二次林を伐開する，というところが多い。ただし，実際には，伐開の簡便さや収穫の便利のよさなどを重視して，

表 3-2 バナナとキャッサバの土地当たりの生産性の報告例

単位 トン／ヘクタール

地域	バナナ	キャッサバ	条件	出典
ウガンダ	15–17	—	小農による東アフリカ高地 AAA の栽培	Tuchemereiwe et al. 2001
ウガンダ	60	—	実験圃場での東アフリカ高地 AAA の栽培	Tuchemereiwe et al. 2001
DRC 東部（ソンゴーラ）	4.9–11.5	9–20	小農によるプランテンとキャッサバの混作畑	安渓　1981
DRC 中部（ボイエラ）	—	9	小農による自給用栽培	佐藤　1984
DRC 西部	2.3–4.7	7.9–14.6	小農による自給用栽培（キャッサバは販売用を含む）	Fresco 1986
—	—	20–26	集約栽培	Purseglove 1968

※ DRC　コンゴ民主共和国

二次林を開くことも多い。カメルーン東南部のバンガンドゥでは，二次林樹種の *Musanga cecropioides* を土壌回復の指標として，二次林を循環的に利用するバナナ栽培のシステムが報告されている（四方 本書第 10 章参照）。

　バナナとキャッサバの生産性を比較することは非常に難しい。自給用の生産の場合どちらも混作されるので，作物の組み合わせとその割合によって植え付け密度が変わるからであり，土壌条件によっても生産量が非常に異なるからである。さらに，両方とも，植え付けから収穫まで 1 年をこえることも多く，年当たりの生産量の推計が難しい。これまでに各文献で報告されたバナナとキャッサバの生産性を表 3-2 に示す。一般的に，キャッサバの方が生産性が高いと考えられていて，両方が生産されている地域ではキャッサバの生産性が高く報告されている。ただし，両者を混作する畑でどちらが主作物であるかといった条件もあり，ある土地での生産性を比較することは難しい。キャッサバのなかではビター・キャッサバの方がスイート・キャッサバより生産性が高く，動物の食害にも強いといわれ，キャッサバを主作物とする地域でビター・キャッサバが好まれる理由として挙げられる（Jones 1959）。

　バナナは品種によって植え付け後 9 か月から 18 か月で収穫が可能になり，収穫が可能になったらすぐに収穫しなくてはならない。それに対してキャッサバは，早い品種で植え付け後 6 か月から収穫が可能になり多くの品種が 12 か月から 18 か月で最大になる。その後も畑で保存が可能で，中部アフリカの場合，ビター・キャッサバなら 1 年以上は食用可能な状態であるという。そのため，バナナを年中収穫するためには収穫までの日数が異なる品種を植えたり，植え付け時期をずらす，または複数の畑を持つ必要があるが，キャッサバの場合，一時期に植え付けたものを必要に応じて収穫することも可能である。

次に，労働量について見てみると，バナナの栽培方法には大きな変異がある。東アフリカの大湖地帯のように施肥を行い，株の管理などに手間をかければ，常畑で何十年も非常に高い生産量を上げることもできる（Tushemereirwe 2001）。毎年バナナ畑を開くわけではないので，このようなシステムでは，まとまった労働力が必要な時期がない。一方，中部アフリカでは，焼畑に株を植え付けたあとは子株の管理も施肥もせず，最初の年の1，2回の除草のみで数年間収穫を続け，畑は徐々に二次林になる。伐開にはまとまった労働力が必要で，樹木の伐採は男性が担い，世帯外から労働力を調達することもあるが，草本の伐採と植え付け，除草，収穫は女性がひとりで担当することが多い。キャッサバの場合，二次林に植え付けることが多いので，伐採の手間はバナナより小さい。株の管理なども不要なので，中部アフリカにおけるバナナ栽培よりさらに手間がかからないといえる。このことは，特に，木本の伐採を担当する男性の労働を減らす結果となる。

栄養分を比較すると，100g当たりの栄養分は，バナナが135cal，キャッサバが149calで十分なカロリー供給源であるのに対して，タンパク質はともに1.2gしか含まず，タンパク質の不足が二つの作物に共通する欠点だといわれる（Wu Leung 1968）。ところで，この地域では，タンパク質を多く含む豆類がほとんど栽培されない。これを補うのが，狩猟，漁撈，採集などの生業である。中部アフリカでは，コンゴ川の支流が網の目状に広がっており，コンゴ川の支流に近い場所では様々な漁撈が発達し，遠いところでは罠などを用いた野生動物の狩猟と，各種の昆虫とその幼虫の採集が盛んである。そのため，食糧の自給は，主食用の畑だけではなく，森林のなかでの狩猟，漁撈，採集と組み合わされて完結するのである。近年では，これに加えて，現金獲得を目的とした主食用作物の栽培や，カカオやコーヒーなどの樹木作物も加わっている。また，キャッサバの葉には，豊富なタンパク質が含まれていて，キャッサバの葉をすり潰して煮込む料理（南米では見られない）が中部アフリカのタンパク質の供給に重要な役割を果たしている。とはいえ，キャッサバには，必須アミノ酸が一つ欠如しているという欠点がある。

3-7 ▶ 調理と加工の技術の変化

バナナが到来する前に中部アフリカで重要だったのは，栽培作物として持ち込まれたヤムとアブラヤシ，野生ヤムを初めとする野生植物の採集だった。ヤムイモの生産が世界一多い西アフリカでは，ヤムイモは茹でたあとに臼と杵で搗き，粘りの強い餅状にして食べられ，これをフフなどと呼ぶ。中部アフリカではヤムイモは茹でたりヤシ油と煮て食べられた。他にも，デンプン質が多く煮ただけで食べられるサフと呼ばれる野生植物の実（*Pachylobus edulis*）などもあり，基本的には，煮るだけ

で食べることが一般的であったと考えられる。しかし，西アフリカ原産の野生のヤムイモのなかには，非常に毒性の強い種類（*Dioscorea dumetorum*）もあり，救荒食として毒抜きして食べることがあるが，その際には，茹でてから水さらしをする，切ったり搗いたりしたイモを水さらしするなどの方法で毒を抜いていたという。コンゴ盆地でも，野生のヤムイモの毒抜きのために，茹でてから皮を剥き，スライスして搗き，水さらしして食べる方法が報告されている。この方法はヤム以外にも用いられ，コンゴ民主共和国東部の狩猟採集民や農耕民は，ヤムイモのムカゴや野生植物の実を同じ方法で毒抜きして食用にしていることが報告されている（安渓2003）。

　中部アフリカの人口を一気に増やすことになったプランテン・バナナの調理法は，蒸したり茹でることであり，そのあとに臼と杵で搗いたり，バナナ専用の叩き台と叩き台で叩いたりして柔らかくしたものをダンゴ状に丸めるというバリエーションがある。乾燥させたバナナを搗いてふるい，粉状にして熱湯で練る，という調理法が知られる地域もあり，畑での保存が利かないプランテン・バナナの保存法であったと考えられる。西アフリカでは，茹でたバナナを臼と杵で搗く調理法（ヤムイモ，タロイモと同じようにフフと呼ばれる）で，中部アフリカと類似した調理法である。一方，東アフリカとバナナの原産地である東南アジアでは，潰してダンゴ状にすることはあまりない（小松ら2006）。根栽類を煮たり蒸してから潰して主食とするのは，西アフリカにおけるヤムの調理に起源するアフリカに特徴的な調理法である。

　キャッサバの料理法は毒抜きの行程を含むためにより複雑で，地域によってバリエーションが多い。中部アフリカではチマキ状か粉を練ったダンゴに調理されることが多く，両方とも，原産地である南米では見られないアフリカに特徴的な料理法である。チマキはコンゴ川下流域に普及した調理法であり，シクワングなどの名前で呼ばれる。収穫したキャッサバを3日以上水に浸けて毒抜き・発酵させ，柔らかくなったキャッサバを搗いたり練ったりしてペースト状にして，バナナの葉やクズウコン科の植物の大きな葉で固く巻いて蒸し上げる。この調理法は，プランテン・バナナの調理に用いられることがあり，そもそもプランテン・バナナに使っていた調理法を転用したのではないかと考える研究者もいる。

　キャッサバ粉のダンゴは，中部アフリカで広範囲に用いられる調理法で，やはりフフと呼ばれる。フフは，シクワングと同じように毒抜きや場合によって発酵をさせてから日光や炉で乾燥したキャッサバを，臼と杵で搗いて篩にかけて粉状にし，粉を熱湯で練り上げたものである。粉にするためにキャッサバの塊を搗いてふるうのは，都市のように製粉機が導入されていない農村では，女性にとって時間のかかる重労働である

　シクワングとフフほどの手間をかけない調理法もある。コンゴ民主共和国の中央部，コンゴ川の支流の上流部に住むボイエラやンガンドゥの人びとは，水さらしを

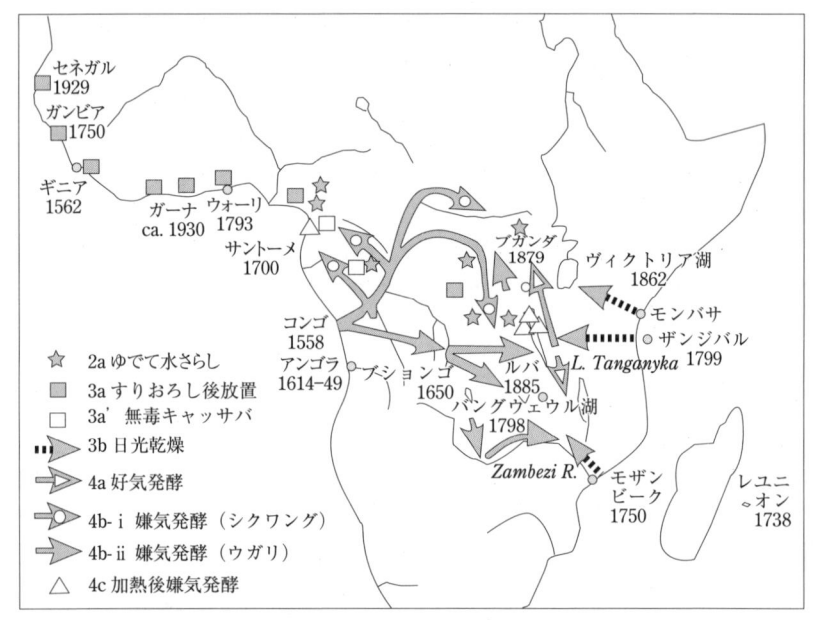

図 3-2 毒抜き法のたどった道（安渓 2003：p. 215；一部改変）

したキャッサバの水を絞って目の粗い篩で押しつぶしたものを蒸して杵で搗く（佐藤 1984）。また，コンゴ共和国北部のモタバ川中流域に住むボバンダは，水さらしのあと天日で乾燥させたキャッサバを保存し，必要なときに茹でて食べるという非常に簡便な方法で調理する（Komatsu 1998）。カメルーン各地でもこのような調理法が報告されている（Grimardi & Bikia 1985）。

　ビター・キャッサバは毒抜きが必要であるが，この毒抜きの方法には様々な方法と原理がある。キャッサバの原産地であるブラジルでは，掘り出したキャッサバを摺りおろして筒状の柔らかい籠に入れ，ねじり上げて水を絞り出すことで毒を抜く。中部アフリカでは，この方法はほとんど用いられないが，西アフリカでは解放奴隷がもたらしたといわれるこの方法で毒を抜くことが多く，この方法で毒抜きをした粗挽き粉をガリと呼ぶ。安渓貴子は，キャッサバを食べるための基本的技術である毒抜き法をベースに，アフリカにおけるキャッサバの伝播を復元することを試みている（安渓 2003）。安渓によると，キャッサバの毒抜きの方法は，その原理によって，水溶法や酵素による分解などいくつかのタイプに分けることができるという。伝播の経路を，コンゴ川下流から中流域にかけて分布するチマキ圏である「コンゴ川の道」，熱帯雨林の南側に広がりフフとして食べる「サバンナ王国の道」，スイート・キャッサバを選択することによって毒抜きが発達しなかった「東海岸の道」，カビによる発酵で毒を抜く「湖水地帯交易の道」と推定し，それ以外に，各種のヤムや

野生植物を毒抜きするために発達した，茹でてから薄切りにして水さらしをするという毒抜き法が，キャッサバの毒抜き法としてもコンゴ民主共和国からカメルーンに至る森林地帯の各地に点在していると報告する（図3-2）。

水にさらしたり発酵させる毒抜き法は南米でも見られるので，毒抜き法が南米から伝わったのか，そもそも中部アフリカにあった野生のヤムや木の実の毒抜き法が転用されたかは分からない。しかし，野生のヤムや木の実の毒抜き法との連続性には留意する必要がある。

このように，中部アフリカにおけるヤム，野生植物，バナナ，キャッサバの調理法は基本的に連続していて，できあがりの形状も類似している。また，複雑な道具は発達せず，単純な道具で調理法のバリエーションを生み出した。

3-8 ▶ キャッサバによる農耕と食の変化

16世紀以降に加わったキャッサバなどの中南米原産の作物は，中部アフリカの農耕と食の文化にどのように受け入れられ，どのような影響を与えただろうか。

キャッサバの原産地である南米と中部アフリカの気候は似ていたために栽培条件の問題がなかったことに加え，焼畑移動耕作における混作では，新たな作物を受け入れるために他の作物を変化させる必要がほとんどないことから，スイート・キャッサバが新たな作物として栽培されることに困難はなかった。実際，キャッサバとプランテン・バナナには，多年生で繁殖体栽培であること，火入れをする前に植え付け可能なこと，完全な整地が必要ないこと，ある程度大きくなると世話が不要なこと，高収量であること，粉に加工できることなど多くの共通点があった。一方，ビター・キャッサバ受け入れのネックとなったのは，毒抜きの必要性である。ジョーンズは，中部アフリカでは，関係が良好だったポルトガル人から毒抜き法が伝わったと考えていて，ポルトガル人と親密な関係がなかったために毒抜き法が伝わらなかった西アフリカでは導入の初期に事故が起こり，受容が遅れたという(Jones 1959)。しかし，中部アフリカでの毒抜きはむしろ，各種の野生植物の毒抜き法を応用したものであるとも可能性もある。そして，その調理法は，南米と同じように粉を焼いたパン状ではなく，粉を練ったりチマキ状にする，既存の調理法に取り入れられたのである。

ビター・キャッサバへの本格的な転換のきっかけは，地域ごとに，様々な歴史的，または政治経済的要因がある。複数の地域で，イナゴ害などによる飢饉と王などの指導者による栽培の奨励があったと伝えられている(Jones 1959)。また，コンゴ川流域で盛んに行われた奴隷貿易に伴う保存食としてキャッサバが浸透した地域もある。20世紀には，人口増加と都市化に伴ってキャッサバの栽培がさかんになった

地域がある。キャッサバは、都市近郊では商品作物として、それ以外では省力的で安定した主食作物として重要な位置を占めるようになったのである。

　食文化から考えると、キャッサバが既存の副食、特に調味料の多くと相性がよいと認められたことも、キャッサバの普及に一役買った。著者は、バナナとキャッサバの併存する地域における調査で、バナナに組み合わされる調味料とキャッサバのそれは重ならない部分があり、キャッサバの方がより多くのカテゴリーの調味料と組み合わせが可能であることを示した（小松 1996）。

　反対に、キャッサバを栽培しながらも、食の面ではマイナーな地位しか与えてこなかった地域もある。たとえば、コンゴ共和国のボバンダは、周辺でキャッサバを主食とする人びととの関係において、自分たちの食べ物がバナナであるという強いアイデンティティを表明する。また、ボバンダは、植民地政府下で集住させられたのであるが、そのような寄せ集め的な村のなかで、日常生活におけるバナナの分配と、季節的な干し魚の分配が、社会関係の調整に大きな役割を果たしている。この場合、主食として欠かせないバナナの生産に余裕がないことが、分配の対象であるバナナの価値をより高めていて、代替物であるキャッサバではその役は果たせない。その結果、個人によって異なるバナナの生産力が村のなかでの社会的地位を生み出しているのである（塙『社会誌』第6章）。カメルーンのバンガンドゥもやはりバナナに経済・社会的価値をおいた農業を営んでいる（四方 本書第 10 章）。

　キャッサバが主作物となった地域のなかでも、人口の多い地域や都市近郊では、土地利用の形態が大きく変化している。キャッサバが貧栄養な土壌でも育つことから、焼畑移動耕作の休閑期間が短くなり、草地休閑や常畑となる例が多く報告され、このため、土壌の恒久的な劣化が問題となっている。また、キャッサバのみの生産量の重視や土地の劣化によって他の作物の生産が不可能になることなどから、混作からキャッサバの単作化へ向かう傾向も見られるという（Fresco 1986）。

　また、キャッサバの生産と加工によって、女性の労働が増加している。森林地帯では、焼畑移動耕作の際、木本の伐採が男性の分担で、草本の伐採から収穫までは女性の分担であることが多い。キャッサバは、休閑期間が短かったり、連作であってもある程度の生産が可能であるため、木本が育ちきらないうちに次の畑を伐採すると、男性の労働力が不要になるかわり、女性の伐採の負担が大きくなる。さらに大きいのは、加工の労働力である。毒抜きに始まるキャッサバの加工は、バナナに比べて圧倒的に労働力を必要とする。このように栽培の省力は加工で帳消しになるどころか、キャッサバの生産を増やす場合の制限要因であると指摘され、毒抜きの手抜きで毒の抜けていないキャッサバ製品が増えているともいわれる。近年の農業システムの変化が、男性と女性に異なる経験を与え、変化に対する異なる評価を生み出しているという報告があるが、キャッサバもその変化のなかで大きな位置を占めると考えられる。

中部アフリカにおける農耕文化の基本的な特徴は，焼畑移動耕作，混作，根栽作物である。中部アフリカの混作をめぐっては，杉村和彦が，単位面積当たり「より多く」という「豊作の思想」をもった単作農耕に対して，混作の農耕は，土地に作物を適合させ作物の多様性に価値をおく「満作の思想」に基づいている，と論じている（杉村 1995）。また，著者らは，この地域の焼畑移動耕作と混作が，管理の非徹底によって野生植物も排除しない畑空間を作り出し，人間と自然の相互作用が多様性の高い空間を創り上げていることを指摘した（小松・塙 2000）。このような空間では，単一の作物の生産量だけが問われることはなく，むしろ，複数の研究者が指摘するように，作物の一つ一つの個体に注目し，その個体が最大になることを目指すような農耕が営まれる（重田 2002；ボルテール，バロー 1990）。キャッサバの農耕も，人口密度が低く自給用栽培が中心であるところではこのような特徴を持っているが，人口増や都市化により単作化・常畑化が進むと，このような特徴が当てはまらなくなるかも知れない。植民地政府は，根栽作物を遅れた農業と貧しい食べ物のシンボルと位置づけて穀類の生産を奨励し，独立後の各国政府も穀物を輸入し続けたが，穀物の輸入が経済の負担になった最近ではキャッサバの生産性に目を向けている。

3-9 ▶ コーヒーとカカオの受け入れと農産物の商品化

これまでに中部アフリカにもたらされた商品作物のうち，熱帯雨林地帯の農業に大きな影響を与えた作物は，19世紀になって栽培が盛んになったコーヒーとカカオである。また，都市が拡大するにつれ，バナナやキャッサバ，ラッカセイなどの自給的であった作物の商品化の度合いが高くなった。これらの商品作物の生産には，小農による栽培と大規模なプランテーション型の栽培があるが，現在，中部アフリカでは，小農による栽培が中心であり，主食作物生産と組み合わせて，在来の農耕文化のなかに組み込まれていった。これらの商品作物の生産は，この地域の農業にどのような影響を与えただろうか。

コーヒーには多種があるが，現在，商業用に栽培されているのは，エチオピア原産といわれるアラビカ（*Coffea arabica*）と，アフリカの西海岸からウガンダにかけて，赤道付近に広く自生していたロブスタ（*Coffea canephora*）である。世界中では，商品価値の高いアラビカの方が生産量が多く，ロブスタは主に，インスタントコーヒーの材料となっている。雨量が多く肥沃な高地での栽培が適しているアラビカ・コーヒーに比べて，ロブスタ・コーヒーは降水量，高度，土壌条件などより広い条件に適応している（Purseglove 1968）。このため，中部アフリカでは，ロブスタ・コーヒーの栽培が主流である。

ヨーロッパ人の到来以前に，ロブスタ・コーヒーはアフリカで広く利用されていたが，商業用栽培を始めたのは，19世紀末にコンゴ自由国として現在のコンゴ民主共和国を支配下においたベルギーだった。ベルギーは，アブラヤシのプランテーションを最重視したが，独立後はベルギー人の撤退で生産が急激に低下した。それに対してコーヒーは，小農による小規模栽培として生き残り，独立後の農業輸出額の75%を占めるなど，ザイール経済を支えることになった。一方，フランスも19世紀末から，植民地へのコーヒーの移入を進め，カメルーンでは強制栽培も行われた（コッカリーービドロビッチ1988）。現在は，カメルーン，コンゴ民主共和国などの，森林とサバンナの境界域を中心に，小農による栽培が続いている。
　一方，19世紀後半に，赤道ギニア経由でガーナにもたらされたカカオは，20世紀初め頃，植民地期に，西アフリカから中部アフリカの森林地帯に広がった（Purseglove 1968）。カメルーン西部では一部プランテーション栽培も行われたが，中部アフリカでは，それまでの主食作物栽培にカカオ栽培を組み込む形で栽培が広がった。カメルーンでは，ドイツもフランスもカカオ生産に力を入れたため，1958年には，カメルーンの輸出額の43%をカカオが占めるまでになった（Austen & Headrick 1983）。現在，世界的なカカオ生産の中心はコートジボワールを中心とする西アフリカで，中部アフリカでは，世界6位の生産量をもつカメルーンが生産の中心である[8]。2002年のコートジボワールの内戦をきっかけにカカオの国際価格が上がったことで，森林地帯では小農によるカカオの生産が拡大する傾向にある。
　カカオやコーヒーの栽培は，当初は，植民地政府への税金の支払い手段として，その後は教育費や医療費，工業製品の購入など必要性が増した現金の獲得手段として受け入れられた。コーヒーやカカオの栽培を受容することは，現金を通じて世界経済と直接関わることになると共に，土地の利用形態，労働力の配分などに大きな影響を与えた。カカオは，森林地帯で栽培されるため，カカオ栽培の拡大が熱帯雨林の減少に影響しているという議論がある一方，カカオ栽培では原植生の一部が被陰樹として残されることが多く，アグロフォレストリーとして評価されることもある（Ruf & Schroth 2004）。カメルーン東南部のバンガンドゥの人びとは，被陰樹を必要とするバナナ栽培の循環的な土地利用にカカオ栽培を組み込んでいる（四方 本書第10章）。また，カカオ栽培で収穫時に必要とされる季節的な労働力の確保は，西アフリカで季節移動労働者を雇用するのに対して，中部アフリカでは，様々な形で，ピグミー系狩猟採集民の労働力を利用することが多いことが特徴であり，地域の民族間関係を反映している（坂梨『社会誌』第8章）。
　サブサハラのアフリカでは，根栽作物の80%以上は自給用であると報告されているが（FAO 1989），都市への人口の集中に伴い，主食作物であるキャッサバやバ

---

8) 2008年のFAOの統計では，カカオの生産量が多い国から順に，コートジボワール，ガーナ，インドネシア，ナイジェリア，ブラジル，カメルーンである。

ナナも商品化が進んだ（武内1996）。主要都市の近郊では，出荷用のキャッサバ，バナナ栽培が増加し，焼畑移動耕作の休閑期間が短くなり，常畑化する傾向も見られる（Fresco 1986）。西アフリカではガリと呼ばれる顆粒状のキャッサバを中心に加工の機械化が進んでいるが（稲泉1997），中部アフリカでは加工の機械化は進んでおらず家内工業による生産が主流である（Nweke 1992）。バナナは，カメルーン西部でプランテーション栽培があるものの，輸出用の大規模栽培は少ない。

現在の状況は，大都市近郊では，商品としての主食作物の栽培が進み（武内1996），単作化，常畑化が進んでいるが，インフラが未発達で自給用栽培が中心の地域では，混作と焼畑移動耕作を基本とする農耕体系が維持されている。

3-10 ▶ 半栽培の文化

ここまで，作物の栽培と利用の歴史について概観してきたが，この地域には，農耕に関するもう一つの文化がある。それは，「半栽培」の文化である。半栽培は，人間が野生植物を利用することと，人間の関与によって遺伝的に変化を起こした栽培植物を人間が栽培することのあいだに見られる多様な人間と植物の関係を示すために使われる言葉である[9]。

このような，野生と栽培のあいだにある関係は，中部アフリカの熱帯雨林には多く見られる。コンゴ共和国の焼畑農耕民ボバンダでは，一方的な管理の対象としてではなく，多様な景観を共に創り出すパートナーとして森と関係をもつ人びとが報告され，塙狼星はこれを人と森との「共創の文化」と呼んだ。このなかで，管理の程度が低いのに利用度が非常に高い植物として，ラフィアヤシとアブラヤシという2種の植物との関係を詳述している（塙 2002）。そもそも，森林地帯における焼畑移動耕作の本質は「森の循環」であり，森林環境にインパクトを与えることで，生物多様性を高め，それらの植物と多彩な関係を結ぶ中で半栽培的な関係が展開されている（塙 2009）。これらの半栽培的な関係が，土地や植物の所有といった社会関係にどう反映されているかは，塙（『社会誌』第6章）を参照されたい。カメルーン東部においても，混作畑のなかに，伐採されなかった樹木，除草されない雑草といった，J. R. ハーランのいう「許容された植物」が多数存在し，耕地のなかの半栽培が見られることが，畑地の生物多様性を高めている（小松・塙2000，小松 本書第11章）。

一方，狩猟採集民研究からも，半栽培と見られる事例が報告されている。E. ドゥニアスは，カメルーンのバカ・ピグミーが，ヤムイモを採集するさいに頭部を埋め直す作業をすることを報告し，これを，移植を伴う原栽培（protocultivation）と区別

9）英語ではそのような関係にある植物を指して，semi-cultivated，semi-domesticated，sub-sponteneous などと表現される（重田 2009）。

して，擬似栽培（paracultivation）と表現した（Dounias 2001）。一方，安岡宏和は，同じくカメルーンのバカ・ピグミーにおいて，複数の女性が，一年生のヤムの頭部を村に持ち帰ったことを報告し，そのような半栽培的な人間の関与が，現在，大小のヤム・パッチが存在するヤムの分布に影響を及ぼした可能性について検討している（安岡 2007）。このように，農耕民研究からも，狩猟採集民研究からも，農耕と採集に位置づけられるようなヒト–植物関係が報告されていることは，熱帯雨林における農耕と採集のあいだの領域の重要性を表している（安岡 本書第2章）。

3-11 ▶ 中部アフリカの農耕文化

　中部アフリカ熱帯雨林地帯の農耕は，主食作物がヤムからバナナ，キャッサバへと変化し，ラッカセイやトウモロコシなど新たな作物を受け入れ，カカオやコーヒーという樹木商品作物を組み込んで変化を繰り返してきた。
　一方，基本的な農具は現在でも山刀と斧であり，混作を基本とし，森林の遷移を生かした土地利用など農耕の技術は継続している部分も多い。都市近郊では，人口の増加と土地の不足で焼畑移動耕作が常畑になり，化学肥料を用いることもあるが，地方では，自然の遷移などを利用した有機肥料で土地に養分を補給している。都市近郊では実質的に私有化されているが，地方では，村や集落単位の集団管理と個人による一時的な土地の利用権が有効である。
　この地域の農耕文化は，西アフリカから受け継いだギニア農耕複合の作物と農具，加工技術のセットを現在までベースとし，近隣のピグミー系狩猟採集民との様々な関係のなかで，必要な労働力を確保し，新たな作物を受け入れ，商品作物を通して世界経済と直接に繋がってきた。現在では，カカオやコーヒーの国際価格が，地方の農家世帯の経済に大きな影響を与えている。
　今後は，商品作物の生産のための土壌の劣化と森林の減少，野生動物保護のための狩猟の規制による生業複合の変化，外部の商人によるカカオやコーヒー農園の経営と労働形態や土地使用権の変化などが起こる可能性がある。今，かれらに求められるのは，森林という資本を食いつぶさずに，域外の経済と適切に繋がる技術であるといえるだろう。

第4章

北西 功一

アフリカ熱帯雨林とグローバリゼーション

4-1 ▶ はじめに

　コンゴ盆地の熱帯雨林地域は，もともとピグミーと主としてバントゥー系の言語を話す農耕民の世界であった。この人たちの外部との関係の歴史は古く，多様である。K. クリーマンによると，紀元500年から1000年の時代には熱帯雨林内で地域的な経済の専門化が生じ，長距離交易が始まったという (Klieman 1999)。アフリカをこえた世界とこの地域の関係は間接的には昔からあったようだが，直接的に一定量の関係を持つのは，ポルトガルとの接触に始まる大航海時代からである。特に奴隷貿易に伴ってこの地域で行われた奴隷狩りは，その後の社会・経済・文化に大きな影響を与えた。ヨーロッパ人が直接，内陸部まで進出してきたのは植民地時代である。植民地政府は定住化（もしくは再定住化 resettlement）政策を行い，森の住民の強制的な移住を行うと共に，コンセッション concession と呼ばれる，植民地を区画に分けそこでの産物の取引権（実質的には統治権も）を私企業に与えるというやり方で支配を行った。1960年ごろの独立から最近にかけては，政府や外からやってくる商人に加えて，木材伐採会社，世界銀行などの国際機関，自然保護団体，開発・人権擁護・先住民運動の NGO などが活動を強めている。

　本章では，この地域に比較的最近関与するようになった人たちもしくは組織（現政府，国際機関，木材伐採会社，自然保護団体，その他各種の NGO など）と，もともといた人たち（ピグミーと農耕民），さらに熱帯雨林の関係について取り上げる。これらの人と組織の関与には，近年この地域において世界的な関心をひくようになった問題が関係している。それはグローバルな環境問題としての熱帯雨林の破壊と，貧困や差別などの地域住民の社会・経済・政治・文化の問題である。両者は密接に関わりあっており，世界銀行などの国際機関は両方の問題に配慮した開発・援助プロ

図4-1 コンゴ盆地の熱帯雨林（市川光雄氏撮影）

ジェクトを行うべきであるとしているが、実際にどこに重点をおくかは個人や組織によってかなり異なる（たとえば、自然保護団体と人権保護団体）。本章では、まず環境問題に関して取り上げ、そこから地域住民の生活に話を移していく。ただし、これらの問題は近年大きく変化しまた複雑化している。また、国によっても状況が異なる。そのためこれらを全て網羅的に紹介・説明することは紙幅上も私の能力上も不可能であり、ここではいくつかのトピックを選択して紹介することとしたい。

4-2 ▶ 木材伐採と野生動物

コンゴ盆地における木材伐採

　コンゴ盆地を中心に広がるアフリカ熱帯雨林は、総面積が1億7000万haでアマゾン川流域につぐ世界第2位の広さを持つ熱帯雨林である。また、霊長類や有蹄目などの哺乳動物相が豊富で、ゴリラやチンパンジーなどの絶滅危惧種をはじめ、多くの固有種が生息することでも知られている。環境に関する問題もこの二点、つま

表 4-1　中部アフリカにおける森林の減少の状況

国	森の面積 (1000ha) 2005 年	一年ごとの減少面積 (1000ha) と割合 (%)			
		1990 → 2000		2000 → 2005	
カメルーン	21,245	220	0.9	220	1.0
中央アフリカ共和国	22,755	30	0.1	30	0.1
コンゴ共和国	22,471	17	0.1	17	0.1
コンゴ民主共和国	133,610	532	0.4	319	0.2
ガボン	21,775	10	0.0	10	0.0

出典：FAO, State of the World's Forests 2007

り巨大な炭素の貯蔵庫としての熱帯雨林の破壊による気候変動などへの影響と，生物多様性の破壊である。

近年，この豊かな森は急速に破壊が進んでいるといわれている。中部アフリカではカメルーンの森林の減少率が最も高く，1990 年から 2005 年にかけて毎年 22 万 ha，ほぼ 1％の森林が減少しており（表 4-1），これは 15 年で 13％の森林がなくなったことを意味している[1]。

森林の減少の原因の一つは輸出のための木材伐採であるといわれている[2]。この地域で特に木材伐採が多かったのは，ガボンとカメルーンで，コンゴ共和国も伐採が進んでいる（図 4-2）。ガボンでは 1960 年代からすでに輸出目的に大量の木が伐採し続けられてきたが，1995 年以降さらに輸出量が増大している。またカメルーンは 1960 年代に徐々に木材の輸出が盛んになり，70 年代から 80 年代にかけては上下動を繰り返しているが，1994 年からは急激に輸出が増加している。最盛期の 1997 年では，木材輸出量でガボンは世界 20 位，カメルーンは 22 位，熱帯地域だけにかぎるとマレーシア，インドネシア，ブラジル，パプアニューギニアについで 5 位と 6 位を占めている（ForesSTAT ウェブサイト）。ガボンとカメルーンはこの地域のなかでは比較的政情が安定しており，それが 70 年代から 80 年代の木材輸出に結びついていると思われる。P. バーンハムによると，カメルーンは 1980 年代後半から世界銀行の構造調整計画の対象国となり，適切な国家財政の管理と債務国への負債の返済が求められた。カメルーンにおける木材以外の主要な輸出品は石油と農産物であるが，当時石油輸出の減少と農産物の価格の低迷のため木材の重要度が増しており，カメルーン政府は木材の輸出拡大の政策を採った（Burnham 2000）。また，市川光雄によると，ガボンとカメルーンにおける 1994 年以降の急激な木材輸出の

---

1) ただし，この数字をどの程度信用できるかは分からない。たとえば，カメルーン，中央アフリカ共和国，コンゴ，ガボンで 1 年ごとの減少面積は 1990 年代と 2000 年代で同じであるが（表 4-1），これは実際に何らかの方法で測定されたのではなく，推定の値であることを示唆している。
2) 森林破壊の原因として農地の拡大が挙げられることもある。たとえば，カメルーンでは構造調整政策の影響による農村人口の増加と農業形態の変化が森林消失の一因になった（市川 2002）。

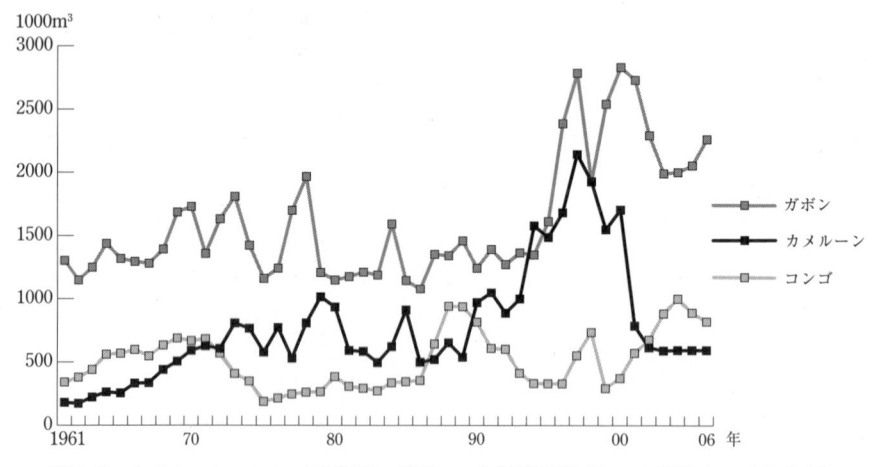

図 4-2 カメルーン，コンゴ共和国，ガボンの木材輸出量 (ForesSTAT ウェブサイト)

増加には，この地域の共通通貨である CFA フラン (詳しくは小松 (『社会誌』第 1 章)参照) の大幅な切り下げ (50％) が影響しているという。これにより，輸送費や人件費が外国企業にとって低下したため，以前ではコスト高で採算がとれなかった奥地でも伐採が進むようになった (市川 2002)。コンゴ共和国の木材輸出は 70 年代，80 年代前半は低迷していたものの，80 年代後半から増加し始め，90 年代には治安の悪化や内戦のため減少したが，2000 年以降増加している。

しかし，近年，アフリカ熱帯雨林の自然保護に関しては，木材伐採会社の森林伐採による直接的な森林破壊よりも，野生生物の保護に関心が移ってきている[3]。これにはいくつかの要因が考えられる。まず，森林の線引きが一段落し，国立公園として伐採から保護される区域と商業用の伐採に当てられる区域が 1990 年代から 2000 年代前半にほぼ確定したことである (線引きそのものに加えて線引きの経緯やその運用に問題があることは後述)。中央アフリカ共和国南西部のザンガ・サンガ (Dzanga-Sangha) 国立公園は 1990 年，コンゴ共和国北部のヌアバレ・ンドキ (Nouabalé-Ndoki) 国立公園は 1993 年，カメルーン東南部のロベケ (Lobéké) 国立公園は 2001 年，ブンバ・ベック (Boumba-Bek) 国立公園とンキ (Nki) 国立公園は 2005 年に設立されている。また，2000 年代初めにカメルーンとガボンは木材輸出量を減らしている (図 4-2)。特にカメルーンでは劇的に輸出量が減った[4]。また 2003

---

[3] ただし，国によって状況は異なる。コンゴ民主共和国では，伐採区域と保護区域，地域住民のための区域などの区分けが内戦によって混乱した。その区分けを再び確定して効力を持たせる必要があるのだが，もしそれがうまくいかないと破壊的な伐採が進む可能性がある (Debroux et al. 2007; Ichikawa in press)。

[4] 丸太から板の輸出へと変化したことも輸出量減少の一因である。特にカメルーンでこの傾向が強く，1997 年には輸出量で 80％，輸出金額で 54％を丸太が占めていたが，2006 年では輸出量で 5％，輸出

年からの輸出量はほぼ一定で（しかも，丸太，板，合板各々の量も一定，ForesSTAT ウェブサイト），これは木材輸出の規制が行われていることを示唆している。さらに，現在，伐採会社は樹種とサイズを選択して伐採を行っている。森林生態学の研究によれば，1ha 当たり 1 本未満の高度に選択的で一度きりの伐採ならば，長期的に見れば森の構造と機能への影響は限定的である。次に述べる人為的な影響を考えないなら，このような伐採によって森にギャップができ，その再生の過程で草食獣が食べる植物が繁茂することで動物にもプラスの影響を与えると考えることもできるという（Auzel & Wilkie 2000）。

コンゴ盆地における野生動物の減少

現在，深刻な問題として取り上げられているのは，熱帯雨林における野生動物の減少である。これについては安岡（本書第 14 章），木村ら（本書第 15 章）および市川（2008）で詳しく述べられており，ここでは簡単に紹介しておく。コンゴ盆地の熱帯雨林地域では野生動物の獣肉が多くの人びとの主要なタンパク質源である。森にまばらに住んでいる人たちによる自給のための狩猟に限定すれば，狩猟圧もそれほど高くなく，持続可能な利用ができるかも知れない（実際にこれまではそうやってきた。定量的なデータは安岡（本書第 14 章参照））が，都市に住む人たちの需要まである程度賄おうとすれば持続可能な範囲をこえてしまう可能性がある。さらに，都市の住民のあいだで野生動物の獣肉は「野生の力」を与えるものとして特別の価値を賦与されてもいる。繁殖速度の遅い動物（チンパンジーやゴリラ，ゾウなど）は特に狩猟の影響を受けやすい。加えて，ゾウは象牙の獲得を目的とした狩猟が行われており，その影響も大きい。

木材伐採会社の進出によって野生動物の減少が加速されているという指摘もある。P. オーゼルと D. S. ウィルキーによると，木材伐採会社の進出は二つの点で野生動物に影響を与える。一つは木材伐採会社の進出に伴い，労働者とその家族，さらにかれらに商品を提供する商人などが移住し，移住者の獣肉の需要が増えると共に，現金を持っている伐採会社の労働者は銃や散弾を購入して狩猟を行い，その獣肉を食べたり，販売して副収入源としたりする。もう一つの理由は，伐採会社の進出に伴う道路や橋の整備とその道路を走る木材運搬のトラックによって，狩猟の場所である森へのアクセスが良くなったことと，大きな需要のある都市への獣肉の流通が容易になったことである。たとえば，ピグミーが伐採会社のトラックに便乗して森の奥に入り，狩猟を行っていたことが報告されている（Auzel & Wilkie 2000）。

金額では 1.3％を占めるにすぎない（ForesSTAT ウェブサイト）。丸太から板に代われば製材の過程で切れ端が発生するので，自動的に輸出量は減る。森で伐採されている量は減っているのだろうが，輸出量ほど劇的に減少しているわけではない。

伐採会社のトラックは木材を積んで大西洋岸の港まで行くので，伐採地域で手に入れた獣肉を持って行き，途中の都市で販売すれば利益を上げられる。交通網が整備されれば伐採会社以外の自動車も容易に森の奥まで入ってくることができる。

内戦が野生動物に影響を与えることもある。木村（本書第15章）によると，コンゴ民主共和国のワンバでは，内戦の影響でコーヒーが出荷できなくなり，現金収入源として獣肉の重要性が増した結果，野生動物の狩猟が増大したことや，ワンバに駐留した軍隊が獣肉を消費したために，森の動物が減少したという[5]。

このように，森林の減少とそこに生息する動物の減少という二つの環境問題がコンゴ盆地の熱帯雨林で生じている。次節ではこれに対する外部からの動きを取り上げ，次々節ではそのような動きと現地住民との関係を分析する。

4-3 ▶ カメルーンの森林法と行政

まず，カメルーンを例に政府の対応や法律の制定・改定を見ていこう。カメルーンでは1994年に森林法が制定された。森林法の制定には1980年代後半からの熱帯雨林の保護への関心の高まりが大きな影響を与えている。

カメルーンでは植民地時代に商業的木材伐採が始まったが，林業の分野で保護や管理に関する取り組みはほとんど行われず，独立後の1980年代前半までその状態が続いた。しかし，1980年代中ごろから世界的に森林保護の問題が関心を集めだし，熱帯林業活動計画 TFAP (Tropical Forestry Action Plan) が，国連食糧農業機関 FAO のイニシアティブのもと国連環境計画 UNEP や世界銀行などの協力によって策定された。カメルーン政府は1986年に TFAP 条約に署名し，1988年には国家林業活動計画 NFAP (National Forestry Action Plan) が起草された。この計画の最初の鍵となるプロジェクトはカメルーンの国有林管理計画の策定で，これは線引き計画と呼ばれていた (Burham 2000)。

世界銀行は，1980年代後半から環境 NGO などによってその方針のなかに環境への配慮を含めるよう圧力を受け，それに伴ってカメルーンにおける資金提供の条件の一つとして新しい森林法の策定をカメルーン政府に求めた。その法律は，行政上の改革と木材輸出の制限，森林管理計画の策定，コミュニティ・フォレストの創設などを具体化するものであり，1994年に制定された。この法律は包括的な国有林

---

[5] 野生動物の減少や獣肉の取引の規制によって，新たなタンパク質源確保の動きが出てきている。ワンバでは森の動物に代わるタンパク質源として川魚の利用が増え，家畜の飼育や魚の養殖に取り組んでいる（木村 本書第15章）。また，カメルーン東南部でも獣肉の取引の規制や伐採会社の進出などによるタンパク質源の需要の増大によって川魚が重要になり，外部から専業漁民が流入している（稲井 本書第17章）。本章では触れないが，両論文を参照するとよいだろう。

管理計画が策定され効果的に運営されることを前提に作られている。しかし，この「線引き計画」は現地の人びとや他の地元の利害関係者の関与なしに作られた。「線引き計画」は木材伐採関係者に好都合なものになっており，多くの土地を恒久的森林区に割り当てた。恒久的森林区とは排他的に商業的な伐採のために保存される森（その多くはこれまで地域住民によって長期間利用されてきた森）である。一方で住民が居住する主要な道路に沿った狭い回廊上の土地が非恒久的森林区となり，そこは地域住民と伐採会社の両方が利用可能な土地である（Burham 2000）。このようなやり方は，地域住民と関係ないところでその土地の権利が地域住民から奪われていくという点で，植民地時代のコンセッションの仕組みと似ているといわれることもある（Lewis 2005）。また，土地の一部は自然保護団体などの働きかけの結果，国立公園として保護区域に割り当てられている。

　このような現地の人びとを無視した国有林管理計画は土地の所有権に関する法律とも対応している。現在のカメルーンの土地法は1974年に制定されているが，これはフランス植民地時代の考え方を引き継いだものである。その考え方とは，「使用されていない，主のいない」全ての土地を国有地とするものである。土地の個人的な所有を認める基準は厳しい。狩猟採集で利用される土地はもちろん，焼畑農耕の休閑地でさえカカオやコーヒーなどの樹木作物が植わっていなければ所有権は認められない。カメルーンはもともとイギリスとフランスの植民地が合わさって形成されている。「間接統治」のイギリス植民地支配のもとでは使用されていない土地がローカル・コミュニティに属するという考え方もあったが，フランス植民地ではそのような考え方はなく，合併したときにイギリス起源の考え方は破棄された（Burham 2000）。

　とはいえ，実際には地域住民は近年まで大部分の土地で，国から見れば勝手に，住民から見ればこれまでどおりに，森を伐採して農地にしたり，狩猟・採集・漁撈などを行ってきた。地域住民に具体的な影響を与えるのは，木材伐採会社の進出や自然保護区の設定とその管理の実施，さらに狩猟区の設定と観光狩猟会社の進出などが行われたときである。

4-4 ▶ カメルーン東南部の自然保護，森林利用，地域住民

　前節の最後で述べた地域住民に与える影響について，カメルーン東南部の状況を服部志帆と市川の研究に基づいて紹介しよう。

　カメルーン東南部では1980年代後半から90年代前半にかけて，国際自然保護連合IUCNや野生生物保護協会WCS，世界自然保護基金WWFが動物相の調査を行い，ロベケ，ブンバ・ベック，ンキの三つの国立公園設立の計画を立てた。これに

伴い，国立公園周辺エリアの持続的利用を目的としたジェンギ (Jengi) プロジェクトが1998年から開始された。ちなみにジェンギとはこの地域に居住するバカ・ピグミーの最も強力な精霊である。プロジェクトは合計70万haに達する三つの国立公園を含む270万ha，カメルーン全土の12.5％を占める広大な地域に及んでいる（服部2008）。

ジェンギ・プロジェクトにおける森林管理には，国立公園と狩猟区の設定，狩猟規制が採用されている。三つの国立公園を取り囲むように九つの一般狩猟区と14の共同管理狩猟区が割り振られ，一般狩猟区，共同管理狩猟区はそれぞれ約100万haを占めている。一般狩猟区は狩猟ライセンスを取得した観光狩猟のハンターが主に利用する区域であり，共同管理狩猟区は地域住民が利用する区域である（服部2008）。

このプロジェクトにはいくつかの新しい試みが行われている。これまで国立公園内では調査などを除いて人間の活動が禁止されることが一般的だったが，このプロジェクトでは現地住民の狩猟は禁止されているものの，漁撈や植物性食物，蜂蜜，薬用植物の採取は認められている。また，ここでは適応的管理という方法が試みられている。それは，あらかじめ決められたマスタープランにしたがって行う上意下達による官僚的な森林管理ではなく，住民との対話を通して，また状況の進展に応じて計画の見直しができるような方法であるという（市川 2002）。

ただし，住民の森林管理への参加には民族（バントゥー系農耕民コナベンベとバカ・ピグミー）によるちがいが見られる。共同管理狩猟区は各村の代表者によって組織された動物資源管理委員会が運営し，観光狩猟のハンターから支払われる狩猟税の村への配分や密猟者の通報などの役割を担っている。服部が調査した地域では委員会のメンバー31人のうち，農耕民コナベンベが28人，バカが3人で，農耕民に偏っている。また，プロジェクトでは住民を対象とする環境教育が行われているが，服部の調査村では農耕民の男性と年配の女性の大半が参加したものの，バカの男性は半数以上が森に行ってしまい，バカの年配の女性は参加していなかった。集会では森林省の役人とコナベンベの普及員が集会場の中央に位置取り，そのまわりにコナベンベが座り，バカの大半は集会所に入れず外側に座っていた。そして，役人がフランス語で話し，それを普及員がコナベンベ語に翻訳するという形で進められた。積極的に質問をするコナベンベに対して，バカは消極的な態度で，遠くをぼんやりと見つめているだけだった。プロジェクトに対する理解でもコナベンベの男性とバカのあいだには大きな差があるという（服部『社会誌』第10章）。

服部の調査地周辺では2001年から2002年に木材伐採会社が伐採を行っている。このとき，伐採会社は地域住民に補償金を支払った。この補償金は農耕民の村長を介して農耕民とバカに分配された。ただし，この分配は農耕民とバカのあいだで不均等に行われた。村長は農耕民68人に255万CFAフランと物品の多くを，バカ

105人には30万CFAフランと物品の一部を割り振った。現金では農耕民がひとり当たり約3万7500CFAフランであるのに対して，バカが約2800CFAフランで10倍以上の差がある。また伐採会社に雇用されたのも大半が農耕民の男性で，2-3か月の雇用期間に6万-9万CFAフランの所得を得ていた（服部2008, 服部『社会誌』第10章）。

　一般狩猟区における観光狩猟はバカの狩猟活動に影響を与えるようになっている。最近ではインターネットで検索すると簡単に観光狩猟のホームページを見つけることができ（安田 本書フィールドエッセイ），カメルーンの熱帯雨林もその対象地となっている。服部の調査地の共同管理狩猟区に隣接する一般狩猟区では2006年から観光狩猟会社が営業を始めた。この会社のトルコ人のオーナーはバカが以前に作ったキャンプ地の近くに観光狩猟用のキャンプを作り，狩猟期である1-6月に白人のハンター相手に商売を始めている。オーナーはバカが一般狩猟区に入るのを非難しているが，特に観光狩猟用のキャンプ周辺は注意深く監視している。このオーナーはバカの猟犬を銃で撃ったり，村を通るときに車から空に向けて銃を撃つなど威嚇もしている。観光狩猟用のキャンプ付近の森を利用しなくなったバカもいるが，生活のために一般狩猟区内で狩猟を行っているバカも多い。バカのあいだではオーナーに対する恐怖と反感が高まっており，一方，オーナーの方も自分の目をかいくぐって狩猟を行うバカに対して強い反感を持っている（服部2008）。

　農耕民はピグミーにとって外部社会との経済的，政治的な仲介者もしくは媒介者のような役割を歴史的に果たしてきた（北西『社会誌』第2章参照）。これは，現在の政府，自然保護団体，木材伐採会社などとの接触でも同様であることが多い。そのため，まず農耕民が関係を持ち，農耕民が情報や経済的な利益を得る一方で，バカは情報を持たず，利益も農耕民を介して間接的にわずかな量しか受け取れない。また，土地の利用に関しても農耕民の農地が直接奪われることはまずないが，ピグミーの狩猟採集の場は自然保護区や一般狩猟区として利用が制限されている。このように，ピグミーにより大きなしわ寄せが来ているといえるだろう。

4-5 ▶ ピグミーと様々な援助活動

これまでのピグミーに対する援助活動とそれに対する批判

　ここではピグミーに対する援助活動を中心に紹介していきたい。上記のバカとコナベンベの関係（もしくは北西『社会誌』第2章）からも分かるように，ピグミーはこの地域において政治的，社会的，経済的に周縁的な地位におかれている。そのため，これまで政府や多くの民間組織によってピグミーに対する開発援助，生活改善の取

り組みが行われてきた。

　カメルーン政府は独立直後の1960年代前半からピグミー，特にバカに対してかれらの生活改善と国家の社会・経済システムへの統合を目的とした定住化プログラムを実施した。政府は，移動を繰り返しながら狩猟採集で食物を獲得するバカの生活様式は「進化において低いレベル」にあり，政府が介入して援助しなければかれらは生き残れないと考えていた。政府にとって望ましい生活様式とは，農耕民と同様に道路沿いの恒久的な集落に移動し，農耕を行うことだった。自給的な農耕に加えて，換金作物を栽培することによって現金を獲得し，生活物資や学校のための費用を確保して，税金を支払い，国家経済に貢献することが期待された（Hewlett 2000）。

　一方，カメルーンでピグミーに対する援助活動を行ってきた民間の団体も定住化および農耕化がバカにとって必要であるとした。しかし，その理由は政府と一部異なっている。かれらにとって大きな問題は近隣の農耕民によるバカの搾取であり，農耕民から自立するために定住化，農耕化，さらに学校教育が必要であると考えていた（Hewlett 2000）。障害者を扱った戸田（『社会誌』第11章）によると，カトリック・ミッションがバカの障害者ばかりを援助し，農耕民をほとんど援助してこなかったが，それもこの考え方が影響している。そのため，農耕民の村から離れたところにバカの定住集落を作る試みもなされた。

　このように政府と民間の援助団体では，バカを援助する目的はちがうものの（国家の社会・経済システムへの統合と農耕民からの自立），そのためにバカに求めたことは似ている。それは定住化，農耕化，学校教育の普及，コミュニティのリーダーの確立である。そして，それはバカの社会や文化の特性をあまり考慮していない。ピグミー研究者のE. ウェールは，ピグミーの社会の特性を理解した開発援助機関には出会ったことがないとさえ述べている（Wæhle 1999）。また，援助団体スタッフのM. ブレティン・ウィンケルモレンによると，これまでの多くのピグミーの開発プロジェクトにおいては，援助対象の人たちではなく外部の人がかれらにとって必要と考えたサービスを提供しており，援助対象者が何を望んでいるかを知るための調査を十分に行っていないため，移動生活などに基づいた生活様式に密着するかれらの価値観が理解されていないという。そして，開発プロジェクトは，かれらのそのような価値観を認めるところから始める必要があると主張している（Bretin-Winkelmolen 1999）。このような批判と近年の先住民運動や参加型開発援助という考え方の影響で，最近の援助活動は変化しつつある。

近年のピグミーへの援助活動

カメルーン・チャド石油パイプラインとバギエリ・ピグミー，援助団体 FPP

　ここではまず，近年の援助活動の一例として，カメルーン西南部のカメルーン・チャド石油パイプラインに関する問題を取り上げよう。

　チャド南部のドバ Doba の油田で産出された石油をカメルーン西南部の大西洋岸のクリビ Kribi 付近までパイプラインで運び，輸出するという計画が，エクソン，シェル，エルフなどの石油メジャーの合弁企業によって立案され，2000 年 6 月には世界銀行によるその事業への融資が承認された。このパイプラインはカメルーン西南部のバギエリ・ピグミーが居住している地域を通ることになっていたが，かれらに対する説明や補償がきちんと行われていないということについて，FPP (Forest Peoples Programme：イギリスに本拠を置く森の先住民を援助する NGO) などが問題を提起した。ここでは，FPP の報告に基づいて (FPP ウェブサイト)，この問題と援助活動の内容について紹介したい。

　現在，世界銀行がこのような事業に対する融資を行う条件として，その地域の自然環境への影響と地域住民への社会・経済的な影響の調査を行うこと，さらに地域住民の生活の改善もしくは悪化の防止や補償に関する計画 (IPP: Indigenous People Plan) を地域住民への説明や協議を経た上で作成することが必要とされる。しかし，FPP の調査によると，いくつか問題が存在することが明らかになった。まず，地域住民 (特にバギエリ) が，十分な情報を得た上で計画の協議に参加していないことである。また，バギエリが利用していた土地に対する本来バギエリが受け取るべき補償を，近隣に居住するバントゥー系農耕民が奪ってしまった。また，パイプライン建設によって引き起こされる環境破壊を「相殺する」ために，カメルーン西南部の沿岸地帯にカンポ・マーン (Campo Ma'an) 国立公園が設立されることとなった。しかし，国立公園に指定された地域はバギエリがもともと狩猟活動を行ってきた地域であり，国立公園は結果的にこれを制限することになる。

　FPP にもスタッフとして関わっているピグミーを専門とする社会人類学者 J. ケンリックの論文 (Kenrick 2005) にその経緯が記述されている。パイプライン建設予定地のバギエリの土地はかれらが何年間も農耕を行っており，そこにかれらは居住していたが，読み書きのできる農耕民によってその土地の権利が主張され，それが認められて農耕民が補償を得た。そして，バギエリは農耕民によってその土地から追い出されてしまった。また，バギエリとの協議では同じ農耕民のグループに属する専門家によって協議が実施された。その専門家の調査の結論は，バギエリの土地の権利や森の必要性を認めるものではなく，農耕民に容易に吸い上げられるような不十分な形での補償を設けるというものだった。また，この調査はバギエリが IPP で計画されている開発援助を利用するためには完全に定住化する必要があるという

ことを強調している。この調査はバギエリ自身の希望と必要を考慮に入れることなく，バギエリにとって何が必要であるかを外部者が分かっていると想定して作られていた。

2001年にFPPはバギエリの代表と共にこれらの問題について世界銀行のカメルーンでの責任者やCOTCO (Cameroon Oil Transportation Company：パイプライン・プロジェクトの実行責任組織) と議論する機会を持った。そしてFEDEC (Foundation for Environment and Development) がパイプライン建設の補償とパイプライン建設の影響を減らすための計画の責任機関となり，IPPを新たに作成することになった。

2002年からFPPはバギエリのためのプロジェクトを開始する。その目的はパイプライン・プロジェクトへのバギエリの意見の反映とかれらの土地と生活を守ることで，具体的な中身はバギエリとの協議のもと決められたという。その中身はFEDECとバギエリの代表者との協議のサポート，バギエリと農耕民とのあいだの対等な対話を促進する仕組みを作ること，人口センサスとバギエリの土地のGPSを用いたマッピングである。マッピングはパイプラインの通る地域やカンポ・マーン国立公園内でバギエリが狩猟採集や農耕で利用している土地から始まり，バギエリの居住する地域全体へと広がっていった。この地図はCOTCOやFEDEC，カンポ・マーン国立公園の管理に関わっているWWF，農耕民との協議において，バギエリの土地の権利を主張する根拠として利用された。

2004年にはバギエリのコミュニティの代表者，農耕民の伝統的な村の代表者，政府役人，FEDECなどの関係者が参加したビピンディ土地公開討論会 Bipindi Land Forumが行われた。この討論会の目的は民族間の対等な対話である。この討論会はそれ以降たびたび行われた。これらの一連の協議によって，バギエリは農耕民とのあいだの懸案であった土地の権利に関して合意し，続いてカメルーン政府によって20のバギエリと七つの農耕民のコミュニティのおよそ3000人の人びとの土地が公式に認知されたという。また，五つのバギエリのコミュニティによって利用されているカンポ・マーン国立公園内およびまわりの土地のバギエリによる利用状況をマッピングした地図に基づき交渉した結果，政府が公園全体にわたるバギエリのアクセスと利用権を認知した。

他の地域でもGPSによるマッピングを活用したピグミーの土地の権利確保の動きがある。コンゴ共和国北部の伐採会社CIB (Congolaise Industrielle des Bois) が操業している地域でも世界銀行から15万ドルの資金を得て，この地域でピグミーを調査している人類学者J. ルイスの協力のもと，マッピングが行われている (Hopkin 2007)。ここではアカ・ピグミーが利用する木そのものに印をつけ，その木をGPSで登録して伐採会社に知らせる。すると，伐採会社はその木を伐採しない。たとえば学名 *Entandrophragma cylindricum*，アカ語で *boyo* という木は，伐採関係者では *sapelli* という名称で知られ，高級家具の材料になる木で通常は真っ先に切られるが，

この木からは毎年季節になるとアカが食用とするイモムシが大量に採れるので、アカが利用していると知らされた場合は伐採しない。

近年の援助活動の特徴：参加型、先住権、自己決定、代表
　最近行われているピグミーに対するプロジェクトでは「参加型」の開発援助と「先住権」の二つの考えが重要になってきており、以前のように単に定住化、農耕化、学校教育、リーダーの確立をセットとして押しつけるものではなくなってきている。
　参加型という点に関して、FPPの例では、まず地域からの要請によってこのプロジェクトが始められたことが強調され、計画策定の段階からの地域住民の参加、地域住民と外部の利害関係者および地域住民間での対等で積極的な協議を促進している。4-3, 4-4節で述べたように、これまで、森林の利用法の決定やその区分けは、地域住民の意向や利益を無視し、中央政府や木材伐採会社、国際機関、海外の団体などが行う傾向にあった。L. ドゥブルーらは紛争後のコンゴ民主共和国の森林に関するレポートのなかで、これからは森林利用に関してローカルな生活とローカルな権利を尊重し、ローカルな協議が決定の中心となるべきであり、またその協議は前もって情報を得た上での自由な合意に基づくべきであると述べている（Debroux et al. 2007）。
　また、先住権に関しては、たとえ法律上は国有地であってもかれらがもともと利用していた土地に対してかれらにも権利があることを認めることから出発するという点で、これまでの考え方とは大きく異なっている。つまり、かれらが困っているから何か施しを与えるのではなく、過去に奪われたものを取り戻す、もしくは奪われそうなもの守るということである。このような立場に立つと、かれらには当然その土地をどのように利用するかについての協議に参加する権利があり、ローカルな協議が決定の中心となるという論理を支えることになる。ただし、かれらにとっての土地とは単なる地面ではなく、そこに生えている植物、そこに生息する動物、さらにそこに住んでいる精霊と祖霊、それにかれら自身を含めた意味での「森」である（澤田『社会誌』第17章参照）。かれらとその他の森を構成する存在との相互交渉を可能にする形での土地の権利の保障がかれらにとっての保障となる。
　ここでのキーワードの一つは「自己決定」だろう。つまり、自分たちがどのような生活を望み、そのためにどのような支援を受けていくかを自分たち自身で考え、他の利害関係者と協議をし、強制されない形での合意に基づいて、共に計画を遂行していくということである。しかし、ピグミーの自己決定にはいくつかの課題がある。まず、自己決定するためにはそれに関する情報を十分に得て、それを理解した上で決定を下す必要がある。そのような情報を得る機会、さらにそれを理解する能力を養う機会（少なくとも中長期的な視点からは）として思い浮かぶのが学校教育である。学校教育は定住化を前提とすることが多く、また教室内でのコミュニケー

ションのありかたは，バカの日常生活におけるものとはかなり異なる (Kamei 2001, 北西 2004b)。主流社会と同じ内容，やり方の学校教育の強制は同化の一手段となることもある。ピグミーの生活形態や社会関係に合った教育の形を考える必要があるだろう。

　もう一つの問題は，リーダーの必要性である。開発プロジェクトは一般的にコミュニティを対象とするものであり，自己決定にはコミュニティ全体での選択が行われなければならず，それには指導的な人物もしくは決定を集団内で強制する力を持つ人が必要かも知れない。また，外部の機関と交渉するにもコミュニティの代表者が必要となる。しかし，ピグミーの社会は平等社会といわれ，ヒエラルキーがほとんど存在せず，集団としてそのメンバーに何かを強制するという仕組みがない。ケンリックは，あるバギエリの男性が，代表者として，石油パイプライン・プロジェクトの問題に関してワシントン DC で世界銀行と協議してきたときのことを述べている。彼はその結果をバギエリの人たちみんなに代表者として説明しなければならなかった。彼にはバギエリの人たちを集めてみんなに話すという選択と，少しずつ時間をかけてひとりずつ話していくという選択があった。しかし，彼はどちらを選択しても非難されるという状況に追い込まれた。人を集めてその前で一方的に話すというやり方はピグミーのやり方ではなく農耕民もしくは外部の人たちのやり方であり，自慢している，傲慢であると受け取られかねない。そのため彼は時間をかけていく方法をとったのだが，彼は何も話さない（ひとりだけで情報を独占している）と批判された (Kenrick 2005)。「代表」という仕組みがかれらの社会には適さなかったのである。

農耕民とピグミー

　ピグミーに関する問題をさらに複雑にしているのは農耕民の存在である。新大陸の先住民の問題では，先住民と後から来てかれらの権利を奪ったヨーロッパ人というかなり明確な図式を描くことができるが，アフリカ熱帯雨林では農耕民もヨーロッパによる植民地化以前から住んでいた人たちであり，植民地化はかれらの権利も奪っている。その一方で，農耕民とピグミーのあいだには上下関係が存在する（北西『社会誌』第 2 章参照）。両者のあいだの交渉は，少なくとも表向きは農耕民の論理で進められ，ピグミーはたとえ不満を持っていたとしても，それを農耕民の前で口に出すことはあまりない。

　外部社会からの政治的，経済的影響が大きくなるにつれて，仲介者である農耕民のピグミーに対する力が増すことがある。たとえば，村で起きた紛争は大きな事件でなければ警察や憲兵が介入することなく村の裁判で解決されるが，その司法権を握っているのは農耕民の場合がほとんどだろう。司法制度という外部由来の制度において，農耕民がこの力を独占しているのである。本章で紹介したように，農耕民

は本来ピグミーが受け取るはずの利益を横取りする場合もある。このような状況のなかで実際に現地に入った「北」の国の人たちは，農耕民によるピグミーの搾取に憤り，ピグミーに同情し，農耕民を敵視することが多い。多くの民間援助団体が農耕民からの自立をピグミー援助の目的にしてきたことからもそれは分かる。

　ローカルなレベルでの決定を重視するとしても，ピグミーのように弱い立場の人たちは協議において周縁化されてしまう可能性がある。そのためかれらが平等な権利，機会，利益を得ることができるように配慮すべきで (Debroux et al. 2007)，ピグミーにより積極的に援助を行うことは当然 (Wæhle 1999) である。ただし，農耕民を無視もしくは排除するやり方では結局外部者の介入によって両者の対立を拡大し，実際の両者の関係に存在する協調もしくは連帯の側面（北西『社会誌』第2章参照）を抑圧してしまうかも知れない。FPPのように，ピグミー側を援助しているものの農耕民との対等な対話を目指す団体もある。とはいえ，北西（『社会誌』第2章）やルイス，ケンリックが述べているように (Lewis 2005, Kenrick 2005)，農耕民の論理とピグミーの論理にはちがいがある。農耕民がピグミーの論理を肯定的に理解することが理想であるが，現場にいるとそれは非常に困難なことだと感じられる[6]。

4-6 ▶ グローバルな世界とローカルな世界をつなぐ新しい動き
—— 炭素取引と熱帯林

　現在，グローバルな規模での熱帯林保護に関する新しい取り組みが始まろうとしている。それを主導している組織の一つは世界銀行の森林炭素パートナーシップ機構 (Forest Carbon Partnership Facility: FCPF) である。これは，森林減少・劣化による温室効果ガス排出を削減した国に対して見返りを与える仕組みを作り，それによって気候変動の緩和を目指すものである。

　2006年に発表されたスターン・レビュー[7]によると，森林の減少と劣化は温室効果ガス排出の二番目に主要な人為的な原因で，世界の温室効果ガス排出のおよそ20%（16億トン）を占めており，その大部分は熱帯林から排出されている（2000年現在）。また，他の排出削減方法と比較すると，森林減少・劣化からの温室効果ガス排出削減 (Reduced Emissions from Deforestation and forest Degradation: REDD) は費用対効果の高い温室効果ガス削減方法で，二酸化炭素1トン当たり5ドル以下，もし

---

6) アフリカの狩猟採集民と農耕民もしくは牧畜民の論理のちがいとそこから生じる差別についてはWoodburn (1997) に詳しく記されており，その内容はほぼピグミーと農耕民の関係にも当てはまる。
7) スターン・レビューはイギリス政府の依頼によってニコラス・スターン (Nicholas Stern) 卿を代表とするチームが作成した気候変動の経済学 (The Economics of Climate Change) についての報告である。

かすると1ドル以下にすることも可能かも知れないという（Stern Reviewウェブサイト）。

このため，REDDを効果的に行う仕組みを作り出すことが必要であるという認識が広まった。世界銀行は2006年からこれに関する協議を始め，2007年のドイツのG8サミットでもそのような仕組みの創設が促された。そして2007年12月にインドネシアのバリ島で開かれたCOP 13（国連気候変動枠組条約第13回締約国会議）でFCPFの創設が発表され，2008年6月に実際に動き出した。当初は熱帯・亜熱帯の森林を抱える14の途上国が参加したが，2009年4月現在では37カ国となり，中部アフリカのほとんどの国（カメルーン，中央アフリカ共和国，ガボン，赤道ギニア，コンゴ共和国，コンゴ民主共和国）が参加している（FCPFウェブサイト）。

FCPFの具体的な取り組みは二つある。一つは，途上国がREDDを計画・実施する能力を身につけるための援助である。もう一つはパイロット事業において排出量削減に基づいた炭素クレジットの獲得と売買の仕組みを試し，よりよい仕組みを構築していくことである。この二つの取り組みに対して，それぞれ1カ国につき500万ドル，計1000万ドルの資金提供が目標である（FCPFウェブサイト）。

将来この炭素取引の仕組みが動き出したら，莫大なお金を熱帯林に落とす可能性がある。2008年のヨーロッパでの炭素取引価格は1トン当たり30ドルである（Oliver 2008）。森林減少・劣化による排出量16億トンが，もしその値段で取引されると，480億ドルになる。森林の減少・劣化がゼロになることはないだろうし，供給が増えれば炭素取引価格も下がるので，この金額になることはありえないが，それでもかなりの金額が森林を抱える熱帯の途上国に入ってくる可能性があるだろう。

さて，FCPFは森に暮らす人たちにどのような影響を及ぼすのだろうか。FCPFはそのパンフレットのなかで，REDDの計画と実施に際しては地域住民，特に森に依存して生活している先住民と協議を行い，参加型の手法をとること，地域住民に害を与えるものになってはいけないことなどを強調している。さらに炭素取引から得られる利益の一部は森の先住民や他の森の住民も受け取る予定であると述べている。また，REDDの副産物として，たとえば地域住民の土地，もしくは木材や非木材林産物の慣習的な所有権や使用権を確保することによって，かれらの生活を改善する可能性もあるという（FCPFウェブサイト）。

このようなFCPFの主張には反論も存在する（Oliver 2008; IPACCウェブサイト）。それは本章でこれまで述べてきた事例と共通の問題である。森に住む人たちと政府との，もしくは先住民とそれ以外の森に住む人たちのあいだでの，対等な立場で十分な情報を得た上での協議が実際に行われるのだろうか。また，炭素取引の利益はまず政府に入ることになっているが，実際に地域住民，特に立場の弱い先住民に不利な形で配分される可能性はないのだろうか。土地や森の産物の慣習的な権利については，強い立場の住民の主張が一方的に認められることもありうるし，そうでな

ければ権利をめぐる紛争が起きるかも知れない。このような懸念は，空想ではなく過去に実際に起きたことに基づいている。市川はこのような懸念に対して，REDDからの収入が森に暮らす人びとに届くことを保証する確かなメカニズムを計画する必要があり，そのためには参加型の収入配分メカニズムと透明な検査システムを導入しなければいけないと述べている (Ichikawa in press)。

すでに世界で三つの住民団体がFCPFの援助のもとで能力開発プログラムを行っている。その一つはIndigenous Peoples of Africa Co-ordinating Committee (IPACC, in Africa) というアフリカの先住民団体である (FCPFウェブサイト)。IPACCがFCPFから援助を受けたプログラムでは，2009年2月に，コンゴ共和国，コンゴ民主共和国，ガボン，ブルンジ，ウガンダ，ナミビア，南アフリカ共和国，ケニアの先住民のリーダーたちがケープタウンに集まり，トレーニングを受けている。そのトレーニングは，REDDの準備計画についての政府との協議に臨むために必要な知識を身につけることを目的としており，地球上における炭素サイクルの流れや，化石燃料と森林破壊から二酸化炭素が排出されること，森林の保護が気候変動の緩和のために重要であることを学んでいるという (IPACCウェブサイト)。FCPFやREDDによる炭素取引が将来どのような効果や影響を及ぼすのかは想像がつかないが，事態が動き出していることだけは確かである。

4-7 ▶ おわりに

アフリカの熱帯林は二つの問題を抱えているといわれる。自然に関する問題と人間に関する問題である。いま求められているのは，世界有数の価値を持つ生態系を守りつつ，そこに住む人びとの生活を改善するということである。一方で，この二つはトレードオフの関係にあるともされる (Debroux et al. 2007)。森林もしくはそこに存在する野生生物を保護しようと思えば，そこに暮らす地域住民の居住や森林利用を制限し生活の糧を奪うことにつながると想定されるためである。もしそうなら，両者のあいだに何らかの妥協が必要である。コミュニティ・フォレストの創設などは，考えられる妥協点の一つなのだろう。ただし，どこで妥協すべきと考えるかは当事者や利害関係者のあいだで異なると予想され (たとえば自然保護団体と先住民運動団体)，全ての関係者が参加した自由で対等な協議による妥協点の決定は困難かも知れない。

最も望ましいのは，二つのあいだに正のフィードバックが生じるような方策，つまり，森林保護が貧困削減につながる，また貧困削減が森林保護につながるような方策である。FCPFの取り組みは，炭素取引で得た利益が森の住民に適切に還元されて住民の生活向上に役立てば，この正のフィードバックをもたらすことにな

る。ただし，そのためには上記のようにいくつかの問題が存在することも確かである。「北」の人たちが気候変動を緩和するために炭素を金で買い，犠牲を森に住む人たちに押しつけるという構図は，「北」の人たちのエゴであり，避けるべきである。今後，このような取り組みがどのように展開するのか，またさらに新しい取り組みが生まれていくのか，注視していく必要があるだろう。

　最後に，最近の研究者について述べておこう。アフリカの狩猟採集民の先駆的な研究者である J. ウッドバーンはピグミーに関するある研究会でその参加者に対して，「ピグミーの過去だけを研究するのではなく，現在と将来のピグミーについてもきちんと考えなければいけない」と強く主張したという (Wæhle 1999)。実際，ピグミーを研究する人類学者のなかには，世界銀行など国際機関からの依頼による調査や報告書の作成を行ったり，先住民運動の団体に参加もしくは協力したりする人たちが見られるようになっている。また，本書に収められた論文のなかには，現在と将来のピグミーや農耕民，熱帯雨林に関わったものが多く存在し，近年の研究者の関心を反映しているのだろう。最近，若手の日本人研究者のあいだでは，NPO を立ち上げて，カメルーンを中心とした森に住む人たちとプロジェクトを行う計画が動き出そうとしている（服部志帆 私信）。今後の展開に期待したい。

第5章

飯田 卓

交易の島から展望する「三つの生態学」
―― 東アフリカ，ムワニ世界の漁師たち ――

5-1 ▶ はじめに
―― 三つの生態学を推し進める観察力と想像力 ――

　本書のテーマの一つは，熱帯雨林の保全という現代的な課題を，土台から考えなおすことにある。森林減少の現実は否定すべくもないが，かといって，むやみに保護区面積を広げればよいわけでもない。人為をまったく拒否した保護区の拡大は，周辺住民の生活基盤を切り崩す可能性もある。森から遠く離れたマスメディアの言説に踊らされる前に，まず，地域の歴史と実情を把握しなければならない。そしてできれば，地域住民が森と関わる作法を学びつつ，自然保護の枠組みをデザインするのがよい。

　こうしたことを念頭に置きながら，市川光雄は，「三つの生態学」に基づく研究プランを提唱した。三つの生態学とは，地域に根ざした人‐自然関係を明らかにする文化生態学と，その営みを広い時間的文脈から理解しようとする歴史生態学，同じく広い空間的文脈から理解しようとする政治生態学を指している（市川 2003; Ichikawa 2006）。たんに「森棲み」の作法を学ぶだけではなく，その歴史的な深みも理解するよう努め，さらには，森の外との関係が「森棲み」にとってもつ意味をも明らかにしようというわけである。

　市川が例示したカメルーンの熱帯雨林にかぎらず，ローカルな人と自然の関わりを対象とするフィールド研究一般において，広い時空間的文脈に配慮することの重要性は強調されてよい。欧米における歴史生態学（Balée 1998a）や政治生態学（Bryant & Bailey 1997），ニュー・エコロジー（Biersack 1999; Kottak 1999）などの流れにおいても，そのことがすでに指摘されてきた。本書でも，市川（本書第1章）が歴史生態学の基本的なアイデアを提示している。また，安岡宏和（本書第2章）や小松

かおり（本書第3章）は，異なった研究的関心のもとで歴史研究の必要性を指摘している。政治生態学に関しては，特にコンゴ盆地の熱帯雨林にまつわるグローバルな動きについて，北西功一（本書第4章）が幅広い情報整理を行っている。

ただし，広い時空間に配慮せよという正論を実行に移すのは，簡単なようでいて難しい。特に初学者にとって，フィールドの事象の他，歴史や政治にも配慮することは，多大な負担となる場合がある。最も危険なのは，歴史や政治に目を向けるあまりローカルな事象の分析がおろそかになり，フィールド研究ならではの視点を生かせなくなることだろう（Vayda & Walters 1999）。

ところが，市川らコンゴ研究者のグループは，実情把握をおろそかにせず，まずはフィールドでの観察を徹底する。いいかえれば，三つの生態学のなかではさほど目新しく映らない文化生態学や，生物学的な意味での生態学に足場を確保しているのである。たとえば市川（本書第6章）は，複数の異なるタイプの森の比較を通して，それぞれの森が消長してきた歴史をあぶり出そうとする。議論の過程では，土壌の考古学的分析の結果なども利用されるが，彼が特に目を向けるのは，現生植生の優占樹種や下草の様子などである。太古から存続しているかにみえる森から「歴史を読みとる」ことが，ここで試みられているのである。そうした態度は，フィールドに展開する事象から目をそむけて文献や統計資料に没頭する姿勢とは，およそかけ離れている。

このように，歴史生態学や政治生態学を行おうとする研究者にとって，まず必要なのは観察力であろう。本書中の各論文は，いずれも地道な観察に裏づけられているが，一例として本書第13章の平井論文を挙げておこう。平井將公は，コンゴ盆地の熱帯雨林で調査する先輩や同僚から離れ，西アフリカのサバンナ地帯を調査地としてきたため，本書の他の執筆者にもまして自前の観察眼に頼らざるをえなかった。

平井によれば，同地において家畜の飼料や肥料として利用されるサースの木が，「しつけ」と呼ばれる手入れによって成長を促されているという。そして，こうした集約化の実践は，欧米にみられる資源管理型の資源利用とは異なった論理のもとに展開しているという。この議論の出発点となったのは，飼料と肥料という相反する利用のしかたが人口増加とあいまって競合をひき起こすのではないかという疑問であった。素朴な疑問を解き明かそうとする意志が，「しつけ」られたサースと自然状態のそれを比較する研究を推し進め，特定樹種を集約的に利用する民俗知を明らかにしたといえる。観察力は，素朴な疑問を投げかける着想力と密接に結びついているといえよう。

とはいえ，そうした観察は，「歴史を読みとる」ことからなおも隔たっている。眼前で展開する「いま－ここ」の事象を起点として，広い時空間に思いをはせるには，事象を観察する力と共に，その外見をこえていく想像力が必要だろう。つまり，

眼前の事象が長い歴史の積み重ねの結果であること，あるいは，広い世界の別の場所に連動していることを想像する必要がある。

本章では，東アフリカ沿岸のムワニ社会で筆者が行ってきた調査にもとづき，小さな島での観察をどのような経緯で広い時空間にまで結びつけてきたかを紹介する。コンゴ盆地以外のことを取り上げるのは，筆者がその地域で調査を行っていないからであるが，もう一つの理由として，三つの生態学の進めかたを議論する上ではコンゴ盆地だけにこだわらないほうがよいと思うからでもある。ムワニ社会は，長い歴史の上に築かれていると同時に，今なお複雑な国際関係のただ中にあり，調査者の視野をみごとに広げてくれる。かぎられた見聞から時空間的文脈の広がりを十全に描くのは容易でないが，本章では，そのための手がかりを提示したい。

本章の最後では，三つの生態学を進めるために，「文化生態学」的なアプローチが軽視してきたタイプの社会に目を向けなおす必要性も指摘する。これまで「文化生態学」的なアプローチが関心を向けてきたのは，主として，自然とダイレクトに関わりつつ暮らす人びとだった。そうしたなかで，複雑な人間関係を操作しながら生計を営む人びと，ないし，それらの人びとをつうじて外の社会とつながろうとする人びとは，十分にとり上げられてこなかったきらいがある。ムワニ社会は，まさにそうした人びとの活躍する社会である。このような社会に目を向けることで，欧米とは異なった視点をもち続けてきた日本の生態人類学（市川 2003：55-56）は，あらたな展開をみせるにちがいない。

5-2 ▶ ムワニ世界

ムワニ世界の歴史

本章でムワニ世界と呼んでいるのは，ムワニ語が話されているモザンビーク北部海岸一帯である。古来より，インド洋交易のアフリカ側拠点は，現在のソマリアからケニア，タンザニアを経て，この地域の南にまで及んでいた。7-8世紀にイスラム商人がインド洋海域で活動を始めた頃，東アフリカ側で重要だった港市の一つにソファラ（スファーラ，現モザンビーク）がある（家島 1993：324-326）。アラビア語文献におけるソファラは，現在のソファラに一致するとは断定できないものの，モザンビーク中北部に位置しており，そこが南東アフリカ沿岸の交易ターミナルとなっていたことは間違いない。現在のソファラにある遺跡から発掘された土器は，ザンベジ川沿いの交易をつうじてもたらされたもので，15世紀頃のものと推測されている（Dickinson 1975）。また，16世紀にここを訪れたポルトガル人の記録によれば，ソファラの人びとは，有力者の庇護のもとに象牙などを輸出していたという。

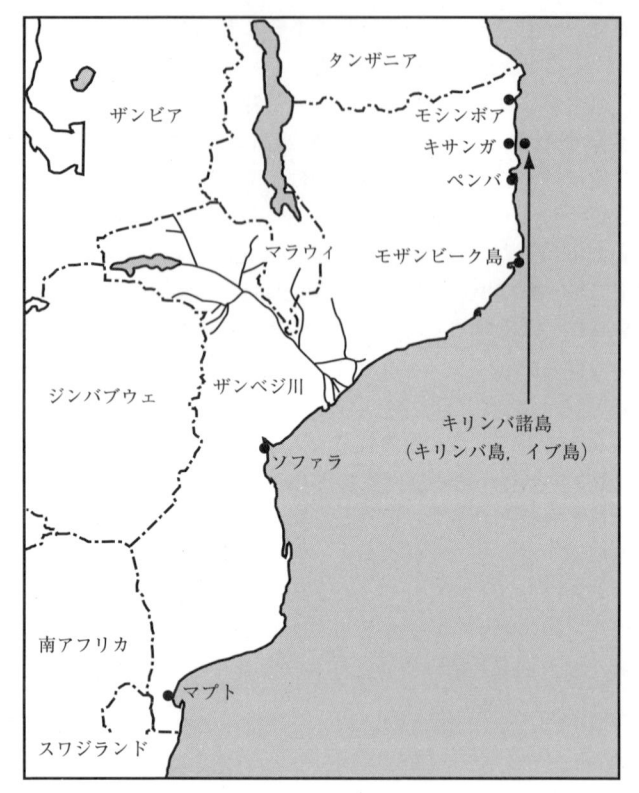

図 5-1　キリンバ島の位置

　調査を行ったキリンバ諸島（モザンビーク領）は，交易で栄えたキルワ（タンザニア領）とソファラの中間に位置しており（図5-1），大陸の海岸沿いに行き来する船が頻繁に通行していたと考えられる。しかしこの地域は，北東季節風の南限となる南緯12度線（家島 2006）上にあり，長距離航路の限界に近い。したがって，季節風に乗じて行われたインド洋横断交易のなかでは，周辺的な位置にあったと考えるのが妥当だろう。この点で，北隣のタンザニアやケニアに広がるスワヒリ世界とは大きく異なる。そのことは，必ずしも，ムワニ世界がスワヒリ世界の支配下にあったことを意味するわけではない。16世紀に活躍し始めたポルトガルとの関係から，そのことをみてみよう。
　ヨーロッパ人として初めてインド洋航路を利用したヴァスコ・ダ・ガマは，1497年12月に喜望峰の東側に到達し，モザンビーク島，キリンバ諸島，キルワ，モンバサ（ケニア）を経由してマリンディ（ケニア）まで北上したあと，1498年4月にインド洋横断に乗り出した。彼は，インドとの交易によって大量の香辛料を入手し，

ヨーロッパに持ち帰って莫大な富を出資者にもたらしたため、ポルトガル人たちは、インド洋の交易拠点を独占しようとした。そして、ソファラ（1505年）とキルワ（1506年）、モザンビーク島（1507年）に次々と城砦を築いた（キルワの城砦は1512年に放棄）。

キリンバ島では、1522年にポルトガル人が交易を行い、その後に入植して混血の子孫を残したが、国家の影響力は必ずしも強くなかったようだ。1740年代にキリンバ諸島民は、インド洋上のフランス植民地（マスカレン諸島）に向けて、奴隷を輸出するようになった。このときかれらは、奴隷交易によって大きな利益を得たため、モザンビーク一帯を管轄していたインド総督は危機感をもったといわれる（Newitt 1973: 211–212; Newitt 1995: 191–192）。つまり、キリンバ諸島をはじめとするモザンビーク北部地域は、スワヒリ交易圏とポルトガル交易圏とのはざまという地理的位置を利用して、いずれにも与さない交易活動を展開していたのである。

このことは、モザンビーク北部に独自の文化圏を育むこととなった。これがムワニ世界で、言語としてはムワニ語が広く話されている。言語を指標としてムワニ世界の範囲を定義するなら、モザンビークの北東端に位置するカーボ・デルガド州（Provincia de Cabo Delgado）の東海岸部および島嶼部ということになろう。本土側の大きな町としては、北からモシンボア（Mocimboa）、キサンガ（Quissanga）、ペンバ（Pemba、カーボ・デルガド州の州都）などがある（図5-1）。これらは、いずれも、海に面した町である。島嶼部に属するキリンバ諸島には、地区（distrito）の行政的中心であるイブ島（Ibo）や、本報告の中心となるキリンバ島（Quirimba）、南アフリカ人を中心とする観光客の滞在地であるマテモ島（Matemo）やキラレア島（Quilalea）などがある。

ムワニ語は、スワヒリ語やコモロ語と同じく、東アフリカの沿岸部や島嶼部で話されているサバキ語グループに属しており、隣接する内陸地域のマクア語などから多くの語彙を借用して成立した（Petzell 2002）。ムワニ語がたどった歴史については、解明すべき点が少なくない。しかし、ムワニ語の話される地域が海岸部にかぎられること、そしてスワヒリ語とは語彙借用の様子が大きく異なっていることは明らかである。こうしたムワニ語の実態が示しているのは、スワヒリ商人やヨーロッパ商人とは異質な商人がモザンビーク北部で活動していたということである。モザンビーク北部では、ポルトガルの支配が顕著になった18世紀後半以降も、コモロ諸島などを相手にイスラム教徒が活発に交易を行っていた（Alpers 2001）。スワヒリ商人の活躍するインド洋横断ルートと、ザンベジ川流域の内陸交易ルートを媒介する形で、ムワニ語を商用語とする人びとは長期にわたって交易を営んでいたと推測される。ムワニ世界は、海と密接に関わりながら歴史を経てきたといってよい。

このようにムワニ世界では、その北に隣接するタンザニアやケニアのスワヒリ世界と同様に、インド洋交易と関わりつつ社会や文化が歴史的に形成されてきた。この地域の現在を捉える上で、沿岸交易史という時間的文脈を把握しておくことは、

欠かすことのできない作業である。

ムワニ世界の現在

　ムワニ世界は，帆船によるインド洋交易の時代のみならず，現代においても，インド洋という空間的文脈から捉えていく必要がある。そのことを示すために，キリンバ諸島がどのような政治経済環境に置かれているかを，ここでみておきたい。

　イブ島とマテモ島，キラレア島の3島には，観光客向けのホテルがある。南アフリカからの旅行者が多いといわれるが，ヨーロッパからの客も少なくない。三つの島には小さな空港がある。ジェット旅客機で海外から来る客は，本土側のペンバで飛行機を乗りかえ，セスナなどの小型飛行機で島に降りたつ。これらの島で最も重要な観光資源は，サンゴ礁やそれに伴う砂浜，マングローヴ林などを特徴とする海岸環境である。イブ島では，ポルトガル植民地時代の建造物の廃墟が，これに加わる。

　石でできたイブ島の建造物は20世紀のものが多いが，三つある城砦は古く，それぞれ1760年，1791年，1825年の建造である。イブ島で市制が施行されるのは1763年であるから，ポルトガルは，18世紀半ばからモザンビーク北部を本格的に経営し始めたといえる。1894年，現在のカーボ・デルガド州とニャサ州をニャサ会社が統治するようになると，イブ島が地域の中心地となり，ニャサ会社が1904年にペンバに移動するまで繁栄した。中心地としての機能が失われると，イブ島への人の出入りは少なくなり，建造物も朽ちるにまかされていたが，沿岸輸送の拠点としては機能していたようである。筆者がイブ島を訪れた2005年から2007年にかけては，観光振興の動きが活発化しており，廃墟となった建造物の復元が少しずつ進んでいるところだった。こうした観光振興は，ポスト・アパルトヘイト時代に南アフリカ資本が近隣諸国で活発に動きだしたことと無関係ではない。

　また，ヨーロッパやアメリカの動きも無視できない。キリンバ諸島は2002年に国立公園として指定されたが，その背後には，国際的な環境保護団体である世界自然保護基金（WWF）の後押しがある。筆者が国立公園事務所を訪れた2007年にも，WWFの元職員がそこに駐在し，技術者として公園運営をリードしていた。

　キリンバ諸島地域は，このように南アフリカやヨーロッパ，アメリカの動きに強く影響されている他，北の隣国タンザニアとの交渉も多い。すでに述べたように，タンザニアの公用語スワヒリ語とムワニ語は近縁であるため，両言語の話者は互いの言語を習得するのが容易である。その結果，キリンバ諸島の人びとが商売のためにタンザニアに行ったり，逆にタンザニア人がキリンバ諸島に来て商売をしたりすることが少なくない。ムワニ語話者でもラジオのスワヒリ語放送を楽しみ，子どもたちは，夜のビデオ上映会でタンザニア製のアクション映画に熱中する。

タンザニアからは，食品や衣類などの工業製品が輸入され，キリンバ諸島からは，ナマコ (kojojo) やタカラガイ (mbonya) などの海産物が多く輸出されている。ナマコは中華料理の食材に，タカラガイは薬品の原料に用いるため，タンザニアからそれぞれ中国方面とインド方面に再輸出されるという。筆者の調査中，これらの産物を買いつけにきたタンザニア人がイブ島やキリンバ島に長期滞在していたし，キリンバ島民のなかにも，こうした産物を売るためにタンザニアに行ったという人をみかけた。ナマコの輸出ブームは，2002-03年頃がピークだったという。また，タンザニアからキリンバ島に移住して，網子として働いている人もいた。別のタンザニア人のグループは，キリンバ諸島に数か月間滞在し，タンザニア式の漁撈技術をキリンバ島で実験的に応用していた。

キリンバ諸島地域では，モザンビークの首都マプトに行ったことのある人はほとんどいないが，タンザニアに行った人は多い。南北に細長いモザンビークにおいて，マプトは南端に位置しており，キリンバ諸島は北端に近く，マプトが遠く感じられるのは当然だろう。しかし，それだけではない。モザンビークの中央には大河ザンベジ川が流れており，南北の交通や通信をはばんでいる (図5-1)。現在はそうした不便も解消しつつあるものの，モザンビーク国内におけるインフラ整備の南北格差はいまだに大きい。このためタンザニアは，キリンバ諸島にとって，ひき続き重要なパートナーであり続けるものと推測される。

5-3 ▶ 三つの生態学を展開させる「糸口」

ここまでで，ムワニ世界の歴史と現在について述べた。このうち「歴史」は，これから述べようとするキリンバ島の漁業を理解するための広い時間的文脈であり，歴史生態学の基礎となる。一方，「現在」は，欧米や隣国タンザニア，さらにはインド洋の対岸であるアジアとの関係においてムワニ世界を理解するための空間的文脈であり，政治生態学の基礎となる。

このうち，フィールド研究によって表現していきやすいのは，「現在」の方であろう。政府や環境保護団体，観光客，ホテル経営者，タンザニア商人，タンザニア漁民といった多様なアクターと交渉しながら，地域社会とその成員がどのようにふるまっていくのか。そのことを具体的に記述していくこと自体は，比較的容易である (Gezon & Paulson 2005)。しかし，そのプロセスが記述に値するかどうかは自明でないし，調査者の関心事を理解する上で重要かどうかも分からない。筆者のように，漁業という生業をつうじて地域社会を見とおそうとする場合，あるいは一般的に人と自然の関わりを捉えようとする場合，広大な政治空間に配慮する必要はあるとしても，眼前で展開する政治交渉のプロセスが有意味だとはいいきれないのであ

る。

　ムワニ世界の「歴史」については，問題がさらに大きい。前節後半で粗描したムワニ世界の「歴史」は，先行研究にもとづいて再構成されたものであり，決して調査者の眼前で再現されたのではない。1000年以上にわたる歴史的事実の全てが現在の地域社会に影を落としているわけではないし，逆に，文献資料や考古学資料に記録されなかった歴史的事実が現在を制約している可能性も高い。ライフヒストリーをつうじて，現在に比較的強く影響する近過去は再構成できるが，研究の焦点が定まらないかぎり，その方法が適切かどうかはいちがいにいえない。

　このように，観察によって実感された「ローカル性の空間的広がり」にせよ，文献資料によって理解された「現在の時間的な深み」にせよ，調査者の目を奪うスリリングな事象を解釈する枠組みになるとはかぎらない。ましてや，フィールドに入ったばかりで調査の勘どころを模索している段階では，広く目配りをするだけでは不十分である。歴史生態学や政治生態学に展開していく糸口となるような，適切なデータ収集を行う必要があるのである。その上で，データ収集を行いながら，広い時空間にもときどき目配りし，必要に応じてデータ収集のデザインを修正していかなくてはならない。

　筆者の場合，まずはムワニ世界という新しいフィールドの可能性を模索することが第一目的だったから，実地のこまかい観察から広い時空間を見とおす作業は，後まわしでもさしつかえなかった。しかし，当時私に与えられた研究テーマは「熱帯アフリカにおける自然資源の利用に関する環境史的研究」と銘うたれていたから，最終的には，調査期間中の観察を長い時間軸の上に位置づけることが望ましかった。三つの生態学のうち，少なくとも歴史生態学を実践することは，そのときの筆者にとっても課題だったのである。

　いかにして歴史生態学を実践するのか，見通しを立てられないまま，まずはキリンバ島で漁獲調査を行うことにした。漁獲調査の結果は，社会や文化については多くを教えてくれないが，漁法ごとの効率や確実性の目安を与えてくれる。そして，ある状況において漁師がどの漁法を選択するか，という問題を考える上で，大きな手がかりとなる。どのようにしてデータを使えるかは分からなかったが，漁師の行動を観察するためにも，まずはこの方法を試してみる必要があった。

　筆者がまず着目したのは，かご漁 (*marema*) と刺網漁 (*nyavu*) である。かご漁では，魚がいったん入ると出られない作りになっている魚かごを用いる。これを浅い水域に数十個ほど設置し，毎日1回カヌーで見まわって，閉じ込められた魚を集めていく。ほとんどの場合，ひとりだけで漁に出る (図5-2)。一方，刺網漁は，長方形の漁網をカヌーにのせて，サンゴ礁の周囲などへ出かけて行う。魚のいそうな場所に網をはりめぐらしてから，水面をたたいて魚を追いこみ，網にかかって動けなくなった魚を入手する。普通，2-4人で行うことが多い。

図 5-2　船の上で作業をするかご漁師

　かご漁を観察対象に選んだのは、漁の規模が小さく、漁獲の計量が比較的容易と考えられたからだった。また、この漁と比較しやすいよう、小さなカヌーを使う刺網漁師にも着目した。刺網漁師のなかには、それより大きい構造船で出漁する者もいたが、船にかかるコストを回収しようとするため、カヌーで出漁する漁師とは異なる行動に出る可能性がある。これに対し、カヌーで出漁する刺網漁師がかご漁師と異なる行動をみせた場合、出漁人数や漁場、漁具にかけられるコストなど、刺網漁とかご漁の根本的なちがいによるとまずは考えられ、考慮すべき因子が少なくてすむ。つまり、カヌーを使う刺網漁師の方が、かご漁師との比較には適しているのである。

　調査の焦点を定め、言葉をおぼえたり知人を増やしたりしながらデータを集めるうち、漁業についての見落としに気づくようになった。そのなかで最も重要と思われたのが、本章の後半部で特に焦点をあてる地曳網漁 (kavogo) である。この漁は、4−6名という多人数が構造船を用いて行うため、かご漁や刺網漁とは比較しにくそうだった (図5-3)。また、地曳網漁にたずさわる網子たちのあいだでは、漁の経験や知識に関してばらつきがあり、漁師というより賃金労働者に近いのではないかと筆者には思われた。これらの理由により、地曳網漁は、当初のデータ収集の対象から外れていた。ところが調査を進めるうち、この漁こそがキリンバ島の歴史を象

図 5-3 地曳網（カヴォゴ）漁の帰り道，船上で漁獲を披露する網子たち

徴的に示しているのではないかと思えてきた。

　ある朝のことである。大潮だったので，朝食の時間に潮が満ち始めていた。多くの仲買人は，次に潮が満ちる午後に買いつけを行うべく，まだ自宅で待機している。朝の散歩をしていた筆者は，そのとき，魚で一杯になったコンテナがある屋敷地に運びこまれるのに出くわした。一緒に散歩していた友人に尋ねると，その屋敷に住むのは仲買人ではなく，地曳網漁の網元だという。どうやら地曳網漁の網元は，真夜中の干潮時に漁を行わせ，自分で漁獲を塩干魚（*ng'onda*）に加工していたようなのだ。

　真夜中に漁に出ることには驚かなかったが，網元自身が塩干魚製造にたずさわることについては，奇妙な感じがした。日本では，漁師の得た漁獲は組合の市場などで値段がつけられ，すぐさま仲買人に引き取られるのが普通である。モザンビークに近いマダガスカルでも，魚を買いとった仲買人が加工するのが一般的だった。マダガスカルでは，漁師自身が塩干魚製造を行うことも稀にあるが，地曳網漁のように漁獲が多い場合，漁の片手間に加工を行うのは骨が折れるだろう。

　そこで，かご漁と刺網漁の漁獲調査が終わってから，地曳網漁についてもサーヴェイを行った。以下で示すのは，そのサーヴェイの結果である。結論を先どりすれば，

地曳網漁の網元は，ほとんど例外なく商業をもう一つの生業としていた。地曳網漁は，かご漁や刺網漁と異なり，商人によって組織される漁だったのである。

海に関する知識の少ない商人が漁集団を組織できるというのが，キリンバ島のユニークさといえるのではないか。もしそうだとすれば，そのユニークさを歴史的な観点から説明することもできるのではないか。そのような見通しのもとに，以下では，地曳網漁に関する記述と考察を進めていく。

5-4 ▶ キリンバ島の地曳網漁

漁業の概況

キリンバ島は，キリンバ諸島の南部に位置する島で，南北7km，東西3kmほどの楕円形をしている。イブ地区キリンバ支所の統計によれば，2006年に約3700人の人口を擁していた。島には地区支所や駐在所の他に小中学校などもあるが，公務員の数は少なく，島民のほとんどがキリンバ諸島ないし対岸地域からの出身者だと考えてよい。ほとんどの住民がイスラム教徒で，島には二つのモスクがある。

島には森が少なく，北西部にマングローヴ林がみられる程度にすぎない。それ以外の土地の大半は耕地化されているが，なかでも，南アフリカ人の経営するココヤシ・プランテーションが大半を占めている。プランテーションの所有者であるゲスネル家の尊属は，1922年にドイツからアフリカにわたり，1936年にキリンバ島に住みついたといわれる。キリンバ島民にとって，ゲスネル家のプランテーションやリゾートホテルは，ほぼ唯一の安定した雇用先といってよい。それ以外には，島の外に職を求めるか，農業や漁業を営まなければならない。

キリンバ島民のほとんどは，町の北部に居住する。ここには家が密集しているが，多かれ少なかれ，裏庭で小さな果樹菜園を営むことが多い。一方，島の南部に広がるクミランバ地区では，広い耕地のあいだに家屋が散在する散村がある。ここでは耕地が広く，キャッサバやトウモロコシ，サツマイモ，ココヤシなどが栽培されている。しかし，水の便が悪いため，船やバイクで北部街区とのあいだを行き来しながら生活する者が多い。以下の記述は，人口の多い北部街区についてのものである。

キリンバ島の漁船としては，三角帆と舵を備えた大型の構造船 (*ng'alawa*)，両舷に材を備えたダブルアウトリガー式カヌー (*ntumbwi*)，くり舟式カヌー (*kangaya*) などがある。このうち，キリンバ島の多くの漁法に適しているのは，小型で安定したダブルアウトリガー式カヌーである。しかし地曳網漁では，大きな漁網を運ばなくてはならないため，構造船が用いられることがある。一部の刺網漁師も，構造船を用いる。くり舟式カヌーは，船上での作業が少ないタコなどの刺突漁や釣り漁な

図 5-4　地曳網（カヴォゴ）をひく

どにもっぱら用いられていた。

　北部街区に住む漁師は，自宅に近い浜辺から出漁する者と，約 40 分歩いて島の西側の船着場から出漁する者とに分かれる。前者の場合に漁場となるのは，北隣のイブ島にあるマングローヴ林や，キリンバ島東方のサンゴ礁であることが多い。漁法としては，地曳網漁や刺網漁，タコなどの刺突漁（*arma*），女性による磯漁り（*kusokola*）など，多様なものが挙げられる。後者の場合は，島の西側にあるアマモ場の浅瀬において，かご漁や地曳網漁を行っている（飯田 2008b）。

　これらの漁のうち，地曳網漁は，少なくとも 4-6 人という多人数によって行われる唯一の漁法である。北部街区には 26 名の網元がいる（後述）。かれらの多くはそれぞれ 1 隻の船をもち，1 統の網で操業していたが，ひとりは 2 隻の船と 2 統の網を所有し，2 倍の人員を雇用していた。さらに，北部街区の他クミランバにも 9 名ほどの網元がいるらしく，一つの網を扱うのに 4-6 名が必要であることを考えれば，キリンバ島では，地曳網漁の従事者が 200 名前後にのぼる勘定になる。この数は，あるいはさらに多いかも知れない。

　筆者が同行したグループに聞いてみると，網の長さは 30m あるという。高さは 1m ほどで，網目の一辺の長さは 2cm であった。網の部分は，化学繊維のロープをほぐして作った細引きなどを素材としている。大きさは網によって差があるようで，別の機会に干していた網を測定したら，高さが 5.5m あった。このように，地曳網漁では網自体が大型なのに加えて，網の両側には，5cm ほどの太さの植物繊維のロー

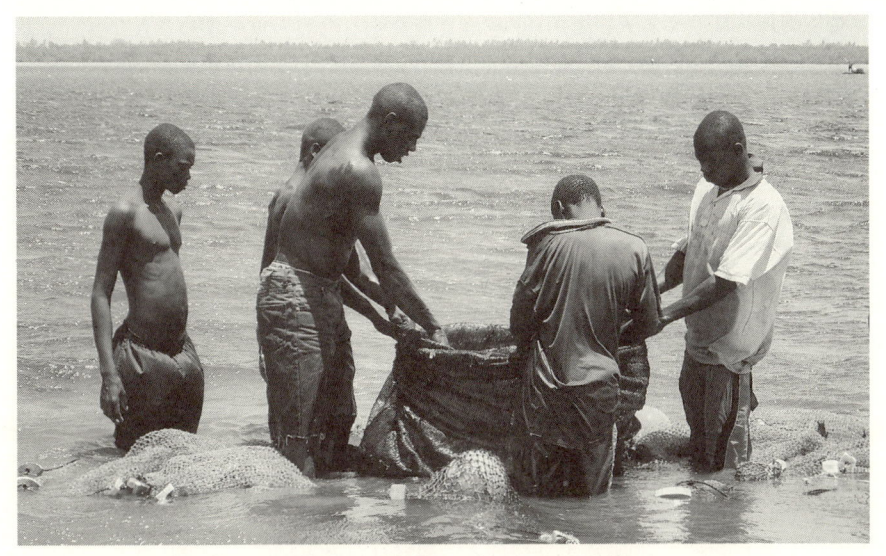

図5-5 地曳網漁。袋網に追いつめられた魚を確認している

プが70mほどにわたって取り付けられている（図5-4）。網はかさばって重いものであるため，徒歩で網を運ぶことはできず，大型の船で運ぶ必要がある。したがって，大型構造船かダブルアウトリガーを備えた構造船が用いられる。地曳網漁を始めるためには，船に対する投資が最も重要だといえよう。

　漁場の底は，泥質もしくは砂礫質である。特に砂礫質の浅瀬は，アマモという海草が生育しており，魚類の採餌場となっている。操業時間は，低潮時にかぎられる（図5-5）。小潮のときには漁を休み，大潮のときに集中的に漁を行うことが多い。また，大潮になると正午頃だけでなく，深夜にも月明かりや懐中電灯をたよりに漁を行うことが多い。

　なお，筆者は実見しなかったが，カヴォゴよりも小さい網を使ったキニア（*kinia*）という地曳網漁もある。これは，蚊帳を細工して袋網にしたもので，小さな魚をとるのに適しているという。5人ほどで操業するそうだが，この場合は，網を運ぶために大型船を使う必要はなさそうである。本章では，たんに「地曳網漁」といったとき，キニアでなくカヴォゴを用いた漁を指すこととする。

地曳網漁による漁獲の分配と流通

　北部街区の海岸部には，様々な買い手がいる。(1) 島外に売却する目的で魚を買いとる人びと，(2) 油焼き（*frita*）の魚を町の市場で売るなど，島民向けの食事とし

て魚を調理し販売する人びと，(3) 家庭で消費するための魚を求める人びと，などである。前者になるほど購入量が多く，後者になるほど購入量が少ない。

　刺網漁師や釣り漁師は，(1)-(3) の買い手全てを相手とする。一方，地曳網漁の場合は，網の所有者（網元）が魚を買いあげることが多く，他の買い手が買うことはほとんどない。網元が買いとった魚は塩干魚に加工され，島外に出荷される。したがって，地曳網の網元は，買い手の特殊な形と見なすことができよう。かれらが他の買い手と異なるのは，一度に大量の漁獲を確保できるため，必ずしも他の個人漁師から魚を買いつける必要がないということである。

　地曳網から水揚げされた魚は，網元のところにまず持ち込まれる。この時点で，若干の魚が減っていることがある。空腹をかかえた船員が，少量の魚をビスケットのような焼き菓子などと交換するからである。両手ですくえるほどの量であるので，網元はこれを見逃しているようだ。

　実際の分配を以下に見てみよう。2007年12月9日，網元のオマル氏（仮名）のところに60kgあまりの魚が水揚げされた。まず6人の網子が，自家消費する分の魚として，それぞれ2-3kgをとり分ける。観察したときには，大ぶりのアイゴが分配の対象となっていた。オマル氏本人は，この日には漁に出なかったので，まだとり分を分けない。

　残った魚を種類および大きさごとに分類し，アイゴ34kg，他の魚3.5kg，大きさ10cm未満の小魚8kgに分けた。このうち，網子の収入として現金で支払われたのは，アイゴ34kgのみである。kg当たり単価は5メティカル（1メティカルは約5円）で，個人漁師が仲買人に魚を売る場合の単価12メティカルに比べると半額以下である。仲買人以外の人が個人漁師から魚を買うと，15メティカルほどになるから，網元から網子に支払われる単価は，感覚的には驚くほど安い。34kgの魚の対価170メティカルは，まず網子の責任者に手渡された。こののち，等分されて全ての網子の手に渡ったと思われる。オマル氏の親族など，親近の人が魚をもらいに来た場合は，アイゴ以外の魚3.5kgの一部を分け与えていた。オマル氏自身の自家消費分も，このなかからとっていった。残った分と小魚8kg，およびアイゴ34kgは，塩干魚に加工された。

　塩干魚を作るためには，まず鱗をとってハラワタをぬき，大量の塩を入れた容器に漬ける。魚が大きい場合には，二枚に開いたり身に切れこみを入れたりすることもある。こうして一晩漬けたあとは，日中，陽のさしているかぎり魚を棚（*malutata*）の上で乾かし，夜になるとまた容器に漬ける。容器には水分が滲出してくるが，捨てたり交換したりすることはあまりない。こうして乾燥と漬けこみを1週間ほどくり返せば，日持ちのよい塩干魚にしあがる。

　網元は，月に1-2回ほどの割合で，カーボ・デルガド州の各地や隣接するナンプーラ州に塩干魚を運んでいく。たとえばナンプーラ州の州都ナンプーラは，キリ

ンバ島から直線距離にして 300km，帆船と夜行バスを乗り継いで早くても一昼夜かかる。内陸であるため魚が不足することが多く，塩干魚が kg 当たり 60-100 メティカルにものぼるという。鮮魚が塩干魚にしたとき 60％に減少するとすれば，5 メティカルの鮮魚を塩干魚にして 100 メティカルで売れた場合，利潤率は 1100％である[1]。輸送費や税金を差し引いても，十分利益が手元に残るのだろう。

　網元自身ないしその配偶者が塩干魚の輸送や販売をしない例は，北部街区の網元 23 名のうち 2 名のみであった。つまり，地曳網の網元は，漁師としての仕事以上に，魚仲買人としての仕事を重視しているといえる。なお，塩干魚の輸送や販売を行わない 2 名は，他の 21 名と同じように塩干魚の製造を行っていたが，それを遠くに運ばずに近くの塩干魚商人に売却していた。

商人としての網元

　ここまでで，地曳網漁の網元が単なる漁師ではなく，仲買人としての仕事も果たすことが明らかになった。しかしかれらは，漁の片手間に商売をしているというわけではない。むしろ商売の片手間に漁を行っているのであり，ときには積極的な投資家としての一面をみせることもある。たとえば，網元たちが島の外で販売する魚は，自分の網子たちがとった魚だけではない。多くの網元は，他の加工業者が製造した塩干魚が持ち込まれたとき，これを現金で買いあげることがある。また，ナンプーラに魚を運ぼうとする日の前日，荷が少ないと判断したオマル氏は，信用のおける者を島の反対側に派遣して，積極的に魚の買いつけを代行させていた。

　また，町で魚を売るためには，それなりの交渉力も身につけなければならず，たまに町に出る漁師が十分な利益を得られるとは考えにくい。特にナンプーラ州の内陸部は，キリンバ島民にとって，たんに異郷というだけではない。そこではムワニ語が通じず，商売をするためには，母語でないマクア語やポルトガル語を駆使しなければならない。また，キリンバ島まで魚を買いつけに来るナンプーラ州出身者と競争しなければならないことを考えても，魚を売るには一定の才覚が必要だと考えられる。

　表 5-1 は，キリンバ島北部街区を拠点として地曳網漁を行っていた網元 23 名のプロフィールを示している。2007 年の調査では，この地域に 26 名の地曳網元 (mnyewe wa kavogo) がいることが判明したが[2]，6 名は島に不在のためインタビュー

---

1) 5 メティカルで購入した 1kg の鮮魚は，塩干魚にすると 0.6kg に減少するわけだから，塩干魚 1kg を得るためには鮮魚約 8.3 メティカル分が必要である。これが 100 メティカルで売れれば利潤率は 1100％，60 メティカルで売れても 620％である。
　なお，鮮魚を塩干魚に加工したとき重量が 60％になるという観察は，マダガスカルでの実験で得られたものである（飯田 2008a：304）。製法は，モザンビークでの場合とほとんど変わらない。
2) 26 名という数は，以下のようにして特定した。まず，地曳網所有者であるオマル氏に頼み，同業

表 5-1　キリンバ島北部地区のカヴォゴ所有者 (2007 年, 26 名中 23 名)

番号	漁船数*	商売の種類	性別	生年	出生地	備考
1	G2, T1	商店経営, 商船1隻所有	男	n.d.	Quirimba	息子が回答
2	G2	商店経営	男	1962	Quirimba	
3	G1	商店経営	女	1985	Quirimba	
4	T1	商店経営	男	1980	Quirimba	
5	G4	食料品の小売り	男	1961	Quissanga	
6	G1	食料品の小売り	男	1959	Quirimba	
7	G1	日用消耗品の小売り	男	1952	Quissanga	
8	T1	隣島のリゾートに雇用される	男	n.d.	Montepuez	妻が回答
9	T1	ヤシ農園のトラクター運転	男	1967	Montepuez	
10	T1	裁縫業	男	1979	Quissanga	
11	T1	パン作り, 農園	女	1977	Quirimba	
12	T1	菓子作り	女	n.d.	Quirimba	
13	G1		男	1956	Quirimba	
14	G1		男	1960	Quissanga	
15	G1		男	1961	Quissanga	
16	G1		男	1963	Quirimba	
17	G1		男	1969	Macumia	
18	G1		女	1977	Quirimba	
19	G1		男	1980	Ibo	
20	G1		男	1991	Quissanga	
21	T1		男	1967	Quissanga	
22	T1		男	1981	Quirimba	
23	T1		男	n.d.	Quirimba	妻が回答

* G は大型構造船 (*ng'alawa*) の数, T はダブルアウトリガー式カヌー (*ntumbwi*) の数をあらわす.

を行うことができなかった．インタビューできなかった6名のうち，3名については妻や息子が信頼できる回答を寄せてくれたので，表に含めなかったのは3名のみである．

表5-1に示した網元は全て，漁獲した魚を自分自身で処理し，塩干魚に加工していた．また，番号12と22の2名は塩干魚を島のなかで売却していたが，それ以外の21名は塩干魚を島の外まで運び，輸送のリスクを引き受けながら売却していた．このように地曳網の網元は，漁業者としてのみならず，あるいはそれ以上に，塩干魚の加工業者および流通業者として働いているのである．

者である網元の名を逐一挙げてもらい，書き取った．この時点で，18名の名が挙がった．しかし実際に調査を進めてみると，1名は操業を停止していたので，17名がこの段階で列挙されたことになる．
　次に，別の調査協力者にこのリストを見せて，漏れがないかどうか尋ねた．この協力者は，地曳網漁に恒常的にたずさわっているわけではないが，村のなかで様々な仕事をこなすために声をかけられることが多く，村のなかでも特に顔が広い．彼はこれに加えて，12名の名を挙げた．そのうちの2名は，すでに名が挙がっていた網元の配偶者であり，別の1名は操業を停止していた．つまり，9名の網元があらたに加わったわけで，最初の17名とあわせて26名となる．

こうした，網元のいわば投資家的な性格は，漁業への依存度が必ずしも高くないことからも指摘できる。表5-1から分かるように，地曳網漁の網元はしばしば商業を営んでおり，専業漁業者の割合は多くない。23名中，半数をこえる12名（番号1-12）が，漁業以外の職業をもっていた。

　番号5-7の3名は，商店をもたず，仕入れがあったときだけ市場や路上で販売を行う商人で，パートタイム的である。このため，漁業への比重の置きかたは，個人によって大きく異なると考えられる。曖昧な兼業といってもよいかも知れない。こうした兼業のしかたは，「漁業（魚加工業を含む）専業」と答えた者のなかにもいるかも知れない。これに対して，番号1-4の4名は商店を経営しており，商業に多くの時間や資本をつぎ込んでいるはずである。番号8, 9の2名も，雇用者との関係があるから，雇用先の務めに多くの時間を費やしていると推測される。

　多くの時間や資本が必要な業種と地曳網漁業が兼業されていることには，いくつかの理由があろう。商店を経営していれば，地曳網で得られた漁獲を加工するかたわら，他の漁業者が持ち込んだ鮮魚を買いとって，次の仕入れ時に町で売ることができる。また，小潮で漁を休んでいる網子に対して，商店の小用をいいつけることもできよう。

　一方，表5-1に示されている業種の一部は，漁業や塩干魚加工に何ら関係がないようにみえる。裁縫業と地曳網漁を兼業しても，顧客は重ならないだろうし，網子が裁縫業を手伝う場面も想像しにくい。むしろ，漁業以外で得た現金を資産として運用するために，網や船に投資しているのだと考えたほうが自然だろう。すなわち，裁縫業やリゾートホテルでの賃金労働，商業などによって得た現金を貯蓄するのではなく，漁業に投資し，元金と利潤を少しずつ回収しているのである。

　このように考えれば，網元はたんに商売に従事しているというだけでなく，積極的な投資を行う投資家であるともいえる。網元は，網子が足りないときに自身も網をひくことが少なくない。しかし一方，ほとんど出漁しない網元も多い。特に，北部街区から離れた船着き場から船を出す網元たちは，船が帰る時刻までキワンダラの浜辺に待機し，そこで魚の処理に従事していた。魚は下処理したほうが軽くなり運びやすいが，網元はそうした作業を網子にまかせず，自分で行っているのである。こうした網元は，漁師というより，商人ないし投資家と呼んだほうがよさそうである。

投資家としての網元

　地曳網元の投資家的な性格を示すため，かれらが起業するために必要な資本を記しておこう。オマル氏の使っている大型構造船は，6年前に建造したもので，全長が4.7mある。これを作るために，70メティカルの板を40-45枚と，30メティカ

表 5-2　三つの漁法における固定資本の大きさ

(単位：メティカル)

漁　法	漁　船	漁　具
地曳網	15,000 +	500（網作りに時間がかかる）
刺網	2,000（アウトリガー式）	3,700（できあいの漁網）
魚かご	1,000（アウトリガー式）	400（40個のかごを使う場合）

いずれも，筆者に親しい漁業者からの聞き込みによる（必ずしも平均値をあらわしていない）。

ルの角材を50本購入した。近くのマングローヴ林から伐り出してきたものを買ったので，輸送費はかかっていない。これらを合計して，4300-4650メティカルである。この他に，船大工に支払った工費が1万11メティカルだったという。実際には，帆などの艤装に別の出費があったと思われるが，少なくとも1万5000メティカルほどの投資が船に対して必要だといえる。地曳網の網子の日当が20-30メティカル程度であることを考えれば，網子が貯蓄によって網をもつようになるまでに，そうとう長い時間が必要だといえよう。

　漁網は，ひと巻き100mの細引きを2巻き使って作った。ひと巻きの値段が250メティカルなので，500メティカルかかったことになる。網は自分で編んだので，その他の費用はかからず比較的安価だったが，網が完成するまでは漁業を始めることができない。このため，本業のあいまに網を編んでいく根気強さが求められる。こうした投資の大きさを，他の漁の場合と比較して示したのが表5-2である（飯田2008b）。漁船と漁網の両方をそろえるためには，他の漁と比べものにならないほど多額の資金が必要であることが分かる。

　本業のあいまに網を編み，資金をためて大型構造船の算段がつけば，次は労働力を確保しなければならない。頭数がそろえばよいというのではなく，信頼できる網子が理想であるため，ある程度までは親族に頼んで網子になってもらうことが多いようだ。たとえばオマル氏は，筆者の調査期間中，自分自身がときおり出漁する他は，兄弟3人と甥ひとりに網子を頼んでおり，家族以外の網子はふたりだけだった。

　このように，地曳網網漁を起業するためには，様々な準備が必要である。そのため，身一つで始める漁業としては適当でない。むしろ，全キャリアをつうじて一定の資本を獲得した個人が資本をさらに増やすため，地曳網漁業を経営する傾向が強いといえよう。

　逆にいえば，地曳網漁を経営するためには資本さえあればよく，漁業の経験の有無はさほど問題ではない。優秀な漁撈長がいれば，網元のリスクが低くなるのみならず，自身が海に出て魚をとる必要さえなくなるのである。表5-1をみても，番号20の網元は調査当時に15歳であり，網子たちより漁業経験が豊富だとは考えられない。おそらく，親族などから融資を得て網元となったのだろう。また，表5-1においてキリンバ島出身者は12名だけで，他に対岸のキサンガ出身者（7名）やイ

ブ島出身者（1名），さらにはカーボ・デルガド州の内陸部モンテプエスからの出身者（2名）や，ナンプーラ州内陸部マクミアからの出身者（1名）まで含まれている。海底の様子を詳しく知る必要がある漁業において，このように地元出身者以外の者が多数を占めていることは，地曳網漁業において漁業の経験の有無が必ずしも要件になっていないことを示している。

網元に求められる才覚はむしろ，資本と労働力を適切に選び，配置していく能力である。かれらは，過去のキャリア全てをつうじて得た資本を漁船や漁網に投資し，優秀な網子を選別しながら雇用すると共に，それらを効率的に運用しながら利潤を得ていく。資本金額が大きいだけに，経営に失敗すると損失も大きいが，網子の技量を見ぬいて協業していけばリスクを最小限にとどめられる。それだけでなく，網子たちの得た漁獲を塩干魚に加工して自ら流通・販売にたずさわることで，利潤を拡大することができる。さらには，それを商店経営という規模にまで発展させ，資産を大きくふくらませられるのである。

このように網元は，単なる専業漁師でなく，しばしば塩干魚加工業者であり，それを島外に運搬する商人でもある。さらには，そうして得た現金をあらたな元手として商品の買いつけを行う投資家でもある。そのように考えると，地曳網元は，身近な自然の克明な観察によって漁獲機会を見いだそうとする漁師とは異なる。むしろ，市況や需要などの社会のありかたを機敏に捉える投資家だといえよう。自然の観察でなく，社会や人の観察により大きな比重を置くこと，それが地曳網元の特徴である。

5-5 ▶ 人との絆に頼る漁撈社会

自然に頼る社会と，人との絆にも頼る社会

漁業において投資家としての才覚が重視されるのは，キリンバ島にかぎったことではない。類似した事例として，スリランカで漁民カーストとされているカラーワ人（高桑 1998）などを挙げることができる。漁民カーストという位置づけにもかかわらず，カラーワは他のカーストに比べて多様性が高いという。しかも 1930 年以降には，かれらの多くが海から離れ，商業に従事するようになった。不安定な利得構造のもとであえて一獲千金を狙うというかれらの志向性は，漁民でありながら機微をみて他の職業に転身してきたかれらの祖父母たちの志向性に重なりあう。そのように考えると，キリンバ島の地曳網の網元が投資家的であることも，驚くにあたらない。

しかし，自然と対峙していれば成り立つはずの漁業に，社会や人の観察にもとづ

いた投資がなぜ深く関わっているのだろうか。漁業を行うのが人間だから，といってしまえばそれまでだが，そのような能力をさほど重視しない漁業を，筆者はマダガスカルでながらく見てきた（飯田 2008a）。キリンバ島社会がマダガスカルの漁村と決定的に異なるのは，どのような点においてであろうか。

キリンバ島社会では帆船を駆使した交易の歴史が長く，生業の選択肢が多岐にわたっている。そのことが，キリンバ島漁師の関心を人や社会に向けさせたのではなかろうか。そのような状況において，人は，身近な自然に頼る必要がない。他人の欲しがるものを察知して，別の場所から取り寄せれば，儲けを手にすることができる。その結果，地曳網元のように，市況と需要を機敏に察知する行動が有利になる。また，個人漁を本分とする人でも，物資を調達するために人間関係に投資するようになる。

それだけではない。キリンバ島社会では，自然を克明に観察するだけでは生活が成り立たなかったため，人間関係を重視せざるをえなかったということも考えられる。周知のように，島嶼環境では生物の多様度が低いため，人間の利用する物資も少ないといわれる（たとえば，高宮 2005）。島に暮らして自然を克明に観察し，多くの漁獲が得られたとしても，それを他の有用物資と交換してくれる人がそばにいないという状況は容易に想像できる。いったんそうした状況におちいれば，たとえ漁獲水準に満足できたとしても，物資を島外にまで求めていく必要がある。そこで頼みにできるのは，やはり島外の人との人間関係であろう。島の生活を成り立たせるためには，人との絆を重視する態度が必要だったのかも知れない。

付言しておけば，キリンバ島の全ての漁師が人との絆を重視しているわけではない。たとえばかご漁を行う個人漁師は，かご設置の場所を決定する上で，毎日の潮の様子や魚の動き，海底の微地形などを精細に観察していなければならない。このような観察力に基づく漁は，投資家的な才覚に基づく漁とは正反対で，人との絆よりは自然を重視しているといってよい。キリンバ島の漁の特徴は，全ての漁師が投資家的という点ではなく，投資家的な漁師と自然観察にひいでた漁師が共在しているという点にある。

いずれにせよ，交易が盛んで物資が乏しいという状況では，人の暮らしは容易に変わりうる。ひとりのライフヒストリーをとってみても，交易ルートの状況や物資の産地との関係によって，大きな浮き沈みが起こることはめずらしくなかっただろう。そうした不確実な生活において，人は自然を見つめるだけでなく，他の人や社会にも強いまなざしを向けるようになったのだと考えられる。

広い時空間を見とおす視点

以上に述べたことは，キリンバ島社会の形成において，インド洋島嶼地域という

空間的文脈とインド洋交易史という時間的文脈が大きな役割を果たしたことを示唆している。記述の中心となった地曳網元に着目し，その社会交渉の実態を観察すれば，キリンバ島をとりまく時空間的文脈を，より鮮明に浮き彫りにできよう。現時点では，政治生態学や歴史生態学を実践したとはとてもいえないが，その端緒は見いだせたと考えている。

ここで，本章の最初で提起した問題に立ち返ってみたい。三つの生態学を実践するために，時空間的にかぎられたフィールドの事象を観察しながら，「想像力」を働かせて広い時空間に思い及ぼす必要があると書いた。ムワニ世界での調査に引きつけていえば，想像力を働かせた結果として筆者が気づいたこととは，地曳網元の活動がキリンバ島社会の時空間的広がりを示す格好の題材だということである。

各種の漁撈活動や網元の商活動から，筆者は，網元の投資家的な才覚が島の生活・生存に重要な役割を果たしていると確信した。また，そうした才覚を育む土壌が，帆船交易の営みをつうじて培われてきたことも確信した。この後者の確信は，データをつうじて立証されたというよりも，筆者の想像によるところが大きく，いわば作業仮説といってよい。この作業仮説は，直接的には立証されていないとはいえ，フィールドでの様々な経験と矛盾しないという程度には検証されている。

場合によっては，こうした想像力を直観力といってよいかも知れない。しかし，そのように呼ぶと，作業仮説の全てが根拠のない直観や偶然によるという誤解を与えかねない。作業仮説は，あくまである程度の材料をそろえた上で，可能性の幅をできるかぎり絞りこんでから，最後に直観にもとづいて選択される。材料を検討する上では，自分の見聞だけでなく，いっけん無関係にみえる状況などとも照らしあわせる必要があろう。ムワニ世界の例では，キリンバ諸島民の交易が数百年も前から記録に残っているという事実が，網元の才覚についての仮説を採用する上で傍証となっている。

想像力ないし直観力は，多かれ少なかれ，「三つの生態学」を提唱した市川の仕事でも重視されている。市川の歴史生態学は，森の民が利用する有用植物の多くが陽樹であり，林冠の閉じた熱帯雨林で生育するのには適していないという観察から始まっている。この事象を解釈するにあたり，市川は，人間が森に住むことによってこれらの生育条件が整えられたと考える。そしてさらに，自然と人為の相互行為こそが現在の森を形づくったのであり，その関係ははるか昔から継続してきたと考える（市川 2003：57-59，本書第1章も参照）。こうした関係がほんとうに昔から続いてきたかどうかは，別のデータを示す必要があり，そのための調査は現在進行中だという。このように，市川もまた，観察ならぬ想像力によってスケールの大きな仮説をまず見定め，その仮説を支持するデータを後から収集しようとしているのである。

生態人類学の領野の拡大

　これまでの生態人類学の関心は，市川のいう「文化生態学」にほぼ重なりあうものであった。これに歴史生態学と政治生態学をつけ加えた「三つの生態学」を実践しようという呼びかけは，それ自体，生態人類学の領野の拡大を促すことに他ならない。
　このことは間接的に，生態人類学が扱う対象の範囲を広げることにもつながる。端的にいえば，かご漁師のように「自然に向きあう人びと」だけでなく，地曳網元のように「人間関係にも向きあう人びと」が対象とされるようになっていく。これは，後者のふるまいの歴史的深みが前者とちがい，文献資料などによって検証しやすいからである。他方，人と自然の関係についての歴史的深みを検証するには，土壌や景観などを科学的手法によって「読む」作業が必要である。歴史生態学の進展を加速させる機運が高まれば，想像力をめぐらせやすい地曳網元型の人びとを，より頻繁に対象化することになろう。
　このことは，生態人類学が扱うべき社会の範囲を増すことになる。日本の生態人類学を先導した伊谷純一郎（1980）は，自然に強く依存した生計を営む人びとを「自然埋没者」，自然を積極的に改変してそこから富をひき出す人びとを「開拓者」と呼び，前者に関する精細な記述から後者へと研究を進めていくべきだと論じた。その後，掛谷誠（2002）らが開拓者の研究を精力的に展開し，伊谷の想定した研究対象範囲はカバーされつつあるようにみえる。
　しかし，生態人類学が拓くべき領野は，なお広い。たとえばキリンバ島社会は，自然埋没者の社会とはいいにくいし，開拓者の社会であるともいいにくい。なぜならこの社会は，かご漁師のような自然観察者と，地曳網元のような投資家的才覚によって人間関係に向きあう人びとの両者によって構成されているからである。小さな島嶼環境においては，どちらか一方だけで社会を構成しても，島の資源を十分に利用しつくすことは難しかっただろう。こうした例にみられるように，主として自然に頼る社会から，自然と人との絆の両方に頼る複合社会へと，生態人類学はその領野を広げていくと予測される。

第Ⅱ部

森といきる

第 **6** 章

市川光雄

植生からみる生態史
—— イトゥリの森 ——

6-1 ▶ 森への誘い

　今から35年前の1974年，私は初めてアフリカの熱帯雨林に足を踏み入れた。それはコンゴ盆地北東部の通称イトゥリの森と呼ばれるところで，私はそこに住むムブティ・ピグミーの人たちの調査に向かうところだった。コンゴ北東部の中心地キサンガニの町からイトゥリの森にある最奥の町マンバサまで，約600kmの泥道をトラックのヒッチハイクでたどり着き，そこから徒歩で50km離れた調査基地に予定していた村に向かった。マンバサからしばらく集落と畑，二次林のあいだを歩き，照りつける太陽とむっとするような草いきれにうんざりしてきた頃，案内の男が突然，それまで辿っていた古い道路を離れて森のなかに入った。後について森に入ると，そこは一転して闇のような世界だった。火照った体にひんやりした涼気が触れた。周囲を見渡すと，圧倒的な樹木の世界である。視界はせいぜい20mくらいで，見えるものといえば，黒褐色の木肌と暗緑色の木の葉くらいで，まるで深い緑の海の底にいるような錯覚にとらわれた。地表は前日の雨で濡れており，頭上からはまだひっきりなしに水滴が落ちていた。樹上では，私たちの侵入を目ざとくみつけたカンムリエボシドリがけたたましい声をあげていた。私は一瞬たじろいだが，すぐに気を取り直して，熱帯雨林の空気を五感に充満させるように深く息を吸い込んだ。
　コンゴ盆地探検のパイオニアであるH. M. スタンレイは，19世紀末にコンゴ川を遡る二度目の旅行でイトゥリの森を通っている。その頃スーダンで起きたマフディの乱のために，南部のエクアトリア州で孤立していたドイツ人医師を「救出」するというのがその大義名分であった。探検隊は，コンゴ川下流の大瀑布の上から船で川を遡り，現在のキサンガニの少し下流のバソコから陸路を辿ってスーダン南

部のサバンナ地帯に達するというルートをとった。バソコまでの快適な船旅とは異なり、陸上の行程は苦難の連続だった。圧倒的な密林のなかで、食料も手に入らず、飢餓を抱えた行軍は、かれらにとっては悪夢そのものだったのであろう。彼はその著書（スタンレイ、1893）のなかで、この森を「最も暗いアフリカ」と呼んだ。森を抜けてアルバート湖畔に通じる草原地帯に出たとき、一行は「これで再び光明の世界に出た」と歓喜している。暗くて湿気の多い陰鬱な場所というのが熱帯雨林に対するおおかたの印象であろう。

しかし、私は強烈な陽射しに焼かれるような開放地よりも、彼が「暗黒世界」と呼んだ森の世界の方がずっと好きだった。私の森に対する印象は、決して悪くなかった。最初から、森の涼しさが気に入った。森のなかでは視界こそ効かないものの、様々な小鳥のさえずりや虫の声が幾重にも重なった樹木のフィルターを通して心地よいサウンド・スケープを形成している。樹木に囲まれた中で最初に感じた閉塞感と違和感は、いつしか不思議な安堵感に変わっていった。人類学者のC.ターンブル（Turnbull 1965）は、狩猟採集民ムブティが森のなかを「母の胎内」に喩え、人間にとって理想的な環境と考えていると書いているが、私にもそれがよく分かった。まもなく私は、周囲の環境にみられる微細な差異や変化に気がつくようになった。視界の効かない森のなかを動く動物のかすかな気配を認めたり、同じように見える樹々を木肌や樹形などから見分ける楽しみを発見していった。

熱帯雨林における知的な楽しみの一つは、無数にある同じような樹々を見分ける能力をつけていく過程にある。生物多様性の宝庫といわれる熱帯雨林では、温帯林とは比べものにならないほど多くの樹種が存在する。温帯地方の森林では通常1ha当たりせいぜい10数種の樹木をみるだけであるが、熱帯雨林にはその10倍近くの樹種が繁茂している。比較的樹種構成が単純だといわれるアフリカの森でも、あとで述べる混成林などでは1ha当たり80-100種もの樹木が生育する。イトゥリの森の民であるムブティやエフェが、それらの樹々を瞬時に区別できるのが、私には驚異だった。かれらの助けを借りながら、いつか私もこれらの樹々を識別できるようになりたいと思った。それ以来、森に入るときにはかれらに同行を頼み、目についた樹々の名前を尋ねながら歩くようにしてきた。できの悪い生徒であった私の進歩は遅々としたもので、イトゥリの森の代表的な樹種を識別できるようになるのにさえ何か月もかかった。

6-2 ▶ 二つの森林タイプ

森のなかで樹々の名前を聞いていくうちに、私はイトゥリの森の植生についてもだんだんと分かるようになった。ひと口に熱帯雨林といっても、そのなかには植生

攪乱の度合いや構成樹種などによって様々な林相を呈する森林がある。熱帯雨林は均質な森林空間ではなく，実はこのような異質なタイプの森林のモザイクからなっている。イトゥリの森は大きく分けて，あまり人手の加わっていない成熟林と，風倒木や集落，耕地の跡地等に更新した二次林に分けることができる。一次林はさらに川辺や湿地に繁茂する湿性林と，年間を通して林床が冠水しない乾性林に分かれる。そして後者はさらに，優占する樹種によっていくつかのタイプに分かれる。

　コンゴ盆地の東北端に位置するイトゥリの植生は，それまでに教科書等で学んできた熱帯雨林とはだいぶ様子が異なっていた。いわゆる熱帯雨林といえば，狭い範囲に多数の樹種が混じりあって繁茂すると想像しがちであるが，この地域では多数の樹種は存在するものの，量的には少数の種が優占する場合が多い。特にコンゴ盆地の中心部からイトゥリの森にかけては，マメ科のジャケツイバラ亜科 (Caesalpinioideae) の喬木が優占することが多いので，この地域の森を Caesalpinioideae forest と呼ぶことができる (伊谷 2002)。イトゥリの森では，ジャケツイバラ亜科に属する三つの樹種，mbau (*Gilbertiodendron dewevrei* (De Wild.) J. Léonard) と eko (*Julbernardia seretii* (De Wild.) Troupin)，tembu (*Cynometra alexandri* C. H. Write) が圧倒的に多く，これらをこの地域の森林を代表する樹種と考えてよいであろう (伊谷 1974)。特に mbau の森では，この木が胸高直径 10cm 以上の樹木の75％以上，直径 30cm をこえるような樹冠構成種の 90％以上を占めるなど，全ての林層において卓越しており，単一種優占林 (mono-dominant forest) を形成する (T. Hart 1985)。森のなかは，何層にも重なった mbau の大きな葉に遮られて日射しがほとんど届かず，まるで夕暮れ時のように暗い。私はまず，この森を「黒い森」として認知した (図 6-1，6-2，6-3)。

　一方，mbau の森に隣接したところには，eko や tembu などが優占する森が見られる。優占種とはいってもその割合は全体の樹木数の 20-40％程度で，その他に多種多様な樹種が含まれた混成林 (mixed forest) をなしている (T. Hart 1985)。森のなかは比較的明るく，林床にはクズウコン科 (Marantaceae) やショウガ科 (Zinziberaceae) 等の草本植物が密生するところが少なくない。森を歩いていて，「蒼い森」と感じるところは eko の木が多く，これに対して tembu が多いところは，その幹が赤茶色であることから「赤い森」に見える。イトゥリの森では，このような純林に近い mbau の森と混成林である eko や tembu の森が，それぞれ数 km^2 から広いところでは数十 km^2 にもおよぶブロックをなしてモザイク状に分布している。

　イトゥリの森におけるこのような植生のモザイク状分布はいったい何によっているのだろうか。こういう場合，まず思いつくのは，地形や土壌，水分条件など環境条件の相違である。環境条件の相違によって，そこに適応して優占する植物種が異なる。いいかえれば，モザイク状植生は，植物が生育する環境条件のモザイク的構成を反映しているというわけである。しかしこの説明は，イトゥリの場合にはうま

図 6-1　イトゥリの森の混交林

図 6-2　*tembu* の森のキャンプ

図6-3 *mbau* の森

く当てはまらない。*mbau* の森をより大局的に位置づけると，それは主としてコンゴ盆地の東部にアーク状をなして分布する。しかし，この他にも，カメルーン，コンゴ，中央アフリカなどの，コンゴ盆地西部の低地に広く分布する。*mbau* の分布域の自然環境は，気候的にも乾季の長さなどに大きな変異がある。またコンゴ盆地西部における *mbau* の森は水系に沿った低地によく見られるものの，北東部のイトゥリの森では，特定の地形や水分条件，土壌や母岩の性質等によらず，広範に分布している。したがって少なくともイトゥリの森では，このモザイク植生を特定の自然条件に帰することはできない。実際，イトゥリの森における両植生の分布を詳しく調べたハート夫妻（Hart & Hart 1989）も，これらの分布が特定の地形や土壌，気候条件とは無関係であることを強調している。

　熱帯雨林といえば，普通は多様な樹種構成をもっており，少数種の優占はたとえば焼畑跡地に更新した *Musanga*（パラソルツリー）の二次林などにしか見られない現象とされてきた。イトゥリの森のように，成熟した森林（mature forest）においてそれが見られるのはきわめて珍しい。しかも，イトゥリでは，いっけんすると成熟した森でありながら，同じ亜科（Caesalpinioideae）の異なった種が優占する植生が局所的に分布をちがえて共存している。このような植生がどのようにして成立したかは謎に満ちているといえよう。

6-3 ▶ 生活史の比較

　mbau の単一種優占林（mono-dominant forest）と *eko* や *tembu* を主とする混成林（mixed forest）の分布の相違は，地形や土壌，気候などの自然条件の相違に基づくものではないことを指摘した。それでは，どのような要因が関与しているのか，それを検討するために，まずそれぞれの樹種の成長と繁殖にみられる特徴についてみてみたい。前述したハート夫妻は，イトゥリの森の中心部に近いエプル付近で，*mbau* の森と *eko* を主とする混成林が混在する植生について長期にわたる調査を行っているが，その結果，*mbau* と *eko* では，繁殖や成長に関する性質がかなりちがっていることが明らかになった（T. Hart 2001）。それらをまとめると以下のようになる（表6-1）。

　まず，*mbau* は *eko* に比べてはるかに種子が大きい。このことは，種子の散布範囲が狭く，分布の拡大速度が遅いことを意味する。林床での実生生存率をみると *mbau* の方が高いが，幹の成長速度は *eko* の方が4倍近くも速い。*mbau* と *eko* の森には同じような樹種が随伴するが，*mbau* の成長が同じ場所に生育する随伴種の成長よりも遅いのに対し，*eko* はこれらの随伴種よりも速く成長する。しかし，胸高直径10cm 以上の *eko* の枯死率は *mbau* の5倍くらいに高くなっている（表6-1）。つまり，生活史上の特性からみると，*mbau* は *eko* に比べてはるかに成長が遅いものの，光の乏しい林床でよく生き残り（shade tolerant），樹木に成長してからの枯死率も低い。森林の中層以下を占める *mbau* のなかには，調査をした10年間にほとんど成長しないものもあったという。いいかえれば，*eko* が成長の速い，競争優位（competitive dominant）種であるのに対し，*mbau* の方は逆境に強く（stress tolerant），自分の成長の順番が廻ってくるまで森のなかの低い位置で耐えているのである。

　このような両者に見られる生活史上の相違から推測できることは，*eko* と *mbau* が植生遷移からみて前後関係にあるのではないかということである。すなわち，森林更新を始めてからの年数が少ない，比較的若い森では成長が速い *eko* が優占する混成林になり，何かのきっかけでその優占が崩れるとそれまで地表近くで機会を待っていた *mbau* が成長を始める。そしていったん *mbau* の優占が確立されると，もはや *eko* などの他種の浸入・更新が難しくなり，だんだんと *mbau* の純林に近づいてゆく。いっけんすると立派な成熟林のように見える *eko* の森が，何千年もの安定状態というようなタイムスケールでみると，徐々に *mbau* の森に変化していくのではないかというわけである。ただし，これは森林が安定状態に保たれている場合で，そのあいだに攪乱があれば，再び二次林化を経て，*eko* など混成林に逆戻りする。イトゥリの森で両植生が大小のブロックからなるモザイク状に分布していることは，この森に常に大小の攪乱要因があったことを意味することになる。森林を動

表6-1 mbau と eko の繁殖と成長の比較（T. Hart, 2001 を一部改変）

	幹の直径増加率	枯死率*	種子重量	散布範囲	実生生存率
mbau	小 (3.3%/10年)	低 (3.4%/10年)	重 (30g)	狭 (6-10m)	高 (50%/10年)
eko	大 (12.5%/10年)	高 (16.9%/10年)	軽 (4g)	広 (30-40m)	低 (35%/10年)

＊胸高直径 10cm 以上

態的に捉える「new ecology」の観点からみると，イトゥリの森のモザイク植生はだいたいこんなふうに説明できそうである。

6-4 ▶ 植生史の復元

それでは，実際の植生にはどのような変化があったのか？　ハート夫妻らは，イトゥリの森の地中から採取した炭化物のサンプルから過去 4000-5000 年の植生変化の再構成を試みている（Hart et al. 1996）。mbau の森と eko の森（混成林）がモザイク状に分布するエプル地域でオカピ[1]の生態を調査していたハート夫妻は，オカピを捕獲してマーキングするために森のなかにたくさんのピット（落とし穴）を掘った。合計 461 か所のピットのうち，279 か所で総計 1800 片ほどの炭化物のサンプルを採取した。全体の3分の2近くのピットから炭化物が発見されていることから，いっけんすると手つかずの原生林のように見える森のなかにも，実はかなり広汎に「火」の影響が及んでいることが分かる。これらの炭化物の薄い切片を作り，その断面構造からそれらの樹種の同定を試みた。その結果，31 種の樹木と 5 種の蔓性植物が同定された。また，合計 28 か所から出た炭化物について放射性炭素による年代測定を行った。

樹種の同定から分かった興味深い点は，数千年のあいだにイトゥリの森の樹種構成がかなり変化していることである。現在この地域ではまったく見られない *Lebruniodendron leptanthum* の炭が全体の4分の1にあたる 71 のピットで見つかった。また，現在の主要構成種である tembu や eko の炭化物は見られたものの，現在では普通に見られる *Pancovia harmsiana*, *Erythrophleum suaveolens*, *Cola lateritia*, *Alstonia boonei* などは出ていない。特に注目したいのは，現在この地域の主要樹種になっている mbau の炭がまったく認められなかった点である。炭化物の存在が植生を反映しているとすれば，これは，当時は mbau が存在しなかったか，存在したとしてもごく少なかったことを意味している。さらに，これらの炭化物が発見された深さをみると，eko の森に掘ったピットでは，58% が地下 20cm 以下の浅いとこ

---
[1] イトゥリの特産種で，20 世紀になってから初めて記載された大型哺乳類の一種。ジラフに近縁といわれる。

ろだったが，*mbau* の森のピットでは，25cm 以下は 35％にすぎなかった。また放射性炭素による年代測定の結果は，*eko* の森のピットから出た 20 サンプル中 19 サンプルが 2000 年前以降のもので，そのうち 10 は 1000 年以内，5 は 500 年以内のものであった。これに対して *mbau* のある森では，1000 年以下のものは 8 サンプル中 2 サンプルにすぎない。また，3000 年以上前のものは，*mbau* の森からしか出ていない。つまり，*eko* の森から出土した炭の方が浅くて最近のものが多く，*mbau* の森では深くて古い炭が多い。これらの結果からいえそうなことは，*mbau* の森の方が火による攪乱を受けた時期が古く，*eko* の森は比較的最近に攪乱された新しい森だということである。さらに，先ほど述べたように *mbau* の種子が大きくて分布拡大の速度がきわめて遅いこと，*mbau* 自体の炭化物がピットから見つかっていないことなどをあわせて考えると，*mbau* は比較的最近，おそらく数千年前になってこの地域で分布を拡大した可能性が強いということになる (Hart et al. 1996)。

6-5 ▶ 野火の影響

　湿潤な熱帯雨林では，落雷やたき火の不始末などに伴う野火が多いというわけではない。しかも，それらはたいてい焼失範囲の限定されたものである。森を歩いていると，立木や倒木が小さな炎と煙を上げているのに出会うことがある。それらはやがて線香のように焼失し灰になってしまうことが多いが，その影響はたいてい，燃えた木の周辺にかぎられる。広汎な地域に炭を残すような大規模な野火は，よほどの乾燥状態か，あるいは焼畑などに伴う人為的な火入れによる以外には考えられないといってよい (図 6-4)。
　イトゥリの森で発見された炭の年代測定から，炭ができた年代がいくつかの時期に集中していることが分かった。一番古い炭化物は今から 4350 年前のもので，4000 – 5000 年前といえば中部アフリカでは乾燥期にあたる。そして今から 2000 – 3000 年前になると，急に炭化物が多くなるが，この頃もかなりの乾燥期だったといわれている。つまり，これらの時代には，気候が乾燥化して大規模な野火が発生しやすくなり，それが出土した炭の量的増加に反映されているというわけである。2000 年前以降になって炭の量が多くなるのは，おそらく人為的な要因によるものであろう。しかも，1 か所からの炭の量が少なく，かつ広範囲にわたって見つかること，また出土年代が集中していることなどから，気候の乾燥化という条件のもとで，人為的な要因による小規模な野火があちこちでおきた可能性が大きい。炭のなかには，蔓性植物や薪としては不適当な柔らかい樹種も含まれているので，これらは単なるたき火の痕跡ではなく，もっと規模の大きな野火であろう。いずれにせよ，イトゥリの森では 4000 – 5000 年前から断続的に野火等によるかなりの規模の植生

第 6 章　植生からみる生態史　109

図 6-4　焼畑跡地

攪乱があったと見てよかろう。

　さらに古い時代の植生については，スペインの考古学者の J. メルカデルら (Mercader et al. 2000) が，地中に埋もれたプラント・オパールからの復原を試みている。イトゥリの森でかれらが採取した一番古いサンプルは，今から 1 万－1 万 9000 年前のもので，それらのなかにはイネ科草本のプラント・オパールも含まれていたが，同時に森林の存在を示すのに十分な樹木のプラント・オパールもあった。当時の森林はたぶん今よりもっと乾燥してオープンであったのであろう。プラント・オパールの分析からみると，コンゴ盆地北東部一帯にはこの時代から完新世までずっと森が存在したが，それは現在のように連続した一つの森ではなかった。ところどころにサバンナ，あるいは森林と草原のモザイクが見られるような景観であったと考えられる。また考古学的遺物も古い時代から出土しており，人間が更新世からここに住んでいたことも分かった。かれらはこれらの資料に基づいて，コンゴ盆地北東部に農耕が出現する何千年も前から，狩猟採集民がこの地域に住んでいたと推測している。

　以上の結果から分かることは，この地域が少なくとも更新世末期から今日に至るまで森林に覆われていたこと，しかし当時の森林は今よりもオープンで構成樹種も異なっていたこと，また，特に *mbau* の炭が発見されていないことから，この木の分布は以前にはごくかぎられたものであったこと，この数千年のあいだに何回か気候の乾燥期があり，その時期にはかなり広汎に野火が発生したこと，2000 年前以

降の最近の野火はもっぱら人為的な影響によると考えられること，などである．

6-6 ▶ Marantaceae forest の謎

　mbau の森の位置づけを知る上で，重要と思われるものにクズウコン科 (Marantaceae) の植物がある．クズウコン科の植物は，細長い茎の上に大きな葉をつける単子葉植物で，日本で「マランタ」と呼ばれる観葉植物がこの仲間である．イトゥリの森におけるこの科の代表的なものとして，巨大な団扇のような葉をつける *Megaphrynium* や倒卵形の葉をつけ裏が赤い *Ataenidia*，茎が太くて長く枝分かれしている *Marantochloa* 等がある．これらは，丈の高さが短いもので1m弱，長いものでは3m近くに達する．あるいは，*Haumaxia* のように蔓状に伸びるものもあるが，いずれも林床に群生する．クズウコン科草本の下生えがある森では，中間層の樹木密度が低く，比較的オープンな景観になっていることが多く，これらの植物は十分な陽ざしを受けて，同じような環境を好むショウガ科 (Zinziberaceae) の植物などと共に林床に密生する．チンパンジー，ゴリラ，ゾウ等の重要な食物であり，特に果実が不足する時期には keystone food となっている．また，これらの豊富な草本植物の存在が大型類人猿の複雑な社会組織の発達を促したともいわれている (Wrangam 1986, cited in White 2001)．

　クズウコン科の植物はいずれも人間にとってきわめて有用な植物で，イトゥリの森においても様々な用途に利用されている．ある種のものは実が食用になる．大きな葉は，住居の屋根葺きや，家のなかに敷くマットの素材，ものを包むフルシ(包み)，皿や食器，鍋のフタ，コップの代用品，たばこの巻き紙などに使われる．また，かすかな芳香を放つ葉で，魚やキノコ，内臓などの食材をヤシ油や塩，トウガラシなどの調味料と共に包み込んだ蒸し焼き料理は，まさに森のグルメの名にふさわしい逸品である．その他，茎の皮で篭を編んだり，紐を撚ったりもする．まるで，万能家庭用品のように便利な植物なのである (丹野 1984；市川 1993) (図 6-5)．

　ところでクズウコン科の下生えは，現在の *mbau* の森のなかにはまったく見られない．また過去に遡っても，クズウコン科植物が存在したことを示すプラント・オパールは，*mbau* の森からは出ていない (Mercader 2000)．樹冠がうっぺいした *mbau* の森は林内が暗く，光を必要とするクズウコン科植物の生育には適さない．そのため森の民ムブティが *mbau* の森にキャンプをつくるときには，小屋の屋根葺きに丈夫で大きな *mbau* の葉を代わりに使っている (本書第1章 市川論文の図1-1参照)．*mbau* の森の暗い林床には *mbau* 自身の小木か，その他の日陰に耐えて生育する木本植物がまばらに生える程度で，森のなかは，二次林や *eko* の混成林に比べて格段に歩きやすい．

図 6-5　小屋の屋根葺きにつかうクズウコン科植物

　一方，mbau の大きな実（豆）は脂肪分が少なく，決して美味ではないが，その大量結実期には，バッファローや森林性アンテロープ類などの狩猟獣がこの森に集まってくる。地表に落ちたこの実がふやけて発酵したものは，amatofia という特別な名で呼ばれ，ムブティの食用にもなっている（Ichikawa 1993）。しかし全般的にいって，この実が食用されることを考慮に入れても，mbau の森の効用は限定的である。mbau の森では，数年に一度の mbau の結実期以外にはほとんど食物が手に入らず，様々な食用植物が見られる eko の混成林とは対照的である。また mbau は，大量の花粉を生産するものの，蜜源としてはほとんど価値がなく（Hart & Hart 1986），その点でも大量の花蜜を生産する eko や tembu の森の方が蜂蜜採集の場としてはずっと価値がある。さらに，良好な薪や炭の材料として利用される tembu や eko と比べて，mbau は燃えにくく，燃料としても利用されない。要するに mbau の森は，大量結実期にバッファローやアンテロープ類などの動物があつまり，そのときに人間が狩猟のために森に入り，その実を食することがあるとはいえ，その他の時期には，人間の食料供給源としてはあまり価値がない。それだけ人為の関与が少ないことになる。これに対して eko や tembu 等の混成林は，先に述べたクズウコン科植物や様々な食用植物，蜂蜜，燃料などの供給地として，人為による攪乱を受ける度合いが大きいといえよう。

　再び Marantaceae forest（クズウコン科植物の下生えが密生した森）に話を戻すと，

このタイプの植生は，熱帯雨林地帯における草本植生が一般にそうであるように，概して水はけの悪いところや川辺等に多く見られる。しかし中部アフリカではその他にも，この植生が大小様々な規模で広がっており，それらは野火の影響や，倒木に伴うギャップ形成，ゾウの徘徊した跡，それに居住地や伐採，耕作の跡などといった自然的，人為的な植生攪乱によるものとされてきた。あるいは，それらは森林が退化し，サバンナ化の過程にあるものと位置づけられてきた。しかし，なかには，このなかのどれにも該当しないような例もある。

ガーナの森林地帯では，森林面積のおよそ30％（1400km^2）が耕作に伴う火入れと野火によって Marantaceae forest に変わったとされている（Swaine 1992）。野火によって林床の植生は焼かれるが，樹冠部への影響はほとんどない。焼かれた林床にクズウコン科植物などの成長の早い草本が速やかに入り込み，繁茂して他の植物の生育を抑える。このように考えた M. D. スウェインは，アフリカの Marantaceae forest は全て野火によるものであるとした。しかし，フランスの R. ルトゥゼイ（1968）らは，このタイプの森は，サバンナへの森林の拡大に伴って生じた植生であり，より成熟した森林への遷移の中間段階だと考えた。彼は，別に野火がなくても，あるいはサバンナから森林への移行を妨げる野火がないからこそ，このような植生が形成されるのだと主張している。

ガボンのロペ保護区の Marantaceae forest は，まさにそうした遷移の例として説明できる（White 2001）。この地域の植生は，サバンナと森林の奇妙なモザイクの例として古くから注目されてきた（Aubreville 1967）。コンゴ盆地の広大な熱帯雨林につながるこの森のなかに，約 800km^2 のサバンナがある。このサバンナの成立は，そこから出土した炭化物の年代測定から約9000年前とされている。おそらく野火によるもので，今日でも定期的な火入れによってサバンナ的景観が維持されている。しかし野火の影響が及ばないところでは，サバンナ域に向けて徐々に森林が進出している。そこに成立した新しい森林が Marantaceae forest になっているのである。ロペ保護区では，このタイプの森林がサバンナの境界から2km ほど続いており，それより奥は Marantaceae の下生えがない森林にかわる。つまり長いあいだ，野火がないところでは，サバンナがまずクズウコン科植物の下生えがある森林にかわり，それからさらに種多様度が高く，下生えの少ない成熟した森に変化していく。その途中の遷移段階にあるのが Marantaceae forest だという位置づけである。実際に，現在は Marantaceae forest になっているところから 1400-1500 年前の製鉄と関連した火の痕跡が発見されており，当時はそこがサバンナであったことも分かっている。つまり，この地域の Marantaceae forest はせいぜい過去 1500 年のあいだに形成されたものだということになる。

いずれにせよ，野火や焼畑耕作，伐採等による攪乱が Marantaceae forest を生み出す一方で，自然的，人為的な要因から生じたサバンナ的な植生が徐々に森林化し

ていく過程においてもこのような森林タイプが形成されることに注目する必要がある。

さて，このような Marantaceae forest の成立をめぐる考察は，イトゥリの森の植生理解にどのような鍵を与えるのか？　イトゥリの森では，Marantaceae forest が特に eko や tembu の混成林に特徴的な植生であることを先に確認した。したがって，Marantaceae forest の成立の要因が eko の森の位置づけを理解する鍵を与えてくれる。すなわち，(1) これらの森林は，かつてサバンナであったところに比較的最近になって（といっても 1000-2000 年前だが）形成されたものか，あるいは，(2) 野火や焼畑，集落の形成，蜂蜜採取のための伐採など，何らかの植生攪乱があったために mbau の森への遷移が妨げられたところではないか，ということである。先に述べたように，イトゥリの気候が今より乾燥していた時期があったこと，および地中から炭化物が広汎に発見されたことなどは，このような事態を裏づける事実と考えることができよう。

イトゥリの森における eko の森は北部および北東部に多く，これに対して mbau の森は中部から南および西側にかけて分布する（伊谷 1974; Harako 1976）。イトゥリの森がコンゴ盆地の東北端に位置し，東部および北部でサバンナに接していることをあわせて考えるならば，混成林はサバンナに近い地域に多く，反対に mbau の森はコンゴ盆地中心部に続く大森林のより奥深い位置を占めている。この位置関係をかつての乾燥気候と重ねてみると，eko の森はまさに気候が湿潤化して熱帯雨林が回復したと推定される位置にみられることが分かる。プラント・オパールの分析にもとづいて，イトゥリの森には更新世末期から完新世にかけてずっと森林が存在したとするメルカデルらの説を先に紹介したが，乾燥期の森林は，今よりもずっとオープンで，林床にはイネ科の草本も生えていた。しかも，サバンナに近い位置の森ほど乾燥していたはずである。eko の森は，そのような位置に比較的最近になって形成されたという可能性が強い。それからより成熟した mbau の森に遷移が進む過程で，野火や人為による攪乱がおきれば，再び二次林を経て，混成林の形成に向かう長い遷移の過程が繰り返されることになる。

6-7 ▶ 地域の植生を考える視点

今から 4-5000 年前のイトゥリは森林に覆われていたが，その頃の森は，構成樹種や林床のイネ科草本の存在などから，今の森よりもかなりオープンな植生であったと推定される。ちょうど現在のイトゥリの北東端で見られるように，森林と草原のモザイク状景観もあったであろう。また，現在の主要樹種の一つである mbau の分布は局限されたものであった。人間の存在を示す遺跡や遺物も発見されてい

るが，それらはまだごくわずかであった．やがて気候が再び湿潤化し，熱帯雨林化が進行する．もとから森林だったところでは，*mbau* の分布が拡大するなど，さらに湿潤な気候を好む樹種が優勢になっていった．植生がよりオープンな地域では，クズウコン科の草本植物等の下生えをもつ *eko* の森が発達した．そのまま安定した熱帯雨林環境が続けば，これらは次第に *mbau* の単一種優占林へと遷移してゆくが，*mbau* による *eko* の置き換えは遅々としていた．*mbau* の森の半減期 (stand half-life)[2] は 148 年と推定され，熱帯雨林の樹種のなかでも例外的に長い．*eko* の森の半減期は 53 年で，34–68 年という熱帯他地域の樹種の推定値の範囲にあるが，*mbau* の森はそれをはるかにこえるような長いサイクルでゆっくりと更新してゆく（T. Hart 2001）．*mbau* が優占するイトゥリの森の植生景観は，したがって他地域よりずっと遅い速度で変化する．

　イトゥリの森では，今から 2000 年程前に再び気候の乾燥化が始まった．その頃にはまた，野火の発生頻度が急激に増加したが，おそらくこれには焼畑耕作の影響が考えられるであろう．野火の影響を受けないところではゆっくりと *mbau* の森への遷移が進んだ．そしていったん *mbau* の森になるとその後は安定し，野火の影響も受けにくくなった（*mbau* は燃えにくく，炭が出ていないことに注意）．しかし，それ以前の混成林の段階で火入れや開墾などの人為の介入があると，再び二次林を経て *eko* の混成林は形成されるという過程が繰り返される．実際，ベルギーの植物学者 J. レオナール（Léonard 1952）の観察によれば，*eko* の混成林の方が，*mbau* の森よりも，ずっと多くの炭や土器破片などの遺物を出土する．つまりそれらの森の方が植生の人為的攪乱の度合いが大きく，かつ比較的最近に攪乱が起きたと考えてよい．何度も繰り返すが，*mbau* の森の成立には長い間攪乱を受けず，安定した状態が維持されることが必要なのである．イトゥリの森における両植生タイプの共存は，重い種子によってきわめてゆっくりと分布を広げる *mbau* と，大規模な植生の攪乱によって勢いを盛り返す *eko* や *tembu* とのあいだのバランスが保たれていることによるといえよう．

　最後に，以上の例をもとにして，ある地域において異なるタイプの現象が共存する場合に，それをどう解釈するのかという一般論について論じてみたい．

　二つの植生タイプが近接して見られる場合，その理由を両者の分布する場所の環境条件のちがいから説明しようとするのは，プリミティブではあるがまずは妥当な態度といえる．一般に，異なるタイプの現象が併存する場合，それらの存立を支えている条件を比較するのは，自然な着想だからである．しかし，イトゥリの場合には，それでは二つの植生の分布は説明できなかった．そこで次に目をつけたのが，二つの植生が遷移の異なる段階，つまり時間的な前後関係にあるのではないかとい

---

[2]　枯死などによって樹木の半数が死ぬのにかかる年数．

うことであった．時間的な前後関係にあるものには，それぞれの段階にふさわしい特徴があるものである．植生遷移の場合，遷移の初期段階にある植物は，一般に分布拡大速度が速く，十分な陽射しを受けると発芽・生長も速い．初期の頃は他種を凌駕して優占するものの，いったん他種に追い越されると，そこでおしまいである．種子の特性や成長，枯死率などを比較すると，明らかに一方はより早い遷移段階における競争優位種であり，他方は，林床の木陰でしぶとく生き残り，ゆっくりと成長し，いったん成長したら長期間生存する種であることが分かった．つまり，発芽・生長・枯死などの生活史上の特性は明らかに両種の遷移上の順序を裏づけるものであり，両者の遷移上の位置づけが信憑性をもつ仮説となった．

　次の課題は，この仮説を過去の出来事を示す事実と照らし合わせて検証することである．両植生の遷移上の位置づけは，地中に残る炭化物から間接的に支持された．遷移の最終段階をあらわす種（mbau）の炭は地中から発見されず，この種がこの地域に分布を拡大したのは比較的最近のことだと推測された．また，この種が優占する森では，長いあいだ，野火などによる植生攪乱がなかったことが分かったのである．

　さらに，このような遷移が比較的最近（といっても数千年）になってから進んだのはなぜか，その理由を説明する必要がある．mbau の森が，安定した熱帯雨林環境が長いあいだ持続していたことによって形成されたというのなら，そのような条件がなぜ最近になって満たされるようになったのか？　アフリカでは，第四紀の氷河期以降にかなりの気候変動があったことが分かっている．今から約2万年前の最終氷期最後の大乾燥期には，熱帯雨林が縮小し，コンゴ盆地の大半がサバンナ化したといわれる（Hamilton 1976; Maley 2001）．その後，氷河期の終焉に伴い，この地域は再び湿潤化し森林に覆われることになった．しかしイトゥリの森などでは，この頃から現在までのあいだにも，何度か乾燥化と湿潤化が繰り返されたようである．イトゥリの森が最後の乾燥期を終えて徐々に湿潤化したのは，今から数千年前のことと推測される．その頃から mbau の森がゆっくりと分布を拡大させてきたのであろう．

　しかし，その過程は決して一様ではなかった．人間活動がこの過程の進行を妨げたのである．ハート夫妻らは，2000年前頃から急に炭化物が多くなり，人為的な影響が増大したことを認めているが，それがどの程度現在のイトゥリの植生分布に影響を及ぼしているのかは明らかでない．しかし，イトゥリにおける eko の森の分布は，単にそこが森林化したのが mbau の森に比べて新しいという時間的・気候的な要因だけでなく，人為の影響を考えなければ説明がつかない．mbau の森に移行しつつあるところも，伐採などの人為の手が入れば再び二次林化し，さらに長い時間をかけて eko の森にかわることになる．あるいは，それらの森に頻繁に人為の介入が繰り返されることによって，mbau への移行が進まないこともあろう．実際，

eko の森は蜂蜜，食用植物，動物などが多く，それだけ人為の手が深く，頻繁に及んでいる。以上のことを考えれば，イトゥリの森における *mbau* と *eko* の森の共存は，人為の介入と自然の遷移過程が拮抗していることを示すといえよう。

6-8 ▶ 森に刻まれた歴史

　私がマンバサの近郊で初めて足を踏み入れた熱帯雨林は，「蒼い森」すなわち *eko* の混成林だった。そのとき私は，そこが成熟した熱帯雨林であることに疑いをもたなかった。そこには明らかに人間の踏み跡が残されており，それをたどって私たちも森のなかに入ったのであるが，森自体は人間の干渉を免れた真正の自然の領域だという錯覚に私はとらわれていた。何百年というタイムスケールで見ればそれは正しいかも知れない。しかし，私が「熱帯雨林＝手つかずの自然」というステレオタイプにとらわれていたことも否定できない。いっけん自然そのままに見える森のなかに，読みとるべき「歴史」が隠されていることに思い当たったのは，ずいぶん後になってからのことである。

　最初にひとりで森のなかに入ったとき，私は閉塞感と違和感をおぼえたが，それにはおそらく，圧倒的な存在感で迫ってくる「自然」のただ中に置き去りにされたという孤独感も混じっていた。そうした感覚は森に慣れると共に消えていったが，同時にそれは森のあちこちに残された人為の跡を発見する過程でもあった。狩猟や蜂蜜採集，あるいはムブティのキャンプを訪れるために歩いた深い森のなかで，偶然に人間の印を見つけたときの驚き。それらは通りすがりに折っていった枝や立木につけた傷跡，蜂蜜を採取するために木の幹に穿った穴，捨てていった葉っぱやたき火の跡など，ささやかな人為の足跡だった。それらがこの深い森のなかにたしかに人間がいたことを示す証として，ある種の安心感を与えてくれたのである。注意してみると，森のなかにはこのように新旧様々な人為の跡が至る所に残されていた。それらはいずれも小規模な植生攪乱であり，近い過去にこの森で起きた人間活動の記録である。それらの多くは，せいぜい数年といった短い時間のうちに自然の作用によって再び自然のなかに吸い込まれて消えてゆく。蜂蜜採集のために木を切り倒した跡は，樹冠の開いた「ギャップ」となり，さらに長いあいだ痕跡となって残るであろう（図6-6）。

　私が森に刻まれた歴史についてはっきりと自覚するようになったのは，森のなかで古い集落の跡に遭遇したときである。森を歩いているとしばしば，周囲の立木が途切れ，クズウコン科やショウガ科の草本がびっしりと生い茂った空間に出会う。それは森の民ムブティのキャンプ跡で，注意してみるとそのような跡は森のなかの至る所にあった。ある日，試みにムブティにかつてのキャンプ地を尋ねたら，即座

第 6 章　植生からみる生態史　| 117

図 6-6　蜂蜜採集

に 30 くらいの地名が出てきた。どうしてこんなにたくさんおぼえているのか不思議に思ったが，それらはかれらが過去の記憶を辿るときの手がかりなのである。かれらは，どのキャンプで誰が生まれ，誰が死に，どんなことがあったかを正確におぼえている。かれらはキャンプ地という空間的指標をもって，過去を再構成するのである。キャンプ地だけではない。森に残された様々な人為の痕跡が過去の記憶と密接に結びついている。オリーブに似た美味な実をつける *Canarium* は直径 2m にも達する大木になるが，元来は陽樹であり，十分な陽射しを受ける開放地でしか成長しない。深い森のなかで，ひときわ立派な *Canarium* の大木を前にして，そこがかつての集落の跡だとムブティから聞いたとき，私はいたく感動してこの森が辿った歴史に思いを馳せた。

　農耕民の村や焼畑は，さらに長期的で大きな影響を残す。それらは，数十年を経てなお識別可能な痕跡となる。1930 – 40 年代に，イトゥリの森を東西，南北に貫通する道路ができ，人びとが道路沿いに移住させられる以前には，森のなかのあちこちに農耕民の集落があった。私の調査当時には，それらが放棄されてから 4-50 年を経ていたが，それでもいわゆる原生林とは区別ができた。そうした古い二次林には大木が少なく，森の中もいくぶん明るく感じられる。またいっけん立派な森に見えようとも，そこには *mbau* や *eko*, *tembu* 等のジャケツイバラ亜科の樹種がほ

図 6-7　コンゴ盆地の森林と焼畑跡

とんどない。集落の跡地に繁茂した二次林は，やがて再び *eko* や *tembu* の森に戻るまでの数百年に及ぶ歴史を伝える記録となろう（図6-7）。

　本章で紹介した *eko* の森から *mbau* の森への遷移は，これらよりさらに長く，数千年というタイムスケールで進行する現象である。それらは，いっけんして分かるものではなく，人びとの記憶にも残っていないような遠い過去について語る。それらが変化したことを示すものは，樹木の繁殖特性や地中に埋もれた炭や植物由来の花粉やプラント・オパール，そして人間が残した考古学的遺物などである。これらを頼りにして，何千年という気の遠くなるような森の歴史を繙くことができる。

　このように，森には様々なタイムスケールの歴史が刻まれており，森に慣れるにつれて，それらが伝えるメッセージが明らかになる。現在，我々が目にする森は，このような人為と自然の相互作用の所産であり，そうした意味で歴史的産物である。私にとって「森を知る」ということは，森の植物や動物について知ることであると共に，森に刻まれたこのような歴史を読む力をつけることを意味している。

第7章

佐藤 弘明

熱帯雨林狩猟採集民が農耕民にならなかった理由

7-1 ▶ はじめに

　アフリカ中央部の熱帯雨林各地にはいわゆるピグミーとして知られる人びとが居住する。かれらは共通するいくつかの身体的行動的特徴をもっていて，同じ地域に住む農耕民とは明確に区別される（その詳細については，本書姉妹編『森棲みの社会誌』第2章（北西功一）に詳しく紹介されている）。それらの特徴から，ピグミーは数千年前に農耕民がアフリカ中央部の熱帯雨林へ侵入を開始する以前からこの森に住んでいた狩猟採集民と考えられてきた（市川 1982）。

　およそ1万年前に農耕・牧畜が始まる以前，人類社会は全て狩猟採集社会であった。現代の狩猟採集民研究によれば（Lee & DeVore 1968: 3-20），寒冷地帯以外の狩猟採集社会では，25-50人ほどの小集団（バンド）で移動しながら自然の食物資源に依存する生活を送っていた。その人口密度は低く，$1km^2$ 当たり0.4人をこえることは稀であった。一方，狭い土地で大量の食物の生産を可能にした農耕は，人間社会の規模を大きくし，急激な人口増加をもたらすことになる。農耕開始後，地球上のほとんど全ての陸地で起きた農耕化はこの1万年間でほぼ完全に達成された。狩猟採集社会はわずかに農耕が行えないオーストラリアのような極度に乾燥した地域や北極地方のような寒い地域に残るだけとなった。しかし，各地で進展した農耕化の過程は様々な形をとった。外部から侵入してきた農耕民によって消滅させられた狩猟採集社会，あるいは，同化吸収された狩猟採集社会，自ら技術を受け入れ，農耕民化していった狩猟採集社会，等々。アフリカにおいても農耕化は進んだ。西アフリカは初めて農耕が開始された地域の一つとして知られ，農耕化の時期は早かったが，サハラ砂漠以南のアフリカ全土の農耕化が進むのは，カメルーン南西部に居住していたバントゥー語系の農耕民集団が 2000-3000 年前頃に開始

した南方と東方に向かう大移住，いわゆるバントゥー・エクスパンション (Bantu expansion) を待たねばならなかった (Vansina 1990)。東アフリカはかつて現在のサン (San) の祖先と考えられる狩猟採集民の世界であった (Cavali-Sforza 1994)。しかし，バントゥー・エクスパンションによって農耕化は進み，狩猟採集社会はついに農耕のできない乾燥地域にのみ残ることになった。それがカラハリ砂漠のサンであった（田中 1971）。では熱帯雨林地域においては，農耕化はどのように進展したのであろうか。現在，アフリカ中央部の熱帯雨林では農耕が広く行われている。この熱帯雨林には農耕民の手が入らない森もまだ広く残されているが，サンのような狩猟採集社会は確認されていない。それでは，熱帯雨林の狩猟採集民は消滅したのであろうか，あるいは，農耕民化したのであろうか。もし，ピグミー集団がその狩猟採集民だとすると，そのどちらでもなかったということになる。

　一般に，外部からの侵入者と先住民との接触は，先住民側にとって不幸な結末に終わることが多い。文化の消滅，外部侵入者による同化吸収，さらには，集団そのものの消滅までも起こる。しかし，アフリカの熱帯雨林の場合，言語の消滅などの文化変容は起きたが，ピグミー集団そのものが消滅することはなかった。それどころか，今や社会的・経済的・文化的に，さらには人口数においてもアフリカ中央部の熱帯雨林において無視できない存在である。ピグミー集団が，高い技術を保持し，人口数において勝る農耕民との接触によっても，消滅することなく，また，後背地で細々と狩猟採集経済を営むこともなく，アイデンティティーを保持した民族集団としてこれまで存立してこられたのはなぜであろうか。筆者は熱帯雨林環境，特に食物資源がその要因ではなかったかと考えている。そして，それが現在各地で見られるようなピグミー集団の生計様式，すなわち，狩猟採集に従事する一方，自身の農耕や近隣農耕民への労働サービスにも従事するという混合経済の受容を促し，結果として農耕民と不即不離の関係を保持しながら独立した民族集団として存続し得たのだと考えている。

　従来，農耕民とピグミーとの関係は，たとえば，互いが必要とする共生関係（市川 1982），支配・従属関係に見えるがそうではない関係 (Turnbull 1965)，制度的には擬制的親子関係が読みとれるが，互いに侮蔑し合う関係（竹内 2001），などと表現されてきたように一筋縄ではいかない問題である。いずれも経済面では互恵的という点は共通しているが，社会的，文化的側面では地域によって様々な要因が絡み合っているためにこのような込み入った表現がなされたのであろう。しかし，本章で筆者が焦点をあてるのは経済的側面である。筆者は，農耕民と初めて接触したとき，ピグミーの行動に最も重大な影響を及ぼしたのは経済的要因であったと考える。経済的互恵性が各地に共通しているということはそれが接触当初から見られたからではないだろうか。ただ，当然ながらこのような問題は具体的資料に基づかなければ空論に終わる。とはいえ，そのような資料の入手は容易ではない。今日では

まったく農耕に頼らない狩猟採集生活を行っているピグミーはどこにもいない。また，熱帯雨林において人類の過去の痕跡を見つけ出すのは至難の業である。したがって，狩猟採集民としてのピグミーが外部から農耕民が侵入したときどのような反応をしたか，その後，どのような推移をたどったかを推論するための具体的資料を今後とも利用できる可能性は低い。幸い，筆者らはカメルーン南部の熱帯雨林において，2003年8月の乾季（佐藤ら2006）と2005年10月の雨季，6-8家族，20日間，というかぎられた条件下であるが，バカ・ピグミーの協力を得て，純粋な狩猟採集生活を試行してもらい，その観察記録を得ることができた。また，2004年8月にはかれらの定住村における現在の狩猟採集，農耕，労働サービス混合経済に基づく生活に関して，20日間，9家族の観察記録も得ることができた。本章ではこれらの資料を，特に，生計活動と食物に焦点を当てて検討し，熱帯雨林の狩猟採集生活者が，農耕民と初めて接触したとき，どのような道を選択したかを推測してみようと思う。

7-2 ▶「農耕民」インパクトを推し量る資料と方法

使用する資料は，以下のように取得した。

熱帯雨林における実験的な狩猟採集生活の観察記録

カメルーン東部州モルンドゥ地区ンドンゴ村に住むバカ・ピグミーの協力を得て，村からおよそ徒歩30kmの，ベク山麓のキャンプ地において（図7-1），塩，トウガラシを除いて農作物など村からの食物は一切持ち込まず，森の野生食物だけに依存する連続20日間の"純粋"な狩猟採集生活の観察調査を行った。調査時期は，2003年8月の乾季と2005年10月の雨季の2回，調査協力者はそれぞれ6夫婦（子ども4名が同行）と8夫婦（子ども7名が同行）であった。このうち4夫婦は両季節とも参加している。期間中，体重・血圧の測定を毎朝6時に，加速度計によるエネルギー消費量・歩数の測定を毎日朝6時から夕方6時まで行い，キャンプに持ち込まれた採捕食物を全て計量し，さらに期間中に廃棄された食物，調査期間終了後に村に持ち帰られた食物も計量した。生計活動に出かける協力者全員のキャンプの出入り時間を記録し，さらに，より詳細な活動実態を明らかにするために協力者全員について少なくとも1日はキャンプを出てから帰るまで個体追跡した。なお，加速度計によるエネルギー消費量についてはデータの信頼性が未確認のため本章では取り扱わない。

調査協力者にとって，まったく農作物を利用せず20日間にわたって純粋な狩猟

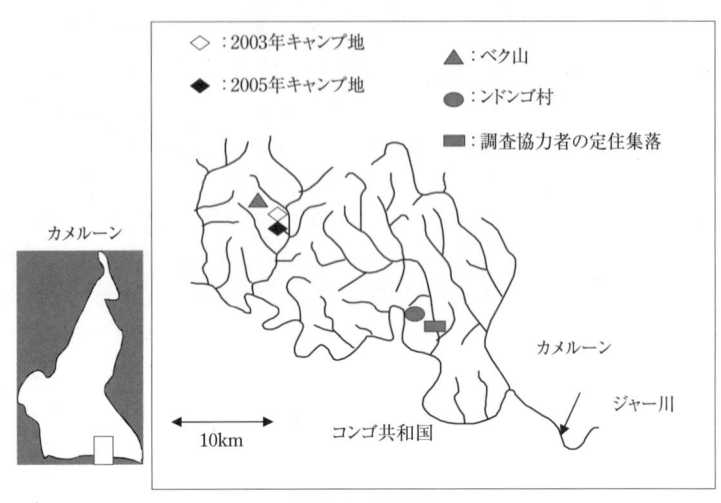

図7-1 調査地

採集生活を行うことは初めての経験であった。しかし，いずれも日頃から罠猟や食物や建材など森の資源を採集するためにときに1か月以上にわたる森の生活を経験している人びとである。ただし，そのときには村からプランテン・バナナなどの農作物を持ち込むのが普通であるが，持ち込んだ食物が少なくなってくれば，それを補うために森の食物資源を採捕するので決して森の狩猟採集生活に不慣れな人びとではない。調査に際しては，開始前に十分な説明をした上で，協力者全員の同意を得て調査を遂行した。

定住村における日常生活の観察記録

2004年8月の乾季，同じくンドンゴ村のンバカ集落においてバカ・ピグミー住民の協力を得て，連続20日間（8月16日－9月4日）の日常的な生活の観察調査を行った。調査協力者は9組の夫婦であった。うち4組は03年，05年の，1組は05年の森の調査協力者でもあった。この調査の目的は，村におけるバカ住民の食物摂取状況，および，生計活動へ労働投入の特徴を明らかにすることであった。そこで，9組の夫婦に1日に2回（朝食前・午前6時頃，夕食前・午後5時半－6時頃）筆者たちの家に来てもらい，前日および当日の食事回数，食事時間，摂取食物の名称とそれぞれの個数，大きさ，使用した調味料の種類，飲酒量，従事した生計活動について聞き取りをした。筆者たちの家と協力者の家の距離は遠いもので100mほどなのでかれらの筆者宅への訪問による影響はないと考えてよい。朝食前の来訪時には全員の体重を計測し，さらに5組の夫婦については加速度計を装着し，夕食前のと

きに回収した。ただし，加速度計のデータについては，ここでは歩数のみを取り扱い，エネルギー消費量については前節同様ここでも取り扱わない。また，ひとりの男性の加速度計が故障したので歩数については，男性は4人の記録にかぎられる。

7-3 ▶ 熱帯雨林における純粋な狩猟採集生活

実験的狩猟採集生活の概要

　キャンプ地は2回とも同じ場所でいずれも調査協力者自身が選定した。キャンプ地のある場所は協力者たちが住むンドンゴ村から徒歩2日かかるところで，日常的には協力者を含めて住民に利用されていない森である。植生は熱帯半落葉樹林（Letouzey 1985）である。キャンプ地では，調査開始日までにバカ語でモングルと呼ばれる簡易小屋が家族ごとに設営され，生活拠点とされた。調査期間中の日用道具はふだん協力者が使用している道具類（籐製の運搬籠，山刀，手斧，ワイヤー製の罠，小型の漁網，釣り糸と針，金属製の鍋など）が使用された。実施された食物獲得活動は，野生ヤマノイモ[1]，蜂蜜，シロアリ，ナッツ類などの採集，狩猟，漁撈であった。

　野生ヤマノイモの主要な採集地は，標高400mのキャンプ地から片道1時間，標高およそ600mのベク山頂周辺であった。ヤマノイモ採集には夫婦そろって出かけるのが普通であった。採集地では，単独，もしくは夫婦共同で山刀や掘り棒を使って芋を掘り出す。1組の夫婦の1日のヤマノイモ採集量は5-15kgであった。掘り出された野生のヤマノイモは2-3日で腐敗が始まるので各夫婦とも2日に1回はヤマノイモ採集活動に従事した。この採集サイクルは乾季，雨季とも同様であった。狩猟活動には男性のみが従事した。主な狩猟方法はワイヤーを使った罠猟であった。いずれの季節もキャンプ地の周辺にひとり当たり10-20個の罠を仕掛けていた。罠場はキャンプ地からせいぜい10分程度なので罠の見回りは毎日行われていた。ミツバチの巣の発見には女性も努めるが，巣のある樹木の伐採や木登りを要する蜂蜜採集には男性だけが従事していた。シロアリ，ナッツ類採集には男女とも従事した。従事頻度の高かったナッツ類採集では，もっぱらカンナ（*Panda oleosa*）のナッツが採集された。カンナの樹木のまわりに落ちている多数の堅果を拾い集めるのは簡単であるが，堅い殻を山刀などで割り，中の種実を取り出すのは時間がかかる作業である。漁撈活動には男女が従事していた。川をせき止めて行う掻い出し漁には女性が従事し，釣りや漁網漁には男性が従事した。ただし，掻い出し漁は水位の上がる雨季にはほとんど行われなかった。また，漁網は小型のもので1組しかな

1）ヤマノイモ科ヤマノイモ属（*Dioscorea* spp.）の植物（安岡　本書第2章を参照）。他章では，野生種は「野生ヤム」，栽培種は「ヤムイモ」と言及されている。

表 7-1　調査期間中前半 10 日と後半 10 日の体重変動

調査年	環境	協力者		調査初日の平均体重 kg	前後半における体重変動		
					有意な変動有		有意な変動無
					後半減	後半増	
2003	森	男	6	47.0 ± 5.8		1	5
		女	6	41.4 ± 5.1	3	1	2
2005	森	男	8	48.0 ± 7.3	1	6	1
		女	8	44.0 ± 5.1		3	5

検定は t 検定による。

かった。

　採捕された食物は家族ごとに主として妻によって調理され，一部は妻と子ども用に残され，一部はキャンプ中央のバンジョと呼ばれる寄り合い場所に運ばれ，一部は他の妻たちの元へ運ばれる。妻と子どもは自分のモングルで食事を摂るが，夫たちはバンジョに集まって共食するのが普通である。キャンプにおける食事の一般的形態は，ゆでた野生ヤマノイモとナッツ入りのソースで煮た獣肉や魚などで，いわゆる主食と副食の組み合わせからなる。ただし，朝食やキャンプに帰った直後には，ヤマノイモだけを焼いて食すこともしばしば見られた。副食にするダイカー (*Cephalophus* spp.) などの獲物や 1kg をこえる大きな魚，そして，蜂蜜が得られたときは，村へ持ち帰るために乾燥保存される獣肉の一部を除いてキャンプ参加者全員に均等に分けられるのが普通である。食物摂取量については，雨季に実施した個体追跡の時以外，各個人を対象とした計量はしていないが，上記のような調査期間中の食事行動からは調査協力者の食物摂取量に大きな過不足は起こり得ないと判断される。

体重と健康状態

　調査期間中，両季節とも，軽い外傷，下痢，婦人病を除いて健康面に変調を来す調査協力者はいなかった。森でのキャンプ地は両季節とも 1 カ所であった。そのため狩猟圧・採集圧のせいで食物不足が起こる可能性や，採捕コストが高くなる可能性が考えられたので協力者の体重を調査期間の前半 10 日間と後半 10 日間で比較した（表 7-1，図 7-2 および 7-3）。2003 年の乾季においては，後半に若干体重を減らす女性が 6 人中 3 人いたが（図 7-3），男性の体重にはほとんど変動が無かった（図 7-2）。2005 年の雨季においては，後半にむしろ体重を増やす協力者が多かった。乾季に体重を減らした女性は婦人病や不慣れによる食欲不振によるもので食物不足や高い採捕コストによるものではないと推測された。

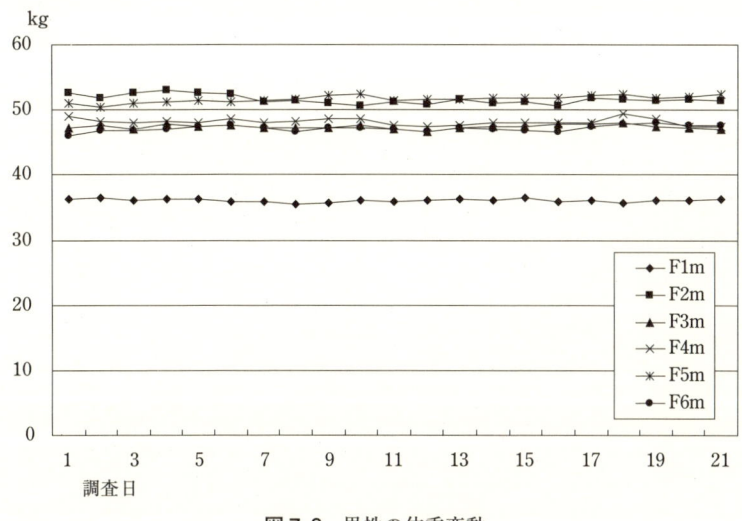

図 7-2　男性の体重変動

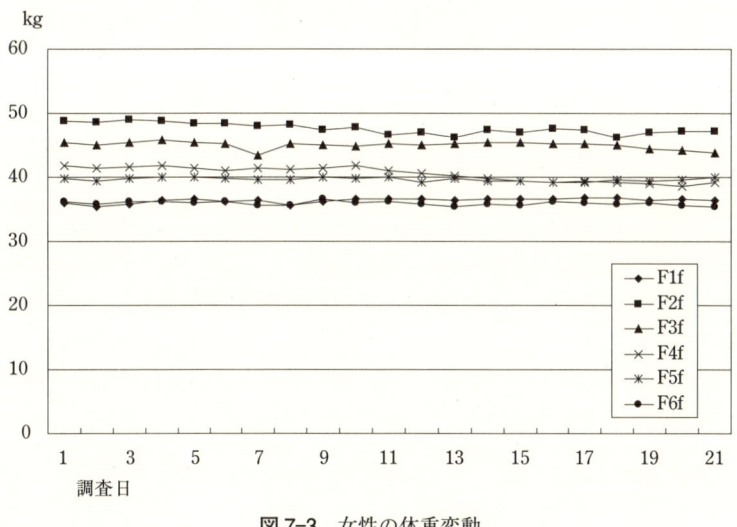

図 7-3　女性の体重変動

採捕された食物

　調査期間中，協力者によって採捕された食物は，野生ヤマノイモ類，獣肉類，魚類，昆虫類，蜂蜜，マイマイ，ナッツ類，キノコ類，果実類など多様であった。しかし，採捕量には食物間で大きな相違があった（表7-2）。最も多量に採集された食物は，両季節とも重量比で60-75％を占めていた野生ヤマノイモであった。その

表7-2 採捕食物量と推定摂取量の季節間比較

	採捕食物量					
	2003年8月-9月(6家族16人)			2005年10月(8家族23人)		
食物タイプ	採捕重量 kg	可食部エネルギー kcal	構成比 %	採捕重量 kg	可食部エネルギー kcal	構成比 %
ヤマノイモ	660.7	462490	51.3	1092.9	765030	61.9
獲物(哺乳類)	346.7	266959	29.6	290.6	223762	18.1
魚類	49.5	24750	2.7	12.9	6450	0.5
シロアリ	5.9	21004	2.3	9.3	33108	2.7
蜂蜜	8.0	20000	2.2	3.1	7750	0.6
ナッツ	23.0	103086	11.4	44.3	198553	16.1
その他	18.0	3021	0.3	10.7	902	0.1
合計	1111.8	901310	100.0	1463.8	1235555	100.0
		*2817			*2720	

	推定摂取量					
	2003年8月-9月(6家族16人)			2005年10月(8家族23人)		
食物タイプ	推定摂取量 kg	推定摂取エネルギー	構成比 %	推定摂取量 kg	推定摂取エネルギー	構成比 %
ヤマノイモ	434.3	434300	66.4	626.7	626650	68.3
獲物(哺乳類)	70.2	77220	11.8	107.6	118360	12.9
魚類	17.2	17200	2.6	6.5	6450	0.7
シロアリ	5.9	21004	3.2	8.6	30616	3.3
蜂蜜	8.0	20000	3.1	3.1	7750	0.8
ナッツ	16.4	81672	12.5	25.5	126990	13.8
その他	9.2	3021	0.5	8.6	844	0.1
合計	561.2	654417	100.0	786.4	917660	100.0
		**2045			**2021	

＊：成人1人1日あたりの採捕量(kcal)
＊＊：成人1人1日あたりの推定摂取量(kcal)
両季節とも子どもも成人とみなして計算している．また，2005年については，2家族6人が1日遅れて参加したので6人・日除いて計算している．

大部分がバカ語でサーファ(*D. praehensilis*)と呼ばれるものであった．サーファは1年ごとに蔓をつけ替える一年生ヤマノイモで，熱帯雨林内のどこでも分布するものではなく，群生地を作る．キャンプ地がベク山麓に選定されたのはベク山頂にその大きな群落があることを調査協力者たちが知っていたからである．次いで採捕量の多かった食物は，重量比20-30％を占める獣肉類であった．獣肉類の大半をダイカー類とミズマメジカ(*Hyemoschus aquaticus*)が占めていた．これらの後に魚類と

ナッツ類が続くが，乾季では魚類が，雨季ではナッツ類の採捕量が多かった。期間中採捕された全ての食物の可食部をエネルギーに換算すると，乾季が約90万kcal（子どもも含めた協力者ひとり1日当たり2800kcal），雨季が124万kcal（子どもも含めた協力者ひとり1日当たり2700kcal）となった。その構成比においては，いずれの季節もヤマノイモが51-62%と過半を占め，次いで，獣肉類，ナッツ類の順で，これらの3タイプの食物で90%以上を占めていた。採捕された食物は全てがキャンプ地で摂取されたわけではなかった。ヤマノイモの一部は古くなって廃棄され，獣肉やナッツ類の一部は乾燥して村に持ち帰られた。これらを除いてキャンプで消費されたと推定される食物量をエネルギーに換算すると，乾季，雨季とも子どもも含めた協力者ひとり1日当たりおよそ2000kcalであった（表7-2）。身長150cm前後，体重45kg前後の協力者たちには普通の労働強度であれば十分なエネルギー量である。その67%前後をヤマノイモが供給し，次いで，獣肉類，ナッツ類が12-14%と続いた。獣肉類の摂取量は乾季がひとり1日当たり約220g，雨季が約240gと推定されたが，栄養的には十分な量だといえよう。また，期間前後半で採捕量を比較検討したが，ナッツ類のようにむしろ後半に増えたものがあっただけで，狩猟圧，採集圧を想起させるような兆候は無かった。

　以上のように，8月の乾季，10月の雨季，12-16名程度の集団，20日間というかぎられた条件下ではあるが，農作物に依存しない狩猟採集生活は完遂された。その生活を支える食物は野生ヤマノイモ，特に一年生のヤマノイモであること，獣肉類，ナッツ類がそれを補完し，さらに，魚，蜂蜜など多様な食物が彩りを添えていることが明らかとなった。季節性については，ヤマノイモの採集量が乾季に，獣肉の捕獲量が雨季にそれぞれ少なくなっていたが，必要な食物供給に影響を及ぼすほどの大きな変動ではなかった。魚類については，掻い出し漁が実施されにくい水位の上がる雨季に漁獲量が減少していたが，そもそも魚の捕獲量全体が小さいので食物供給に影響を及ぼすほどではない。興味深いことに，採捕量には食物のタイプによって季節による若干のちがいが見られたが，実際に摂取されたと推定される食物量には，総量についても，また，構成比においても大きな差はなかった。

食物獲得活動に費やされた時間と歩数

　前述したように，両調査期間とも森のなかで農作物に頼らない生活を維持するに足る十分な量の食物が確保されていたが，そのために協力者たちはどれほどのエネルギーを注いだのであろうか。ここでは加速度計による消費エネルギー推定値がまだ利用できないので，時間と歩数を通して検討しよう。

　協力者のキャンプ外出時間は食物を獲得するための活動時間と見なすことができる。協力者ひとり1日当たりの合計外出時間は，乾季において男性459分（437-

489分),女性443分 (432-484分),雨季では,男性373分 (253-409分),女性346分 (309-388分) であった。性差（男性が女性より長い），季節差（乾季が雨季より長い）があったが，いずれにしても成人ひとり1日当たり6-7時間，キャンプを外出したことになる。これは従来報告されてきた狩猟採集社会の労働時間に比べると，かなり長い。たとえば，カラハリ砂漠のサンの食物獲得活動の従事時間は成人ひとり1日当たり2-3時間である（田中1971）。長くなった要因の一つは，往復2時間を要するベク山頂でのヤマノイモ採集に全ての協力者が2日に1回の頻度で従事したことであろう。もう一つの要因としては，カンナナッツ採集に多くの時間を割いたことが挙げられる。このナッツ採集は，堅果を拾い集めることにはそれほど時間はかからないが，堅果の殻割り作業に多くの時間を要する。協力者たちは森での消費用だけでなく，調査終了後村へ持ち帰る土産用に特に調査期間後半にはこのナッツ採集にいそしんだ。ヤマノイモ採集地がもう少し近くにあれば，また，ナッツ採集を必要最小限にすれば，キャンプ外出時間はもう少し短くなるかも知れない。しかし，それでもサンのような短い労働時間にはならないだろう。なぜなら，野生ヤマノイモの掘り出し作業には少なくともひとり当たり数時間はかかることが観察されているし，ヤマノイモは掘り出した後，2,3日経つと腐敗が始まるので夫婦が2日に1回は野生ヤマノイモ採集活動に従事することが不可欠だからである。

　歩数記録は，乾季では男性の場合，ひとり1日当たり1万1834歩 (9060-1万5380歩)，女性（ひとりは期間中足を痛めていたので集計からは除外している）の場合，ひとり1日当たり9960歩 (8032-1万3073歩)，雨季では男性の場合，ひとり1日当たり9781歩 (5892-1万3236歩)，女性の場合，ひとり1日当たり9069歩 (5886-1万3511歩) であった。女性よりも男性が若干多く，雨季よりも乾季が若干多く，さらには個人差もあったが，森の生活では1日当たり1万歩前後の歩数を要することが分かる。歩幅を考慮すると，1日当たり5kmほど歩いているということになる。歩数についても，期間の前後半による差の有無を検討したが，やはり，後半に歩数が増加するというようなコスト高を示唆する証拠は見られなかった。

　森の生活を維持するために，環境によってはもう少し短くなる可能性はあるが，成人ひとり1日当たり6-7時間働き，5kmほど歩く必要があることが分かった。これがどの程度のエネルギーを消費したかについてはまだ不明であるが，調査に参加した全員（子どもひとりも成人ひとりとして含めている）の食物からの摂取エネルギーがひとり1日当たり2000kcalと推定された。体重に大きな変動が無かったので，エネルギー消費量もおよそ協力者ひとり1日当たり2000kcalとしても大きな間違いはないであろう。

7-4 ▶ 定住村における日常生活

定住村における日常生活の概要

　ンドンゴ村にはこの一帯に住むバントゥー系の言語を話すバクウェレの他に，カカオ園経営や商業に従事するカメルーン北部からのハウサやフルベの人びとなども住む。バカ・ピグミーはンドンゴ村ではおよそ250名を数える最大民族グループである。ンドンゴ村で使用される言語は，フランス語，クウェレ語，バカ語である。バカ・ピグミーの多くはフランス語を話せない。

　ンドンゴ村に住むバカ・ピグミーの多くは自給用の畑をもっている（Kitanishi 2003）。近年ではカカオ（$Theobroma\ cacao$）の価格の高騰でカカオ畑を営むバカ・ピグミーも増えてきた。自給用の畑は焼畑である。休閑林の樹木を男性（夫）が伐採し，乾燥，火入れ，植え付けを女性（妻）が行う。その後，女性によって順次作物の収穫が開始され，開墾後数年してプランテン・バナナ（$Musa$ spp.）の収穫が終わる頃，その焼畑は放棄され，休閑林となる。作物はプランテン・バナナの他にキャッサバ（$Manihot\ esculenta$），ヤウテア（$Xanthosoma$ sp.）などの主食用の作物，サトウキビ（$Saccharum\ officinarum$），トウモロコシ（$Zea\ mays$）などである。カカオ園は，まず自給用の焼畑を開墾し，作物のあいだにカカオの苗を植えつけ，作物の収穫後にカカオ樹だけを残す，という手順で造られる。しかし，バカの畑は自給用にしてもカカオ畑にしても農耕民のそれに比べ小さいのが普通で，おそらく，全ての食物を自給できるバカはいないか，いたとしてもごく少数である。村におけるバカの生計活動は，農耕の他に，集落から遠くても半日ほどの森での罠猟，乾季には集落近くの小川で行う掻い出し漁，畑や森の行き帰りに行う昆虫やキノコなどの採集活動がある。その他の生計活動として，近隣に住む農耕民から依頼されるバナナ畑やカカオ園の農作業，委託狩猟，家造りや酒造りなど様々な雇用労働がある。これらの仕事の報酬には，賃金や食物，酒などが支払われる。現在の労賃は1日300-500CFAフランが相場である。委託狩猟とは散弾銃と散弾を農耕民から預かり，森で狩猟するもので，報酬には獲物の一部や余った散弾を受け取る。ンドンゴ村では，農耕民がバカの人びとに雇用労働を依頼する場合，カカオの大農園を経営するひとりを除いて，日雇いの形を採るのが普通で，労働時間は，通常午前7時頃から11時-12時くらいまでの半日である。

体重の変動

　調査期間中，数名に発熱，下痢，二日酔いなどによる体調不良があったが，協力

表7-3 調査期間中前半10日と後半10日の体重変動

調査年	環境	協力者		調査初日の平均体重 kg	前後半における体重変動		
					有意な変動有		有意な変動無
					後半減	後半増	
2004	定住村	男	9	47.0 ± 4.9	2		7
		女	9	41.9 ± 4.4	4	1	4

検定はt検定による。

者の健康面には概ね問題はなかった。協力者の体重を調査期間の前半10日間と後半10日間で比較すると（表7-3），過半数は体重に有意な変動はなかった。しかし，増減量は小さいが，後半に体重が増加した女性が1名，減らしたものが男性3名，女性4名いた。先に挙げた体調不良者はいずれも体重を減らしていた。

定住村におけるバカ住民の食物摂取行動

食事回数

調査期間中，協力者は男女とも1日当たり2.7-3.1回食事を摂っていた。1日の食事回数は朝（生計活動に出かける前），昼（帰宅後），夕方の概ね3回であるが，そのうち朝食を欠く割合が最も高かった。

摂取食物の種類と摂取頻度

期間中，協力者によって摂取された食物をここでは6カテゴリーに分け，カテゴリー別に摂取頻度を見る。6カテゴリーは，デンプン食物，植物性副食物，動物性副食物，油料食物，果物類，嗜好品である。デンプン食物は，主食と副食とで構成される当地の通常の食事形態において主として主食になる食物群を指す。ただし，それ単独で摂取される場合もある。植物性，動物性副食物とは，いずれも主食を食べるための副食を構成する動植物性の食物群である。油料食物とは，副食物の調味料として欠かせない油脂類を供給する食物で，ときに，それ単独で副食になることがある。果物類については，当地では通常副食物として食べられるアボカド（*Persea americana*）は含めず，それ単独で食べられるものを果物類とした。嗜好品は，ここでは栄養面を考慮して蜂蜜と酒にかぎった。食物の摂取頻度とは，ひとりの協力者がある食物をある食事のさいに摂取した場合，量を問わず1回と数えるものである。たとえば，1日に2回食事が摂られ，毎回摂取された食物の摂取頻度は1日当たり2となる。

デンプン食物カテゴリーについて見ると（表7-4），期間中，プランテン・バナナ，キャッサバ，ヤウテア，サツマイモ，トウモロコシ，コメ（*Oryza* spp.），野生

表7-4 村におけるカテゴリー別食物の1日当たりの摂食頻度 2004/8/16〜9/4

カテゴリー	食物の種類	調査協力者 男 N=9	調査協力者 女 N=9
デンプン食物	プランテン・バナナ (*Musa* spp.)	2.40	2.50
	キャッサバ (*Manihot esculenta*)	0.30	0.20
	ヤウテア (*Xanthosoma* sp.)	0.20	0.15
	サツマイモ (*Ipomoea batatas*)	0.00	0.00
	トウモロコシ (*Zea mays*)	0.08	0.05
	コメ (*Oryza* spp.)	0.05	0.05
	スイート・バナナ (*Musa* spp.)	0.00	0.00
	野生ヤマノイモ (*Dioscorea* spp.)	0.00	0.03
	その他	0.00	0.00
植物性副食物	キャッサバの葉	0.26	0.30
	ヤウテアの葉	0.05	0.08
	ココ (*Gnetum* sp.) の葉	0.62	0.58
	キノコ	0.05	0.08
	アボカド (*Persea americana*)	0.03	0.00
	その他	0.10	0.08
動物性副食物	ピーターズダイカー (*Cephalophus callipygus*)	0.10	0.05
	ブルーダイカー (*Cephalophus monticola*)	0.13	0.13
	その他の肉類	0.08	0.13
	小魚類	0.03	0.03
	その他の魚介類	0.05	0.00
	昆虫	0.10	0.18
油料食物	イルビンギア (*Irvingia* spp.) ナッツ	0.80	0.98
	ヤシ (*Elaeis guineensis*) 油	0.43	0.45
	パンダ (*Panda oleosa*) ナッツ	0.00	0.00
	ラッカセイ (*Arachis hypogaea*)	0.23	0.10
	サラダオイル	0.00	0.03
果物類	果物	0.03	0.00
嗜好品	蜂蜜	0.00	0.00
	酒	0.35	0.15

数値は中央値

ヤマノイモなどが摂取されたが、プランテン・バナナが1日当たり2.5前後と最も高い摂取頻度を示した。その後をキャッサバ、ヤウテアが追うが、1日当たり0.2–0.3にすぎなかった。野生ヤマノイモと輸入品のコメ以外は全て当地の畑で栽培されるものである。植物性副食物のなかでは、バカ語でココと呼ばれるグネツム (*Gnetum* sp.) の葉が最も高い摂取頻度で1日当たり0.6前後であった。次いでキャッサバの葉のおよそ0.3であった。ココは蔓性の野生植物、キャッサバは芋を主食とする栽培植物というちがいはあるが、その葉はいずれもタンパク質とミネラ

ルに富み，当地のみならず熱帯アフリカで広く副食物として利用されている植物である (Mialondama 1993; Oke 1968)。その調理方法は，ココの葉はナイフで細かく刻み，キャッサバの葉は臼で搗きくだき，アブラヤシ (*Elaeis guineensis*) の実やナッツ類の油料食物，塩，唐辛子と共に煮るというものである。動物性副食物は，森の獲物類や魚介類を含むが，その摂取頻度は植物性副食物に比べ低い。最も高い摂取頻度を示した食物は鱗翅類の幼虫で 0.1-0.2 であった。次いで，ブルーダイカー (*Cephalophus monticola*)，ピーターズダイカー (*Cephalophus callipygus*) などのダイカー類が続くが，これら獲物類は全てあわせても 3 日に 1 回程度の摂取頻度であった。油料食物カテゴリーでは，イルビンギア (*Irvingia* spp.) のナッツが 0.8-1.0 と，ほぼ 1 日に 1 回の高い摂取頻度を示した。イルビンギアは，果肉は果物として食べられ，その種実のナッツは調味料として利用される有用な植物である。7-8 月は果実の最盛期で，森にキャンプを設営して採集に専念するバカも多い。イルビンギアナッツの利用法は，火で乾燥したものを搗いて料理に使う簡便な方法と，火で加熱して搗きくだいた大量のナッツから抽出した油脂の固形物をあらかじめ作っておいて，必要なときに割って使う方法がある。期間中の協力者のナッツ調理方法はほとんど前者であった。次いで，アブラヤシの果実から得られるヤシ油の摂取頻度が高く，ほぼ 2 日に 1 回摂取されていた。アブラヤシの果実の利用方法は，大量の果実を茹でた後，臼で搗くか，手でもみほぐして果肉から油脂成分を抽出し，料理に使うというものである。ときに果実を焼いて油に富んだ果肉をそのまま副食物として利用することもある。アブラヤシの木は，野生ではないが，半野生植物である。その他では，ラッカセイが 4 日-10 日に 1 回という摂取頻度であった。ラッカセイは作物であるが，バカの畑ではあまり栽培されない。期間中，摂取されたラッカセイのほとんどは農耕民から入手したものである。ラッカセイも加熱して搗きくだいたものを料理に使うのが普通であるが，加熱してそのまま副食物として利用することもある。サラダオイルはコメを食べるときにもっぱら使われる。メシにはヤシ油をかけて食べるのが普通であるが，それが無いとき，サラダオイルが代用品となる。コメもサラダオイルも村の雑貨屋で小分けにして販売されている。果物類にはスイート・バナナ (*Musa* spp.)，ミカン類 (*Citrus* spp.)，パパイヤ (*Carica papaya*) などがあるが，摂取頻度は低かった。これらの木は村の至る所にあり，入手に苦労することはないが，成人がこれらを食べている姿はあまり見かけない。もっぱら子どもたちが食べている。嗜好品には蜂蜜と酒がある。森の産物である蜂蜜は村の生活では摂取する機会はほとんどない。一方，酒はよく飲まれていた。男性は 3 日に 1 回，女性は 1 週間に 1 回ほどであった。飲まれる酒は，キャッサバ芋をトウモロコシの芽を使って発酵させた蒸留酒である。現金獲得のため，あるいは，バカの雇用賃金の代わりとしてもっぱら農耕民女性によって造られる。蒸留酒とはいっても，せいぜいワイン程度のアルコール度である。小さめのコップ 1 杯 100CFA フランが当地の相場で

ある。賃金に比して，かなり高価と思われるが，バカの人びとは概して好きである。

定住村における生計活動

　期間中，協力者が従事した生計活動は農耕，狩猟，採集，そして雇用労働であった。雇用労働のほとんどは近隣農耕民のバナナ畑かカカオ畑の農作業である。採集活動には，村における協力者の活動強度を把握するため食物の採集活動以外に建材や家具材の採集活動も含めている。表には各生計活動の1日当たりの従事頻度を協力者別に示した。男性9名の協力者の農耕に従事した頻度は，中央値で1日当たり0.55回（0.20 – 0.85回），雇用労働には同じく0.42回（0.10 – 0.65回）であった。狩猟，採集の従事頻度は低かった。女性の場合，農耕に0.60回（0.35 – 0.95回），雇用労働に0.30回（0.00 – 0.65回）と男性と同様の傾向を示した。農耕と雇用労働を合計すると，男性，女性とも中央値0.95回（男：0.68 – 1.05回，女：0.55 – 1.25回）を示した。これらから協力者は男女を問わずほぼ毎日，自分の畑での農耕か，雇用労働かのどちらかに従事していることが判る。

歩数

　男性4名の協力者の期間中の1日当たりの平均歩数は11086 ± 4397歩，女性5名の1日当たりの平均歩数は10376 ± 754歩であった。男女とも1万歩強を示した。男性にはばらつきがあったが，これは1日当たり平均17618歩を示した男性協力者がいたからである。この協力者を除いた3名の1日当たりの平均歩数は8908 ± 740であった。この男性協力者の大きな歩数は，期間中に5回森のなかの採集キャンプを往復し，さらに森で罠猟に従事したことによるものであろう。この男性協力者夫婦を除けば森での狩猟や採集活動に出かける頻度は全般に少なく，調査協力者の村における生計活動の場は，主として自身の，あるいは，近隣農耕民の畑であった。それでも森の中とそう変わらない歩数を歩いていることになる。これは少数例ではあるが，移動手段が徒歩にかぎられる熱帯雨林社会では，生業形態の如何にかかわらず日常生活では1万歩前後の歩数を歩くことが必要であることを示しているのかも知れない。

　なお，この調査では消費エネルギーについては計測できなかったが，1996年に同じンバカ集落の少数のバカ・ピグミーを対象に行った心拍数計測による間接的測定法によれば，成人男女1日1人当たりの消費エネルギーは1600 – 1800kcalであった（Yamauchi et al. 2000）。森の狩猟採集生活より幾分少ないようである。これは日頃筆者らが感じている，"森では潑剌，村では静か"，というバカの人びとの印象に合致している。

7-5 ▶ 熱帯雨林狩猟採集民が農耕民と接触したとき何が起きたか？

ここでは熱帯雨林狩猟採集民がかつて行っていた狩猟採集生活を，バカ・ピグミーによる実験的な狩猟採集生活から類推し，さらに，かれらの現在の日常生活の観察から熱帯雨林狩猟採集民が農耕民と初めて接触したとき，どのように反応したかを再現してみよう。

熱帯雨林における狩猟採集生活の特徴

まず，アフリカの熱帯雨林における狩猟採集生活がどのようなものであったかを推測してみよう。

採捕食物の主なものは，野生ヤマノイモ，獣肉類，魚類，シロアリ，蜂蜜，ナッツ類などで構成されていたであろう。季節によっては，これに昆虫類，キノコ類が加わる。熱帯雨林の食卓は多様な食物に彩られていたと思われる。食物摂取量は成人ひとり1日当たりおよそ2000kcalと実験的狩猟採集生活では推定されたが，もし，当時の狩猟採集民がピグミーの祖先だとすると消費量を考慮しても小柄な身体には十分であったはずである。その構成比は，野生ヤマノイモとナッツ類と獣肉類で大半を占め，とりわけ野生ヤマノイモは最大のエネルギー供給源であっただろう。アフリカ中西部の熱帯雨林では，現今のピグミーの人口密度を支えうるに十分な野生ヤマノイモの資源量があると報告されているが (Hladik 1993; Sato 2001; Sato 2006)，筆者らの実験的狩猟採集生活はこれを追認した。少なくともアフリカ中西部の熱帯雨林においては，狩猟採集生活を支えるエネルギー源として野生ヤマノイモは代替不能な食物であろう。1990年頃，提出された"熱帯雨林では農作物への依存なしには人類は生存し得なかった"といういわゆる Wild Yam Question 仮説[2] (Headland 1987; Bailey et al. 1989; Hart & Hart 1986) の根拠の一つは，熱帯雨林には信頼に足る食物，特にエネルギー源となるデンプン食物候補がないというものであった。筆者らの実験的狩猟採集生活の結果は野生ヤマノイモがその有力候補であることを示している。

しかし，エネルギー源食物としての野生ヤマノイモには問題点がある。その一つは，野生ヤマノイモのなかで最大の供給量を示す *D. praehensilis* が特に腐敗しやすいことである。採集後2-3日で腐敗が始まるため野生ヤマノイモ採集には夫婦がおよそ二日に一度の頻度で従事しなければならない。採集地がいつもキャンプの近くにあるとはかぎらないであろうし，掘り出し作業も時間と労力を要するので，採

---

2) 詳しくは安岡（本書第2章）を参照。

集のための労働負荷はかなり大きい。しかも，調査協力者は夫婦で採集活動に従事していたが，これは男性に時間の余裕があったからである。実験的狩猟採集生活では，男性の仕事である狩猟は仕掛けておいてときおり見回るという罠猟であった。この省力的な罠猟は，畑を営む農耕民には都合の良い猟法であり，おそらく，もともとは農耕民の猟法であろう（Sato 1983）。農耕民と接触する以前の熱帯雨林狩猟採集民の狩猟方法は槍猟か弓矢猟であったにちがいない。そうだとすると，野生ヤマノイモ採集への夫の参加は期待できず，妻にかかる野生ヤマノイモ採集活動の負担は実験的狩猟採集生活よりはるかに増えるであろう。

　熱帯雨林の狩猟採集生活における一般的食事形態は，野生ヤマノイモと他の食物との組み合わせであっただろう。エネルギー源となるデンプン食物を副食物で食べるという，いわば，ごはんとおかず，主食と副食という関係である。ところが，野生ヤマノイモにはもう一つの問題点がある。それは，含有されるタンパク質が穀類に比べ少ないことである。そのため，主食を野生ヤマノイモに依存する場合，副食物には十分なタンパク質を含んだ食物が必須となる。実験的狩猟採集生活から判断するかぎり狩猟による獲物の肉がその役割を担っている。動物性食物は少量であっても良質なタンパク質を植物性食物よりも豊富に供給できるので熱帯雨林の狩猟採集民がタンパク質に不足するということはなさそうである。ただし，かつては槍猟や弓矢猟だけであっただろうから少なくとも時間的・労力的観点から見れば，獣肉の確保はワイヤー罠猟の今ほど容易ではなかったはずである。もっとも，獣肉が不足しても，多様な昆虫類，魚類がそれを補ったことは疑いない。

　キャンプの外出時間，歩数から判断される熱帯雨林における食物獲得活動への労働投入は乾燥地帯のそれより大きそうである。その要因の一つは高い頻度で行われる野生ヤマノイモ採集であろう。筆者らは，労働負荷を探るため加速度計によるエネルギー消費量の測定を試みたが，信頼できるデータは入手できなかった。そこで，2005年の調査において，調査協力者16人全員をひとりずつ終日個体追跡し，1分ごとの活動記録をとった。それに消費エネルギーの文献値とあらかじめ実験的に測定していたダグラス・バッグを使用した間接熱量測定法（呼気を集め，そのなかの酸素消費量から消費エネルギーを推定する方法）による値を使って，各個人の身体活動レベル（Physical Activity Level: PAL）を算出した。それによれば，PALの平均値は男女共に中程度から重度であった（山内ら 2006）。これは南アフリカのサンよりも高く，南米の熱帯雨林住民アチェ（Ache）より低かった（Leonard & Robertson 1992）。食物摂取量も考慮すると，熱帯雨林における狩猟採集生活は高消費量・高摂取量が特徴かも知れない。

熱帯雨林狩猟採集民が農耕民と初めて接したとき，どう反応したか？

　熱帯雨林に侵入した農耕民と狩猟採集民がいつ，どこで邂逅したかは不明であるが，その当時の農法は現在の農耕民が自らの食糧用に営んでいる焼畑とそう大きなちがいはなかったであろう。焼畑は使用中の畑以外に休閑用の土地を要するため常畑農耕よりはるかに広い土地を必要とする（佐藤1984）。農耕民の侵入初期，熱帯雨林の狩猟採集民がかれらを避けながら狩猟採集生活を維持することに問題はなかったであろうが，次第に農耕民の人口が増えてくると，それは困難になったかも知れない。しかし，筆者は，農耕民の侵入当初から狩猟採集民の多くは現在見られるような関係を農耕民と持ったのではないかと考えている。その理由は，畑の魅力と熱帯雨林狩猟採集民の野生ヤマノイモ採集にかかる大きな労働負担である。

　アフリカの熱帯雨林における畑の作物の内，エネルギー源食物となりうるデンプン作物は，古くはヤマノイモの栽培種，2000年前頃からはそれにアジア原産のバナナ，16世紀からはさらに南米原産のキャッサバなどが加わり，いずれも湿潤な気候に適した非穀類作物が主要なものであっただろう（Vansina 1990）。これらは，栽培ヤマノイモはもちろんのこと，主食用バナナにしても，キャッサバにしても，野生ヤマノイモと同じような方法で調理され，同じような食事形態で食べられる作物でもある。初めてこれらの作物が実っている畑を目にした狩猟採集民はさぞかし驚いたことだろう。野生ヤマノイモも *D. praehensilis* などは大きな群落を作ることがあるが，その密度は畑にはほど遠い（Sato 2006）。かれらには畑は宝の山に見えたにちがいない。翻って森を見れば，豊かではあるが，資源は分散している。野生ヤマノイモの蔓を探して毎日のように森のなかを歩き回らなければならない。運良く大量の芋を掘り当てても，せいぜい2-3日しか取っておけないのでヤマノイモ探しを休むわけにはいかない。それに比べて畑は近いし，いつでも食物が手に入る食物倉庫である。畑は熱帯雨林の狩猟採集民をひきつけて止まなかったはずである。この魅力に抗い狩猟採集生活を続行するものは少なかったのではないだろうか。そうだとすれば，熱帯雨林の狩猟採集民のなかには農耕民の道を歩んだものがいても不思議はない。しかし，ピグミーがその子孫だとすると，そのような形跡はない。かれらが農耕民への道を歩まなかったのはなぜであろうか。それはピグミー自身がそうしないことを望み，同時に，農耕民もまたかれらがそうしないことを望んだからではないだろうか。

　アフリカの熱帯雨林における現在の農耕作物のなかには穀類はトウモロコシ以外見あたらない。トウモロコシはアメリカ大陸原産でアフリカへの到来はキャッサバと同時期で比較的新しい。しかも，現在の栽培目的を見ると，エネルギー源食物ではなく，主として農耕民の自作酒用で，栽培量もエネルギー源食物といえるほど多くはない。これらを考慮すると，狩猟採集民が初めて農耕民と接触したとき，トウ

モロコシはまだ栽培されていなかったか，たとえ，トウモロコシがすでに栽培されていたとしても有力なエネルギー源食物ではなかっただろう。また，アフリカには西アフリカ原産のグラベリマ種のイネがあるが，中央部の熱帯雨林に到達しなかったようである（片山 1998）。したがって，農耕民が狩猟採集民と接触したときに栽培していたエネルギー源作物は，もっぱら上述したような非穀類作物であっただろう。もし，そうだとすると，熱帯雨林の狩猟採集民と同じ問題を農耕民も抱えていたことになる。すなわち，栽培ヤマノイモ，バナナ，キャッサバなどのエネルギー源食物は，いずれも含有するタンパク質がきわめて少なく，穀類のようにそれだけで所要量を満たすことができない。したがって，これらを主食とするかぎり不足するタンパク質を副食物で補うことが必須となる。しかし，かれらは豆類のようなタンパク質に富んだ作物をもたなかった。アフリカの乾燥地域では，豆の栽培種は多いが，熱帯雨林地域では，高温多湿な環境条件が子実を利用する豆類の栽培化を阻んだ（前田 1998）。それでは，家畜，家禽類は飼われていたのであろうか。現在，アフリカの熱帯雨林ではヤギ，ニワトリが飼育されている。近年ではブタも飼育されるようになった。しかし，それらは換金用，婚資用など資産としての意味が大きく，自家用の食物としてはほとんど利用されない。また，放し飼いにされているこれらの家畜・家禽はしばしば病気で死ぬ（今では車に轢かれて死ぬことの方が多いかも知れないが）。熱帯雨林の環境条件は家畜，家禽の飼育に適した環境とは決していえないだろう。おそらく，それらは熱帯雨林の農耕民のタンパク源としての役割はもたなかった。そこでタンパク源確保のためにかれらが選んだ手段は，一つは豆類以外の植物性タンパク質を利用すること，もう一つは，森の野生動物を狩ることであったと思われる。

　現在の熱帯雨林における農耕民の食事において，植物の葉がもつ意味は非常に大きい。ンバカ集落ではほとんど毎日のようにグネツムの葉かキャッサバの葉のスープが副食として利用されていた。前者はアフリカ中央部から西部にかけて広く利用されている食物であり（Mialoundama 1993），後者もキャッサバ芋を主食とするところでは，最も重要な副食物の一つである（Oke 1968; Moran 1975）。これらはいずれもタンパク質とミネラルに富む優れた食品として栄養学的にも高い評価を受けている（Miolandama 1993; Eggum 1970）。キャッサバの葉は早くても 16 世紀からしか利用できないので，それ以前はグネツム葉が主要な植物性タンパク源食物であったのであろう。グネツムは野生の蔓性植物で熱帯雨林地域に広く分布し，町の市場でもポピュラーな食品として売られている。町はともかく，人口密度の低い採集圧の心配がないところではこれに不足することはないであろう。しかし，いくらタンパク質含有率が高いといっても植物の葉だけで所要量を賄うのは難しい。また，そもそも肉の方が葉よりもずっと美味しい。筆者は獲物の肉に高い評価を与えないアフリカ人を知らない。そこで，熱帯雨林に侵入した当初の農耕民もまた狩猟に従事した

のであろう。狩猟による獲物はわずかな量でも良質な動物性タンパク質を供給することができる。かれらにとって狩猟は必須の生業だったはずである。実際,ピグミーのいないコンゴ民主共和国中央部の熱帯雨林に住む農耕民にとってはそうである（佐藤 1984）。しかし，かれらには畑があった。いくら労力をそれほど必要としない粗放的な焼畑であろうとも，畑を遠く離れて狩猟に出かけることはできない。猟場がかぎられると，獲物もかぎられる。そこへ狩猟採集民が現れたとしたらどうであろう。獲物の捕獲は専門家にまかせ，自分は農耕に専念し，肉は作物と交換し，需要が増える作物は狩猟採集民の助力によって畑を広げ，確保する。渡りに舟ではなかったか。一方，狩猟採集民も自ら営農することに躊躇し，結局，農耕民にはならなかった。たしかに畑は魅力的であるが，周年，そこから離れずに生活するとなると，毎食植物の葉ばかりである。森ではほとんど毎日肉や魚を食っていたかれらにそれが耐えられるであろうか。また，今日食べるものを今日集める生活をしていた者が，何か月も先を見越して準備をしなければならない生活にそう簡単に転換できるであろうか。それより畑のそばに居を構えながら，ときおり今まで通り森で獲物や大好物の蜂蜜を探し求める生活の方がはるかに容易であろう。しかも，農耕民の要請もある。もし，狩猟採集民が農耕民化すると，農耕民とは競合関係が生じるであろうし，土地をめぐる争いも起こるであろう。しかし，かれらの多くはそうしなかった。互いの財を交換し，不即不離の関係を維持しながら共存する道を選んだ。おそらく接触当初からの長い時間がかれらの独自の言語を失わせたのであろうが，狩猟採集文化まで失うことはなかった。それは，このような生き方を選んだからであろう。そして，つけ加えるならば，それを許容する熱帯雨林があったからであろう。これが筆者の考える熱帯雨林の狩猟採集民が農耕民化しなかったシナリオである。

　本章は，アフリカの熱帯雨林には狩猟採集民がいただろう，そして，それはおそらく現在のピグミーの祖先であっただろう，という想定のもとに議論を進めてきた。しかし，そもそもアフリカの熱帯雨林には狩猟採集民はいなかったという見方もある。すでに述べたように，Yam Question 仮説の提唱者たちである。かれらの主張の根拠は，熱帯雨林には信頼できるエネルギー源食物がない，過去現在，どこにも狩猟採集社会の形跡がない，ということであった。それに対して，筆者らは，野生ヤマノイモはアフリカの熱帯雨林に十分存在し，かぎられた条件下ではあるが，狩猟採集生活は実際に可能であることを示した。ただ，熱帯雨林では，遺跡，遺物は残りにくく，たとえ狩猟採集社会が過去にあったとしてもそれを明白にすることは難しい。しかし，近年，カメルーン，ガボンの熱帯雨林から 35000 年以上前の人類遺跡が発掘され（Mercader & Marti 2003），さらにはコンゴ民主共和国北東部のイトゥリ森林からは，更新世末期の比較的開けた熱帯雨林から完新世早期の鬱蒼とした熱帯雨林へと移行した地域に人類が連続して生息していた証拠が発見されている（Mercader 2003）。アフリカの熱帯雨林に狩猟採集社会があったことは疑いのないと

ころであろう。ただ，それらの狩猟採集民がピグミーであったかどうかはまだ定かではない。よく知られている小柄なピグミーの身体的特徴が熱帯雨林に適応するために獲得された遺伝的形質 (Cabali-Sforza 1986) であるとすると，特にイトゥリ森林の遺跡の住民はピグミーの祖先であった可能性は高いが，今後のさらなる資料の蓄積が待たれる。

第8章

安岡宏和

バカ・ピグミーの生業の変容
―― 農耕化か？ 多様化か？ ――

8-1 ▶ 未熟な農耕？

ピグミー系狩猟採集民と呼ばれる人びとが農作物を利用するようになってひさしいと考えられている。かつては林産物との交換によって農耕民から農作物を手にいれることが多かったが、近年では、かれら自身が農作物を栽培していることもある。カメルーン東南部に住んでいるバカ・ピグミー[1]も例外ではない。ほとんどのバカの集団が自動車道路の近くの半定住的な集落で生活しており、近隣の焼畑農耕民の畑の手伝いを通して栽培技法を身につけて、自らバナナやキャッサバを栽培していることも少なくない（北西 2002）。なかには森のキャンプによく滞在する人もいるが、森での生活が1年のうち半分をこえることは稀である。このような今日のバカの生活は、いっけんしたところ農耕民の生活とたいしてちがわないようにもみえる。コンゴ盆地各地に住んでいる農耕民は、農耕だけでなく漁撈、狩猟、採集にも積極的に従事するジェネラリストだといわれており（掛谷 1998）、生業活動や利用する森林資源のレパートリーは、農耕民とピグミーとのあいだで、ほとんど重なりあっているといってよいのである。

とはいうものの、私がフィールドワークを通して観察してきたバカの農耕は、農耕民と比べて、ずいぶんといいかげんなものである[2]。畑は小さく、自ら栽培する農作物だけで年間を通して主食を賄うことはできない。畑をつくる作業を途中でや

---

1) ピグミー系狩猟採集民、バカ・ピグミーについてのくわしい説明は、安岡（本書第2章）と北西（『社会誌』第2章）を参照。
2) バカのなかにも、地域によっては、蒸留酒をつくったり（四方篝 私信）、カカオを栽培したり（北西 2005）といった、「農耕民」のような人びとも存在する。ただ、このような人びとの存在はごく一部にとどまっている。

めて森のキャンプへいってしまったり，収穫の時期に森のキャンプに滞在していたために自分が植えた作物を食べられないといったことも，たびたび起こる。食生活のなかで農作物がますます重要になってきているにもかかわらず，農作物を栽培することはバカにとってゆるぎない基幹的生業となるには至っていない。カロリー供給の安定性という点においても，「家族を食べさせる」といった「名誉」に関わる部分においても，バカの食生活における自作農作物の重要性は農耕民と比べてずっと低く，ジェネラリストといわれる農耕民があくまで農耕を食糧生産の基盤としているのとは，異質な印象を受けるのである。

このようなバカの農耕に対する態度を，狩猟採集生活から農耕生活への移行という，マクロな人類史を後追いするプロセスにある未熟な段階として単純に理解することはできないことを，ここでは強調しておきたい。もちろん人類が農耕を始めたことは人類史を画期するできごとであるが，それを過度に重視することによって，ありのままの自然に依存する狩猟採集生活と，人間の都合にあわせて自然を改変する農耕生活という二項対立が尖鋭化し，両者の差異が強調されすぎてしまうとすれば，両者のあいだにしか位置づけられえないような自然と人間との関係のありかたの重要性が覆いかくされてしまうと，私は考える。

本章では，このような問題意識のもとで，バカの生活のなかで実践されている植物性の食物資源の獲得をもくろむ種々の生業活動を，古いものから新しいものへの移行の途上にあるのではなく，同時代的に併存しながら実践されているものとして捉え，それらを採集と栽培とのあいだにある半栽培（半野生）のグラデーション上において把握し直すことを目的とする。いいかえれば，この試みは，バカが農作物の栽培を受容したことをもって，バカの今日の生業を，農耕を食糧獲得の基幹とするという意味での「農耕化」の途上にある，未熟で不完全なものと考えるのではなく，あくまで狩猟採集民的な生業実践のなかに農作物の利用が加えられたという意味で，「多様化」であると理解することに他ならない。

8-2 ▶ 調査地およびバカの生活の概要

本章でとりあげるのは，カメルーン東部州ブンバ・ンゴコ県，ズーラボット・アンシアン村（以下，Z村）におけるバカ・ピグミーの生活である。もとになったフィールドワークは，2001年から2003年，および2005年，2008年に，合計25か月間実施した。Z村は，カメルーン東南部の森林地域を150–200kmほど間隔をあけて南北に走る二つの幹線道路の中間に位置しており，カメルーン東南部のなかで最も交通の便が悪い場所の一つである。村の人口は，2003年現在，バカが144人，その他に焼畑農耕を主たる生業とする農耕民コナベンベが11人であった。カ

メルーン東南部の一般的な村では，農耕民とバカの人口は同じくらいか農耕民の方が多いが，Z村の農耕民は1970年代から交通の便のよい地域に移住してしまったため，現在は「バカの村」といってよい様相を呈している。したがってZ村のバカの生活は，農耕民との分業的な関係を前提とすることができないため，狩猟採集活動にせよ農耕活動にせよ，バカ自身によって自給的に行われている。

　カメルーン東南部は，コンゴ盆地の北西縁に位置し，熱帯雨林に覆われた標高400-600mのなだらかな丘陵地帯である。Z村周辺の植生は，常緑樹林（evergreen forest）から半落葉樹林（semi-deciduous forest）への移行帯にあたり，両者の要素が混在している（Yasuoka 2009b）。平均気温は年間を通して約25℃程度，年間降水量は1500mm程度である。降水量が100mm未満となる12月-2月を乾季，100mmをこえる3月-11月を雨季と考えることができるが，降水量や降雨パターンは年によって変動する。6月中旬から8月中旬は，年によっては降水量が少なくなることがあり，農耕民はこの時期に畑の伐開作業を行うことから，小乾季とみなすこともできる（四方 本書第10章；小松 本書第11章）。この時期には，バカ語でpekèと呼ばれるIrvingia gabonensisをはじめとする様々な野生果実が実るので，バカはsoko pekè（I. gabonensisの季節）と呼ぶことが多い。本章では，おおまかな季節区分を，乾季（12月-2月），小雨季（3月-6月中旬），イルビンギア季（6月中旬-8月中旬），大雨季（8月中旬-11月）とする。バカは大雨季と小雨季とをとりたてて区別することはしないが，大雨季と小雨季とのちがいは，そのときどきの降水量そのものよりも，雨量の累積にともなう大雨季における河川流量の増大に見てとることができる。

　バカの生業活動については，かれらがどこに滞在しているかによって，おおまかに把握することができる。Z村の30数世帯を対象として，バカの世帯単位となる夫婦とその未婚の子供からなる核家族ごとに，2001年10月から2003年8月までの23か月の滞在地を毎日記録したところ，以下のような結果が得られた（図8-1）。調査期間を通したのべ滞在日数をみると，定住集落および農耕キャンプが49%，罠猟キャンプが29%であり，バカの生活サイクルは，定住集落および農耕キャンプと，罠猟キャンプとの往復が中心となっていることが分かる。ついでモロンゴと呼ばれる大規模かつ長期間の狩猟採集生活が7%となっている。年間をならしてしまうと小さな値になるが，多くの人びとが参加するモロンゴは，バカの生活を理解するさいに重要な意味をもっている。これらの三つのタイプの生活については，植物性食物の獲得に注目しながら，以下の節で説明する。

　それ以外に特筆すべき事柄として，ゾウ狩りを目的として男性のみが参加するマカと呼ばれる狩猟がある。調査を実施した2001年から2003年は，伐採道路が開通した直後であり，狩猟の取り締まりもそれほど厳しくなかったため，銃をもってきた外来者の依頼によるマカが頻繁に行われていた。そのため，マカに参加する男

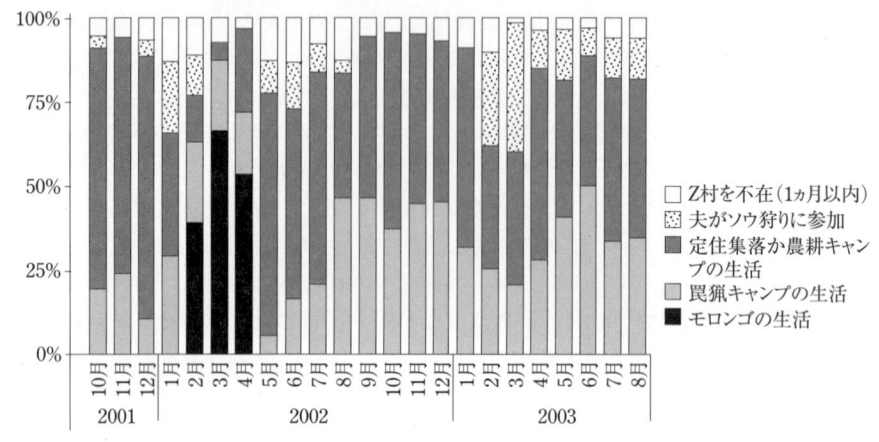

図 8-1 滞在地ごとの世帯・日の割合（2001 年 10 月～ 2003 年 8 月）

100％は各月 578 - 1024 世帯・日の範囲。バカは夫婦と未婚の子供からなる核家族世帯を単位として生活しており，原則として世帯の構成員は同じ場所に滞在する。夫がゾウ狩りに参加しているときには，女性や幼い子供は定住集落に残る。1 か月以上村外に滞在した世帯は除外している。

性が多くいた。なお，マカのあいだには，女性たちは定住集落や農耕キャンプに残る。

また，バカたちは，親族や姻族を訪ねて，数週間から数か月，隣村を訪れることも多い。図 8-1 には 1 か月以内の短期の訪問のみを記しているが，ときには半年あるいは数年にわたって村を離れることもある。カカオ栽培や家事労働をしながら住みこみで働くために，町に近い地域の農耕民の村に滞在することもある。

8-3 ▶ 栽培 ── 定住集落および農耕キャンプの生活

定住集落および農耕キャンプでの生活では，生業活動のうち農作業に最も多くの時間が費やされ，食物の多くを農作物に依存する。Z 村のバカの生業活動において農作物の栽培の比重が増してきた過程には，二つの契機があったと考えられる。第一に 20 世紀半ばから本格化した定住化を経て，農耕民の手伝いを通して栽培技術を身につけたバカが増えてきたこと，第二に 1970 年代に Z 村の農耕民コナベンベが移住したあと，かれらが放棄した焼畑跡地や二次林を利用して，Z 村のバカ自身が焼畑をつくって農作物を栽培するようになったことである。

焼畑耕作を行うために定住集落に滞在するか，そこから数 km 離れたところに農耕キャンプを設けるかは，畑の造成に適した二次林の分布や人間関係など，様々な要因によって決定される。ただし，日々の生業活動に関するかぎり，両者に大差はなく，なかには定住集落に家屋をもたない世帯もある。2005 年に存在していた 5

図 8-2　農耕キャンプの景観

か所の農耕キャンプは定住集落から 3-5km のところに位置しており，キャンプの規模は 3-8 世帯であった。定住集落に家をもたない場合にはキャンプに土壁の家を建てることもあるが，多くの場合，小木とクズウコン科の植物の葉でドーム型の簡素な小屋をつくる（図 8-2）。

　畑には，主として料理バナナが栽植される。キャッサバも混植されるが，Z 村では，バナナと比べて食生活における重要性は低い。農耕民の畑でごく普通にみられるトウモロコシ，ラッカセイ，サツマイモ，ヤウテア（アメリカ原産のサトイモの仲間，くわしくは小松（本書第 3 章）を参照）などを栽培している世帯もいくつかある。ただし，いずれも小規模で，再生産のための種子や種イモを十分に残さずに食べてしまうことも多いため，持続的でない。なお Z 村には，この地域の代表的な商品作物のカカオを栽培する人はいない。

　バナナもキャッサバも，収穫したものを数日をこえてとりおくことはせず，原則として，その日に調理する分だけ収穫する。農耕民は，バナナを臼でついてダンゴ状にして食べるが，バカは，鍋で茹でただけで食べることが多い（図 8-3）。Z 村のバカは，キャッサバ粉や酒などの加工食品はつくらない。

　バカのあいだでは結婚した男による妻の父母への労働奉仕はみられるが，他のバカを農作業のために雇ったり，協同労働が行われることはない。Z 村には農耕民が少ないので，畑作業の手伝いを依頼されることはほとんどないが，長期滞在してい

図 8-3　料理バナナの皮をむいている女性

る商人から建築作業や荷物の運送などの依頼があることがある。その対価としては酒が振舞われることが多い。

　バカのバナナ栽培の手順は，農耕民と同じである。まず森を伐り開き，頃あいをみて火入れをして，順次，バナナやキャッサバ，トウモロコシを植えつけていく。栽植後3か月ほどでトウモロコシ，半年ほどでキャッサバ，1年半ほどでバナナが収穫できる[3]。畑をつくること自体は，体力を要するけれども，バカにとって難しい作業ではない。問題となるのは，いつ，どれだけの畑をつくるかである。

　2005年1-3月にZ村を訪れたさいに，ある一つの農耕キャンプに滞在していた8世帯を対象として，伐開作業中であった畑の面積と，当時かれらが作物を収穫していた畑の面積および伐開時期について調査を行った（表8-1）。その結果から，以下の三点の特徴を挙げることができる。

　第一に，1筆の畑の面積が小さい。表8-1に示したバカの畑1筆の面積は平均10アールで，年によるばらつきが大きい。周年のデータが得られている2002年から2004年についてみると，各世帯1年当たりの畑の造成面積は8アールである。一方，カメルーン東南部に住む農耕民バンガンドゥは，年ごとに，乾季とイルビンギア季の2回ずつ，平均して一度に37アール（年に74アール）の畑を造成する（四

3）焼畑耕作の詳細については，四方（本書第10章）と小松（本書第11章）を参照。

表 8-1 ある農耕キャンプを構成する 8 世帯の畑の面積（アール）と伐開時期

年	季節	世帯							
		A	B	C	D	E	F	G	H
2002	乾季						3		
	小雨季							13	9
	イルビンギア季								
	大雨季								
2003	乾季	13							
	小雨季	19		10		8			
	イルビンギア季								
	大雨季		6				3		
2004	乾季	9							
	小雨季	5	10	8	10	6	7	15	9
	イルビンギア季								
	大雨季					8	3	4	4
2005	乾季	18	17	22		10	21	9	21

注：畑の計測および伐開時期についての聞き取り調査は 2005 年 1 月に実施した．この農耕キャンプでの焼畑耕作は 2004 年の乾季に A によってはじめられた．2002 年と 2003 年に伐開された畑は定住集落の近くにある．

方 2004）。

　第二に，農耕民的な考えにしたがえば，バカは伐開の季節を間違っている．農耕民は，乾季とイルビンギア季に木を伐っておき，雨季が始まる直前に火入れをする．これに対して，表 8-1 に示した 29 筆の畑のうち，乾季ないしイルビンギア季に伐開されたのは 10 筆（34％）にすぎない．なぜなら，乾季やイルビンギア季には，野生ヤムやイルビンギア・ナッツ（I. gobonensis の果実の仁）の採集のために，森のキャンプに滞在することが多くなるからである．

　第三に，周年収穫を意図した営農感覚がない．四方篝は，バンガンドゥの農耕システムの要点は，貯蔵することが難しく，収穫に適した期間が短いバナナの収穫を，周年的に一定量確保することにあるとしている[4]．それに対して，伐開した面積のばらつきから容易に予測できるように，バカのバナナ栽培は収穫量の変動がはげしい．農作物の周年収穫はまったく達成されていないどころか，そのような安定的な収穫をめざす意図があるかどうかも疑問である．

　バカのバナナ栽培は，現在ある畑から収穫できる作物が減少してくると，ようやく新しい畑を造成し始めるといったものである．実際，Z 村では，多くの世帯が 2002 年から 2003 年に畑を造成しなかったため，2004 年から 2005 年にかけての収穫量はかなり少なかったようである．表 8-1 に示した農耕キャンプの 8 世帯を対

---

4) バンガンドゥは，バナナの果房が成熟し，収穫可能と判断してから 1–2 週間以内に収穫する（四方 本書第 10 章）．

象として，食生活についての調査を実施したところ，大人ひとり1日当たりに換算して，2373kcal を得ていたことが分かった。これは後述するモロンゴにおけるカロリー供給の 2773kcal と比べて少ない。カロリー供給のうち，バナナは 51%，キャッサバは 5% を占めているにすぎず，残りは再野生化したアブラヤシや，野生ヤムなどによって賄われていた（Yasuoka 2006a, 2009a）。しかも，この推定値は，かれらが農耕キャンプに滞在しているとき，つまり収穫可能な作物が畑に実っているときの値である。すなわち，1年ないしもっと長い期間をならしてみると，農作物の比重はさらに小さくなるということである。

コンゴ盆地の農耕には，非集約性として概括できるような特徴がみられ（掛谷 1998），バカのバナナ栽培も非集約的な農耕として理解できるものである。しかし，農耕民と比べると，バカのバナナ栽培の非集約性はきわだっている。一般に，コンゴ盆地にすむ農耕民はカロリー摂取量の 80-90% を農作物から得ることを考えると（Miracle 1967)[5]，農耕キャンプにおける生活であっても，バカの食生活における農作物の比重はかなり小さく，かつ不安定で，とても「農耕民のような生活」と呼べるものではない。その背景には，野生ヤムやイルビンギア・ナッツなど，農作物が少なくなってきても森のキャンプで豊富な食物にありつくことができるため，農作物のみによって周年的に食物を確保する必然性がない，ということがあると考えられる。

8-4 ▶ 採集 ── 罠猟キャンプの生活

罠猟キャンプは，定住集落から 10-20km ほど離れた地域に，1-5世帯ほどの規模でつくられる。Z村には，村から南方に森へ入る大きなルートがいくつかあり，さらにそれから枝分かれした数多くの小道がある。その道から数十mほど脇へ入った，水を確保できるところに，キャンプがつくられる。キャンプを設ける地域については，それぞれに好みがあるようだが，個人や親族集団と関係づけられた排他的なテリトリーはない。キャンプ地が決まると，まず女たちが細い木々を組んでドーム状の枠組をつくり，そこにクズウコン科の植物の葉をひっかけて屋根を葺く。近くにラフィアヤシが群生していれば，男たちが数日をかけてラフィアヤシの葉を編んで，屋根葺きや壁に用いる筵（むしろ）をつくり，より堅固な方形の小屋を建てる。さらにラフィアヤシの葉軸でベッドをつくることもある。この種のキャンプは，罠猟を主たる目的とすることが多いが，乾季には小河川での掻い出し漁，イルビンギア季にはイルビンギア・ナッツなどの林産物の採集に，男女を問わずいそしむ。本

---

[5] ただし塙（1996）によれば，コンゴ東部のバントゥー系農耕民のなかには，カロリーのかなりの部分をヤシ酒から摂取している人びともいる。

章では，これらをまとめて罠猟キャンプと呼ぶ。罠猟そのものについては，別稿（本書第14章）にて論じているので，ここでは罠猟キャンプにおける植物性食物の利用に焦点をあてることにしたい。

罠猟キャンプは，定住集落とのあいだを1日で往復できる距離につくられることが多い。畑で栽培しているバナナやキャッサバ，あるいは商人から購入したキャッサバ粉を利用できるからである。それに加えて林産物が採集される。このとき，どちらが主たる食物であるかと問うことはあまり意味がない。畑で収穫できる作物の量は一定ではないし，季節によって収穫できる林産物は変わるからである。

林産物については，上述した四つの季節，すなわち小雨季，イルビンギア季，大雨季，乾季に分けて把握すると全体像をつかみやすい。3月から6月中旬頃までの小雨季にバカの食生活を構成する主たる林産物は，蜂蜜と，野生ヤムのうち *Dioscorea mangenotiana* および *D. burkilliana* である。蜂蜜にはアフリカミツバチの蜜と，ハリナシバチ（7種の採集を観察した）の蜜がある。風味が異なり，採集時に刺されるかどうかというちがいはあるが，収穫時期，収穫量に大きな差はない。蜂蜜の収穫は年間を通して可能であるが，多くの蜜源樹種が開花する雨季の初め頃から収穫量が多くなる。Z村の周辺には主要な蜜源となる *Pentaclethra macrophylla* や *Irvingia gabonensis* が多く生えており，蜂蜜を豊富に収穫することができる。バカたちは森を歩くとき，木々の隙間から見える小さな出入口や，ミツバチの羽音，地面に落ちたミツバチの死骸など，つねに蜂の巣の兆候に気を配っている。1日森を歩くと，たいてい一つは蜂の巣を見つけることができる。蜂の巣を見つけるのは男の場合も女の場合もあるが，蜂蜜を収穫するのは男の仕事である。巣まで登ることができれば，登って収穫し，そうでない場合には木を伐り倒して収穫することもある（図8-4）。季節によっては，一つの巣から20kgもの蜂蜜が収穫できる。蜂蜜だけで数日を過ごすこともある。

多年型の野生ヤムである *D. mangenotiana* および *D. burkilliana* は，2年ないし多年生の蔓をつけ，イモの肥大・減衰周期の季節性が弱いため，個体によってイモが成長するタイミングがちがっている（安岡 本書第2章）。そのため年間を通して収穫することができる。また，林冠の閉じた暗い場所でも生育できるので，森のなかに比較的まんべんなく分布しており，採集するために特定の地域へ出かける必要はない。このように手軽な食物資源であることから，その他の炭水化物系の林産物の収穫が難しくなる小雨季には，森のキャンプでの中心的な食物となる。女たちは，森を歩いているとき，ときおり，ふと足をとめ，乾燥して筒状に丸まった葉を拾いあげることがある。葉や蔓などの地上部が枯れているということは，地中のイモの部分に十分に養分がたくわえられているということである。あたりの藪のなかから，枯れたヤムの蔓を探しだし，生えぎわまでそれをたどっていって，根元を掘ってイモを収穫する。たいていの場合は数kg程度であるが，ときには一つの株から15kg

図 8-4　10m ほどの高さにあるハリナシバチの巣穴から蜜を採集している男性

ほどのイモを収穫することもある（図 8-5）。

　この小雨季には，利用できる林産物がかぎられているため，今日では，林産物のみに依存する生活が行われることは稀である。ただし，乾季末に相当する 2 月末から 3 月上旬にかけて，上記の 2 種の野生ヤムと蜂蜜に大きく依存する生活の実態が記録されている（Yasuoka 2009a）。それは次節で詳述するモロンゴと呼ばれる生活の前半に相当する。その生活では，大人ひとり 1 日当たりにして蜂蜜からは 645kcal, *D. mangenotiana* および *D. burkilliana* からは 585kcal が得られた。その他の林産物をあわせて 1801kcal のカロリーが得られていた。ただし，この蜂蜜の値には採集された場所で食べられたものは含まれていないので，それを勘案すると，上記の農耕キャンプにおける供給量をそれほど大きくは下回らない量のカロリー供給があったとみてよいだろう[6]。

　6 月中旬から 8 月にかけてのイルビンギア季には，様々な果実が実る（表 8-2）。なかでも *I. gabonensis* と *Baillonella toxisperma* は，特に重要である。*I. gabonensis* や *B. toxisperma* の木が生えている場所は，みなが知っており，果実が落果し始めると，薄明かりのなか，朝 6 時ころから女性たちが採集に向かう。*I. gabonensis* は主に種子の内部にある仁（イルビンギア・ナッツ）をとりだして利用する。木がキャ

[6]　蜂蜜は大半の蜜源植物が開花・結実する雨季の収量の方が多くなるが，多年型ヤムは，季節性が弱いとはいえ，乾季の収量の方が多くなる可能性がある。

図 8-5 15kg ほどの *Dioscorea mangenotiana* を採集した女性

ンプから近い場合には一度に 20-30kg の果実を集めてキャンプにもちかえってくるが，たいてい木のそばで仁をとりだす（図 8-6）。*I. gabonensis* の果実は生食することができるので，ときおりあまい果肉をしがみながら，山刀で果実ごと種子を二つに割って，仁をとりだす作業をつづける。とりだした仁は，乾燥させて保存しておき，ある程度の量がたまったところで，強火であぶったあと，臼でつぶして，油脂分を搾りとる。残った固形部は鍋などの型にはめ，冷却して保存しておき，料理のさいに少しずつ削りとって油脂調味料として利用する。

B. toxisperma は大きく甘い果肉をもち，スナックとして好んで食べられる。また種子から油をとることができる。果肉を食べたあと，種子を日干しにして乾燥させる。次に殻を割って胚乳をとりだして，強火であぶってから臼でつぶし，分離した油を手で搾りとる。残り滓は再び火にかけ，さらに二度，油を搾る。有毒物質が含まれているので残り滓は食べない。

これらに加えて重要な食物として *Panda oleosa* がある。*P. oleosa* の木の下には，果肉が腐ってむきだしになった種子が散乱している。その種子を割って，なかから仁をとりだして食べる。果実の成熟期の季節性が弱く，また落下してかなり時間の経過した種子の仁でも食べることができるので，手軽なスナックとして重宝されて

表 8-2 調査期間中に観察された食用となる野生ないし半野生植物

主たる収穫期	バカ語名	ラテン名	科名	食用となる部位
通年	kɔkɔ	Gnetum africanum Welw.	グネツム科	葉
	ngbí	Dioscoreophyllum volkensii Engl. var. volkensii	ツヅラフジ科	イモ，果肉
	kanà	Panda oleosa Pierre	パンダ科	仁
	mbílà	Elaeis guineensis Jacq.	ヤシ科	果肉，仁，樹液，甲虫の幼虫
	pèke	Raphia spp.	ヤシ科	樹液，甲虫の幼虫
	ba	Dioscorea mangenotiana Miège	ヤマノイモ科	イモ
	kɛ́kɛ	Dioscorea burkilliana Miège	ヤマノイモ科	イモ
	kuku	Dioscorea minutiflora Engl.	ヤマノイモ科	イモ
	6alɔkɔ	Dioscorea smilacifolia De Wild. and Dur.	ヤマノイモ科	イモ
	njàkàkà	Dioscorea sp.	ヤマノイモ科	イモ
乾季	gbàdɔ	Triplochiton scleroxylon K.Schum.	アオギリ科	鱗翅目の幼虫
	káanga	Entandrophragma candollei Harms	センダン科	鱗翅目の幼虫
	gɔbɔ	Ricinodendron heudelotii (Baill.) Pierre ex Heckel	トウダイグサ科	仁
	sapà	Dioscorea praehensilis Benth.	ヤマノイモ科	イモ
	ʼèsùmà	Dioscorea semperflorens Uline	ヤマノイモ科	イモ
	payo	Irvingia excelsa Mildbr.	イルビンギア科	仁
	kòmbèlè	Irvingia robur Mildbr.	イルビンギア科	仁
イルビンギア季	ligɔ	Cola acuminata (P. Beauv.) Schott & Endl.	アオギリ科	仁
	mâ6è	Baillonella toxisperma Pierre	アカテツ科	果肉，仁（油採取）
	bámbu	Chrysophyllum lacourtianum De Wild.	アカテツ科	果肉
	mɔsɛ	Sarcocephalus pobeguinii Pobeg.	アカネ科	果肉
	pekè	Irvingia gabonensis (Aubry-LeComte ex O'Rorke) Baill.	イルビンギア科	果肉，仁
	sɔ́ɔlìà	Irvingia grandifolia (Engl.) Engl.	イルビンギア科	仁
	6òkɔ̀kɔ̀	Klainedoxa gabonensis Pierre ex Engl.	イルビンギア科	仁
	góngu	Antrocaryon klaineanum Pierre	ウルシ科	果肉
	ngɔ́yɔ	Trichoscypha oddonii De Wild.	ウルシ科	果肉
	ngimbà	Afrostyrax lepidophyllus Mildbr.	エゴノキ科	仁
	njíyi	Aframomum alboviolaceum (Ridl.) K.Schum.	ショウガ科	果肉
	bòyo	Entandrophragma cylindricum (Sprague) Sprague	センダン科	鱗翅目の幼虫
	kaso	Tetracarpidium conophorum (Müll.Arg.) Hutch. & Dalziel	トウダイグサ科	仁
	ngbé	Anonidium mannii (Oliv.) Engl. & Diels	バンレイシ科	果肉
	tokombòli	Chytranthus atroviolaceus Baker f. ex Hutch. & Dalziel	ムクロジ科	仁
	ngàta	Myrianthus arboreus P. Beauv.	ヤルマ科	果肉

注：このリストの他にバカは 20-30 種の野生植物を食用とする（服部 2008）．

いる。誰もが P. oleosa の木がある場所をおぼえており，森のキャンプと定住集落の往来時には，休憩をかねて P. oleosa を採集して食べる。I. gabonensis と同属の I. excelsa や I. robur も同様に，仁をスナックとして食べる。また，樹木が直接産出する食物ではないが，特定の樹種につく食用昆虫も収穫される。調査期間中には，5 種の樹木から鱗翅目（チョウ・ガのなかま）や甲虫の幼虫が採集された（表 8-2）。

　イルビンギア季における収穫物の調査をもとにした推算によれば，I. gabonensis はひとり 1 日当たり 1785kcal に相当するカロリーを供給していた（安岡 未発表資料）．これにバナナ 393kcal，アブラヤシ 229kcal を加えると，2400kcal をこえる。このデータは定住集落でとったものだが，森のキャンプであれば，バナナやアブラヤシが供給する程度のカロリーは，蜂蜜や多年型ヤムによって賄うことができるだ

第 8 章　バカ・ピグミーの生業の変容 | 153

図8-6　森のキャンプに滞在しながら *Irvingia gabonensis* を採集している家族

ろう。

　ただし，*I. gabonensis* などの野生植物の収穫量は，年変動が大きい。Z村では2001年と2002年には *I. gabonensis* が豊作だったものの，2003年には，ほとんど収穫されなかった。2005年の1月に再訪したときに聞いた話では2004年は豊作だったという。もっとも，Z村で不作だった2003年には，隣村のガトー・アンシアン村では収穫があったようで，Z村の女性たちはガトーへ採集に出かけていた。おそらく，複数の村落を含めた広い地域を対象としてみれば，*I. gabonensis* は，毎年それなりの収穫量を期待できると考えられる。

　8月中旬から11月にかけての大雨季に収穫される植物性の食物資源は，小雨季と同じく蜂蜜と野生ヤムが中心となる。それに加えて，生り年であれば，イルビンギア季に落果した *I. gabonensis* を収穫することができる。また，上述した小雨季に収穫できるものとは別の，乾季に大量に収穫できるタイプの野生ヤムもイモがだいぶ大きくなってきていて収穫することができる。次節では，このタイプの野生ヤムを利用するモロンゴと呼ばれる生活について述べる。

8-5 ▶ 半栽培 ── モロンゴの生活

　モロンゴとは，10世帯からときに20世帯をこえる100人内外の人びとが，Z村から40km以上も離れた森の奥に出かける大規模な狩猟採集生活である（Yasuoka 2006a, 2009a）。モロンゴは，大きく二つの期間にわけることができる。前半は，一つのキャンプに数日から1週間くらいずつ滞在しながら移動生活をつづける。上述したように，この期間には，蜂蜜や，*D. mangenotiana* および *D. burkilliana* などの野生ヤムを利用する。後半は，一つのキャンプに数週間から数か月滞在する生活である。この期間を逗留期と呼ぶ。本節では，この逗留期に利用される植物性の食物について述べる。

　数週間の移動生活を経て，村から40kmほど離れたところまでやってくると，人びとは一つのキャンプに長期間滞在する。野生ヤムは，1年周期で蔓をつけかえるか，多年ないし不定期で蔓をつけかえるかで，二つのタイプにわけることができる（安岡 本書第2章）。モロンゴの生活で大量に食べられるのは，蔓を毎年つけかえるタイプの *D. praehensilis* と *D. semperflorens* である。ここからは，このタイプの野生ヤムを一年型ヤムと呼ぶ。また，年間を通して利用できる上述した *D. mangenotiana* や *D. burkilliana* は，多年型ヤムと呼んで区別する。

　一年型ヤムは，雨季がはじまるとイモの養分をつかって蔓をのばし，葉を広げて光合成をする。光合成でつくられたデンプンは再びイモに貯蔵される。そして雨の少ない乾季になると，蔓などの地上部を枯らすのである。季節変化に同調してイモが一斉に肥大したり，縮小したりするので，イモが最も肥大する雨季の終わりころから乾季にかけて，一年型ヤムを大量に収穫することができる。反対に雨季のあいだには，ほとんど収穫できない。

　一年型ヤムが，多年型ヤムとちがうところは，もう一つある。それは，集中して分布しているということである。多年型ヤムを探すときには一つ一つ個別に見つける必要があるが，一年型ヤムはそれが群生しているおおよその場所をみなが知っており，決まった時期にそのあたりにいくと，相当量の収穫が見込める（図8-7）。1人の女性が1日に30kgのイモを収穫することもある。だからこそZ村の人びとは，大集団で村から遠く離れた場所まで訪れるのである。

　2005年に行われたモロンゴの逗留期には，大人ひとり1日当たりにして2773kcalのカロリーが摂取され，そのうちわけは，一年型ヤムが62％，動物の肉が17％，蜂蜜は16％であった（Yasuoka 2009a）。この値は，農耕キャンプでの値を上回っている。狩猟採集生活は，農耕生活と比べると厳しいものだと想像されがちであるが，一年型ヤムを十分に確保できるモロンゴの生活は，少なくともカロリー供給については，農耕キャンプの生活と同等か，それ以上に魅力的だといえるので

図8-7　1か所の採集場で15kgほどの*Dioscorea semperflorens*を収穫した女性

ある。

　それでは一年型ヤムは，どのような環境で生育するのだろうか。モロンゴのさいに，採集に向かうバカたちといっしょに一年型ヤムが集中分布する場所を網羅的に訪れてみると，それは林冠ギャップだということが分かった。熱帯雨林は，多様な木々が幾層にも茂っており，上を見あげても空が見えず，林床は暗く下草が生えていない，といった環境だと一般に考えられているが，実際に森を歩いてみると，大木がまわりの木々を巻き添えにして倒れるなどしてできたギャップが，意外に多い。そこでは，地表に近いところまで日光が射しこむので，下草が生える。一年型ヤムがよく生育するのは，こういった環境である。

　ギャップには，パイオニア種と呼ばれる植物がよく生育している。パイオニア種は，種子を風にのせて遠くまで飛ばし，すばやく成長することで，新しくできたギャップに次々と進出していく植物である。ただし一年型ヤムが分布している場所は，森のなかにあまねく存在しているギャップに対して，ほんの一部である（Yasuoka 2009a）。そして，村からモロンゴの逗留地域へ向かう数十kmの範囲には，

一年型ヤムはほとんど分布していないのである。つまり，一年型ヤムは典型的なパイオニア植物と比べると，分散力が弱く，ギャップでの競争にも強くないようである。それでは，どのようにしてモロンゴに訪れる一部の地域に多く分布するようになったのだろうか。

ここでカメルーンがドイツに植民地統治されていた1910年に作成された地図をみると，モロンゴの逗留キャンプがあった地域に集落とおぼしきマークと，民族名が記されている。ただし，その民族名はバカではなく，バントゥー系農耕民の一つである。とすれば，モロンゴで採集する一年型ヤムは，かつて農耕民が畑に植えたものの残存かも知れない。しかし，この地域の農耕民は，野生ヤムは野蛮な食べものだと考えており，それを食べることはほとんどないことから（大石『社会誌』第7章），その可能性は低いと私は考えている。ただ意図的に植えたわけではないにしても，森を切り開き，畑をつくることを通して，農耕民の存在が一年型ヤムの分布の拡大に影響を及ぼした可能性は十分に考えられる。つまり，人間によってつくられた畑や集落などの大きな林冠ギャップをつたって，一年型ヤムが森の奥深くにまで拡散したのではないかというわけである。

加えて，バカ自身の行為にも注目すべき点がある。バカは，一年型ヤムを採集したあと，蔓がついているイモの頭部に一定量のイモを残したまま埋め直す[7]。この行為を通して，植物体を殺してしまわないように配慮し，同じ場所で再び採集することを意図している。また，モロンゴから帰るさいに，村までもちかえって畑に植えることもある。このようなバカの行為が古くから行われてきたとすれば，一年型ヤムの拡散にバカ自身も関与してきた可能性があるだろう[8]。

いずれにしても，一年型ヤムは，人為的に攪乱された環境において生育しやすい，いわゆる「人里植物」のような性質をもっていると考えてよいだろう。つまり一年型ヤムは，遺伝的な変異をともなうような強い管理のもとで栽培化されたのではなく，間接的でルーズな人間の関与のもとでその分布を広げてきた，いわば「半栽培」的な資源として位置づけることができる[9]。

---

7) Dounias (2001) は，イモの頭部の保護に加えて，個別のヤムに対する所有と相続や，盗みに対する罰則の存在，婚資としての利用が存在することを指摘し，このような行為を「擬似栽培」(para-cultivation) と呼んだ。かれが「原栽培」(proto-cultivation) ではなく擬似栽培と呼ぶのは，バカはヤムを畑などに移植することがないため，バカのこの方法が農耕へつながるものではないからだという。ただ，これらは松井 (1989) のいう「セミ・ドメスティケイション」として包括的にとり扱うことが可能である。

8) 現在のＺ村の周辺に一年型ヤムの群生地がないのは，現在は集村化が進んでいて人口が大きくなっているため，村の近くに一年型ヤムが増え始めても，すぐさま採集圧が超過して，枯渇してしまうからだと考えられる。

9) 中尾佐助による半栽培についての説明は以下のとおりである。「人間が農耕時代に入っていくまでには，長い前段階があったに相違ないだろう。その絶対年数は，農耕時代よりずっと長いものであろう。人間が植物と結び，農耕に入っていくのには，まずその初めは植物生態系の攪乱，破壊からはじ

8-6 ▶ バカによる植物性食物の利用形態
——「半栽培」のグラデーションに位置づける

　植物性食物の利用に着目して今日のバカの生活をみると，バナナの栽培を中心とする定住集落ないし農耕キャンプの生活，蜂蜜や多年型ヤム，野生果実の採集を中心とする罠猟キャンプの生活，そして一年型ヤムの半栽培的利用を中心とするモロンゴの生活が混在していることが分かる。そして，定住集落の生活と罠猟キャンプの生活，あるいは定住集落の生活とモロンゴの生活は，季節的な相補関係にあるわけではなく，同じ季節において選択肢として並立するものである。近隣農耕民が畑をつくるために森を伐開するのは乾季とイルビンギア季であるが，乾季は一年型ヤムの収穫の季節であり，イルビンギア季は *I. gabonensis* の収穫の季節でもある。バカたちは，そのときどきの畑の状況や，居住集団内外の人間関係，商人との取引，あるいは単なる気まぐれ，などといった要因に応じて，定住集落や農耕キャンプに滞在するか，森のキャンプに滞在するかを選択しているのである。

　表8-3は，これまでみてきたバカの主要な食物資源について，採集と栽培とのあいだにある「半栽培」として位置づけられる領域を念頭におきながら，分布様式，入手の見込み，入手に必要な労働，資源の再生産への関与，そして資源の認知ないし管理の単位といった観点から整理したものである。

　蜂蜜と多年型ヤムは，森林に分散して分布しており，一つ一つ，そのつど探しだして採集する。入手の見込みは機会依存的で，探索に出かけても無駄足に終わることもある。収穫のための労働投入としては，探索，見つけたさいの木登りないし伐木や，掘りだし作業などである。収穫した蜂蜜や多年型ヤムは，ほぼ例外なく当日か翌日には食べられる。多年型ヤムのイモの頭部を埋め直すことで再生を補助することがあるが，たいていは収穫しっぱなしであり，その再生産に積極的に関与することは稀である。以上から，蜂蜜や多年型ヤムの利用は，一般的なイメージとしての採集に近いといってよいだろう。また，*I. gabonensis* や *B. toxisperma* を除く野生果実も，同様に位置づけることができる。

　I. gabonensis や *B. toxisperma*，そして一年型ヤムは，パッチ状に集中しつつ森の

まったといえよう。自然生態系を人間が攪乱，破壊すると，それに植物の側が反応して，突然変異などの遺伝的変異も含めて，新しい環境への適応が起こる。そうした植物のなかから，人間が利用を始めると，植物の側から適応力をさらに進めていくことも起こりえる。こうしたことが何千年も積みかさなると，狩猟採集の段階でも，人為的環境のなかで経済が営まれることになる。その段階では人間は意識的に栽培をすることはなくとも，農耕の予備段階に入ったといえよう。それは広義の半栽培の段階ともいえよう。或いはもっと適格にいえば，生態系攪乱段階といってもよいだろう。こうして生態系攪乱をして，新しい環境に適応したもののなかから，有用なものを保護したり，残したりするようになると，これはもうはっきりとした半栽培段階と言ってよいだろう」(中尾 2004：687-688)。

表 8-3　バカが利用する主要な植物性食物資源の特徴

食物資源	分布様式	入手の見込み	入手に要する労働	再生産への関与	認知／管理の単位
蜂蜜	分散	機会依存 (周年)	探索，木登／伐木	とくになし	巣
多年型ヤム	分散	機会依存 (周年)	探索，掘穴，運搬	ときに，再生の補助	個体
Irvingia gabonensis	パッチ状	比較的安定 (季節限定，年変動あり)	殻割り，運搬	とくになし (種子散布？)	樹木
一年型ヤム	パッチ状	比較的安定 (季節限定)	掘穴，運搬	再生の補助，移植	群生パッチ
バナナ	集中	比較的安定 (周年とはいかない)	伐開，除草	漫然とした栽植	パッチとしての畑
バナナ (農耕民)	集中	安定 (周年)	伐開，除草	収穫時期からの逆算 にもとづく栽植	個体からなる畑

注：一年型ヤムは *Dioscorea praehensilis* と *D. semperflorens*，多年型ヤムは *D. mangenotiana*，*D. burkilliana* およびその他。

なかに分散しており，結実状況や群生地に関する情報を入手すれば，確実に，相当量の収穫を得ることができる資源である。これらは，同じ場所で幾度も採集される。資源の再生産への関与については，特に一年型ヤムに特徴的なものとして，意図的な「半栽培」的行為を挙げることができる。バカは，一年型ヤムを採集するとき，イモの頭部を土中に残したり埋め直したりすることによって，その個体が死なないように配慮している (Dounias 2001)。また，ときには定住集落までイモの頭部をもちかえって，移植することもある。樹木である *I. gabonensis* や *B. toxisperma* は，成長して結実するまで時間がかかることもあってか，このような意図的な関与はみられないが，収穫した果実や種子が籠から落ちるなどして，間接的にバカが種子散布に貢献している可能性はある。このような野生果実や一年型ヤムの利用は，たしかに採集という側面をもつとはいえ，結実状況や群生地の情報を入手しさえすれば畑にある農作物を収穫するのとたいしてちがわないという点や，何らかの形で資源の再生産への関与がみられる点において，「半栽培」のグラデーション上において，蜂蜜や多年型ヤムよりも栽培に近いところに位置するといえるだろう。

　バナナは，森林を伐開して畑をつくるという集中的な労働投入を契機として，初めてそこでの収穫の見込みが生じるという点が，他の食物資源の利用と比べて特徴的である。ただし，農耕民のバナナ栽培と比較したとき，バカのバナナ利用は不完全なものにみえるところが多い。農耕民は保存の効かないバナナの周年収穫を実現するために，1年半から2年後の収穫時期から逆算して栽植の数を調整したり，伐開面積を調整したりしており，結果的にひとりの女性が数千のバナナの収穫時期を個体単位で管理していることになるという (四方 2004；本書第 10 章)。一方，バカの畑の面積は小さく，伐開時期のばらつきが大きい。もちろん，農耕民のように周年収穫を意図して栽植しているわけではない。バカにとって，自分の畑は，必ずしも食物の入手をつねに期待できる場所ではない。収穫の意図がかなり長い期間にわ

たって保持され，まとまった収穫を得ることができるものの，周年的に収穫できるわけではないという点で，バカにとってのバナナ畑は一年型ヤムや *I. gabonensis* の採集パッチとたいしてかわらないものだと考えることができる。以上からバカのバナナ利用は，「半栽培」のグラデーション上において，栽培の端から採集の方へ少し寄ったところに位置づけられるだろう[10]。

冒頭で述べたように，バカのこのようなバナナ利用のありかたを，狩猟採集生活から農耕生活への移行途上だと単純に理解することには，慎重であらねばならない。バカの生活のなかに，農耕民と比べて不完全な形でバナナ栽培が導入されていることに違和感をもち，それがいずれ解消してしまう例外的でテンポラルな状態であると早合点してしまうとき，そこには，野生食物の採集と農作物の栽培とは，互いにまったく異なる自然と人間との関係にもとづく生活実践であり，時間がたてばどちらかに収束する（たいていは栽培だろう）という予断がないだろうか。

しかし，よく考えてみると，狩猟採集民と呼ばれる人びとも，決して，ありのままの自然に依存しているわけではない。かれらは，意図的であれ非意図的であれ，自然に働きかけることで自然のあり様に影響を及ぼし，それによって変化した自然に対して，再び人びとが対応するという相互関係のなかで，自然から資源をとりだしてきた。とりわけ熱帯雨林では，採集と栽培の中間に位置づけられる「半栽培（半野生）」といいうる利用のありかたが，人びとの生活を支える主要な食物資源においてさえ認められるのである[11]。つまり，植物の生育にとって恵まれた環境条件のもとで生態景観がダイナミックに変容する熱帯雨林では，「半栽培」的でルーズな人間と植物との関係のありかたこそが，食物資源を有効に利用することにつながっているといえるのではないだろうか。

ここで強調しておきたいのは，ある食物資源の利用のありかたが栽培であるか，採集であるか，あるいは「半栽培」であるかを，その食物資源の生物的，遺伝的な性質のみによって直ちに判断することはできない，ということである。その資源が人びとの食生活全体のなかでどのように位置づけられ，その資源を獲得するために労働がどのように組織化され，その資源が人びとのあいだをどのように流通し，消費されるかという，資源をめぐる人間と人間との関係にも注目しなければならない。さらに，この観点を導入することで明確になってくるのは，食物資源の栽培化（ドメスティケイション）や栽培植物の導入と，生業の農耕化とは，両者のあいだに密接

---

10) アフリカ熱帯雨林において，バナナとならんで代表的な農作物にキャッサバがある。キャッサバは収穫せずに土中に残しておくことによって長期間「貯蔵」できるため（佐藤 1984；小松 本書第3章），バナナのように，個体ごとの収穫時期の管理をする必要はない。ところが，バカのあいだでは，キャッサバはバナナ栽培に付随する形で栽培されているにすぎない。どうして，バカは，緻密な栽培管理を要しないキャッサバを主作物としないのかということは，興味深い問題である。
11) 本章では，バカによる「半栽培」に焦点をあてているが，農耕民による「半栽培」も広くみられる。この点については小松（本書第3章；第11章）を参照。

な関係があることは間違いないにせよ、別の概念として区別しなければならないということである。バカが栽培植物の利用を生業レパートリーに加えたからといって、直ちにかれらの生業が農耕化したと結論づけられるわけではないのである。この視点に立つことで、生業が農耕化するためには、栽培植物の存在に加えて、何が必要なのか、という新たな問題が見えてくる。

8-7 ▶農耕民になるということ —— 労働と所有の関係に注目して

ここまで、バカの植物性食物の利用のありかたの連続性を強調してきたが、バナナを利用するためには収穫にかなり先行して集中的な労働投入を要するという一点において、他の食物資源の利用から差異化しうるという考えにも、それなりの根拠があるように思える[12]。しかし、バカ自身がその差異を重視しているかどうかは自明ではない。むしろバカの生活実践において、その差異は重要な意味をもっていないし、そのことこそがバカのバナナ栽培を「農耕民のような生業へのとりくみ」とは別のものにしているのではないか、いいかえれば収穫に先行する労働投入に特権的な重要性を見いだすことこそが「農耕民になる」ということなのではないか、と私は考えている[13]。本章では、このアイデアを完全な形で論証することはできないが、いくつかのエピソードをもとに、今後の研究展開のための試論を記しておきたい。

2005年2月、私はZ村にてバカがつくった畑の広さや伐開時期などに関する調査をしていた。伐開後3年ほどが経過した、ある畑での出来事である。すでに藪のようになっている畑の主に、その畑から作物を収穫した時期について尋ねると、かれは「この畑では収穫していない」という。森のキャンプに滞在しているあいだに、食べられてしまったというのである。たとえば鍋や山刀などがなくなったときにバ

---

12) このような労働と収益における時間差は、農耕においてのみ見られるわけではない。J. ウッドバーンは、即時リターンシステムと遅延リターンシステムという概念を用いて狩猟採集社会を分類し、後者のシステムをもつ狩猟採集社会では、労働と収益とのあいだに時間差があることを指摘している（Woodburn 1981）。

13) これまでの研究では、ピグミー系狩猟採集民のあいだに近年に至るまで農耕が定着しなかった要因としては、カロリー源（農作物）・酒・鉄製道具などと、タンパク源（獣肉）・蜂蜜・労働力などの交換を基本とする経済的分業関係が近隣農耕民とのあいだに構築されていることが指摘されている（市川 1982）。また北西（2002）は、食物分配や、農作物の盗みの許容といったバカの社会規範があることを考えると、政府による指導（強制）によってバカが一斉に農作物の栽培を始めたことが、かれらのあいだにそれが普及した要因の一つではないかと指摘している。ひとりだけが農耕を始めたとしても、分配や盗みによって労働を投入した者が得ることのできる対価はきわめて少なくなってしまうというわけである。それに対して本論の要点は、そもそも「労働に対する対価」が、バカのあいだでの食物のやりとりのさいには重要な意味をもっていないのではないか、という着想にある。

カたちは，嫌悪の表情とともに農耕民や商人を犯人と決めつけることが多い。そこで私は，農耕民に食べられたのか，と尋ねた。するとかれは「バカだよ」と答えたのである。このとき，かれは憤りをおぼえているようであったが，それを向かわせる先が見あたらない，といった素振りであった。

　また，同じ時期に，あるバカの女性がバナナを収穫してきたところ，私は，どこの畑から収穫してきたのかと尋ねた。その女性はある場所を指し示して，そのあたりの畑だというのであるが，そこには彼女の畑がないことを知っていた私は，誰の畑から収穫したのかとつづけた。すると彼女は照れ笑いをうかべ，いかにも答えにくそうに口ごもった。あとで彼女がひとりでいるときに尋ねてみると，それは彼女の兄の畑，すなわち兄嫁が管理する畑からとってきたものだという。

　これらの二つの例が示唆するように，バカのあいだでは，他人の畑から作物を「採集」することは，稀なことではない。他の人びとからも，森のキャンプに滞在しているあいだにバナナを食べられてしまったという話はよく聞いたし，実際に私自身が連れのバカと一緒にバナナを「採集」したこともある。しかし，かれらのあいだで他人の畑から無条件に作物を収穫してもよい，という合意があるわけではない。第二の例が示すように，兄の畑からといえども，他人の畑から作物をとってきたことは，堂々と公言するような類の行為ではないのである。

　このことに対して，他人の「盗み」の黙認あるいは許容，といった解釈を施すこともできるかもしれないが，重要なことは，結果としての黙認や許容ではなく，その行為を糾弾するための論理がないということである。「盗み」に対して何らかのネガティブな意味づけがなされているにもかかわらず，「採集」と「盗み」とを区別する倫理的規範が明確でなく，かれらは自分の畑から作物を「盗む」者を糾弾することができないのである。誰かが自分の畑から作物を収穫しているところに，はち合わせてしまったとしたら，おそらく，かれらは「犯人」に対してどのような態度をとってよいのか，分からないのではないだろうか。

　この点に関して，農耕民は明解である。農耕民にとって，自分の畑にある作物は，自分が労働を投入した成果であり，他の誰でもない自分の所有物である[14]。したがって，自分の畑の作物を他人にとられたとき，公の場で盗みに対する怒りを表明し，犯人に対して罰則を科すことができる。そのような行為の正統性が認められている背景には，畑をつくるという労働投入が，その産物である農作物の所有に直結するという因果関係を，社会の構成員が了解し，尊重していることがあると考えられる。

　ここでいう所有とは，その当人の意思によって対象を自由に処理できるという意味である。ある個人の労働投入が，この意味での所有に直結するのは当然のよう

14）実際には，夫が森を伐開し，妻が作物の栽植，管理，収穫を行うという家族内の役割分担があるが，論点から外れるため，ここでは省略している。

に思われるかも知れないが，バカのあいだでは，必ずしもそうではないようである[15]。一例として，蜂蜜の採集をとりあげてみよう。バカのあいだでは，収穫した蜂蜜の「所有者」は，その巣を発見した人になる。蜂蜜を収穫するためには，木に登るか，それを伐り倒す必要があるが，いずれにしても発見者すなわち「所有者」は，その作業をしないことが多い。2003年2月に私が同行していたとき，中年の男性が蜂の巣を見つけたことがあった。あいにく巣のあるところまで登れない状態だったので，ふたりの若い男が伐り倒すことになった。2時間ほどして木が倒れ，蜂蜜をとりだしてようやく食べる段になると，かれらは，その場に居合わせた10人ほどの人びとと一緒に，分配の「受け手」の輪に加わったのである。このとき，かれらが汗をながした2時間の労働の対価は，いったいどこにいってしまったのだろうか。

　もちまわりで収穫作業を行うことで，長期的にみれば，誰もが同じだけの労働をして，同じくらいの成果を得ることになっている，というのも一つの解釈だろう。しかし私は，発見者すなわち「所有者」が自ら労働することを積極的に回避し，別の男が労働することを通して，労働投入がその成果の所有に帰結しないという状況をそのつどつくっている，という点に着目すべきだと考えている。

　コンゴ共和国に住んでいるアカ・ピグミーの食物分配の過程について，豊富な事例をもとに分析した北西（2001，『社会誌』第13章）は，アカの社会における食物の「所有者」は，その食物を自由に処分する権利を認められているのではなく，分配の責任者としてのふるまいを要請されていると指摘している。狩猟や採集によって得られた食物は，定まった規則にもとづいて，必ず誰かに「所有」されることになるが，食物は，数次にわたる分配によってキャンプの滞在者へと流れていく。そして，この分配にさいして「所有者」の選択の幅は狭い。重要なことは「居合わせた人びとに，あまねく食物がいきわたること」であり，そのためには，その過程が円滑に進むように「分配の責任者としての所有者」を取り決めておくだけで十分なのである。

　このような狩猟採集の産物をめぐる「所有者」の概念は，バカのあいだでも同様にみられる。そして，このとき，誰が，どれだけ労働したのかということは問題にならない。かれらは，誰が実際に労働したのかということを，たいてい知っている。しかし，それを知っていることと，労働の成果に対して労働をした人が特権的な所有権を有すると，かれらのあいだで了解されていることとは，同じではない。逆にいえば，自らの労働投入とその成果の所有との因果関係が，社会の内部で正統性をもつようになることが，「農耕民になる」ことの第一歩だといえるのではないだろうか。

---

15) 労働投入が生産物の所有権に帰結しない状況は賃金労働などにおいてもみられるが，それは，ここでの議論とは別次元のものである。なぜなら，賃金労働者は，生産物を消費するためにではなく，賃金を得るために労働するのだから。

このように考えると，畑からの作物の「盗み」に対して，社会的な制裁はないし，個人的に「犯人」を追及することもないという，バナナという食物資源に対するバカの態度が理解できるようになってくる。畑における集中的な労働投入を契機として，その場における収穫の意図が生じる以上，その産物であるバナナは，何らかの形で耕作者と関連づけられてはいるだろう。しかし，その関連づけは，農耕民のような形で農作物の所有を正統化するための論理としては，バカのあいだで了解されるに至っていない。もちろん個々人をみると，労働と所有のルーズな因果関係に不満をもっている人はいる。Z村のある男は，知りあいの農耕民から「盗み」をふせぐための呪薬をもらい，自分の畑に設置している。しかし，このようなふるまいは，農耕民のような行為だとしてバカのあいだで嘲笑の対象となるのである[16]。

　Z村のバカたちは，労働投入と生産物の所有との明確な因果関係を認め，農作物を基幹的な生業として確立するのではなく，畑をつくるために投入された労力がいかに大きくとも，いともたやすく農作業を中断して森のキャンプへ生活の場を移すことに象徴されるように，そのときどきの便宜に応じて多様な生業を軽やかに行き来しながら生きているようにみえる。今後もバカが「農耕民になる」ことはない，と断言することはできないが，いいかげんで，不完全にみえるバカのバナナ栽培は，あくまで「狩猟採集民でありつづける」なかでかれらの生業実践にとりいれられたのだという本章の理解にたつならば，それは意外に先のことになるだろう。

---

[16] 丹野正によれば，農耕民の畑から作物を「拝借」したのが露見して農耕民に咎められたとき，アカは，畑で作業したのは自分たちなのにどうして食べてはいけないのか，とみずからの正当性を演説調でしゃべることがあるという（丹野 2004）。ただし，この理屈は農耕民に通用しないことをかれらは分かっており，農耕民に直接いうことはないという。なぜなら農耕民は，畑での作業にたいして対価を払っている，と答えるだけだからである。このとき両者において文脈が異なるとはいえ，ともに「労働の対価」という論理を採用してみずからの正当性を主張しているといえる。しかし，本章での考察にひきつけてこの事例を解釈するとき注意すべき点は，農耕民との関係においてアカが「労働の対価」という論理を採用するからといって，アカどうしのやりとりにおいても同様だとはかぎらない，ということである。この例でアカは，むしろ農耕民との関係にかかわる問題だからこそ，「労働の対価」という論理に則ってささやかな抵抗を試みている，とは考えられないだろうか。

寺嶋秀明

森が生んだ言葉
—— イトゥリのピグミーにおける動植物の名前と属性についての比較研究 ——

9-1 ▶「ピグミー語」をめぐる問題

　近代化以前の社会に生きる人びとは，日々の食物の獲得をはじめ，身のまわりの物質文化や薬の調達など，暮らしの全般にわたって自然に強く依存して生きている。そのためには，身のまわりの様々な自然環境を熟知し，それらの知識を効果的に運用しなければならない。いわば，生活の科学が存在するのである。そのような観点から，人類学の誕生からほどなく，伝統的社会における植物や動物に関する知識と利用の全体像が研究されるようになった。民族植物学や民族動物学という領域であった。今日，それらはまとめてエスノ・サイエンス（民族科学）とかエスノ・バイオロジー（民族生物学）と呼ばれる学問分野をなしている（寺嶋 2002）。
　アフリカのコンゴ盆地から西アフリカ沿岸をおおう熱帯雨林には，先住民族としてピグミー系の狩猟採集民が暮らしてきた。それらの人びとは現在では，15 前後の地域集団に分断され，後から森に入ってきた農耕民たちと様々な形での接触を保って暮らしている（図 9-1）。20 世紀に入ると多くの地域で，行政主体の定住化政策がおし進められ，特に中央アフリカやカメルーンなどの西方地域のピグミーたちは，ほとんどが農耕民と同じような定住村落で暮らすようになっている。したがって，そういった地域では，森への依存は保ちながらも，狩猟採集のみの生活はほとんど消滅してしまっている。一方，コンゴ盆地の東北端，現コンゴ民主共和国（旧ザイール共和国）に位置するイトゥリの森では，1970 年代−1990 年代の初めには，ピグミーたちが農耕民との共生関係を保ちながらも，依然として狩猟採集を主体とした生活を営んでいた。コンゴでは 1960 年の独立直後，コンゴ動乱という大事件が発生し，何年ものあいだ国内は争乱状態に置かれた。最後までその余震が続いたのがイトゥリの森であった。それがようやく治まるのを待って，1972 から 1973 年

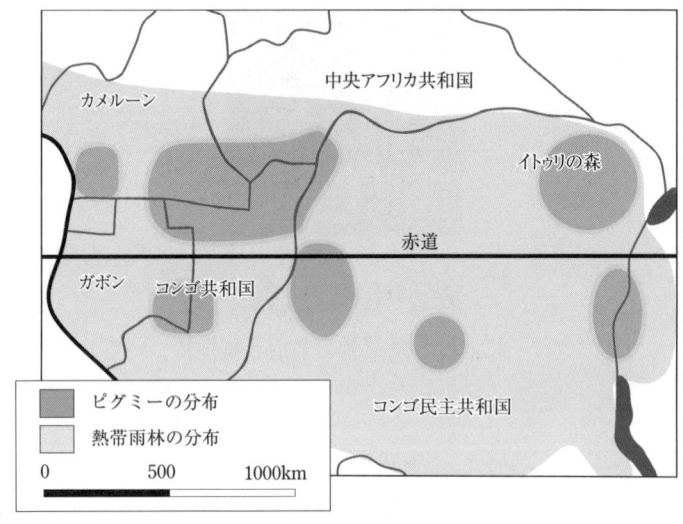

図9-1 アフリカのピグミー分布図

にかけて当時京都大学理学部助手であった原子令三氏が独立後初めての現地調査を行ったのである（Harako 1976）。その後，多くの日本人研究者がイトゥリを訪れ，生態人類学的な観点からの研究が行われた。その過程において，かれらのエスノ・サイエンスに関する様々な知識が収集された。

イトゥリの森のピグミー系狩猟採集民は大別して二つのグループに分類される（図9-2）。一つは，エフェ（Efe）と呼ばれる人びとで，森の北東部から東部に分布している。かれらはレッセ（Lese）と呼ばれる農耕民と長い共生の歴史を持っている。レッセはもともとは，森の北東部に広がるサバンナの出身であるとされる。現在エフェは言語学的には「ナイル・サハラ語族」の「中央スーダン諸語」に分類されるレッセ語を母語として使用している。もう一つは，ムブティ（Mbuti）と呼ばれる人びとで，森の中央部から南西部にかけて多く分布している。かれらはバントゥー系のビラと共生的関係を保ち，「ニジェール・コルドファン語族」の「ベヌエ・コンゴ語群」に属するバントゥー諸語の一つのビラ（Bira）語を母語としている[1]。ビラも，もともとは，森の東方のサバンナの出身であるといわれている。イトゥリの狩猟採集民と農耕民は，少なくとも数百年以上にわたって，経済的な相互関係はもとより，文化的・社会的に密接な関係を保ってきたのである[2]。

---

1) イトゥリの森のピグミー全体を総称してムブティ，あるいはバンブティと呼ぶこともある。
2) ここでは，複雑化を避けて，ムブティの共生相手をビラ，エフェの共生相手をレッセとしたが，前者は場所によっては，ニャリ（Nyari），クム（Kumu），バングワナ（Bangwana）といったバントゥー系の農耕民と接触しており，後者はマンヴ（Mamvu）やマングベットゥ（Mangbetu）といったスーダ

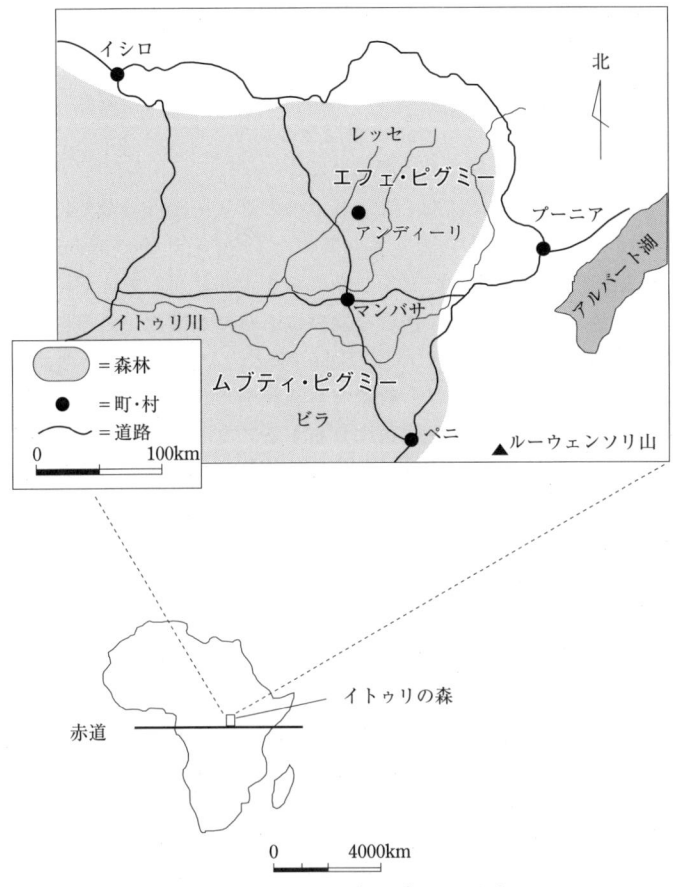

図9-2　イトゥリの森のピグミーたち

　農耕民がイトゥリの森に入ってくる以前にピグミーたちがどのように暮らしていたかについては，ほとんど手がかりがないのであるが，一つの民族集団を形成していたことはほぼ間違いないものと思われる。そして，農耕民の進入と接触の後，エフェとムブティとのまったく異なった二つの言語系統に分断されることになったのである。今日，両者のあいだで会話をする場合には，イトゥリ地域の共通語であるキングワナ（Kingwana，スワヒリ語の方言の一つ）が用いられることが多い。しかし，使用言語や付き合っている農耕民の相違を別にすると，かれらは様々な面で強い共通性を示している。野生動物の狩猟と野生植物の採集活動を主体とする生計様式，流動性のあるバンドを基盤とした社会組織，バンド内での食物シェアリングや特定

ン系の農耕民と接触している。

の者への権威の否定，姉妹交換を原則とする結婚システム，様々な食物規制，少年少女のイニシエーション・セレモニー，力強いダンスと歌への嗜好，そして，いわゆる一般的互酬性を中心にした農耕民との相互依存関係など，数え上げればきりがない。エフェとムブティには，言語の相違をこえて「イトゥリのピグミー文化」と呼べる共通の基盤が存在することは間違いない。

　ところで，イトゥリだけではなくアフリカのピグミー諸族の全てについて，オリジナルな言語の存在は古くから否定されてきた (グジンデ 1960; Bahuchet & Thomas 1986; Hitchcock 1999, cf. Schebesta 1933)。かれらが現在使用しているのは，近隣の農耕民の言語か，あるいは，かつて親密な関係にあったと推測される農耕民族の言語なのである。特に，アカ (Aka) やバカ (Baka) など，コンゴ盆地の西側の熱帯林に分布するピグミーたちにおいては，複雑な言語使用の状況が見られる。中央アフリカ共和国南部からコンゴ共和国北東部に分布するアカ・ピグミーは，「ニジェール・コルドファン語族」「ニジェール・コンゴ語派」「ベヌエ・コンゴ語群」の一つであるバントゥー諸語の「C-10」に属する言語を話している。一方，その西方に隣接してカメルーンの東南部からコンゴ共和国北部に分布するバカたちは，「ニジェール・コルドファン語族」のなかの「アダマワ・ウバンギ語派」に属するバカ語を話す。また，現在中央アフリカ共和国の首都バンギの周囲に住み，アカ・ピグミーと親交を保っているのはングバカ (Ngbaka) と呼ばれる農耕民であるが，かれらの言語にごく近いのは，実はもっと西方に分布するバカ・ピグミーの方なのである。その原因は，過去における農耕民ならびに狩猟民たちの頻繁で大規模な移住の結果であると論証されている (Arom & Thomas 1974. Cavalli-Sforza 1986: 367 に引用)。

　いずれにせよアフリカのピグミー系狩猟採集民の言語については，他の民族との接触後，オリジナルな言語は消失したというのが一般的な見解である。どうしてそのような事態が起こったのであろうか。それについての検討は考察にて行うことにするが，現在でもピグミーのオリジナルと思われる言語的要素が存在することも否めない。その一つは，独特のテンポやイントネーションである。同じ言葉でも，農耕民などが話す様子と，ピグミーが話す様子はまったく異なるので，話し手の姿は見えなくても，どちらが話しているのか，ほとんど間違いなく指摘することができる。語彙の面でも，ピグミーのオリジナルな言葉があることは古くから指摘されてきた。M. グジンデ (1960: 105) は，「儀礼上の歌，悪魔祓い，呪文，固有名詞のなかにほとんど純粋に元の言語が見出される。それらは今日ではかれら自身理解することが非常に困難なことがしばしばある」という R. P. トリイュ (Trilles 1936) の記述を紹介している。霊長類学者の伊谷純一郎はウガンダのカヨンザの森で，野生ゴリラ観察のためにトゥワ・ピグミーを雇ってしばらくのあいだ生活を共にした。そしてかれらの森の知識に驚くと共に，トゥワ語はもう日常語としての機能を喪失しているが，カヨンザの深い森の一つ一つの谷や峰にことごとく名前をつけたのは

トゥワにちがいないと記している（伊谷 1961）。現在ピグミーたちと接触して暮らしている農耕民たちもこういったことから，ほぼ異口同音に，ピグミー語というものがあると語るのである。

　オリジナルな言語の全体はともかく，語彙としてはピグミー語がまだまだ残存していることは十分に期待できる。植物学者の R. ルトゥゼイ（Letouzey 1976）は，上記のバカ・ピグミー語と他の農耕諸民族との植物名称の広範な比較研究を行い，きわめて興味深い結論を得ている。すなわち，南部カメルーンのビバヤ（Bibaya，バカ・ピグミーと同じ）とその周辺のバントゥー系およびウバンギ系の多様な言語をもつ農耕民諸族の植物名の比較の結果，ビバヤの植物リストに挙がった366種のうち，他のどこの言語にも一致するものがなく，かつ，離れた場所にて二度以上採集された名称語彙が 82 種，一度しか採集しなかったものが 45 種，合計 127 種見つかったのである。そのうち，他の著者たちの植物リストに一度も記載されていない植物名である 23 種を除くと 104 の植物名称が残った。これからルトゥゼイは次の結論を導きだしている。すなわち，これらの植物名称の全てがビバヤ起源であると主張することはできないが，もしビバヤ起源の語彙があるとしたら，このなかにあるはずである。特にどこにもあるような平凡な植物に関して，他の言語に一致する名称がないというのは，それがビバヤ独自のものである可能性が高い。ただし，植物学的には，どれがビバヤ起源でどれがそうでないかという判断基準を示すことはできない。それはとりわけ言語学など，他の諸科学からの証拠が必要である。そして，104 の名称のどれかが他のアフリカ中央部のピグミー諸語の植物名と一致するならば，それがピグミーのオリジナルな言語の存在を示すことになるだろうというのである（Letouzey 1976）。

　つまるところ，もともと熱帯雨林において独自に狩猟採集生活を営んでいたピグミー系諸民族は，当然のことながら自分たちのピグミー語を話していたのだが，他の諸民族との接触後，急速にそれらを失っていった。しかし，語彙のレベルにおいては，現在でもかなりの数の（ビバヤの植物名の場合では約 3 分の 1）ピグミーのオリジナルな言葉が使用されている可能性は十分にある。

　本章では，イトゥリの森にすむエフェとムブティについての民族植物学的ならびに民族動物学的データに基づき，かれらの用いる植物名と動物名について検討してみたい。また同時に，植物の利用と動物に付与された属性についての比較を行い，かれらの言語的ならびに文化的共通性を検討してみたい。民族的ルーツを共有し環境的にほとんど同じ場所に住みながら，言語的にはまったく異なってしまった狩猟採集民の 2 グループのあいだで，動植物の名称や動植物に付与している文化的属性に関して，どのような相違と一致がみられるのかを調べ，その理由について考察したい。

　なお，イトゥリの植物については，丹野正がマワンボ地区のムブティの植物利

用について詳細な調査を行った (Tanno 1981)。ついで寺嶋・市川光雄・澤田昌人によって，エフェの植物利用が調べられた (Terashima, Ichikawa & Sawada 1988)。それにさらにデータを追加したものが寺嶋と市川によって「イトゥリの森におけるムブティとエフェとの比較民族植物学」としてまとめられている (Terashima & Ichikawa 2003)。動物に関しては植物ほどは調査が進んでいないが，以下のものを挙げることができる。G. M. カルパネトと F. P. ジェルミはイトゥリの北東部のピグミー集団に関して，哺乳動物の動物学的ならびに民族動物学的研究を行った (Carpaneto & Germi 1989)。R. アンジェは，エフェに関する食物タブーの調査を行った (Aunger 1992)。市川および寺嶋はそれぞれ，ムブティとエフェにおける食物としての利用を含め，哺乳動物や鳥をめぐる様々な慣習や信仰，伝承などに関する調査を行った (市川 1977, 1982, 1984; Ichikawa 1998, 2007; 寺嶋 1996, 1997; Terashima 2001, 2007)。以下，これらの資料を用いて検討していくことにする。

9-2 ▶ 植物の名前とその利用

これまで，イトゥリの森のピグミーたちについては，以下の 4 集団において詳細な民族植物学的研究が行われてきた。(1) マワンボ (Mawambo) の集団，(2) テトゥリ (Teturi) の集団，(3) アンディーリ (Andiri) の集団，(4) ンドゥーイ (Nduye) の集団である。そのうち，マワンボとテトゥリの 2 集団はムブティと呼ばれている人びとである。アンディーリとンドゥーイの 2 集団はエフェと呼ばれている人びとである。それぞれの集団において 230 から 360 種あまり，合計 1143 点の野生植物が採集され，方名や用途などが記録された。4 集団全体では総数 782 種に達している。その 782 種のうち，シダ類，ならびに科のレベルにおいても同定がなされなかったものを除くと 651 種が残る (Terashima & Ichikawa 2003)。その植物種について検討することにしたい。

651 種のうち 453 種は，上記の 4 集団のうちの 1 集団でのみ採集されたものである。98 種が二つの集団において採集された。三つの集団で採集されたものは 41 種，4 集団全てにおいて採集されたものは 63 種であった (表 9-1)。本章では，それら複数の集団において採集された植物を，その採集地数にもとづいて「2 カ所植物」「3 カ所植物」「4 カ所植物」と呼ぶことにする。採集地の数の多少は，森のなかにおけるその植物の分布の均一度や利用の頻度を示すものと考えてよいだろう。すなわち，多くの場所で採集されたものほど，よく見られる植物，あるいはよく利用される植物であるということである。

なお，同じ言語を用いる二つの集団を同一言語グループと呼ぶことにする。また，それぞれ異なる言語を用いている二つの集団は，異言語グループと呼ぶことに

第 9 章　森が生んだ言葉 | 171

表 9-1　採集地と採集植物数。「1 カ所植物」-「4 カ所植物」

採集地点数	1	2	3	4	合計
種数	453	98	41	63	655

表 9-2　「2 カ所植物」と名前の一致度

パターン 1 (a, a)	50
パターン 2 (a, b)	7
パターン 3 (a), (a)	5
パターン 4 (a), (b)	36

	一致	不一致
同一言語グループ	50	7
異言語グループ	5	36

する。マワンボとテトゥリ，およびアンディーリとンドゥーイは，同一言語グループであり，マワンボとアンディーリ，テトゥリとンドゥーイ，あるいはマワンボ＋テトゥリとアンディーリ＋ンドゥーイは異言語グループになる。

　ここで行う植物方名の比較は厳密な言語学的比較ではなく，ごく一般的なレベルでの比較である。音声的に概ね一致し，多少の音韻の変化があるだけのものは同一名称とした。たとえば，トウダイグサ科の小木 *Bridelia micrantha* は季節になると野生カイコの幼虫が巣を作る。その幼虫も含めてその木をエフェでは munjaku と呼び，ムブティでは enjeku と呼ぶ。両者の発音は多少は異なるが，明らかに同一名称としてよいだろう。

植物名の一致，不一致

「2 カ所植物」

　98 種が二つの集団において採集された。表 9-2 は，その 2 集団における名前の一致パターンを示している。98 種のうち，同一言語グループにおいて採集されたものが 57 種あった。パターン 1 は，2 カ所で同じ名前が使われていたもので，50 種あった。パターン 2 は，異なる名前が使われていたもので，7 種あった。同一言語グループに属する集団が同じ名前を用いるというのはきわめて自然である。しかし，少ないとはいえ 7 種類の植物が，同一言語グループにおいても異なる名前で呼ばれていたことには留意する必要があろう。98 種のうち 41 種が，異言語グループに属する 2 集団で採集されたものであった。そのうち 36 種が異なる名前で呼ばれていた（パターン 4）。これも当然といえば当然である。しかしながら，5 種の植物が異言語グループにおいても同一名で呼ばれていたのである（パターン 3）。

表9-3 「3カ所植物」と名前の一致度

パターン	種数
パターン1 (a, a), (a)	9
パターン2 (a, a), (b)	28
パターン3 (a, b), (c)	4

	一致	不一致
同一言語グループ	37	4
異言語グループ	9	28

「3カ所植物」

　41種類の植物が三つの集団において採集された（表9-3）。「3カ所植物」では必ずそのうちの二つが同一言語グループに属することになる。したがって，名前のパターンは，同一言語グループの二つが一致している場合と一致していない場合に分かれる。そして，他の1集団もあわせて，3カ所において名前が全て一致しているものが9種あった（パターン1）。一方，27種においては，同一言語グループ内では名前が一致し，なおかつ異言語グループ間では，異なる名前をもっていた（パターン2）。3カ所全てで異なる名前が得られたというものも4種あった（パターン3）。なお1種だけ，1カ所において二つの名前が採集された。その二つの名前の一つは同一言語グループのものと同じであり，もう一つは異言語グループのものと同じであった。これはパターン2の特殊な場合として考えることにする。結局，パターン1が9種，パターン2が28種，パターン3が4種ということになる。

　この「3カ所植物」において，名前の一致と言語系統の関係について考えると，同一言語グループ内では，41種中37種において一致が見られ，一方，不一致は4種であった。この一致度の高さは，上記の「2カ所植物」の場合よりも若干勝っている。

　異言語グループ間では問題が少々複雑になる。まず，同一言語グループ内で不一致の見られた4種は除外して考える。次に，一方の言語グループでは2カ所で採集しているのに対し，もう一つの言語グループでは1カ所のみで採集されているのであるが，その1カ所のみでの採集名をその言語グループの共通名と考える。すると，異言語グループ間では一致が37種中9種，不一致が28種となる。ここでも，「2カ所植物」と同様にかなり高い不一致が見られる。

「4カ所植物」

　64種類の植物がこのカテゴリーに属するものであった。名称のパターンは4種類になった（表9-4）。全ての採集地での名前が一致するというものが64種中17種であった（パターン1）。パターン2は，同一言語グループ内では同一名が用いられているが，異言語グループ間では異なる名前が用いられているものである。これは64種中43種を数えた。なお，ここでも，同一言語グループ内の一集団で2方名が採集され，その一つが同一言語グループの方と一致し，もう一つが異言語グループの名称と一致するという場合が8種あった。これもパターン2に含めた。ここま

表9-4 「4カ所植物」と名前の一致度

パターン1 (a,a), (a,a)	17
パターン2 (a,a), (b,b)	43
パターン3 (a,a), (b,c)	3
パターン3 (a,b), (c,d)	1

	一致	不一致
同一言語グループ	123	5
異言語グループ	17	43

表9-5 植物の一般性・有益性と植物名の一致度

	同一言語グループ			異言語グループ		
	総数（種）	一致数（種）	一致度（％）	総数（種）	一致数（種）	一致度（％）
2カ所植物	57	50	87.7	41	5	12.2
3カ所植物	41	37	90.2	37	9	24.3
4カ所植物	128	123	96.1	60	17	28.3

では，同一言語系統内では，同一の名称が用いられていた場合である。パターン3では一方の言語グループ内では同一の名称が採集されたが，もう一つの言語グループ内では名称が一致しなかった場合である。これは3種あった。パターン4は，4地点全てにおいて異なった名前が使われているという特異な例であり，1種だけであった。

　この4カ所植物群においても，名前の一致と言語系統の関係について考えてみたい。ここでも同一言語グループ内で異なる名称が使われている場合（パターン3とパターン4の合計4種）が問題となるが，まず，全てのケースにおける同一グループ内の一致不一致を見てみよう。そのためには，全ての組み合わせを考えればよい。すなわち，パターン1からパターン4までの同一言語グループをなすペアは総数128組である。そのうち，名称が一致しているものが123組，不一致が5組となり，同一言語グループでは圧倒的に一致が多いことが分かる。次に，異言語グループ間での一致を考えてみる。これは上記3カ所植物の場合と同じように同一言語グループ内で不一致になっている種を除くならば，すなわち，パターン1とパターン2だけで考えると，一致が60種中17種，不一致が43種となる。

　以上の採集された場所数と植物名の一致度について表とグラフにまとめた（表9-5，図9-3）。グラフから明らかなように，2カ所以上の地点で採集された全ての植物について，同一言語グループ内での名称の一致度はほぼ90％前後，あるいはそれ以上である。一方，異言語グループ間では名前の一致度は10％から30％程度と低い。しかし，どちらの系列においても植物のポピュラリティーが高くなるにつれ，一致度も上がっていることが分かる。特に異言語グループ間においては，2カ所植物では12％しか一致しなかったものが，4カ所植物になると28％と，2.5倍にまで一致度が上昇している。

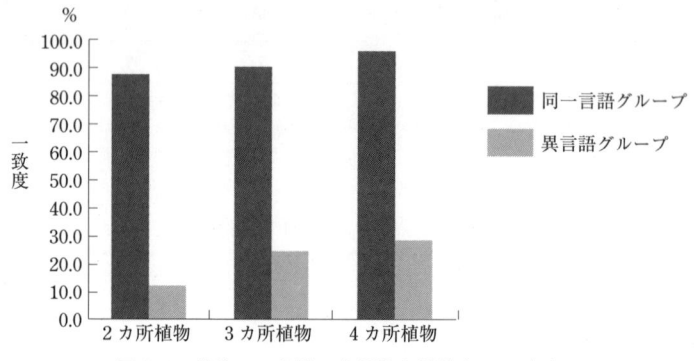

図 9-3 植物の一般性・有益性と植物名の一致度

　同一言語グループ内で名称が一致するのはごく自然である。一方，異言語グループ間で名称が一致するのはどういうわけであろうか。特にバントゥー語と中央スーダン系の言語のように，完全に系統の異なる言語間では，偶然に語彙が一致する可能性はかなり低いだろう。したがって，それらにおいて共通の語彙が使われている場合には，そこには何らかの理由がなければならないはずである。たとえば，どちらか一方が，他方の語彙を借用してわがものとしてしまったというようなことである。こういった借用例は二つの言語集団が地理的に接触しているような場合にはよく起ることである。そこで，イトゥリの場合にも，様々な言語のあいだでの語彙の借用関係の可能性について考えなければならないだろう。これについては，考察で論ずることにしたい。

植物の用途と名前

　ここで植物の用途とその名前との関連について検討してみたい。材料としては上記の4カ所植物を使うことにする。すでに述べたように，これら4カ所植物の多くは，日常生活においておおいに有用，あるいははっきりとした特徴をもつ，いわば人目を引く植物である（付表9-1）。

　まず，4か所全てで同じ名前をもつと考えられるのは17種ある。そのうちの6種（*Dioscorea mangenotiana, Dioscoreophyllum cumminsii, Gambeya africana, Irvingia robur, Irvingia wombulu, Tieghemella africana*）は，狩猟採集民の重要な栄養源となる食物であり，2種（*Piper guineense, Solanum* sp.）は調味料ならびに嗜好品として，2種（*Bridelia micrantha, Cola lateritia*）は季節になると大量の食用昆虫（イモムシ）が住みつく重要な木である。また物質文化としては2種類，*Ficus exasperata* と *Scaphopetalum thonneri* があるが，前者は葉のざらざらした表面が紙やすりとして用いられ，後者はその細い幹を用いて居住用の小屋の骨組みや釣り竿などが作られる。*Barteria*

表9-6 「4カ所植物」と用途，名前の一致度

用途カテゴリー	同一名称(種)	異名称(種)	計(種)	割合(%)	植物利用全体(種)	割合(%)
1) 食用	6	16	22	42	123	11
2) 物質文化	3	12	15	29	372	32
3) 薬用	0	1	1	2	205	18
4) 儀礼用	1	1	2	4	235	20
5) 間接的利用	3	3	6	12	69	6
6) 毒	0	1	1	2	103	9
7) 嗜好品	2	0	2	4	18	2
8) その他	2	1	3	6	43	4
合計	17	35	52		1168	

fistulosa は，その茎に大きな刺しアリが多数巣くうというまぎれもない特徴をもっている。また *Uvariopsis congolana* は，イトゥリの森の全域でタブーの木，つまり，その枝や葉の1枚に至るまで一切傷をつけてはいけない木とされている。

次に，異言語グループ間で異なった名称をもつものをみてみよう。これらもほとんどが重要な植物である。食用としては16種が挙げられているが，3種類の *Dioscorea* はエネルギー源であり，4種のナッツ (*Antrocaryon nannanii, Irvingia gabonensis, Tetracarpidium conophorum, Treculia africana*) は脂肪分に富んだ栄養価の高いものである。果実を食するものとしては，*Aframomum* sp., *Anonidium mannii, Canarium schweinfurthii, Chytranthus mortehanii, Myrianthus* 属の2種，*Landolphia owariensis* の合計7種がある。また，*Rafia* はヤシ酒を採取する重要な植物であり，*Cola acuminata* は特にムブティのところでは，前出の *Solanum* の実と共につぶして煎じ，毎朝の嗜好品として欠かせない飲みものとなっている。

生業に関係の深い物質文化としては，弓の材となる *Aidia micrantha*，斧の柄に最適な *Pancovia harmsiana*，網猟用のネットの材としての *Manniophyton fulvum*，矢毒として用いられる *Erythrophleum guineense* と *Rauvolfia vomitoria*，結材として最も強靭で重宝される *Eremospatha haullevilleana*，屋根葺きや蒸し焼きの包み，結材など様々な用途をもつクズウコン科の植物 (*Ataenidia conferta, Marantochloa congensis, Megaphrynium macrostachyum*)，灯火として欠かせない *Polyalthia suaveolens*，黒い染料として用いられる *Rothmannia whitfieldii* など，どれもこれも日々の生活に直結した重要な植物の一群である。その他，イトゥリの主要な喬木種になっているマメ科ジャケツイバラ亜科の *Cynometra alexandri* と *Julvernardia seretii* もこのグループに入る。

表9-6には，異言語グループ間で同じ名称をもつか，あるいは異なる名称をもつかという区別と共に，それらの用途別種数を挙げた。用途別にみると食用とされ

るものが合計22種,物質文化に用いられるものが15種あり,これら二つの用途が他を大きく引き離している。これは,狩猟採集民の生活におけるそれらの用途の重要性を示すものである。ただし,この表9-6における4カ所植物の用途別の利用種数は,全体の植物の用途の分布とはかなりずれが見られる。採集植物の全体である780種あまりについてみた場合,最も多いのが物質文化の用途であり,全体の半数近くがこれに相当する。ついで多いのが儀礼・呪術用と薬用であり,全体の約20-30%がこの用途を持つ。しかし,この4カ所植物では,儀礼や呪術としての用途は数種ずつしか現れていない。一方,食用になるものは,全体的にみると10数%にすぎないが,ここでは40%以上と圧倒的に多い。これは食としての利用や物質文化としての利用が,素材そのものの性質に依存するところが大きく,一般化しやすいものであるのに対し,儀礼・呪術や薬用には,知識として個人的な変異がたいへん大きいという事情が反映しているものであろう。

　この食と物質文化の割合は,異言語グループ間で同一名称をもつ植物と,異なった名称をもつ植物とのあいだの相違をすこし反映しているかもしれない。すなわち,異言語グループ間で同じ名称をもつ植物の用途では,食と物質文化が全体の約50%であるのに対して,異言語グループ間で異なった名称をもつ植物の用途としては,食と物質文化が全体の80%にもに達しているのである。

　植物学的カテゴリーと植物名称の一致度とのあいだに特別の関連があるかどうかについては,得られたデータのかぎりでは,その可能性は低いと思われる。たとえば,食用となるヤマノイモ科の4種をみると,その一つ *Dioscorea mangenotiana* だけが全ての集団で *tumba* という同じ名前で呼ばれているが,他の3種は異言語グループ間では異なった名称で呼ばれる。また,食用となる栄養価の高いナッツを産出するイルビンギア属の3種の植物のうち二つについては全ての地域で同一名で呼ばれているが,他の一つは異なっているというぐあいである。

　いずれにせよ,これら4カ所植物は,多少の頻度の相違はあろうが,ほぼ森に一様に分布していると考えられる。またそれぞれ重要な用途をもつ植物である。そして,割合的にはそのうちの3分の2が,異言語グループ間では異なった名前で呼ばれており,3分の1が共通の名前で呼ばれているのである。名称の一致と用途とのあいだには多少の関係があるのかも知れないが,植物のポピュラリティーが高まると名称の一致度も高まるという以上のことはいえそうにないようである。この問題については,また考察で取り上げることにしたい。

9-3 ▶ 動物の名前と文化的属性

哺乳類

　次にイトゥリの森に生息する動物，特に哺乳類と鳥類の名称について見ていこう。動物は，多くの場合，食物としてたいへん重要であるが，その他の用途はかなり限定されている。哺乳類では毛皮が利用されることもあるが，その他の動物では，エボシドリの鮮やかな風切り羽根など，ごくかぎられたものしか利用されていない。その一方で，食物ではあるものの強いタブーが付着していたり，様々な病気をもたらすなど，動物には植物にはみられないようなシンボリックな意味が付与されている。そういった文化的属性についても検討する。

　まず哺乳類の名称であるが，イトゥリの森には60種以上の哺乳類が生息する。現在のところ，民族動物学的に比較可能な資料としては，ムブティ，およびエフェのどちらにおいても一つの集団についてのデータしか得られていない。すなわち，マワンボのムブティについて調べた市川(1982)とアンディーリのエフェに関する寺嶋(Terashima 2001)のデータである。したがって，動物の名称に関しては，それらのムブティとエフェとの語彙が一致しているか否かだけを問うことになる。

　マワンボおよびアンディーリの双方において，方名の判明している哺乳類は44種である（付表9-2，表9-7）。その44種のうち7種はアンディーリにおいて二つ以上の方名を得た。それらも含めて，9種がエフェとムブティで同一名で呼ばれており，35種が異なった名前で呼ばれていた。異言語グループ間の一致率は約20％である。

　動物学的カテゴリー別に考えるならば，森林環境に適応した霊長類と小型アンテロープ類であるダイカー類を含むウシ科の動物が13種と多い。そのうち前者では4種，後者では2種が同一名で呼ばれている。主生業である弓矢猟，網猟，槍猟などにおいては，原猿類やチンパンジーなどを除いた霊長類，ダイカー類をはじめとするウシ科の動物，そしてフサオヤマアラシなどが重要な獲物となっている。これらの動物のカテゴリーや重要性と，同一名称の有無との関係については，有意な相関はみえてこない。

　次に文化的属性を見てみよう。哺乳動物は食料としてたいへん重要である。しかし，同時にそれはいろいろな文化的規制によって覆われているものでもある（市川1977; Aunger 1992; Ichikawa 2007; 寺嶋1996; Terashima 2001）。人に食べられた動物はときとして様々な災いをもたらす。多くの場合，それは病気という形をとって現れる。特に問題となるのは，エフェにおいて「エケ」と呼ばれ，ムブティにおいては「クエリ」と呼ばれている動物である。それらの動物は，もし両親がそれを不用意に食

べると，その子どもに重い病気をもたらすものとして恐れられている。特に強いエケやクエリをもつ動物は，その姿を見ただけで子どもに災いが及ぶとさえいわれている。また，妊婦が食べると出産時に支障をきたしたり，胎児に影響を及ぼすといわれる動物も少なくない。乳幼児には上記のエケやクエリの動物はもちろん避けなければならない。イニシエーションの最中の少年少女に禁じられる動物もある。ただし，そういった食物規制は老人になるとほとんどなくなり，若者や子育て世代の人たちが禁じられている動物でも食べることができるようになる。そこで老人だけが食べることを許されている動物を「老人の肉」と呼ぶ。また，エフェやムブティには父系の出自集団があり，それぞれ，特定の動物を「集団の動物」としている。まったく自由に食べることのできる動物は，哺乳類では数えるほどしかいないのである。

　ここでは，そういった食物規制を哺乳動物の文化的属性として，エフェとムブティにおけるその一致度を調べた。44種の哺乳動物のうち，半数以上の26種が，エフェおよびムブティにおいて同じように何らかの食物規制の対象になっていたのである。

鳥類

　鳥類は哺乳動物とならんで，森の人びとにとって重要な動物である。特に鳥は食物としてよりも象徴的意味を担う動物として様々な役割や価値が与えられている。イトゥリの鳥についての民族学的な記録はきわめてかぎられているが，ムブティについては市川（市川 1984; Ichikawa 1998）のデータ，エフェについては筆者自身（寺嶋 2002）のデータを用いる。

　市川によれば，ムブティでは101種が同定され，また16種が未同定として記載されている。エフェにおいては筆者自身72種を記載したが，そのうち21種は未同定であるが，51種についてある程度の同定ができた。それらの種のなかで，エフェとムブティに共通したものとしては36種を数えることができた。ただし，1種はエフェの方名が分からなかったために，残りの35種について名称と文化的属性の比較を行った（付表9-3，表9-7）。

　35種のなかの14種がエフェとムブティで同一名で呼ばれており，21種が異なる名前で呼ばれていた。名前の一致度は40％と，上記の哺乳類の場合と比較して2倍である。鳥がこのように名前の高い一致を示すのは，一つにはその名づけ法に由来するものと考えられる。すなわち，鳥の名前には鳴き声をそのまま名称にした，いわゆるオノマトペが少なくない。たとえば，カンムリエボシドリは体の大きさとはでやかな羽，そしてその鳴き声によって多くの森の鳥のなかで，最も目立つ鳥である。かれらはしばしば人家の近くの木立につがいあるいは集団で飛来し「クラウ，

クラウ，コッ，コッ，コッ，コッ，コ」と大声で何度も鳴きかわす。その鳴き声からエフェでは「カリココ」，ムブティでは「クルココ」と呼ばれている。明らかにオノマトペである。セネガルコウカルも白と茶の際立った色彩の体色をもち，見まがうことなき鳥である。そしてその声は「イ，フィ，フィ」「イ，フィ，フィ」と，するどく落ち込むような陰鬱な調べをもっている。そこで，この鳥もその独特の鳴き声そのままに，エフェでは「イフィフィ」，ムブティでも「フィフィ」と呼ばれている。

　同一名をもつ14種の鳥の名前のうち，鳴き声のオノマトペによると思われるものは8種を数えた。全鳥類では，エフェおよびムブティのいずれにおいても30-40％程度がオノマトペによる名前と思われる。それと比較すると，同一名をもつ鳥の名前にはオノマトペが使われている割合が高い。

　哺乳動物と同様，鳥たちもまた食物規制の対象となっている。エフェでは上記のカンムリエボシドリはきわめて強力なエケをもつと恐れられている。セネガルコウカルやフクロウ類，ツバメ類は完全に食用を拒否された「悪い鳥」である。エボシクマタカなど猛禽類は「老人の肉」とされている。また，セキレイは村の鳥としてむしろ尊重されており，これも食の対象とならない。エケやクエリとされる鳥も多い。このように，エフェにおいては35種中20種，またムブティでは14種が食用にされない「悪い鳥」，あるいは何らかの理由から食物規制のある鳥となっている。

　食物規制以外に，鳥に付与された文化的属性として注目されるのは，種によっては他の特定の動物と関係をもつとされていることである。エフェおよびムブティのいずれにおいてもカワセミ類は「ゾウの鳥」と呼ばれている。かれらはゾウが近くにいると，大きな鳴き声をたてて人間たちにそのことを教えたり，あるいはよく目立つ赤い嘴でその方向を指し示すといわれる。またある種のヒヨドリたちは，しばしばダイカーの群れと共にいるので「ダイカーの鳥」と呼ばれる。アフリカヒヨドリは「キノボリセンザンコウの鳥」であるといわれるが，その理由は不明である。この他，ヒョウ，オカピ，バッファロー，およびカワイノシシなどもある種の鳥と関係を持つとされる（付表9-3）。植物との連合が指摘されている鳥もいる。ムシクイの一種は，方名キソンビと呼ばれる *Dioscoreophylum cumminsii*（エフェおよびムブティの双方で同一名）の根茎のあるところにいるとされている。それゆえ，双方の方名も「キソンビの鳥」である。しかし，この鳥がキソンビを食べるわけではない。このように，これらの組み合わせは何らかの生態学的根拠をもつ場合もあるが，まったく恣意的な場合もある。

　以上，鳥に関して，食としての規制の有無や他の動植物との連合などの文化的属性についてエフェとムブティの比較を行った結果，共通に認識されていた35種のうち22種が類似した属性をもつことが明らかになった。哺乳類の場合と同様に，異言語グループ間での鳥の属性の一致度はかなり高いものといえよう。

表 9-7 哺乳類と鳥類の名称と属性の一致度

哺乳類	名称	種数（％）	属性	種数（％）
	一致	9 (20)	一致 不一致	6 (67) 3 (33)
	不一致	35 (80)	一致 不一致	20 (57) 15 (43)

鳥類	名称	種数（％）	属性	種数（％）
	一致	14 (40)	一致 不一致	10 (71) 4 (29)
	不一致	21 (60)	一致 不一致	12 (57) 9 (43)

名前と属性

　ここで哺乳動物と鳥における名前の一致と属性の一致との関連をみてみよう。表9-7に哺乳動物ならびに鳥類の名前の一致度と属性の一致度を示した。

　まず，哺乳類と鳥を比べてみると，名前の一致度は鳥の方が高い。これは前述のように，鳥の名前にはオノマトペがよく用いられていることと関連するものと思われる。

　次に，哺乳類と鳥のいずれにおいても，名前が一致するものの属性の一致度の方が，異なる名前のものについての一致度よりも少し高いことがみてとれる。ただし，名前が一致しなくても属性が一致するものが，いずれにおいても半数以上あったのである。一方，名前が一致しても属性については一致しないというものも30％前後あった。したがって，これらの数値から，名前の一致と属性の一致との相関関係を語ることは困難と思われる。

　ただし，哺乳類と鳥類のいずれにおいても名前の一致度よりも属性の一致度の方がかなり高くなっている。植物については，ムブティとエフェは，多くの植物をたとえ名前が異なっていようとも，同じように利用していることはすでに見たとおりである。名前と属性の一致についての判断基準が異なるために，単純に比較はできないが，名前よりも属性の方がより暮らしに密着しており，共通性が保たれやすいということかも知れない。

　ピグミー文化の祖型においては，哺乳動物も鳥類も同一名・同一属性であったはずである。そして名前と共に属性も農耕民との接触による変化を被ったと思われるが，その変化の度合いは同一ではなかったのである。現在見られるような植物利用や動物に関する共通した属性付与がピグミーたちのオリジナルな文化に由来するも

表 9-8　植物名と動物名の一致度

	一致	不一致	一致度（%）
2カ所植物	5	36	12
3カ所植物	10	27	27
4カ所植物	17	43	28
哺乳動物	9	35	20
鳥類	14	21	40

のであるとしたら，それらは名称よりも堅固なものであり，それゆえ現在でも広く用いられているのであろう。ピグミーとの接触以前には，農耕民たち自身は哺乳動物や鳥に対してそのような属性の付与をしていなかったとするならば，ピグミーたちのそのような文化的実践の存続に対する障害が少なく，残りやすかったとも考えられる。なお，今日では食物規制などは農耕民にもかなり共有されている。

9-4 ▶ 考察

植物名，動物名とピグミーのオリジナルな言葉

　これまで見てきたように，エフェとムブティのあいだでは，植物名および動物名において少なからず種における一致がみられた。植物については12％から30％，ほ乳類では20％，鳥類では40％もの種において共通名が使われていた（表9-8）。現在エフェとムブティが母語としているレッセ語およびビラ語は，前者はナイル・サハラ語族，後者はニジェール・コルドファン語族と，系統的にまったく異なる言語であり，植物および動物についての共通語彙はほとんどないはずである。したがって，両者において共通の植物名および動物名がかなりの数みられるということは，単なる偶然の一致ではなく，両者間における語彙借用など，何らかの理由を考える必要があるだろう。しかし，問題はレッセ語とビラ語との比較だけではすまない。すなわち，ピグミー語の可能性も考慮しなければならない。ビバヤ語についてのルトゥゼイの見解はすでに紹介したが，イトゥリの言語地図においても，ピグミー語の存在が十分に考えられてよいだろう。

　まずいくつかの仮説を検討してみよう。その前提として，イトゥリで採集された植物名称および動物名称の全てが，レッセ，ビラ，あるいはピグミー起源であり，他所からの移入はないものとして考えてみよう。また，農耕民との接触以前にはピグミーは単一のオリジナルなピグミー語をもっており，森の動植物には全てピグミー語の名称がついていたとしよう。一方，サバンナ出身であるレッセあるいはビ

表 9-9 名称変化の可能性

	レッセ	エフェ	ムブティ	ビラ	
接触以前	X	A	A	Y	
接触以後　一致名称	A	A	A	A	仮説1
	X	X	X	X	仮説2
	Y	Y	Y	Y	仮説3
不一致名称	X			Y	仮説4
	A			Y	仮説5
	X			A	仮説6

ラにおいては，しばしば森の動植物の語彙が欠けていた可能性がある。この前提のもとに，その名称の一致の由来を考えると，表9-9に示したような関係が考えられる。まず，レッセ＆エフェとビラ＆ムブティという異言語グループにおいて名前が一致しているもの（これを「一致名称」と呼ぶことにする）については，以下の三つの仮説が立てられるだろう。

　(1) ピグミー語がそのまま残った。農耕民はそれを借用。
　(2) レッセ語がそのまま残った。ピグミーとビラはそれを借用。
　(3) ビラ語がそのまま残った。ピグミーとレッセはそれを借用。

「一致名称」についての最もシンプルな仮説は，ピグミー起源の名称がそのまま残ったとするものである。農耕民との親密な接触を通じてピグミーたちのオリジナルな言語は，ほとんど農耕民の言葉に置き換わってしまったのであるが，森の動物や植物についてはピグミーたちの知識の方が農耕民よりもはるかに豊かであったために，ビラやレッセもそれを採用し同じ言葉を使用することになったという筋書きである。もし，ビラやレッセにそういった動植物の語彙が欠けていれば，その可能性は高まるだろう。ビラ，レッセ，ムブティ，エフェの民族集団の全てで一致名称が使われるようになった理由としては，これが一番考えやすい想定である。しかし，もちろん，別の理由も考えられる。たとえば，すでに指摘したように，植物では有用性の高いものあるいは知名度の高いものほど，一致名称の割合が高くなる傾向にあった。すなわち，植物の有用性の高さは名前の共通化に寄与したものと考えられる。また，鳥類の場合は鳴き声がきわめて重要である。そして，その鳴き声をもとにオノマトペによって名称がつけられているものでは名称の共通度が高い。それらは一致名称が発生する要因の一つであり，一致名称についてその同一起源を必ずしも想定しなくてもよいことになる。

　仮説の (2) と (3) は可能性が低いと思われる。一方の農耕民が自分たちの母語を捨て他の農耕民の言葉を借用することになったとは考えにくいからである。ビラとレッセとのあいだにそういった事態をもたらしたような密接な関係，あるいは征服と隷属といった接触の事態は知られていない。ただし，ここでもいずれかの農耕民

表9-10 複方名種（4カ所植物）一覧

用 途	学 名	エフェ名	ムブティ名	備 考
薬	*Alstonia boonei*	mokpo (+ode, +akima)	ekimo	stomach(3), wound(1)
	Croton haumanianus	acutengitalu, sumbe/biloo	tengwe	eke/kweri(3), gonorrhea(1)
	Roureopsis obliquifoliolata	aluman (+ndindina)	ndindimyo	wound(4)
物質文化	*Antiaris welwitschii*	chonge (+sopa)	supa	barkcloth
	Calamus deerratus	ekpekpe (+ndundukpe)	lekwe (+akpekpe)	binding
	Trichillia sp.	gbombo	ehamba (+gbomgbo)	wood(3)
毒	*Parquetina nigrescense*	kolokuko (+mutalikuko)	mutali	arrow-poison
	Tephrosia vogelii	ruru	bappi (+ruru)	fish-poison

集団において当該の語彙が欠如していたならば，その可能性もあるだろう。

次にレッセ＆エフェとビラ＆ムブティにおいて名前が異なっているケース（表9-9の「不一致名称」）についても，以下の三つの仮説を考えることができる。

(4) ピグミー起源の言葉は全て失われ，ビラとレッセの語彙がそれぞれ残った。
(5) ビラの言葉は残ったが，レッセの言葉はピグミー語にとって代わられた。
(6) レッセの言葉は残ったが，ビラの言葉はピグミー語にとって代わられた。

「不一致名称」において最もシンプルな仮説は，ピグミー起源の言葉は全て失われ，ビラとレッセの語彙がそれぞれ残ったとする仮説(4)である。イトゥリでは狩猟採集民と農耕民との密接な交流の結果，大幅な言語の置換が起ったことは間違いないし，動植物名も当然そのなかに含まれていたはずである。したがって，多くの動植物名については，ピグミーたちも農耕民の語彙を使うようになったことは十分に考えられる。特に，農耕民たちはピグミーたちよりも高い社会的・政治的ステータスをもっており，ピグミーの側に言語の交代が起ることは不自然ではない。

たとえばクワ科 *Musanga cecropioides* は，畑のなかや二次林などにきわめてよく見かける木で，その特有の葉の形状から英語ではパラソルツリーと呼ばれている。エフェでは *kele*，ムブティでは *kombo* と呼ばれている。後者の *kombo* は，バントゥー系およびウバンギ系の言語のなかではごく一般的に用いられている語彙で，スワヒリ語でも *kombokombo* という形が用いられている。したがってムブティが現在使用している語彙は明らかにビラ語などから借用したものであろう。

仮説(5)および仮説(6)は，一方は農耕民の言葉が残り，もう一方はピグミーの言葉が残ったというものである。二つの言語が接触し，どちらかの語彙が残るとする場合，必ずしも一方だけが全面的に勝利するとはかぎらない。割合は低くてもピグミーの語彙が農耕民の語彙にとって代わる場合を考えてもよい。やはり，どちらかの農耕民において対応する語彙が欠けていた場合には，ピグミーの言葉が農耕民にも使われたということは起こりうるだろう。

ここで名称変化のプロセスを暗示すると思われる事例を検討してみよう。651種の植物について，採集地別ならびに集団別に数えると総合計1024点の植物につい

ての名称が得られた。ほとんどは1点につき一つの名前であったが，69点については複数の名前が採集されたのである。このような複数の方名は何を意味するのであろうか。「4カ所植物」のデータについて見てみよう（表9-10）。そのほとんどが，ある集団において採集された複数個の名称のうち，一つは同じ言語系統で共通するものであり，もう一つは，異なった言語系統において共通するという形であった。これらの事例は，オリジナルな名称と，異なる言語グループから新しく採用した名称との併存状態という，語彙変化の中間状態を示すものかも知れない。

さて，これまでの検証から，異なる言語系統間でも同じ名前が用いられている場合には，その名前はピグミー由来の可能性が高く（仮説(1)），異なる言語系統間では異なる名前が用いられている場合には，その名前は農耕民に由来する可能性が高い（仮説(4)）との結論が導きだされるかも知れない。すなわち，農耕民たちがそれまで認識していなかった森林の動植物についてはピグミーの言葉が使用され，農耕民たちがすでに知っていた動植物については農耕民の語彙が使われるようになったという考えである。しかしながら，森林地帯に特有のクズウコン科の植物や，ダイカー類や霊長類などの森林性の動物の多くが，異なる言語系統間では異なる名前が用いられている。その場合，仮説(4)を認めるのであれば，それらは農耕民に由来したとしなければならない。そういったことなどを考えると，上記の仮説だけで説明がつくほど単純ではないことは明らかである。

ここで，上記の仮説の前提そのものについても再検討する必要がある。まず，現在の動植物名がビラ，レッセおよびピグミーのいずれかに由来するものであるという前提である。すなわち，イトゥリの森の外からまったく異なる語彙が入ってきた可能性も考えなければならない。表9-9において，A, X, Yのいずれかの語彙が"Z"という新しい語彙と置き換わってそれが残った場合である。他民族の用いている名称がある強力な付帯的特徴，たとえば，呪術的な要素とか，新しい生活習慣などと強く連合して森に入ってきたということは十分ありうる。そして，それが瞬く間に森の全域に広がり，各所でその名前で認識されるようになったというような事態もあるだろう。外来の一致名称の誕生である。また，イトゥリの全域に広がらずとも，ビラ・ムブティ，あるいはレッセ・エフェのどちらかの言語グループにおいてそういった事態が起きたということも当然あるだろう。この場合には不一致名称となる。

たとえば，マメ科の草本である *Desmodium adscendens* は，アンディーリでは *kalangakalanga*，テトゥリとマワンボでは *amakalangakalanga* と呼ばれている。これは明らかに同一名称であるが，その由来は落花生を意味する *kalanga* というスワヒリ語である。すなわち，この草本はたしかに落花生に似た葉をもっており，すぐそれと分かる。もしかすると，この草本にはもともと方名はなかったのかも知れない。作物としての落花生が入ってきて以来，その名が使われるようになったという

可能性がある。

ピグミー語の柔軟性と社会の流動性

　もともとピグミーは言語をもっていなかったという仮説もないわけではない。ピグミーは最も古い人類であり，かれらが分岐したのは，まだホモ・サピエンスは言語を獲得する以前であった，そしてピグミーたちの分岐後に言語獲得が起ったが，ピグミーはもとの状態のまま，他民族に接するまで「無言語」であったという仮説もある。もちろん仮説でしかない。現在，アフリカの諸民族の起源についてのミトコンドリア DNA の分子遺伝学的な研究から，クン・ブッシュマンとビアカ・ピグミーたちの系統が最も古く，12万5000年－16万5000年前に遡れるといわれている (Chen et al. 2000)。一方のクンが独自言語をもち，もう一方のビアカは言語をもたないというのは仮説の矛盾である。また，チェンらの研究では，ムブティたちが分岐したのはずっと後のことであるとされる。ムブティたちも見てきたようにオリジナルな言語はほとんど消失しているのであり，ここにも矛盾がある。

　さらに，素直に考えて，言語をもたなかった人間が，他の民族と接触したとたんに自由に言語を操ることができるようになるとはとても信じられない。現存するピグミーたちの言語能力が他に劣るものではないことは明らかである。スワヒリ語やリンガラ語など地域の共通語も含めて，周辺の諸民族の複数の言語をほとんど習得し，また，植民地化以降は，公用語として強制されたフランス語なども習得している者が少なくない。ピグミーのオリジナルな言語の消失は，やはり文化接触のせいであると考えるしかないようである。

　先にも述べたが，イトゥリの森の狩猟採集民であるエフェとムブティの双方共に生活のあらゆる面において隣接する農耕民と緊密な関係を保っている。すなわち，擬制的親族関係に基づく社会関係，一般的互酬性に基づく経済的交換，儀礼の共同実施，食物規制などの文化的習慣の共有である。場所によっては，農耕民の男性とピグミーの女性とのあいだに高頻度の通婚がみられる。イトゥリの狩猟採集民と農耕民との関係はきわめて入り組んでおり，ときにいわれるような「主人と従者」という関係をはるかにこえている。普通農耕民の方がより優位な立場にいると考えられるが，ときとしてはそう簡単ではない。農耕民のある者たちは，自分の親類と一緒に暮らすよりもピグミーと暮らすことを好んでいる (Grinker 1994; Terashima 1998)。両者は一緒にはならず，また決定的に離れるわけでもない。様々な複雑な事情の絡み合いのなかで持ちつ持たれつといった生活を送ってきた。かれらのオリジナルな言語の消失と現在も使われている森の言葉も，そういう歴史のなかで生成してきたのであろう。

　言語の消滅という事態は珍しいことではないだろう。身近なところでいえば，北

海道のアイヌ語はそういった絶滅の危機に瀕した言語であることは間違いない。中国では少数民族の言語の多数が危機に瀕しているといわれている。ただし，ピグミーたちはそれらの諸民族のように抑圧的な状況下につねにおかれてきたわけではない。かれらには森という巨大な避難場所がつねに存在したのである。他民族と会話をするときはともかく，自分たちしかいない森のキャンプにおいても，自分たちの言語をほとんど使わなくなってしまったという徹底ぶりは不思議としかいいようがない。こういったことを考えると，ピグミーたちの性向としては，自らの言語の維持にまったくこだわらないという文化的特質が昔から存在したということなのかも知れない。

　いずれにせよ，現在，エフェおよびムブティで使われている動植物名がいかなるルーツをもつかは，その単語自体の精密な言語学的分析ならびに森の周囲に広がる農耕民たちを含む広範な比較言語学的研究が必要であろう。そのいずれもが，残念ながら，我々の手に余るものであることは明らかである。全て今後の研究を待つしかないが，少なくともピグミーという人びとは，融通無碍の軽やかさをもって森の歴史を生きてきた人びとであるということは忘れてはならないだろう。

　ピグミーの言語使用の柔軟性に関しては，やはりルトゥゼイ (1976) が紹介しているカメルーン南部のビバヤ・ピグミーはその格好の事例となるだろう。すなわち，ビバヤが用いる 72 の植物名称語彙と中央アフリカの首都バンギの近辺にすむウバンギ系農耕民のバカ - ボカンガ (baka-bocanga＝ngbaka) 語ならびにバントゥー系農耕民のリソンゴ (lissongo) 語の比較を行ったところ，ビバヤ語とバカ - ボカンガ語には 15 の共通語彙があり，リソンゴ語とのあいだには 11 の共通語彙が見つかった。そして 15 の語彙は 3 者で共通しているものであった。ビバヤ独自のものも 31 あった。ビバヤ語は言語的にはウバンギ系であり，リソンゴ語とは共通性が乏しいように思われるのだが，現実にはそうではないことが分かったのである。すなわち，ビバヤ・ピグミーは言語的にはウバンギ系ではあるものの，語彙としてはバントゥー系の語彙もいろいろ取り入れ，また自らの語彙も生かして自在に使用しているということなのである。

付表 9-1　4 カ所植物一覧

1) Same-name-plants						
use category	species	Efe name	Mbuti name	main use	other use	
food	Dioscorea mangenotiana	toba/tumba	tumba	tuber		
	Dioscoreophyllum cumminsii	kisombi	kisombi	tuber, fruit		
	Gambeya africana	malinda	elinda	fruit		
	Irvingia robur	bute	ebute	nut		
	I. wombulu	toutou	tou (+tubi, eholo)	nut		
	Tieghemella africana	ifou	fou	fruit		
material culture	Ficus exasperata	awasa, masawa	masawa (+kawa)	sandpaper		
	Scaphopetalum thonneri	mbaka	mbaka	wood (3)	whip for init. (E,M)	
	Vepris louisii	munduluka	mutuluka	bow		
taboo	Uvariopsis congolana	akobishi	akobishi	whole tree		
narcotics	Piper guineense	beka	abeka	seed	ornament (2E)	
	Solanum sp.	ngbako	ngbako	fruit		
indirect use	Barteria fistulosa	tonjakpa, tunza	echunja	bait (3)	tonic for men (2M)	
	Bridelia micrantha	munjaku	enjeku	caterpillar		
	Cola lateritia	toko, ndoko	toko	caterpillar		
various	Olyra latifolia	ngbere	bangbile	cough (2), enema-pipe (2)		
	Piper umbellatum	kombukombu	budokomu	various		

2) Different-name-plants						
medicine	Citropsis articulata	fekekpa (+adekindelindu)	amesalosalo	chest-pain (2E), baby (2M)	fruit (2M)	
food	Aframomun sp.	mbembe	ngemoa	fruit		
	Anonidium mannii	taku	ebambu	fruit		
	Antrocaryon nannanii	kango	esenge	nut		
	Canarium schweinfurthii	opi	mbe	fruit	resin	
	Chytranthus mortehanii	surusuru	sesemu	seed		
	Cola acuminata	eme	liko/sombou (+moko)	seed		
	Dioscorea bulbifera	tee	konjo	tuber, bulb		
	D. praehensilis	kango	aduaka (+amengese)	tuber		
	D. smilacifolia	apa	etaba	tuber		
	Irvingia gabonensis	ambele	esele	nut		
	Landolphia owariensis	ndene	buma	fruit		
	Myrianthus arboreus	akawa, akawakawa	mbombo	fruit		
	M. holstii	akawafefe, kawakawa	bembekenye, mbwembwe	fruit		
	Raphia sp.	tifa	libondo	sap, various		
	Tetracarpidium conophorum	angetti	tobye	nut		
	Treculia africana	nduku	pusia	seed		
material culture	Aidia micrantha	karu	tiba	bow		
	Ataenidia conferta	gefe	bulu	wrapping		
	Desplatsia dewevrei	chombi (+okutaji)	esuli	brush		
	Eremospatha haullevilleana	enji	mbopi	binding		
	Erhtrophleum guineense	anjoafa	tafa	charcoal (3)	arrow-poison (3)	
	Manniophyton fulvum	sudi	kusa	net		
	Maranthochloa congensis	keru	toto	basketry		
	Megaphrynium macrostachyum	ngilipi	ngongo	wrapping, thatching		
	Musanga cecropioides	kele	kombo	wood		
	Pancovia harmsiana	alelau (+tama)	engango	axe-handle	fruit (3)	
	Polyalthia suaveolens	ketu (+mulange)	eta (+emole)	torch		
	Rothmannia whitfieldii	tato	ebembe/ebimbele	dye		
ritual/magical	Leptaspis cochleata	nzanza	sanesane/sasane	various (3)		
poison	Rauvolfia vomitoria	kimakima (+kokukoku)	bakatiyabamiki/masisi (+kwetakweta)	arrow-poison	wound (2), stomach (2)	
indirect use	Cynometra alexandri	ato	tembu	honey nectar		
	Julbernardia seretii	rofo	eko	honey nectar		
	Celtis sp.	arubese	kene	caterpillar		
others	Alchornea floribundus	popo	epese	various		

3) Intermediate-name-plants						
medicine	Alstonia boonei	mokpo (+ode, +akima)	ekimo	stomach (3), wound (1)		
	Croton haumanianus	acutegitalu, sumbe/biloo	tengwe	eke/kweri (3), gonorrhea (1)		
	Roureopsis obliquifoliolata	aluman (+ndindina)	ndindimyo	wound (4)		
material culture	Antiaris welwitschii	chonge (+sopa)	supa	barkcloth		
	Calamus deerratus	ekpekpe (+ndundukpe)	lekwe (+akpekpe)	binding		
	Trichillia sp.	gbombo	chamba (+gbomgbo)	wood (3)		
poison	Parquetina nigrescens	kolokuko (+mutalikuko)	mutali	arrow-poison		
	Tephrosia vogelii	ruru	bappi (+ruru)	fish-poison		

4) No-common-name-plants						
medicine	Spathodea campanulata	alipa, akuaku	njolo	stomach, eye, etc.		
food	Dictyophleba lucida	mangocha'aei, gbado'aei	malondo	fruit		
material culture	Ficus leprieuri	ipisaki, ipikalikoko	tumbu, sebya	barkcloth		
others	Costus afer	mukakamukaka, andiauodiodi	mbimbitu, tutuku	various		

付表 9-2　哺乳類の名前と属性

Order	Latin name	English name	Efe name	Mbuti name	name	character
Insectivora	Rhynchocyon cirnei	Giant elephant shrew	abeke	amapepepe	x	same
Insectivora	Potamogale velox	Giant Otter Shrew	akpebi	amepulu	x	x
Rodentia	Anomalurus sp.	Flying Squirrel	alope	embulu	x	x
Rodentia	Cricetomys emini	Giant Rat	apuru	apenbe	x	same
Rodentia	Thryonomys sp.	Cane Rat	taru	sengi	x	same
Rodentia	Atherurus africanus	Brush-tailed Porcupine	fele	njiko	x	x
Rodentia	Hystrix sp.	Crested porcupine	ikule	njingi	x	x
Pholidota	Manis gigantea	Giant Ground Pangolin	kate	tope	x	same
Pholidota	Manis tricuspis	Tree pangolin	oku	eboso	x	same
Primates	Euoticus elegantulus	Needle-clawed Galago	gbanga	ekpanga	same	same
Primates	Galagoides demidovi	Dwarf Galago	gbenjikeke/besi	epinje	x	x
Primates	Perodicticus potto	Bosman's potto	abende	abaku	x	x
Primates	Papio anubis	Anubis Baboon	meba	apula	x	same
Primates	Cercocebus albigena	Grey-cheeked Mangabey	akputu	akputu	same	x
Primates	Cercocebus galeritus	Crested Mangabey	angara	angala	same	same
Primates	Cercopithecus ascanius	Red-tailed Monkey	tepe/gima	mbeke	x	x
Primates	Cercopithecus mitis	Blue Monkey	asaba	saba	same	same
Primates	Cercopithecus mona	Mona Monkey	cabira/mudurupu	mbengi	x	same
Primates	Colobus abyssinicus	Abyssinian B&W Colobus	bururu/ngeru	mbolo	x	same
Primates	Colobus angolensis	Angolan B&W Colobus	muko	mbela	x	x
Primates	Colobus rufomitratus	Red Colobus	aboi	masakpu	x	same
Primates	Pan troglodytes	Chimpanzee	andikobunde	siko	x	x
Carnivora	Panthera pardus	Leopard	kau	muli	x	x
Carnivora	Mellivora capensis	Ratel	kurukuru/abebeu	kunbukunbu	same	same
Carnivora	Atilax paludinosus	Marsh Mongoose	andikao/taca'akputu	apakekeke	x	x
Carnivora	Bdeogale nigripes	Black-footed Mongoose	esafu	ndele	x	x
Carnivora	Crossarchus alexandri	Dark Mongoose	kpolokpolo	kpolokpolo	same	x
Carnivora	Viverra civetta	African Civet	camu	samo	same	x
Tubulidentata	Orycteropus afer	Aardvark	ingbo	ngibo	same	same
Hyracoidea	Dendrohyrax dorsalis	Tree Hyrax	yama	shoka	x	same
Proboscidea	Loxodonta africana	Forest Elephant	oku	mbongo	x	same
Artiodactyla	Hylochoerus meinertzhageni	Giant Forest Hog	balike	ekuma	x	same
Artiodactyla	Potamochoerus porcus	Bush Pig	tiko	ngoya	x	x
Artiodactyla	Hyemoschus aquaticus	Water Chevrotain	bbefe/ambaka	ahele	x	same
Artiodactyla	Okapia johnstoni	Okapi	okapi/bote/babbo	mboti	same	same
Artiodactyla	Tragelaphus euryceros	Bongo	soli	syoli	same	?
Artiodactyla	Cephalophus callipygus	Peters's Duiker	raka	apole	x	x
Artiodactyla	Cephalophus dorsalis	Bay Duiker	iti	kuha	x	same
Artiodactyla	Cephalophus leucogaster	Gabon Duiker	tau	seke	x	same
Artiodactyla	Cephalophus monticola	Blue Duiker	medi	nbuku	x	x
Artiodactyla	Cephalophus nigrifrons	Black-fronted Duiker	munju	nge	x	same
Artiodactyla	Cephalophus sylvicultur	Yellow-backed Duiker	toci	moinbo	x	same
Artiodactyla	Neotragus batesi	Bates' Pygmy Antelope	apopo	anbilo	x	same
Artiodactyla	Syncerus caffer	Forest Buffalo	tupi	njali	x	same

第9章 森が生んだ言葉 | 189

付表9-3 鳥類の名前と属性

	family	species (Efe/Mbuti)*	common name	Efe name	Mbuti name	name	character	character(Efe)	character(Mbuti)
1	Accipitridae	Gypohierax angolensis	palmnut vulture	kaliisa	amakonbi	x	same	eke	kuweri
2	Accipitridae	Kaupifalco monogrammicus	lizard buzzard	sekpi	segbe	same	x	for olds	
3	Accipitridae	Lophaetus occipitalis	long-crested eagle	pelekesi	sombouko	x	x	for olds	nba
4	Phasianidae	Agelastes niger	black Guinea-fowl	gbegbegbe	gbengbengbe	same	x	for olds	
5	Phasianidae	Francolinus sp.	a kind of francolin	aloko	ekombi	same	same	leopard	leopard, ekusa
6	Phasianidae	Guttera pucherani/ plumifera	crested Guinea-fowl	kaliango	kanga	x	same	eke	kuweri
7	Rallidae	Sarothrura pulchra	white-spotted crake	yambombo	amabonbonbon	same	x	ritual	for olds
8	Musophagidae	Corythaeola cristata	great blue turaco	kalikoko	kulkoko	same	same	eke	kuweri
9	Cuculidae	Centropus senegalensis	Senegal coucal	ififi	fifi	same	same	bad	for olds
10	Strigidae	?	owls	aku	apamuku	x	same	bad	bad
11	Coliidae	Colius striatus	speckled mousebird	musude	manjoa	x	same		
12	Alcedinidae	Cepx picta	African pygmy kingfisher	kouanjenje	mangamako	x	same	eke, elephant	eke, elephant
13	Bucerotidae	Bycanistes sp./ albotibialis	a kind of hornbill	tawa	ngawa	same	x	eke	ritual
14	Capitonidae	?	barbet	engu	ingnu	same	same		
15	Capitonidae	Pogoniulus bilineatus	lemon-rumped tinkerbird	kongbe	amapongotolo	x	x	bay-duiker	
16	Picidae	Campethera nivosa	buff-spotted woodpecker	andakuku	amanbere	x	same	bad	bad
17	Hirundinidae	Psalidoproone nitens	square-tailed saw-wing	kuruba	byanbya	x	same	bad	bad
18	Motacillidae	Motacilla aguimp	African pied wagtail	godingodi	manbiase	x	same	village	village
19	Pycnonotidae	Andropadus gracilirostris	slender-billed bulbul	bisolo	esholo	same	same	eke, duiker	duiker
20	Pycnonotidae	Andropadus virens	little greenbul	ndetu	kietu	same	same	good	
21	Pycnonotidae	Bleda syndactyla	red-tailed bristle-bill	kpekpe	gbengbe	same	same	duiker, leader	duiker, kuweri
22	Pycnonotidae	Criniger calurus	red-tailed greenbul	pioi	mbilie	x	x		leader
23	Pycnonotidae	Pyconotus barabatus	yellow-vented bulbul	akpupole	kpukpele	same	same	eke, pangolin	pangolin
24	Turdidae	Cossypha cyanocampter	blue-shouldered robin-chat	mutandi	alipandoi	x	same	bad	kuweri
25	Sylviidae	Camaroptera brevicaudata/ brachyura	grey-backed camaroptera	sie	amabe	x	same		
26	Sylviidae	Hylia prasina	green hylia	kisombikosa	amakisonbikisonbi	same	same	wild vegetable	wild vegetable
27	Muscicapidae	Dyaphorophyia castamea	chestnut wattle-eye	uengbamundurukpa	amekpongo	x	x	eke	
28	Muscicapidae	Schistolais leucopogon	white-chinned prinia	chichiri	dede	x	same		
29	Muscicapidae	Tepsiphon viridis	African paradise flycatcher	chekiki	suekeke	same	same	bad	kuweri, nba
30	Nectariniidae	Nectarinia olivacea	olive sunbird	njeba	amatinebulu	x	x	eke	eke
31	Oriolidae	Oriolus brachyrhynchus	western black-headed oriole	bukangoi	amakokobuo	x	same		
32	Ploceidae	Ploceus cucullatus	village weaver	alei	siele	x	x	eke	eke
33	Ploceidae	Ploceus nigerrimus	Vieillot's black weaver	aleiesa	siele	x	x	eke	eke
34	Dicruridae	Dicrurus sp.	a kind of drongo	apasa	apasia	same	same		
35	Estrildidae	Lonchura bicolor / fringilloides	black-and-white mannikin	manakulele	njinji	x	x	eke	

Field essay 1

森の恋占い

▶ 四方 篝

　私は焼畑農耕民を調査の対象としているので，森よりも畑に出かけることの方が多い。リュックのなかに，メジャーやら方位磁石やらロープやらいろんな調査道具をどかどか詰め込み，調査助手をひきつれて勇み足で出かけていく。ギラギラ照りつける太陽のもと，フィールドノートを片手に，畑のなかにある作物についてインタビューしたり，畑の面積を測ったり。

　でも，ときどき，気まぐれに森に出かけたくなることがある。ちょっと調査に行きづまったとき，畑に行く約束をすっぽかされたとき，妙に太陽の光がまぶしいなと感じたとき，私はなんだか森に誘われているような気分になるのだ。そんなある日，私は村に暮らすふたりの青年サクルとマリアを誘って森へ出かけた。

　「今日は，仕事（つまり，樹木の本数を数えたり，胸高直径を測ったりといった作業のこと）は無し。あなたたちといっしょに森を歩くだけ。でも，何かいいものがあったら教えてね。」

　ナビゲーションをまかされたかれらは，俄然はりきって森のなかへとずんずん進む。いつもはシャイでおとなしいかれらも，この日ばかりは饒舌だ。身振り，手振りを交えつつ，おもしろおかしくしゃべり始める。ときどき立ちどまっては，植物の名前やそれにまつわるエピソードを説明してくれるのだが，その一つ一つがとてもおもしろくて，私は結局フィールドノートを取り出すことになる。

　森に入って1時間ほど経ったとき，ふとかれらが足をとめた。そこには，矢羽根型をした籐の若葉がたくさん生えていた。「どうしたの？」と私は尋ねた。サクルは，にやっと笑い「この葉っぱは，ンガカ（*Eremospatha* sp.（ヤシ科））っていうんだ。アムール（amour：仏語で「恋」）について教えてくれるんだよ。」といいながら一枚の葉を両手でつかんだ。そして，その矢羽根型の葉っぱの両端を持ち，ゆっくりと左右に裂いていく（図1）。しかし，葉柄まで達することなくその葉っぱはちぎれてしまった。「ウヘェ，だめだ。もう一回。」

横で笑いながらマリアが説明してくれる。「この葉っぱはね，アムールがうまくいくかどうか教えてくれるんだ。根元まできれいに裂けたらアムールはうまくいく。途中でやぶれちゃったら，アムールはうまくいかない。」そういわれて見てみると，まわりには「恋占い」をしたあと，つまり，ちぎれた葉っぱのあとがいっぱいある。「これ，みんなが試したの？」と聞くと，マリアは「そうだよ。カガリもやってみて。」といって，いたずらっぽく笑う。ふたりが見守るなか，私は緊張の面持ちで葉っぱをひっぱった。ピリピリピリという小さな音と共に，すうっと葉っぱはきれいに二つに分かれた。

図1　恋占いの葉「ンガカ」を手にするマリア（左）とサクル（右）

「ウヘッヘェー！！　カガリのアムールはうまくいくよ！」私とマリアは大喜び。その横で，サクルは3枚目の葉に手を伸ばしていた。結果は×。がっくりと肩をおとすサクルをなぐさめながら，私たちは帰途についた。帰り道，サクルがふと足をとめた。そばにあるクズウコン科の大きな葉っぱを切り取ったかと思うと，一本の木に近づいていった。それはバカ語で「カソ（未同定）」と呼ばれる樹木だ。彼はカソの木の根元に葉っぱをおくと，山刀を両手に持ち直し，その樹皮を削り始めた（図2）。

あきれ顔のマリアが私に説明する。「あれはね，アムールの薬。好きな女の子のごはんに，削った樹皮をこっそり混ぜて

図2　恋の媚薬「カソ」の樹皮を削るサクル。真剣な眼差しに注目。

おくのさ。食べた女の子はサクルのことを好きになる。」サクルにはどうやらお目当ての女性がいるらしい。恋の媚薬は効くのかしら？

（このエッセイは，2005年にカメルーン・フィールドステーションのホームページに書いた文章をもとにしている。）

第Ⅲ部

森をひらく

第10章

四方篝

バナナとカカオのおいしい関係
——カメルーン東南部の熱帯雨林における焼畑農耕とその現代的展開——

10-1 ▶ バナナがそだつ森

「バナナのおやこ」という童謡がある。幼いころ，私はこの歌が好きでよく歌ったものだった。実際に，地面から生えているバナナを見たことはなかったけれども，そのやさしいメロディは，青空をバックにさわやかな風に揺れるバナナの姿を私に思い描かせていた。しかし今，「バナナ」と聞いて私の頭のなかに浮かび上がる情景は，かつてのイメージとは似ても似つかぬ鬱蒼とした森と，そこにひっそりとたたずむバナナの姿である。

私が初めてそんなバナナに出会ったのは，カメルーンの森に暮らす農耕民バンガンドゥ（Bangandou）の村で，焼畑農耕に関する調査を始めたころのことだった。ある日，住みこみ先のお母さんが「バナナを収穫しにいくわ」というので，私もついていくことにした。彼女は山刀を片手に携え，ずんずんと森の小路を進む。森のなかを歩き慣れない私は，直径 1m はあろうかというような倒木や，足にからまる蔓草に何度もひっくりかえりそうになりながら，必死でその後を追った。すると，おもむろに彼女は方向を変え，人の背ほどもあるアフリカショウガの茂みに突き進んでいった。彼女は山刀を振りおろして，バサッ，バサッと茂みを切り開き，道をつけながら奥へ奥へと入っていく。迷子になる恐怖感にさいなまれつつ，必死で後を追う私の耳に「アヘァ！（これよ！）」という叫び声が聞こえてきたその瞬間，蔓のからまった木々に埋もれるようにして現れたのが，かのバナナである。

「ここが畑なの？」と尋ねる私に彼女は自信たっぷりに「イィ（そうよ）」と答え，そのバナナを切り倒した。彼女が畑だと称したその場所は，到底，畑と思えるような状況ではなく，「藪」か，むしろ「森」と呼んでもいいのではないかと思えるほど鬱蒼とした樹木が視界をさえぎっていた。「はて，バナナは森でそだつものなの

か？　いや，彼女は『畑』だといったではないか？」帰り道，お母さんの背中でゆらゆらと揺れるバナナの房を眺めながら，そんなことを考えていた。

　本章の対象地域となるカメルーン東南部はバナナ栽培が盛んな地域であり（Rossel 1998），そこに暮らすバンガンドゥはバナナを主要な作物とする焼畑農耕を行っている。日本人のバナナ消費量は年間ひとり当たり 6kg とのことだが[1]，バンガンドゥのそれは，なんと 380kg (可食部・新鮮重) にも達する (四方 2004)。森かと見まがうほどにずさんな管理状態の畑と，大量のバナナ。このいっけんちぐはぐな事実の背景には，いったい，どういうからくりがあるのだろう？　私のフィールドワークは，そんな疑問を紐解いていくことから始まった。

　バナナは東南アジアを起源地とするが，アフリカにおける栽培の歴史は古く，2000 年以上前にはすでに伝わっていたとされている (重田 2002)。ナイジェリアとカメルーンの国境付近を起源地とするバントゥー系農耕民は，紀元前後に中部アフリカの森林帯に進出し，コンゴ盆地の深部へと生活圏を広げていった。このようなバントゥー系農耕民の森林地帯への移動を推し進めたのは，農具としての鉄器の普及とバナナの流入であるとされている。バナナは森林という環境に非常に適した作物であるといわれるが，その理由として，従来の栽培作物であったヤムと比べて生産性が高くヤム栽培に必要とされる乾季を必要としないこと，耕起や整地の作業をほとんど必要とせず労働投下量が少なくすむことなどが指摘されている。東南アジアに起源したバナナがアフリカに伝えられたことによって，アフリカ熱帯雨林の農業に大きな変化が起こったとする研究者は多く，J. ヴァンシナは，そのインパクトは冶金技術よりも大きいと述べている (Vansina 1990)。

　「バナナ革命」の後，16 世紀には新大陸起源のキャッサバが持ち込まれ，さらにトウモロコシ，ラッカセイ等の導入によってアフリカ熱帯雨林の農業は多様化の一途をたどった。なかでもキャッサバは，バナナよりも高い収量性と貧栄養な土壌にも耐えうる生育力の強さによってアフリカ一帯に急速に広まった。近年，コンゴ民主共和国 (旧ザイール) を中心とするコンゴ盆地全域では，人口の増加とともに土地生産性の高いキャッサバの重要性が高まっており，以前と比較してバナナ栽培は減少しているという報告もある (小松 本書第 3 章)。

　さらに，19 世紀末期には，コーヒーやカカオ等の商品作物が導入され，アフリカ熱帯雨林の農業と森林利用を激変させた。特に中・西部アフリカ諸国においては，植民地期から現在に至るまでカカオが主要な輸出産物として重要な役割を果しており，その栽培は熱帯雨林を伐採し農地化することによって拡大してきた。アフリカにおけるカカオ栽培は，白人入植者による大規模なプランテーションではな

---

1) FAOSTAT ホームページ (http://faostat.fao.org/) による 2003 年の "bananas" の年間一人あたり消費量。

く，小農による小規模経営で拡大したという特徴をもつ[2] (高根 1999)。コートジボワールやガーナでは，隣接するサバンナ地帯から移入したいわゆる「カカオ移民」によってカカオ栽培が拡大されていったが，カメルーンにおいては，主として土着の森林居住民がカカオ栽培の担い手となってきた (Losch 1995; Ruf & Schroth 2004)。本章で対象とするカメルーン東南部においては，今から約50年前にカカオ栽培が導入され，市場経済の浸透とともにますますその重要性を増している (四方 2007)。

一般に，焼畑を生計の基盤としている地域への商品作物の導入は，土地や労働力をめぐって自給作物栽培との競合を引き起こし，生業構造の大幅な変更を余儀なくするといわれる。自給作物を栽培するだけであれば，必要な土地面積や労働量はかぎられているが，利潤を求める商品作物栽培では，労働力の得られるかぎり耕作面積を広くとるようになる。それまで自給作物を栽培していた土地で商品作物が栽培されるようになり，さらに市場経済化が進むと，商品作物を販売した利益によって食料や生活物資が購入されるようになる。しかしながら，商品作物への過度の依存は，外部の政治・経済状況の変化をまともに受けやすく，人びとの生計と土地利用を不安定なものにしかねない (たとえば，河野・藤田 (2008)；大山 (2002))。

後に述べるように，カカオは市場価格の年変動が激しく，また，その収穫量も天候や病虫害の程度によって大きく変動するので，安定した収入が得られるとはかぎらない。このような状況下で，生活基盤を維持しつつ市場経済との関係を構築するためには，自給作物生産を継続しながらカカオ栽培にも従事することができるような農耕システムを確立する必要がある。私は調査を進めるうちに，バンガンドゥがバナナを主食作物として栽培していることは，このような農耕システムを構築する上で非常に都合がよいということを理解するようになった。

本章では，バンガンドゥの農耕システムを分析・記述することを通して，市場経済化の影響に対応しながら，安定した食料生産を維持する戦略を探っていく。以下の節では，調査地域，およびバンガンドゥの生活を概観した後，まず，バナナを基幹とする焼畑の特徴について説明する。ここで私が調査当初に抱いた疑問，すなわち「ずさんな畑と大量のバナナのからくり」が明らかになる。これを理解することは，かれらが商品作物カカオの導入にどのように対応してきたのかを探るうえでも重要なポイントとなる。次に，カカオの導入に伴う農耕システムの変化を説明しながら，カカオ栽培とバナナ栽培とがどのように併存しているのかを明らかにする。以上をふまえ，バンガンドゥの農耕システムがかれらの生計維持において果たす役

---

2) カメルーンでは19世紀末期にカカオ栽培が導入された。開始された当初は，当時の植民地政府 (ドイツ) の主導で強制労働によるプランテーション型のカカオ栽培が進められたが，1900年代にはいると，労働効率の悪さや，病害，カカオ品質の悪さ等を理由に，多くの経営者がアブラヤシやゴム等の他のプランテーション作物の栽培へと転向した (Gockowski & Dury 1999)。その後，1916年に統治権がフランスに譲渡されたことに伴い，カカオ畑は無償で放棄され，以降，カカオ栽培は小農の手によって継続されてきた (Losch 1995)。

割，およびその持続性について考察をすすめたい。

10-2 ▶ 調査地域の概要

自然環境，および調査の対象

　調査を行ったカメルーン東部州ブンバ・ンゴコ県はコンゴ盆地の北西縁に位置しており，その面積は約3万km^{2}で，ほぼ全域が森林に覆われている。地形的には小起伏の丘陵地帯となっており，標高は400-600m程度である。

　植生はアオギリ科・ニレ科の樹木が優占する半落葉樹林と常緑樹林の混交林と分類されている（Letouzey 1985）。この地域の半落葉樹林は一般的には原植生とされているが，*Triplochiton scleroxylon*（アオギリ科），*Terminalia superba*（シクンシ科），*Ceiba pentandra*（パンヤ科）等，高木層の構成種に光要求性の高い樹種の密度が非常に高いという特徴があることから，過去になんらかの攪乱を受けた後に形成された二次植生である可能性を指摘する研究者も少なくない（Letouzey 1985; 中条 1992; Carrière 2002; 四方 2006）。

　バンガンドゥは，これまでに農地として利用したことがない，あるいは利用したことが記憶されていない森を「ンガコア」，すでに農地として利用された後に形成された森を「ブ」と呼んで区別している。かれらが「ンガコア」と呼ぶ森において上述したような樹種が頻繁に観察されることから考えると，仮にその森がかつて人為的な攪乱を受けていたとしても，それは人びとの記憶に残るような近い過去の出来事ではないとみてよいだろう。本章では，「ンガコア」を原生林，「ブ」を二次林と呼ぶことにする。かれらが「ブ」と呼ぶような焼畑放棄後の若い二次林には，ヤルマ科（Cecropiaceae）の樹種 *Musanga cecropioides*（以下，ムサンガと記す）が優占する。この樹木は通称「パラソル・ツリー」と呼ばれることからもわかるように，大きな掌状葉が特徴的である。

　ブンバ・ンゴコ県では，県庁所在地であるヨカドゥマからモルンドゥまでの約250kmを南北に幹線道路が走り，この道路沿いに焼畑農耕を主な生業とするいくつかの民族集団と，近年，農耕と半定住生活をとりいれたピグミー系狩猟採集民バカが居住している。ブンバ・ンゴコ県の人口密度は非常に低く，2004年のセンサスによれば3.8人/km^{2}となっている（Insitut National de la Statistique du Cameroun 2004）。

　調査を行ったバティカⅡ村は，モルンドゥの北約25kmのところに位置しており，

幹線道路沿いに 5km にわたって集落が点在している。村には，バンガンドゥ[3]とバカ，および北部地方出身の商人が居住しており，2006年2月現在，村の総人口は684名 (121世帯[4]) で，バンガンドゥが303名 (49世帯)，バカが363名 (68世帯)，その他の民族が18名 (4世帯) であった。バンガンドゥは焼畑の伐開作業やカカオ畑での収穫作業等，農作業のさいにバカに労働を依頼し，その報酬として現金や酒を支払っている。

現地調査は，2000年から2006年まで断続的に計4回，約20か月間にわたって行った。調査項目，および調査方法については，本文中で随時説明する。

バンガンドゥの生活

私はアフリカ熱帯雨林の農耕に興味を持ってカメルーンの森を訪れたのであるが，調査を始めた当初，目を奪われたのは，人びとが生活の多くを森に依存しているという事実であった。肉・魚・果実といった食べ物から建材や薬，生活用品にいたるまで，かれらの生活は森の存在なくして成立するものではない。かれらはまさに「自然利用のジェネラリスト (掛谷 1998)」と呼ぶにふさわしく，森で生きていく知恵や技術を次々と披露してくれた。

調査地域の衛星画像を見ると，幹線道路に沿って帯状に植生が変化しているのを確認できる。人びとはそうした異なる植生域を横断的に利用して様々な生業活動を展開している。幹線道路に沿って幅約5kmの範囲には，焼畑とその休閑地，カカオ畑が広がり，さらに5-10kmの範囲では，それらの二次植生と原生林がモザイク状に分布するようになる。それ以遠に広がる原生林では，採集・狩猟・漁撈といった活動が行われる。狩猟は男性の仕事であり1年を通して行われているが，ときには村から遠く離れた森へ狩猟キャンプに出かけ，数日から数週間滞在することもある。

調査村付近の平均年間降水量は1500mm程度，平均気温は1年を通じて25℃前後である。この地域では年に2回の雨季とその間の乾季とがあるが，顕著な乾燥月はない (土屋ら 1972)。バンガンドゥ自身は季節を三つに分類しており，12月中旬から6月中旬にかけての大乾季を「ペンベ・スエ (太陽の季節)」，9月から12月の大

---

3) バンガンドゥの言語は，カメルーンの中部サバンナに分布するバヤ (Gbaya) の一方言であるといわれ，アダマワ・ウバンギ語派に分類されている (Greenberg 1963)。バンガンドゥの祖先は，19世紀にはカメルーン東南部の熱帯雨林帯に居住していたといわれている (Burnham et al. 1986)。

4) 本章では，原則として夫婦と未婚の子どもたちからなる家族を「世帯」とし，複婚世帯も1世帯として取り扱っている。民族間婚姻世帯については世帯主の民族で分類した。バンガンドゥ世帯に7件あり，バカ世帯にはない。その他の民族世帯はボマン (Mboman)，バムン (Bamoun)，カヌリ (Kanouri)，フルベ (Fulbe) が含まれ，前者2件は世帯主の妻がバンガンドゥであり，後者2件は未婚の商店経営者である。

雨季を「ペンベ・コロ（雨の季節）」，その中間に訪れる小雨季（3月中旬から6月中旬）と小乾季（6月中旬から8月）のことをあわせて「ペンベ・カラ」と呼びわけている。「ペンベ・カラ」については，「太陽が少ない季節」とか「森の果実がたくさん実る季節」とかれらは説明する。この時期に森で多くの実をつけるイルビンギア・ナッツ（*Irvingia gabonensis*）の採集を目的として，家族総出でキャンプに出かけることが少なくない。イルビンギアは毎年同じように結実するわけではなく，年による収穫量の差が大きい。まったく収穫のないような年もあるが，生り年には村から遠く離れた森のなかにキャンプを作り，2週間以上過ごすこともあるという。

調査地域では，年に2回訪れる乾季に焼畑を開くというのが大きな特徴である。すなわち，乾季にあたるペンベ・スエとペンベ・カラに焼畑の伐開作業に従事することになる。また，大雨季にあたるペンベ・コロは，かれらの現金収入源であるカカオの収穫期にあたり，1年間で最も忙しい時期となっている。後述するように，かれらのカカオ畑は幹線道路沿いの定住集落から数km離れた森のなかに位置することが多いため，収穫期間中はカカオ畑に隣接して建てられた出作り小屋に一家総出で滞在する。

10-3 ▶ バナナを基幹とする焼畑

バナナと暮らす

バンガンドゥが日常的に食べるバナナには，大きく分けて2種類ある。一つは，手で皮をむいてそのままぱくりと食べる生食用のスイート・バナナ。日本でもおなじみの，甘くて黄色いあの「バナナ」だ。バンガンドゥ語では「アトゥナ」と呼ばれる。

もう一つは，一般的にプランテン・バナナと総称される主食用のバナナである（図10-1）。これこそが，毎日の食生活を支える重要なバナナで，バンガンドゥ語では「コンドゥ」と呼ばれる。プランテンは料理用バナナの一品種群に属し，西アフリカからコンゴ盆地にかけて広く栽培されている。かつてアフリカ熱帯雨林に「革命」をもたらしたのも，このプランテンだと考えられている。以降，本章で単に「バナナ」と記載するときは，プランテンのことを指す。

アフリカ熱帯雨林の農耕文化にみられる大きな特徴は「混作」である（小松 本書第3章，第11章）。バンガンドゥの畑もその例外ではなく，かれらの畑には，バナナの他にもトウモロコシやキャッサバ，ヤウテア[5]等，主食として利用できるデンプン作物が混植されており，それらの作物を調理して食べることも，もちろんあ

---

5) サトイモ科に属すイモの一種。詳しくは，小松（本書第3章）を参照。

図 10-1　プランテン・バナナ

る。それでも「バナナじゃないと食った気がしない」とかれらはいい,「バナナこそがバンガンドゥの食べ物だ」と豪語する。

そこで調査村に居住する成人男性3名を対象に食事調査[6]をしてみたところ,主食として供される作物の出現回数の割合は,バナナが51％,キャッサバが25％,ヤウテアが11％,トウモロコシが4％とバナナの出現頻度が高いことが明らかになった(四方 2004)。カメルーン南部の熱帯雨林に暮らす農耕民ファンの事例(坂梨『社会誌』第8章)では,キャッサバが68％,バナナが17％,また,バンガンドゥと隣接して暮らす農耕民カコの事例(Komatsu 1998)では,キャッサバが55％,バナナが32％と報告されている。これらの事例と比較すると,バンガンドゥのバナナへの依存度は高いといってよいだろう。

バンガンドゥは朝昼夕の三食を基本としているが,昼食は畑仕事の合間に焼いたキャッサバやトウモロコシ等で軽くすませることが多い。一方,朝食と夕食には必ずといっていいほどバナナが供され,その消費量は成人一日当たり約1kg(可食部・新鮮重)と試算された。したがって,重量ベースで換算すればバンガンドゥが利用する主食作物におけるバナナの割合はさらに大きくなると考えられる。

バンガンドゥはバナナをあおいうちに収穫し,皮をむいたあと必ず調理して食べる。熟すと皮が黄色くなり少し甘みが出てくるが,肉や魚などを煮込んだシチューといっしょに主食として食べるので,完熟していない方がよいとかれらは語る。蒸してそのまま食べたり,焼いたり,薄くスライスしてヤシ油で揚げたりと調理法は様々だ。この地域特有の食べ方として,茹でたバナナを杵と臼でついてダンゴ状にしたものがある。これをシチューに浸して食べるのが正式な食事とされ,主として夕食のさいに供される。

二番目の頻度で食卓に並ぶキャッサバは,村ではビター種,スイート種の両方が栽培されている。スイート種はそのまま茹でたり焼いたりして食べる。ビター種は水に浸して毒抜きをした後,天日で干して乾燥イモとし,これを砕いて粉状にしたものを沸騰した湯にいれてこね,練り粥にして食べる。

キャッサバはこのように主食としても利用されるが,そのほとんどは蒸留酒の材料となる。アルコール発酵のスターターにはトウモロコシの発芽種子が用いられる。酒はバンガンドゥの女性によってつくられ,村内で売買される他,焼畑やカカオ畑での農作業をバカに頼んだときの報酬としてもふるまわれている。カカオ畑での労働に対する報酬は,原則としてカカオが販売された後にまとめて現金で支払われることになるが[7],カカオ畑での除草・収穫作業が最も忙しくなる8-12月のあ

---

6) 2001年8月21日〜2002年1月20日の5か月間,調査対象者にノートを渡し,毎日食べたものを記録してもらった。全食事回数は1530回である。
7) カカオ栽培におけるバカの雇用形態,及び報酬の支払い方については,坂梨(社会誌第8章)に詳しい。

いだ，気まぐれに森へと姿を消してしまうバカを継続的にひきつけておくためには，おこづかい程度の現金や食料，酒等，なんらかの報酬が必要となる。手持ちの現金が不足するこの時期，バカをひきつけるために最も効果的なのはバンガンドゥの女性がつくる蒸留酒である。バンガンドゥ社会において，キャッサバとトウモロコシは，主食としてよりも現行の農耕システムを支える経済的な基盤として重要な作物であるといえるだろう。

ここまでみてきたように，バンガンドゥにとってバナナは主食として欠かすことのできない作物であり，かれらはバナナが常に食べられる状態を理想と考えている。実際，三食バナナで，おやつがスイート・バナナという日も少なくない。そうした日々は，バナナがアフリカ熱帯雨林に適した作物であることを裏づける傍証ともいえるだろう。しかし，毎日バナナを食卓に並べるのは，実はそうたやすいことではない。

スーパーで買ってきたバナナを腐らせてしまった経験が，誰しも一度や二度はあるのではないかと思うが，バナナは長期間の保存が効かない。それはバンガンドゥが主食としているプランテン・バナナの場合も同様である。一時に大量に収穫できたとしても，消費しきれずに腐って捨てることになってしまう。

バンガンドゥは，まだ食べごろではないバナナのことを「デンベ・コンドゥ」，食べごろのバナナを「ンガ・コンドゥ」と呼ぶ。デンベ・コンドゥとンガ・コンドゥは，同じような緑色をしており私には見分けがつかないが，収穫作業を行う女性たちに尋ねてみると「あれはまだ，(収穫までに) 2 か月は待つ必要がある」とか，「こっちは収穫したら 2, 3 日で黄色くなってしまう」というような答えが返ってくる。バンガンドゥが「ンガ・コンドゥ」と判断してから実際に収穫されるまでのあいだは，せいぜい 1 週間，長くても 10 日くらいのものである。そのまま放置しておくと皮は黄変し (=「グウェリ・コンドゥ」)，やがて果実が割れ (=「オワ・コンドゥ」)，腐敗が進む。したがって，毎日バナナを食べるためには，食べごろのバナナ (=「ンガ・コンドゥ」) が常に畑にあるような状況をつくり出さねばならず，かつ恒常的にバナナを収穫しなければならない。

図 10-2 は 2001 年 9 月から 2002 年 4 月の約 8 か月間に，調査村の既婚女性 V さんを対象に実施したバナナの収穫量調査の結果を示したものだ。調査を始めて 1 週間が経過したころ，バナナが毎日収穫されているという事実に私は目を見張った。結果的に，その後 8 か月間，バナナの収穫は一日もとぎれることなく継続されたが，このような収穫方法は，バナナが収穫後に保存しておくことができないということに加えて，果実の収穫適期が短く，収穫期を迎えた果房を長いあいだ畑に保存できないということを反映している。この点が，収穫するまで地中で保存でき，収穫後

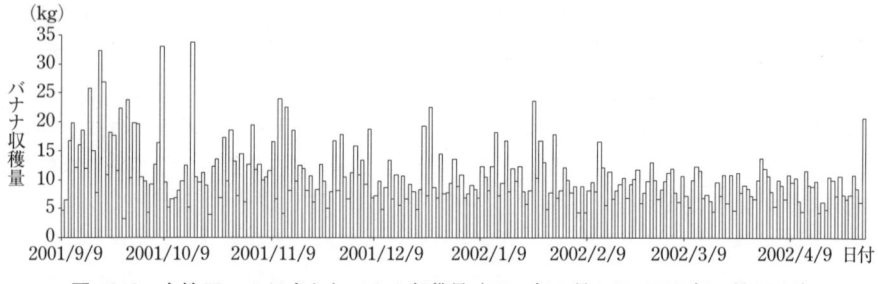

図 10-2 女性 V の 1 日当たりバナナ収穫量（2001 年 9 月 9 日 – 2002 年 4 月 30 日）

も加工することによって保存できるキャッサバとの大きなちがいである[8]。また，平均して 1 日 1.2 果房（約 10.7kg）のバナナを収穫していたが，徒歩で畑と家とを往復する女性たちにとって，1 回に持ち帰ることのできるバナナの重量にはかぎりがあり，頻繁に運ばざるをえないという点も指摘できる。

　バンガンドゥの焼畑において，樹木を伐採し畑を開くのは男の仕事だが，焼畑を開いた後，植えつけから収穫までの農作業はもっぱら，女の仕事とされている。つまり，ダンナの開いた畑を生かすも殺すも奥さん次第，毎日バナナを食べられるかどうかは，彼女たちの腕にかかっている。私が村に滞在中，キャッサバ食いとして知られる農耕民カコの出身で，バンガンドゥの世帯に婚入した女性が「（自分の畑に）バナナがない」といってバカからバナナを購入するという事例がみられたが，このような行為はバンガンドゥの妻としてあるまじきことであると酷評されていた。バンガンドゥの女性は「バナナの植えつけを子供にまかせることはできない」といい，男性の方は「自分の妻は，バナナの植え方をよく知っているから毎日食べられる」と自慢気に語る。これらの言説から，バナナを継続的に収穫するためには，熟練の技とでもいうべき栽培管理が必要となることがわかる。

　冒頭でも紹介したように，調査地域では，いっけんしただけでは畑なのか森なのかもわからないほど植生が繁茂している畑が少なくない。アフリカショウガ等の大型草本が繁茂しているだけでなく，大小様々な樹木が立ち並び，縦横無尽に伸びた蔓がからまりあって藪のようになっている。このような焼畑の景観はアフリカ熱帯雨林において一般的であり，管理の粗放性を象徴するものとして解釈されてきた。しかしながら，バナナの生産と消費の実態をふまえてバンガンドゥの焼畑を眺めなおしてみると，そこにはバナナの熟期を連続的に分散させるための工夫が随所にみられるのである。

---

8) キャッサバの場合は，収穫可能になってから地中で 1 年以上保存することができる（小松 本書第 3 章）。

バナナの周年収穫

　バンガンドゥの畑は，栽培作物[9]の種類によって，自給用の主食作物畑（ピンバ），カカオ畑（ピンバ・カカオ），ラッカセイ・トウモロコシ畑（ソボ）の3種類に大別できる。ソボと呼ばれる畑は川沿いに分布する砂地帯に開かれるが，ここでバナナが栽培されることはまずない。砂地帯ではバナナがよく育たないということがその主な理由として挙げられるが，バナナを混植するとその大きな葉っぱで日陰ができてしまい，ラッカセイとトウモロコシの生育が妨げられるからだという意見も聞かれた。

　以下では，主食作物畑の造成から作物の収穫までの作業工程を簡単に説明し，バナナの周年収穫を可能にしている作付方法を明らかにしていく（以降，本章で単に「焼畑」と記載する場合は主食作物畑のことを指す。）。

　焼畑を開くさいに伐開の対象となる植生には原生林と二次林の二通りがある。原則として原生林の所有者はおらず，伐開した者にその使用権が生じ，伐開後はその親族が利用する。原生林と二次林の選定に関する詳細については次項で論じる。

　乾季の始まりとともに伐開は始められる。山刀を用いてクズウコン科，ショウガ科などの草本植物を刈り倒したのち，細い樹木から太い樹木へと伐採は進められる。基本的に伐採作業は山刀一本で行われるが，太い幹を伐り倒すときには斧が用いられる。樹木は皆伐されるわけではなく，特に樹木の直径が1m以上になるような巨木や，有用性の高い樹木は伐り残されることが多い。

　伐開後しばらく乾燥させ，雨季の始まる直前に火を入れる。この地域では火入れは必ずしも必要な作業ではなく，特に小乾季には樹木が十分乾燥しないために火を入れないこともある。多くの場合，刈り倒した草本と落ち葉だけが焼け，倒木の幹や枝は焼けずに残っていく。そのような場所に，順次，作物が植えつけられていく（図10-3）。

　主食作物畑に栽培される主な作物は，バナナ，キャッサバ，ヤウテア，トウモロコシの四つの作物で，これらの作物が同じ畑に同時に植えられていく。バナナは，親株から発生する子株を用いて植えつけられるが，バンガンドゥは植えつけ時を除いて子株の管理を特に行わないので，切り取られなかった子株は自然に生長し結実していく。長い場合には一つのバナナ株から5年，あるいはそれ以上の期間，収穫が続くこともあるという。

　栽培期間の短いトウモロコシ（3か月）から順に，キャッサバ（6–12か月），ヤウテア（1年–1年半），バナナ（1年半–）と収穫が行われていく。トウモロコシとキャッサバの収穫跡地には新たにバナナが植えつけられるため，1年半をすぎる頃

9）　バンガンドゥの栽培作物については，四方（2004）を参照。

図 10-3　火入れ後の焼畑。ムサンガの倒木の残るなか，作物が植え付けられる。

にはバナナだけの畑となる。このように，植えつけをずらして行うことと子株の自然更新によって，畑のなかには生育段階の異なるバナナ株が混在するようになる。

　また，バンガンドゥが栽培するバナナには複数の品種があり，約20種類の品種を確認した（四方 2004）。かれらは様々な品種がつねに食べられる状態を好む。バナナは，植えつけから収穫までの期間が品種によって1年半から2年以上と大きく異なるので，このような複数品種の利用も熟期の分散に大きく貢献しているといえるだろう。

　人びとはトウモロコシ，およびキャッサバ栽培における除草の必要性を意識している。しかし，キャッサバの収穫が始まる頃には除草はほとんどされなくなり，それにともなってムサンガを主とする二次林が再生し始める。伐開後数年が経過するころには，まわりの樹木はバナナを覆うほどに生長しているが，バナナは庇蔭環境に強く[10]，収穫は畑が完全に二次林に覆われるまで数年にわたって続く。このように二次植生の回復が進むなかでもバナナの収穫が続くということが，この焼畑システムの大きな特徴である。

10）大東（2000）によれば，日陰がバナナの生育や果実に及ぼす影響に関する資料はないが，50％程度の日陰では果実収量には影響がないようである。むしろ，庇蔭樹のもとでバナナを栽培することによって，果実収量が2倍に増えたという報告もあり，その理由として直射日光下では斑葉病の発生が多いためとしている（大東（2000）による引用；Stover & Simmonds 1987）。

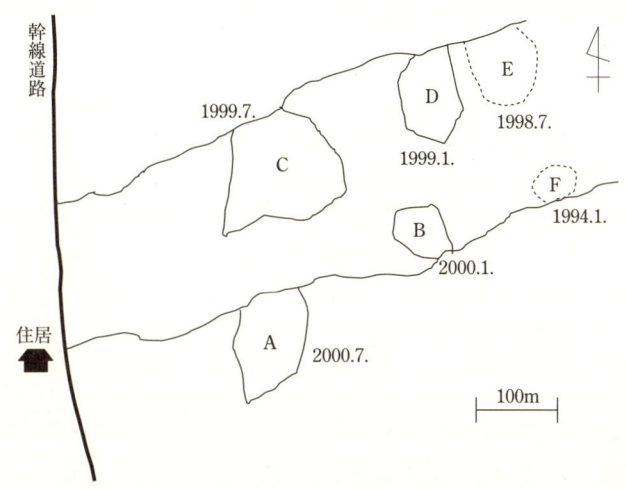

図 10-4 女性 V がバナナの収穫を行った主食作物畑の位置（2002 年 1 月現在）
註：各畑に付した数字は，伐開年月を示す．点線は，周囲の森林との境界を確認できなかった畑である．

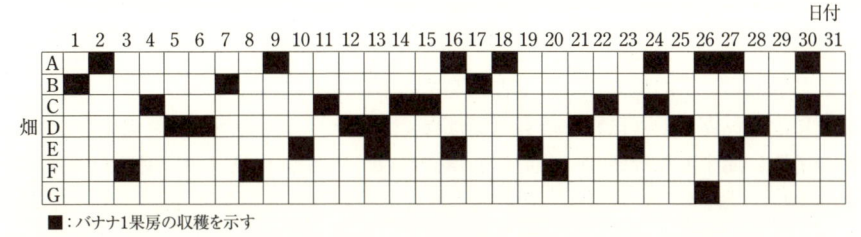

図 10-5 女性 V のバナナ収穫に見られる複数の畑の利用（2002 年 1 月 1 日–1 月 31 日）
註：図 10-4 中に含まれていない畑 G は，村から 3km ほど離れたところに位置する若いカカオ畑を示している．

　以上で見てきたような畑を毎年 2 回開くので，各世帯は伐開後の年数が異なる複数の畑を同時にもつことになる．これによって，バナナの成熟期は大幅にずれてくる．図 10-4 に，V さんが 2002 年 1 月現在，バナナを収穫した畑の位置，および各畑の伐開年月を示した．点線で示した E と F の畑は，すでに二次植生が旺盛に繁茂していて森との境界をはっきりと確認できなかった畑である．
　では，これらの畑をどのように利用してバナナの収穫を行っているのだろうか．図 10-5 に，2002 年 1 月の 1 か月間に V さんがどの畑からバナナを収穫してきたのかを示した．横軸は日付を，縦軸は V さんがバナナの収穫を行った七つの畑を示し，アルファベットは図 10-4 の畑に対応している．ただし，図 10-4 中に含まれていない畑 G は，村から約 3km 離れたところに開かれた，まだ若いカカオ畑を示している（カカオ畑におけるバナナ栽培については次節で詳しく述べる）．黒く

塗ったマス目はバナナ1果房の収穫を示しており，1月1日にはB畑から，2日はA畑，3日はF畑といったように，バナナは毎日異なる畑から1あるいは2果房ずつ収穫されていたことがわかる。この結果は，Vさんが恣意的に収穫する畑をばらつかせているようにも見えるが，実際には，Vさんがもつ七つの畑全体でバナナの熟期がうまく分散しているということを示している。

　主食作物畑の面積は，1筆30-50アールでそれほど大きいものではない。バナナの栽植密度は1アール当たり10株程度なので，1筆の畑に300-500株のバナナが植えられることになる。仮に一つのバナナ株から5年間収穫が続くとすれば，そのあいだに開かれる畑の面積は30-50(アール)×2(回)×5(年)＝300-500(アール)となり，単純に掛け算すれば，ひとりの女性が同時に管理しているバナナはなんと3000-5000株にものぼる。もっとも，雑草の繁茂や獣害のせいで生育初期に枯死するバナナが相当数あることや，二次植生の回復と共に収穫できるバナナの数が次第に減っていくことを考慮すれば，実際の株数は，もっと少なくなるだろう。それにしても，1000株単位のバナナをひとりの女性が管理しているのだから，たいしたものである。

　図10-4の畑Fは伐開後すでに7年を経ており，いっけんしただけではどこにバナナがあるのかも判別できないような藪であった。実はこの畑が冒頭で紹介した場所なのだが，Vさんが迷うことなくバナナにたどりついたことからもわかるように，女性たちはバナナの位置とその生育状況を非常によく把握している。藪のなかからの収穫はバンガンドゥに特有のものではなく，アフリカ熱帯雨林で焼畑農耕を行う他の民族に関する先行研究においても報告されているが（たとえば，安渓（1981）；佐藤（1984）），「放棄された畑からの収穫」として表現されるにすぎなかった。しかしながら，バンガンドゥにとってこの藪は決して放棄された畑ではなく，収穫期を控えた立派な畑なのである。

　バナナを主作物とするバンガンドゥの焼畑では，畑と放棄地との境界が明瞭ではない。実際，かれらに「いつ放棄したか」という質問を投げかけると，非常に答えにくそうなそぶりを見せる。バンガンドゥ語で，作物がたくさんとれる畑を「ボンベ・ピンバ」，もうあまりとれない畑を「ポコ・ピンバ」と呼ぶことがある。やがて，年数を重ねバナナの収穫がほとんど行われなくなる頃，「ポコ・ピンバ」は「ブ（二次林）」と呼ばれるようになるわけだが，その境界は曖昧である。

　バンガンドゥにとって焼畑とは，日に日にその姿を変えて藪へと遷移していくものであり，かれらの作物生産は，そうした遷移段階の異なる複数の畑を同時に利用しながら，古い畑から新しい畑へと移動することによって成立しているのである。

表 10-1 2001 年と 2005 年に開かれた主食作物畑，及びカカオ畑の筆数と伐開の対象となる植生*

2001 年 (n = 12 世帯)

畑の種類	伐開の対象となる植生			計
	原生林	二次林	二次林化したカカオ畑	
主食作物畑	2 (7)**	14 (48)	0 (0)	16 (55)
カカオ畑	4 (14)	0 (0)	9 (31)	13 (45)

2005 年 (n = 20 世帯)

畑の種類	伐開の対象となる植生			計
	原生林	二次林	二次林化したカカオ畑	
主食作物畑	3 (8)	10 (26)	0 (0)	13 (33)
カカオ畑	23 (59)	2*** (5)	1 (3)	26 (67)

＊各年ともに任意に選んだ世帯を対象とし，開いた畑の種類と伐開前の植生を回答してもらった。
＊＊括弧内は，各年に対象世帯が開いた畑全筆数にたいする割合 (%) を示す。
＊＊＊ただし，この 2 筆は既存のカカオ畑に隣接する二次林に開かれた。

バナナとムサンガ林

　バンガンドゥは，バナナ栽培には肥沃な土壌が必要であり，原生林に開いた焼畑が最も適していると考えている。このような認識はバンガンドゥにかぎったものではなく，アフリカ熱帯雨林の焼畑に関する先行研究においてもしばしば指摘されてきた。たとえば，安渓 (1981) は，コンゴ共和国東部に暮らす農耕民ソンゴーラの焼畑に関する研究のなかで「二次林を伐った畑にも料理バナナを植えるが，うまく実が入らずみんなすぐだめになってしまう。キャッサバだけがうまく育つ。」という村びとのコメントを紹介している。

　しかしながら，調査村において 2001 年と 2005 年に開かれた主食作物畑とカカオ畑を対象に，伐開時の植生について聞き取りを行った結果，実際には，主食作物畑はかれらが「ブ」と呼ぶ二次林に開くことが多いということがわかった (表 10-1)。また，図 10-4 で紹介した，V さんがバナナの収穫を行っていた六つの主食作物畑も，いずれも二次林を開いたものであった。

　村の長老は「村が創設された 1930 年代当時，このあたりはンガコア (原生林) で覆われていて，その伐開には多くの労力を要した。そのため，ブ (二次林) を開くようになっていった」と語る。しかし，それはたんに伐採に要する労力を軽減するためだけではなく，かれらの居住様式とも関係している。バンガンドゥは現在，幹線道路に沿って住居を構えているが，定住しながら原生林での焼畑を続けていけば，時を経るにつれて畑は遠くなっていく。バナナは頻繁に収穫する必要があるため，

遠い畑は果房の運搬という点で女性たちに多大な労力を強いることになる。特に、大雨の降るなかを遠くの畑まで収穫しに行くのは非常にやっかいだと女性たちは語る。畑は住居の近くにあることが望ましく，このような理由からも，主食作物畑は村近くの二次林に造成されるようになったと考えられる。

いわゆる伝統的な焼畑農耕は，短期間の作付と自然の遷移により土地を回復させる長期間の休閑に特徴づけられ，その生産性，および持続性は休閑中の二次植生の回復度に左右される。バンガンドゥ自身，二次林に焼畑を開く際には，その二次林がどの程度回復しているのかということを強く意識している。学術論文等で，焼畑放棄後の二次植生の回復度を計るものさしとしてもっぱら利用されるのは「休閑年数」であるが[11]，村びとのなかで，はっきりとその年数を把握している人は多くない。そもそも，かれらの畑ではどこからを休閑とするのかという判断が非常に難しい。前項で説明してきたような作付・収穫方法の性質上，バナナの収穫が続いている場所が再び開かれるというケースもめずらしくないが，だからといって植生の回復が不十分なわけではない。

二次林の回復度の指標としてかれらがしばしば言及するのが，二次林の優占種ムサンガの大きさである。調査村で実施した植生調査の結果では，伐開予定地の二次林を構成する樹木の断面積比で，ムサンガが40％以上を占めていた（四方 2004）。ムサンガの生長は非常に速く，コンゴ共和国北部における焼畑放棄後の二次遷移に関する研究では，火入れ後6年で優占した後，約13年で樹高の生長限界（約27m）に達し，20–30年経つと自然倒伏と他の高木種の光遮蔽によって消滅していくと報告されている（中条 1996；1997）。

表10-1において，2001年と2005年に二次林を伐開した主食作物畑（計24筆）を対象に，前回の伐開が何年前だったのかを質問したところ，9筆は父親，兄，バカなど調査時に畑を伐開した人とは別の人物が開いていて前回の伐開がいつだったのかを推定できないほど古いものであった。残りの15筆のうち，8筆は10年以上前に，5筆は3–10年前にそれぞれ現在の畑の持ち主が開いた畑で，残りの2筆は不明であった。これらのことから推察すると，多くの畑は10年以上の間隔をおいて再び伐開されていることになる。この推定値はムサンガの生長限界である13年とほぼ同じか，それ以上となっており，人びとはムサンガの樹高を目安に伐開の可否を決めていると考えられる。

ムサンガは急速に伸長しながら次々と葉を落とし，林床に多量の腐葉土を堆積する。ムサンガ樹はカリウムの含量が高いという報告があるが（Nye & Greenland

---

[11] その代表的なものとして，Ruthenberg (1980) によるR値（＝耕作年／(休閑年＋耕作年)×100）があげられる。R<33の場合が焼畑システムであると定義され，R値が30以下は森林休閑型で，湿潤熱帯の自然によく適応した安定的な農耕形態である。しかし，人口増加等による作付期間の増加や休閑期間の短縮によってR値が上昇すると土壌の劣化がおこるとされる（田中 1997）。

1960)，カリウムはバナナの生育において重要な養分である（大東 2000）ことから考えると，両者のあいだには効率的な物質循環が内在している可能性も考えられる。ムサンガ林の存在がバナナ栽培にとって好適な環境をつくり出す要因になっているのかどうかを検証するためには，土壌肥料学的な解析や，ムサンガ林とバナナ栽培の地理的な広がりについても分析を行う必要があるだろう[12]。

ともあれ，調査地域におけるムサンガ林の循環的な利用は，継続的なバナナ栽培の生態基盤となっている。バンガンドゥの焼畑は，二次林を循環的に利用することによって成立する，森林休閑型の農法であるといってよいだろう。

10-4 ▶ カカオ栽培の導入と農耕システムの変化

カカオ栽培の概要

調査地域へのカカオ栽培の導入は第二次世界大戦後まもない頃といわれ，1957年発行のカメルーン東部州の地図にも，カカオ栽培を示すマークが記録されている (Institute Géographique National 1957)。しかしながら，調査村では現在の世帯主の一世代前からカカオ栽培を始めたという世帯が多く，カカオ栽培が本格的に広まったのは，幹線道路が整備されカカオの買いつけトラックが往来するようになった1970年代以降と考えられる。

収穫期（10-12月）に仲買人が買いつけに来るが，カカオの生産者価格は300-1000 CFA フラン（約60-200円）/kg と年変動が激しく，また収穫量も天候や病虫害，管理の良否に大きく左右されるため現金収入は安定したものとはいい難い。カカオの市場価格が低迷した80年代後半～90年代初期に，カメルーンではコーヒーやカカオなどの農業セクターが全面的に自由化された。その結果，カカオの生産者価格が暴落し，この時期には多くの農家がカカオ畑を放棄したといわれている (Sunderlin et al. 2000)。しかしながら，90年代後半より市場価格の回復とともにカカオ生産量は上向きに転じ (Duguma et al. 2001)，さらにコートジボワールでおきた政変の影響から，2002年にはカメルーンのカカオの生産者価格が例年の倍以上（1000CFAフラン以上）に急騰した。これにより2005年の調査時にはカカオ栽培に対するインセンティブが非常に高まっていた。

---

[12] D. S. ウィルキーは，イトゥリの森に暮らす農耕民レッセの生活を描写したモノグラフにおいて，彼らが放棄後15-20年経過したムサンガ林を好んで開くと記載している (Wilkie 1988)。また，コンゴ共和国北部のモタバ川流域に位置するジュベ地区において，熱帯雨林の生態と土地利用について調査した中条 (1997) は，この地域の農耕民がムサンガ林の立地を焼畑地として選択的に利用していることや，ムサンガ林下の土壌に炭片層が集中的に出現することから，焼畑農耕活動はムサンガ林の発達する立地で永続的に行われているのではないかと考察している。

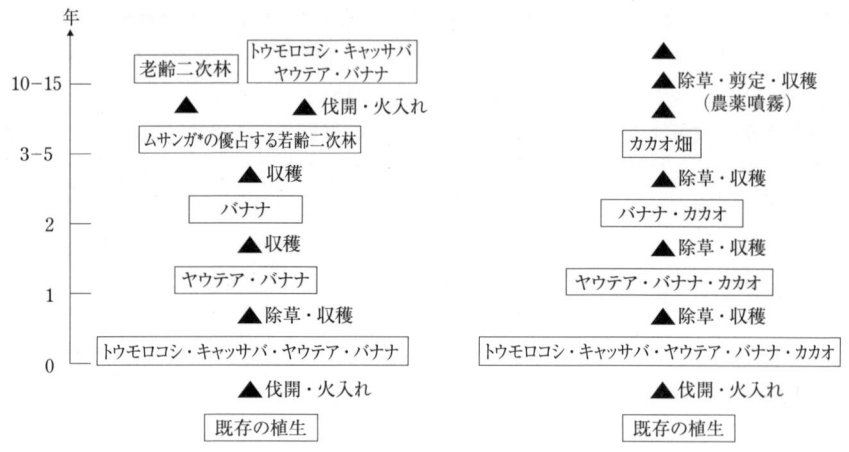

図 10-6 従来の焼畑サイクル（左）とカカオ畑の形成過程（右）

*Musanga cecropioides

従来の焼畑サイクル（左）：
- 10–15年：老齢二次林／トウモロコシ・キャッサバ・ヤウテア・バナナ ▲伐開・火入れ
- 3–5年：ムサンガ*の優占する若齢二次林 ▲収穫
- 2年：バナナ ▲収穫
- 1年：ヤウテア・バナナ ▲除草・収穫
- 0年：トウモロコシ・キャッサバ・ヤウテア・バナナ ▲伐開・火入れ
- 既存の植生

カカオ畑の形成過程（右）：
- 10–15年：▲除草・剪定・収穫（農薬噴霧）
- 3–5年：カカオ畑 ▲除草・収穫
- 2年：バナナ・カカオ ▲除草・収穫
- 1年：ヤウテア・バナナ・カカオ ▲除草・収穫
- 0年：トウモロコシ・キャッサバ・ヤウテア・バナナ・カカオ ▲伐開・火入れ
- 既存の植生

現在，調査地域におけるカカオの栽培形態は世帯を単位とする家族経営で，除草や収穫時の労働力としてバカを雇用している。既婚男性のほとんどがカカオ畑を所有しているが，その面積（2005年現在，収穫が行われているカカオ畑を対象）は 1–5ha 以上までと世帯差が非常に大きく，平均では 2ha 程度であった。

調査村の 20 世帯を対象に実施した聞き取りの結果，2005 年のカカオ販売で得られた収入は平均 50 万 CFA フラン（約 10 万円）であったが，なかには 100 万 CFA フラン以上の収入を得ている人もいた[*13]。現金収入は，生活必需品の購入にあてられるほか，子どもの学費や医療費などに使われる。多額の収入が得られた場合には，バイクや発電機，テレビといった高額な工業製品を購入する世帯が増えてきている。しかしながら，食料，特に主食作物の購入に現金が使われることはまずないといってよい。

カカオ畑の形成過程

図 10-6 は，調査地域における従来の焼畑サイクルとカカオ畑の形成過程とを模式的にあらわしたものである。人びとは，従来の焼畑システムをカカオ栽培にも適用している。つまり，新たなカカオ畑を開くさいに自給作物も混植し，カカオが成長するまでのあいだはそれらを栽培する畑としているのである（図 10-7）。そして，従来であれば休閑林になる場所をカカオの栽培地として利用している。成熟したカ

---

13) 調査村の公立小学校の校長の給与は 5 万 CFA フラン／月（2002 年現在）である。

図 10-7　若いカカオ畑でバナナを収穫する。バナナより低い位置でカカオの葉が生い茂っている。女性の右側に見えるのがヤウテア。

カオ畑では，収穫，除草，剪定，および病虫害予防のための農薬散布が行われる。農薬散布については，農薬を購入できず実施できない世帯も多い。

バンガンドゥは萌芽更新を利用したカカオ樹の世代更新と新たなカカオ畑の造成によってカカオ栽培を継続・拡大していく。カカオ畑は 50 年以上にわたって収穫が可能といわれるが (Duguma et al. 2001)，実際には栽培管理の良否によって利用期間は大きく異なり，数年から 30 年以上の幅がある。

カカオ栽培においては，カカオ樹が成熟するまでの数年間の除草作業に多くの労働力が必要となることが知られている (Ruthenberg 1980; 高根 1999)。しかしながら，調査地域では，除草作業が追いつかず初期の段階で藪のなかに埋没してしまうカカオ畑があとを絶たない。十年以上を経たカカオ畑でも，病虫害の蔓延等が原因で放棄を余儀なくされることが少なくないし，カカオ経済が低迷すれば人びとはカカオ栽培自体を放棄してしまう。

カカオのような樹木作物は，いわゆる常畑で栽培されるという認識が一般的であるが，調査地域では様々な理由で常畑になりきれず森へと戻ってしまうカカオ畑が数多く存在する。しかしながら，放棄されたカカオ畑は従来の焼畑と同様，二次植生が回復したのち再び伐開され，主食作物との混植を経て新たなカカオ畑として利用されることになる。このような土地利用のありかたは，二次林を循環的に利用するこれまでの焼畑システムを継承するものといってよいだろう。

カカオと庇蔭樹

カカオは直射日光に弱く庇蔭環境を好むため，適度な日陰をつくる庇蔭樹 (shade tree) を必要とする。人びとは，これまでのカカオ栽培の経験から庇蔭樹の必要性を強く意識しており，新しいカカオ畑を造成するさいに森林を皆伐せず，樹木を伐り残すことによってカカオに適した生育環境をつくり出している[14] (図10-8)。

しかしながら，10-3 節でも述べたように，一般的にアフリカ熱帯雨林では，カカオ畑にかぎらず焼畑のなかに樹木が観察されるのが大きな特徴である (Carrière 2002; 小松 本書第 11 章)。チェーンソーを持たず山刀か斧を用いて伐採作業を行うかれらにとって，板根の発達した巨木は，伐採に多大な労力が必要となるだけでなく危険を伴うものであるため，有用性の有無にかかわらず畑に残される可能性が高い。

そこで，2005 年と 2006 年に新たに開かれたカカオ畑 7 筆，および主食作物畑 7 筆を対象に，畑内に伐り残された樹木の本数と胸高直径の測定を行った (表10-2)。

---

[14] 代表的な樹種は，*Triplochiton scleroxylon* (アオギリ科)，*Ricinodendron heudelotii* (トウダイグサ科) 等である。バンガンドゥのカカオ畑において観察される樹木の樹種構成，および樹種構成にかかわる人為的要因と生態的要因の詳細については，四方 (2007) を参照。

図 10-8 庇蔭樹の残るカカオ畑の景観。地上数 m の高さで生い茂るカカオ樹林のなかに，樹高 30–50m の高木が点在する。写真はまだ若いカカオ畑なので，バナナも確認できる。

表 10-2 主食作物畑とカカオ畑*に伐り残された樹木の胸高直径と樹木数

胸高直径 (cm)	主食作物畑 (n=7筆) 平均（本/ha）	カカオ畑 (n=7筆) 平均（本/ha）
5.0–10.0	1.7	20.6
10.0–50.0	16.6	62.3
50.0 以上	6.3	12.0
合計	24.6	94.9

*2005年に開かれた畑12筆と2006年に開かれた畑2筆，計14筆を対象

　調査の結果，主食作物畑では平均 24.6 本/ha の樹木が観察されたのに対し，カカオ畑ではそれよりはるかに多く平均 94.9 本/ha の樹木が観察され，そのうち胸高直径 10cm 以下の小さな樹木も数多く残されていることがわかった。バンガンドゥは，地上 30–50m のところで樹冠を形成するような巨木が庇蔭樹に適していると説明するが，このような樹木を欠く場合には背丈が数 m ほどの細い樹木も伐らずに残している。そうしておけば，カカオ樹の生長とともにこれらの樹木も生長し，後に庇蔭樹として利用できるからだという。

　以上のように，カカオ畑ではカカオの生育環境を考慮した結果，従来の焼畑と比

べて樹木をより多く伐り残す傾向にあることがわかった。このことは新たにカカオ畑を開く際の土地の選定に大きな影響を及ぼしている。

表10-1に示したように，カカオ畑は原生林か，あるいは二次林化した古いカカオ畑に開く傾向にあることがわかった。人びとは新たにカカオ畑を開く際には原生林が最も適していると語り，その理由として庇蔭樹に適した樹木を多く得られることや，土壌が肥沃であることを挙げた。また，畑の伐開作業に要する労働力について調べたところ，カカオ畑を開く際には樹木を多く伐り残すので伐採量が少なくなり，労働量が大幅に軽減されることが明らかになった（四方2007）。このことは，通常ならば重労働となる原生林の伐開と伐開面積の拡大を容易にしているといえるだろう。

カカオ畑の多くは川沿いに分布しているが，これはカカオが湿潤な環境を好むためだといわれる。カカオ畑が二次林に開かれる場合に，村近くではなくかつてのカカオ畑が選ばれるのも，庇蔭樹の存在や川のそばという立地条件が関係していると考えられる。こうした志向性を反映し，主食作物畑は村周辺の二次林に，カカオ畑は村から数km離れた川沿いの原生林に開くといった土地利用の二分化が進んでいる。

カカオ畑から収穫されるバナナ

以上で見てきたように，樹木が多く残されるカカオ畑では十分な日射が得られないため，混植される作物の成長に悪影響を及ぼすことがある。トウモロコシは生育に十分な日射を必要とするが，樹木が多く残るカカオ畑では混植したとしても育ちが悪くなってしまう。また，キャッサバは土壌養分を収奪しカカオと競合するので，カカオ畑に植えつけるのは好ましくないと考える人が多い。これに対し，バナナとヤウテアは生育に日射をあまり必要としないばかりか，カカオの生育初期にはそれ自身がカカオ苗の庇蔭樹としての役割を果たすため，混植が奨励されている。

このような理由から，近年は村近くの若い二次林を開いた畑にトウモロコシとキャッサバを集中的に植え，原生林を開いたカカオ畑にバナナとヤウテアを植えるという世帯もある。また，成長したバナナは強風のさいに倒れてカカオの苗木を損傷してしまうことがあるため，カカオ畑には背丈の低いバナナ品種を植えるという意見も聞かれた。カカオ畑は原則として世帯主である男性が管理している。現金収入を増やしたい夫と食料を確保したい妻とのあいだで，カカオ畑にどの作物を，あるいはどの品種のバナナを植えるのかということが喧嘩の種になることもあるようだ。

では，カカオ畑で育つバナナは従来の焼畑に比して遜色なく収穫されているのであろうか。図10-9は，Vさんが2001年，2003年，2005年のそれぞれ60日間に，

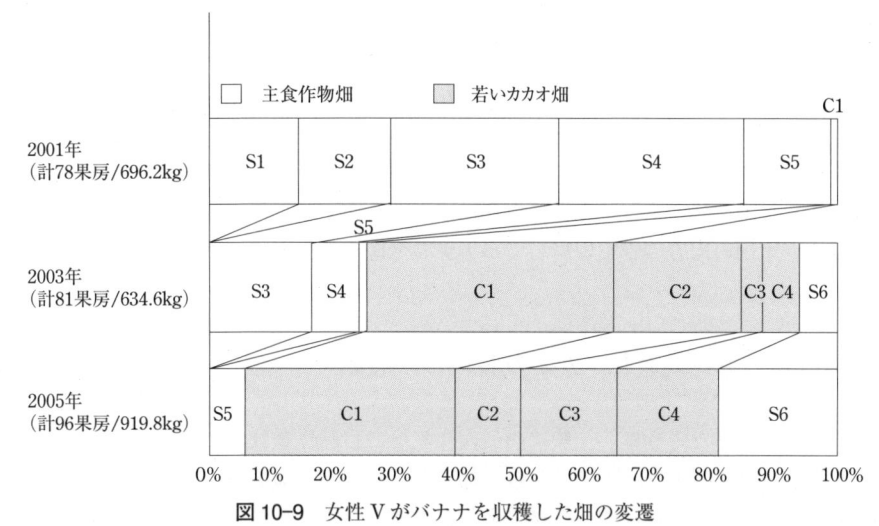

第 10 章　バナナとカカオのおいしい関係 ｜ 217

	主食作物畑		若いカカオ畑				

2001年
（計78果房/696.2kg）　S1 ／ S2 ／ S3 ／ S4 ／ S5 ／ C1

2003年
（計81果房/634.6kg）　S3 ／ S4 ／ S5 ／ C1 ／ C2 ／ C3 ／ C4 ／ S6

2005年
（計96果房/919.8kg）　S5 ／ C1 ／ C2 ／ C3 ／ C4 ／ S6

0%　10%　20%　30%　40%　50%　60%　70%　80%　90%　100%

図 10-9　女性 V がバナナを収穫した畑の変遷

調査期間（各年 60 日間）2001 年 10 月 17 日-12 月 15 日，2003 年 10 月 17 日-12 月 15 日，2005 年 11 月 28 日-2006 年 1 月 26 日．畑の伐開年月 S1：94 年 1 月，S2：98 年 1 月，S3：99 年 1 月，S4：99 年 7 月，S5：00 年 7 月，S6：03 年 1 月，C1：00 年 7 月，C2：01 年 1 月，C3：01 年 7 月，C4：02 年 1 月．

バナナをどの畑からどれくらい収穫してきたのかを収穫量の割合（%）で示したものである。白で示した S1-S6 は主食作物畑を，灰色で示した C1-C4 は主食作物とカカオが混在する畑，つまり若いカカオ畑を示している。各畑の伐開年月については図 10-9 中に示した。2001 年には，S1・S2・S3・S4・S5・C1 の計 6 筆の畑から収穫が確認されたが，C1 を除く全てのバナナが主食作物畑から収穫されていた。その後，2003 年には畑 S1・S2 が，2005 年には畑 S3・S4 が放棄され，新たに C2，C3，C4，S6 からの収穫が確認された。このうち畑 C2・C3・C4 はいずれも新たに開かれたカカオ畑である。V さんの世帯では，2000 年 7 月以降，連続的にカカオ畑を開いたため，2003 年，2005 年と年を経るにつれて，バナナを収穫する畑が主食作物畑からカカオ畑へと移行している。収穫されたバナナの 1 果房当たりの重量を算出すると，主食作物畑が平均 8.4kg，カカオ畑が 9.2kg で両者のあいだに大きな差はみられない[15]。これらの結果より，若いカカオ畑は，従来の主食作物畑と同様にバナナを生産する場としての役割を果たしうることが分かる。

　また，カカオ畑の方が主食作物畑よりも伐開面積が大きい傾向にあることや，「カカオ畑では除草を頻繁に行うため，バナナが（枯れずに）長持ちする」と人びとが語ることから，1 筆当たりのバナナの収穫量は，むしろカカオ畑の方が多くなると考えられる。さらに，調査を行った 2002 年から 2005 年頃は，カカオブームの影響

15）バナナの重量は品種によって異なり，土壌の肥沃度にも大きく影響を受けるので，単純に比較できるものではない。ここでは品種の違い，畑の履歴は考慮せずに平均値を算出した。

で，主食作物畑を開かずに新たなカカオ畑を開く世帯が多かったということもふまえると，カカオ畑で収穫されるバナナの割合は増加傾向にあるといってよいだろう。

ただし，カカオ畑は村から数km離れた川沿いに位置することが多いため，村に滞在している期間中は，カカオ畑からのバナナ収穫は女性にとって重労働となる。こうした理由から，カカオの農繁期となる8-12月だけでなく，極端な例では1年中出作り小屋で過ごすという世帯も存在するが，多くの世帯では村近くの主食作物畑とカカオ畑の両方の畑を併用してバナナの生産を継続させている。

10-5 ▶ バナナとカカオのおいしい関係

冒頭でも述べたように，一般に商品作物栽培と自給作物栽培とは，土地や労働力の確保という点でトレード・オフの関係にある。しかしながら，バンガンドゥの農耕システムにおいては，商品作物であるカカオと自給作物とが同じ畑に混植されるので，土地をめぐる競合は生じず，畑の伐開作業も一度で済む。万が一，カカオ販売で十分な収入が得られなかったり，除草が行き届かずカカオ畑を放棄せざるを得ないような状況になったりしたとしても，そこでの自給作物生産は安定して継続され，伐開作業に投じた労働力や雇用したバカに支払った報酬がまったくの無駄になるという事態は避けられる。バンガンドゥの農耕システムにおいて，商品作物であるカカオ栽培の拡大は，自給作物，なかでも主食として重要なバナナの生産と拮抗する関係にはないのである。バンガンドゥの農耕システムは，人びとの生活が直接にカカオ収量の多寡や価格の変動にさらされるのを防ぎ，不安定なカカオ市場に対するバッファとしての機能をあわせもっているといってよいだろう。

原植生の樹木を庇蔭樹として伐り残すカカオ栽培のありかたは，農民の現金獲得の手段となるだけでなく，原植生の一部や野生動物などの生物多様性を保全する役割を果たすものとして注目されており，アグロフォレストリー[16]研究や保全生態学の分野では「ココア・アグロフォレスト（cocoa agroforest）[17]」と呼ばれている（Duguma et al. 2001; Ruf & Schroth 2004）。「ココア・アグロフォレスト」は，コートジ

---

[16] アグロフォレストリー（agroforestry）とは，同一の土地において同時的あるいは継続的に農業・畜産業・林業などを組み合わせることにより，環境保全に配慮しつつ，かつ多様な生産物を持続的に生産することが可能な土地利用システムである。そのシステムを構成する各要素間には経済的あるいは生態学的な相互作用を有し，各構成要素の間に補完的あるいは両立的関係を構築することによって，地域資源の持続的かつ効率的な利用の実現を図ろうとするものである（国際農林業協力協会 1998）。

[17] カカオ（ラテン名；*Theobroma cacao*）は，日本語では植物名として「カカオ」と表記するのが一般的であるが，英語論文では"cocoa"と"cacao"の両方が使用され，アグロフォレストリーに関する論文においては前者が用いられることが多い。とくに庇蔭樹下でのカカオ栽培については，"cocoa agroforest"という表現が定着している。

ボワールやブラジル等，集約的な農業と過耕作の末に森林が荒廃してしまった地域において，森林の再生，持続的な土地利用，貧困の削減等の問題を一挙に解決しうる「森林保全」的な農法として関心を集めてきた経緯があり，一般に「森林破壊」的なイメージが強い焼畑とは対立的に描かれる傾向にある。

　しかしながら，本章でみてきたように，バンガンドゥが実践しているカカオ栽培のありかたは焼畑と不可分の存在ではなく，先に述べたようなバッファとしての機能を考慮するならば，むしろその連続性が重要視されなければならない。G. シュロスらは，「伝統的な焼畑システムは，最も古く，最もエクステンシブなアグロフォレストリーの一つであり，熱帯地域でみられる様々なアグロフォレストリーの実践は焼畑に由来してきた」と指摘しているが（Schroth et al. 2004b），バンガンドゥのカカオ栽培は，まさにその典型例といってよいだろう。

　バンガンドゥの焼畑システムの大きな特徴は，バナナの収穫と二次植生の回復とが同時に進行することと，ムサンガ林の循環利用にある。かれらは，バナナが庇蔭環境に強いという特性を応用し，既存の焼畑システムにカカオ樹を導入した。そして，より多くの樹木を庇蔭樹として伐り残すことでカカオの生育環境をととのえ，従来は休閑林となっていた場所をカカオ畑としている。なんらかの理由でカカオ畑が放棄された場合には，二次植生の回復を待って再び伐開し，バナナ等の栽培・収穫を行った後に新たなカカオ畑として利用する。私はこのような特徴から，バンガンドゥのカカオ栽培のありかたを「伐らない焼畑」と名づけた（四方 2007）。この地域のカカオ栽培は，伐開→耕作→休閑→伐開という焼畑の循環的なサイクルを逸脱しない，いわば焼畑の現代的展開として捉えることができる。「伐らない焼畑」としてのカカオ栽培は，「土地を循環的に利用しながら作物栽培を維持する」という従来の焼畑システムの特徴を引き継ぐ，持続的なシステムであるといってよいだろう。

　しかしながら，調査地域におけるカカオ栽培の実践は，「ココア・アグロフォレスト」研究が注目するような生態系の修復を意図したものではなく，原生林を農地化することによって成立していることを忘れてはならない。自給作物栽培と競合しないカカオ栽培は，カカオの売上が増加したり，より多くの労働力が確保されるような条件がそろえば，際限なく拡大していくという危険性もはらんでいる。すなわち，「伐らない焼畑」の持続性は，村落内，および広域ないしグローバルな経済状況に大きく左右されるのである。表 10-1 において，2001 年と 2005 年の結果を比較すると，後者の方がカカオ畑を原生林に開いた世帯が多かったことが分かる。これは 2002 年以来のカカオ価格の高騰により，新たにカカオ畑の面積を拡大する世帯が増えていることを示している。

　ただし，数年間の傾向のみから，農業実践が変化し森林に対する負荷が増加していると結論づけることには慎重でなければならない。森林に対する負荷は，カカオ

畑の増加率と森林の回復率の関係によって決まり，前者は経済状況の影響を大きく受ける。したがって，筆者が調査を行った 2005 年のように，カカオが好景気のときにはカカオ畑は拡大傾向を見せるが，たとえばカカオが売れなくなれば，森林はどんどん回復するのであり，このようなことは過去 50 年間のあいだにたびたび起こってきたことであると考えられる。

　カカオ栽培の導入が森林に及ぼす影響については，これまでのカカオ畑の消長に関わる政治・経済的な背景を検討するとともに，カカオ畑の森林景観がどのように変化しているのかを，長期的な森林動態のなかに位置づけて分析する必要があるだろう。

小松かおり

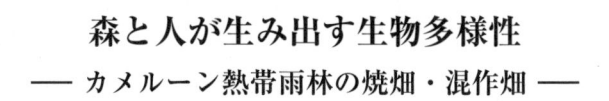

第11章

森と人が生み出す生物多様性
—— カメルーン熱帯雨林の焼畑・混作畑 ——

11-1 ▶農地における生物多様性

　農は人間による植生の管理であり，農地では，一般的には作物だけを選択的に植えることによって植物の多様性が低くなる。しかし，カメルーン東南部の熱帯林には，植物の多様性が非常に高い畑がある。焼畑移動耕作による混作畑である。

　一つの畑に複数の作物を同時に植え付ける間作 (intercropping)，広義の混作畑は，熱帯地域を中心に世界各地で行われており，作物ごとの植え付け時期，畑の下位区分のちがいによって，いくつかのタイプに分類できる (応地 1997; Francis 1986)。中部アフリカの熱帯林では，同時に多種の作物を列や畝なしに植え付ける混合型間作 (mixed intercropping)，つまり狭義の「混作」が行われている (Miracle 1967; 末原 1990)。狭義の混作畑は，畑の作物の多様性が高いだけではなく，下位区分を作らないため，畑のなかのどの部分をとっても作物の多様性が高い。従来，混作における多様性の高さは，むしろ，生産性の低さ，効率の悪さと評価されがちであったが，ここ数十年の熱帯農業研究においては再評価の動きがみられる (小松 2005)。

　しかし，畑のなかに生物多様性をもたらすのは，混作だけではない。カメルーン東南部の調査地では，焼畑を伐開するときに伐り残された樹木や，除草されていない雑草が数多く見られる。これらの野生植物は，人間にとって無用，または有害に見えるが，観察と聞き取りによって，これらの野生植物には，独自の管理の方法と，利用の可能性が存在することが明らかになった。

　本章では，調査地の畑にみられる植物の構成，管理，利用を分析し，畑地内の植物の多様性と混作文化との関係，さらには畑という場を通した人間と植物の関係について考える。農地の生物多様性は，agrobiodiversity，または agricultural biodiversity などの呼び方で，1990年以降に用いられるようになった概念である。

agrobiodiversity は，管理されたエコシステムのなかの有用植物の多様性，または，遺伝子・種・エコシステムの各レベルでの植物・動物・ミクロな有機体の多様性と流動性，と定義される（Stocking et al. 2003）。本論では，agrobiodiversity を農地の生物多様性と呼び，カメルーン東南部の調査地の焼畑・混作畑を対象に，そのなかでも植物の多様性について考える。

11-2 ▶ 調査対象と調査方法

調査地域は，カメルーン共和国東部州ブンバ・ンゴコ県に属する。県庁所在地であるヨカドゥマ（Yokadouma）から，ほぼ南に向って，コンゴ共和国との国境にあるモルンドゥ（Moloundou）まで幹線道路が延びる。そのちょうど中間ほどに，ンゴラ（Ngola）村がある。村は，地理的・社会的な単位であるいくつかの集落（カルティエ）から成り立っている。ンゴラ村のなかのモンディンディム（Mondindim）と呼ばれる集落が調査地である。北緯2度41分，東経15度18分に位置する。幹線道路の東には，木材伐採会社の基地が点在し，一日数十台の木材運搬トラックが轟音と共に通りすぎる。1日に数台のミニバスがヨカドゥマと南の地域を繋いでいる。

地域の植生は半落葉樹林帯で，年間降水量は1500mm程度，年平均気温は25度程度である（土屋ほか1972）。12月から2月までの大乾季，3月から6月までの小雨季，7月から8月の小乾季，9月から11月の大雨季と四つの季節があるが，平均降水量が50mmに達しない月はない。

この地域は，焼畑農耕を中心的な生業とするいくつかのエスニック・グループと，狩猟採集と農耕を営むバカが居住している。それぞれの村は，中心となる一つのエスニック・グループと，婚姻や姻族関係を頼ってきた様々なエスニシティをもつ人びとからなっている。人びとは，母語の他に，近隣の複数の言語と共通語としてのフランス語を繰って生活している。

ンゴラ村はボマン（Mboman）を中心とした集落であるが，モンディンディムは，1960年代にカコ（Kako）と自称するグループに属するふたりの兄弟とその叔父を中心に開かれた集落である。カコは，カメルーンの東部，バトゥリから中央アフリカ共和国にかけて居住し，バントゥー系言語を話す約7万人のグループで，ヨカドゥマ以南にもかれらの村がいくつかあるが，モンディンディム周辺には集落はなく，エスニックな飛び地である。

ふたりの兄弟とその叔父は，直線距離で160km北，カコの主要な居住域にあり，森林とサバンナの境界域でキャッサバを主作物とするリンディ村からやってきた。最初は，周囲のボマンの家に寄宿して漁撈を中心とした生業を営み，そののちに，周囲から比較的独立した地域に集落を開いた。その近くに，周囲の森に住んでいた

バカが政府の政策で二つの集落を作り，兄弟の親族や姻族が周辺の村やリンディの周辺から合流して，現在のモンディンディムが形成された。2008年8月の人口は200人，そのうち47人がバカである。

　この地域の生業は，主作物を生産する焼畑移動耕作と，現金収入源であるカカオ栽培，年中行われる仕掛け針や定置網，投げ網，梁による漁撈，季節的な定置網漁や掻い出し漁，銃や罠を使った狩猟，森林からの野生植物の採集の複合で成り立っている。9月から12月にかけてカカオが現金化される以外に，沿道に並べた余剰のキャッサバ粉，プランテン・バナナがトラックの運転手に販売され，村内で魚と肉，自家製の蒸留酒が売買される。生産と消費は基本的に夫・妻・未婚の子どもからなる世帯が単位である。近隣に居住するバカとは，永続的なパートナーシップは見られないが，単発で仕事を頼んだり，季節的に特定の世帯どうしがパートナーシップをもつことがある。特に，キャッサバ畑の伐開や除草にはバカの女性が，カカオ畑の除草や収穫にはバカの男性の人手があてにされることが多い。

　生業の配分は，カカオの価格によって変わってきた。カカオ畑を最初に開墾した1970年頃は，政府が種や薬を配布し，苗の作り方を指導して，高値で買い取ったため，カカオは魅力的な作物だった。しかし，その後，政策の変換によってカカオの値段は数年ごとに低迷したり上昇したりを繰り返した。

　モンディンディム村での調査は，1993年から2008年まで断続的に10回，計約8か月に渡っている。混作畑のコドラート（調査用の方形区）調査は，1993年12月から1994年3月までの調査期間に行った。また，植物の同定は，2005年8月と，2008年8月に採集した標本をカメルーン国立植物標本館に同定依頼した。

11-3 ▶ 主食畑の作り方

　アフリカ熱帯雨林の畑の特徴は，焼畑移動耕作・混作・根栽農耕で（小松 本書第3章），モンディンディムの畑もこれらの特徴を持つ。主作物はビター・キャッサバである。

　モンディンディムの周囲の集落は全て，プランテン・バナナを主作物としている。ンゴラ村の他の集落はボマンを中心としており，ンゴラから南にかけてはバンガンドゥ（Bangandou）を中心とした村になる。ボマンもバンガンドゥも，プランテン・バナナを主作物とする人びとである。ところで，モンディンディムの母村であるリンディ村は，サバンナと森林の境界に位置し，サバンナに畑を拓く。畑は，ビター・キャッサバを中心に，トウモロコシ，ラッカセイかゴマの2種あるいは3種の混作が基本である。

　1960年代に現在のモンディンディムに畑を拓いたカコの開拓者たちにとっては，

二つの選択肢があった。母村のキャッサバ中心の畑にするか，隣人たちを真似てプランテン・バナナを中心とする畑にするかである。かれらは，母村のビター・キャッサバ栽培を基本として，プランテン・バナナを混作することを選んだ。現在世帯主の中心である第2世代になると，近隣の村から婚入する女性も増え，プランテン・バナナの栽培も増えたが，主要な食事である夕食には母村と同じビター・キャッサバのダンゴが供される（小松 1996）。プランテンは，軽食，雨季でキャッサバの粉が乾燥できないときの代替食，販売用として植え付けられており，主食の中心はキャッサバである。キャッサバは近年，現金獲得用の蒸留酒の材料としても重要性が増している。

　主食用の畑は，基本的に毎年伐開する。12月から2月の大乾季に一次林か二次林に拓かれるングワン・リコ（*ngwan liko*）が最も重要で，必要に応じて，大乾季に川の側にングワン・ドボ（*ngwan dobo*）が，7, 8月の小乾季に一次林か二次林にングワン・コングウェ（*ngwan kongwe*）が拓かれる。ングワン・リコは，畑地を拡大したいときには一次林（*liko*）に，その必要がないときには二次林（*gbutu*）に拓かれる。キャッサバ畑は，新たに拓くと，収穫後にもう一度キャッサバを植え付けることも多い。このような二度植えはニョングン（*nyongun*）と呼ばれる。キャッサバは，二次林でもそれなりに育つので，人手が少ないが扶養家族が多い，という世帯では，最低3年ほどあけて二次林を再利用することもある。ただ，そのような事情がない場合は，10年以上は休閑させる。

　ングワン・リコは，伐開が終わって数週間乾かしてから，2月から3月にかけて小雨季の直前に火入れする。しかし，この地域では乾季といえども湿度が高く，伐り倒した樹木はほとんどがそのままの形で残り，ゆっくりと腐っていくことが多い。小乾季に伐開するングワン・コングウェでは，さらに燃えにくく，火入れをしないことすらある。最初の雨が降ったあと，トウモロコシかラッカセイ，種食用のウリもしくはその全てが植え付けられ，1週間ほどおいて，キャッサバが植え付けられる。主食用の畑のあとにカカオ畑にする土地では，同時にカカオが植え付けられる。カカオは，種をそのまま地面に蒔く。プランテン・バナナは，二次林であれば以前の株が残っていることもあり，火入れ前に植え付けられたり，トウモロコシやラッカセイのあとに植え付けられたり，様々な時期に植え付けられる。さらに，必要に応じて，ヤウテア（*Xanthosoma* sp., アメリカ原産のイモ），ヤムイモ，サツマイモ，カボチャ，オクラ，サトウキビ，トウガラシ，タバコなどが混作される。モンディンディムの畑は，同時に多種の作物を列や畝なしに植え付ける狭義の混作で，混合型間作（mixed intercropping）とも呼ばれる形態のものである（Francis 1986）。

　まず収穫されるのは，トウモロコシ，ラッカセイ，ウリで，植え付け後3か月から収穫される。これはまとめて収穫されることが多く，そのさいに除草も行う。キャッサバは早生の品種は6か月から，一般的な品種は1年後から収穫を始める。

バナナは品種によって9か月から18か月かかる。根茎類は，加工・調理する直前まで畑に植えた状態で貯蔵される。

バナナは，子株が周囲に出てくるので，収穫後も次々と次世代が育つ。キャッサバは，収穫時に除草し，雑草が生える前にすぐにもう一度植え付けをするが，収穫量が落ちるので，三度植え付けることはない。伐開後1-2年の畑にはバナナとキャッサバが，3年を越すとバナナと収穫されなかったキャッサバが残り，あとは植物が自生している，といった光景になる。

プランテン・バナナの生産力は一次林の方が高いが，キャッサバは二次林でも生産性の低下がプランテン・バナナほどではないといい，二次林に主食畑を拓くことが多い。ただし，新しいカカオ畑を造成したい場合，一次林かかなり古い二次林を選んで伐採し，主食作物と同時にカカオを植え付ける。

基本的な農具は山刀で，ほとんどの仕事は山刀のみで行われる。伐開時には斧が，ラッカセイの植え付け時には柄が鋭角に曲がった短い鍬が用いられることがある。女性が畑に行くときの基本的な装備は，山刀と，運搬用の背負い籠である。

主食畑を拓くとき，木本の伐採と火入れは男性の，草本の伐採は女性の担当である。男手のない女性世帯では，バカの男性を雇って木本の伐採を依頼することもあるし，木本がまだほとんど育っていない新しい二次林を女手だけで伐採することもある。カカオ栽培は，植え付けから収穫まで男性の仕事であり，女性は収穫作業に参加する程度である。除草は男性が担当するが，学校休暇中の子どもたちやバカが手伝うことも多い。

カメルーンの土地法では，村の土地は国有である。しかし，実際は，集落単位で土地を管理している。一次林は，住人であれば誰でも利用できる。一度伐採された畑地の利用権は，放棄後も伐採者に属し，伐採者の死後は，相続者がその権利を引き継ぐ。ただし，土地を贈与，売却することはできない。

11-4 ▶ 農地のなかの植物群

三種の植物群

主食畑のなかには，種や株を植えた栽培植物だけでなく，野生植物や植えていない栽培植物など，様々な植物が存在する。ここでは，どのような植物群が存在するか，概観しよう。

まずは，栽培植物，または作物である。前述したように，モンディンディムでは，畑に下位区分を作らず，多種の作物を同時に植え付ける狭義の混作が行われる。図11-1は，1994年に一次林に拓かれた畑の10m×10mのコドラート図であるが，こ

図の凡例:
- W 「雑草」
- パパイヤ
- プランテン・バナナ
- ビター・キャッサバ
- オクラ
- ヤウテア
- トウモロコシ
- ヤムイモ
- カボチャ
- トウガラシ
- タバコ
- 切り株
- 倒木

一次林・火入れ後9か月

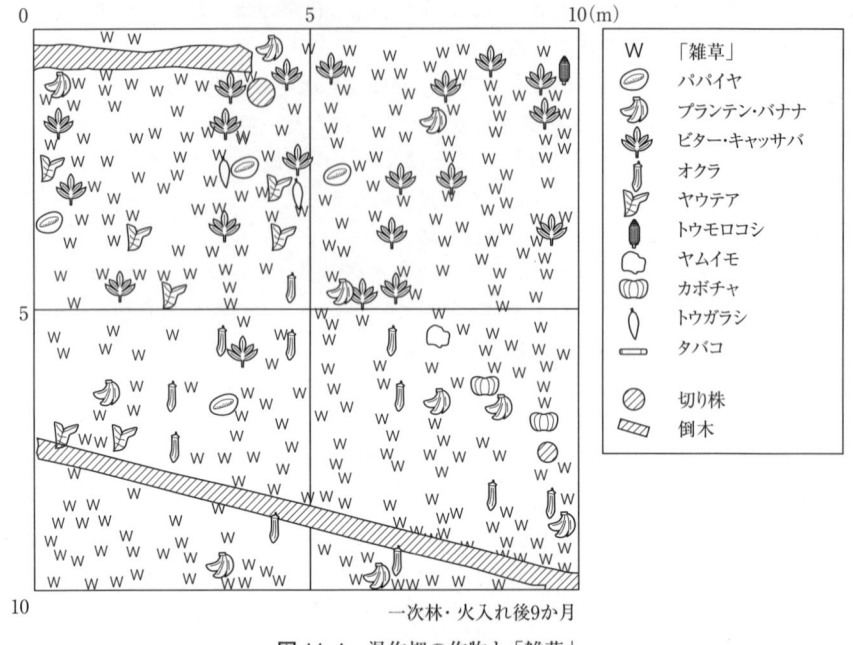

図 11-1 混作畑の作物と「雑草」

のなかに 10 種類の作物が存在する。また、キャッサバやプランテン・バナナをはじめとして、主食作物の多くには複数の品種があり、一つの畑で複数の品種が混作されることが多い。

主食畑は、一次林か二次林を伐採して造成されるが、そのとき、様々な理由で伐採されない樹木がある。これらの非伐採木が、二つ目の植物群である。

図 11-1 のコドラートには栽培植物以上に、「雑草」が目立つ。「雑草」とは、畑の伐開後に自生した野生植物のことである。「雑草」は必ずしも日本で意味するような排除すべき存在ではないが、作付けの段階では作物の生長を阻害するとして排除されるので、ここでは「雑草」と表現する。これらの「雑草」が三つ目の植物群である。

多種・多品種の栽培植物

モンディンディムの主食畑は、この地域の畑の多くがそうであるように、多種の作物の混作である（図 11-2）。

図 11-1 のコドラートは、火入れ後 9 か月のものである。ビター・キャッサバとプランテン・バナナという主要な主食作物に加えて、トウモロコシ、ラッカセイ、

図 11-2　混作畑。プランテン・バナナ，キャッサバ，パパイヤが見える。

種食用のウリ，スイート・キャッサバ，生食用のスイート・バナナ，ヤウテア，ヤムイモ，サツマイモ，カボチャ，オクラ，サトウキビ，トウガラシ，タバコなどが混作されている。この頃は，カカオの値段が低迷していたので，ほとんどの世帯がカカオ畑を放棄していた。新しいカカオの植え付けもなかったので，畑のなかにカカオは植えられていない。表 11-1 はモンディンディムで栽培される作物のリストである。図 11-1 にある作物に加えて，パイナップル，サトウキビ，トマト，葉菜類，実を苦み調味料とするナス科植物（*njo*, *pil*）などがある。

　このなかには，「あえて栽培したわけではない」作物もある。図 11-1 にあるパパイヤ，アブラヤシ，レモンなどは，畑の伐開時や植え付け，除草のときなどに，おやつ代わりに食べられて種が捨てられたり，何らかの理由で種が運ばれて，そこから発芽する。植え付けなかったカカオも，同じ理由で自生することがある。このような自生した作物は，除草されることなく，そのまま生長する。

　キャッサバ，バナナをはじめ，トウモロコシ，ヤウテア，サツマイモ，ラッカセイ，オクラ，トウガラシ，パパイヤ，タバコにはそれぞれ複数の品種がある。キャッサバはビター・キャッサバで9品種，スイート・キャッサバで7品種が栽培されている。バナナは，プランテン・バナナで10品種，スイート・バナナで4品種が聞き取られた。ラッカセイでは3品種，オクラでは5品種，トウガラシ4品種にそれぞれ別の名称が与えられている。また，ヤウテア，トウモロコシ，サツマイモ，パパイヤ，タバコなどは，名称は明確ではないが，実の色，形，大きさ，固さ，葉の形などで数種類に見分けられている。畑に植えるときには，いくつかの品種を混ぜ

表 11-1　栽培植物リスト

方名（カコ語）	和　名	品種名数
kwende	プランテン・バナナ	10
yombo	ビター・キャッサバ	9
kili yombo	スイート・キャッサバ	7
tuku	ヤム（ムカゴ）	
tun	ヤムイモ	
mekabo	ヤウテア	
nbusa	トウモロコシ	
boku	カボチャ	
njako	ウリ（種子食用）	
wuwundu	ラッカセイ	3
nbolo	オクラ	5
kan	タバコ	
ndon	トウガラシ	4
nomba	スイート・バナナ	4
jeki	パイナップル	
?	サトウキビ	
tomate	トマト	
njo	ナス科の苦い実	
pil	ナス科の苦い実	
nbololala	葉菜	
nbule	葉菜	
ngano	葉菜	
njan	葉菜	
lamusi	レモン	
guenda	パパイヤ	
cacao	カカオ	
banga	アブラヤシ	

て植えることが多い。

伐り残された樹木

　畑には，伐採時に伐り残された樹木が点在している（図11-3）。人びとは，自分が畑に伐り残した樹種に敏感であり，どの畑にどの樹種を何本残したかをよく記憶している。2002年から2005年にかけて伐採した主食畑9筆（7人）のなかで伐り残された樹木は29種83本だった（表11-2）。

図11-3 伐採されずに畑に伐り残された樹木

除草されない雑草

　熱帯雨林では，焼畑移動耕作地にめざましい勢いで「雑草」が侵入する。モンディンディムでも「雑草」の侵入は火入れ後すぐにも始まる。一次林に拓かれた火入れ後9か月の主食畑では，草本，木本を含めて34種の「雑草」が観察された（図11-1）。また，8筆の主食畑のなかにそれぞれ10m四方のコドラートを作ったところ（1筆のみ10m×5m），計750m^{2}のなかに102種の「雑草」が観察された（章末付表参照）。

　除草にかける手間は，地域によってかなり異なる。中部アフリカの熱帯雨林のなかでも，比較的除草の手間をかける地域もあれば，ほとんど除草をせず，野生植物が繁茂する前に収穫して次の畑を拓く，という戦略をとる地域もある（杉村1995，末原1990）。モンディンディムの人びとは，除草をした方が作物がよく生長すると考えている。除草を主目的として主作物の畑に出かけることもあり，植え付けや収穫の合間に除草をすることもある。しかし，「忙しい」ので除草を徹底できないという。「忙しい」というのは，除草を優先させれば時間をつくれなくもないのだが，他の仕事を優先している，という意味である。

表11-2 切り残された樹木

方名 (Kako)	本数	科名	種名
loso	12	Sterculiaceae	*Triplochiton scleroxylon* K. Schum.
ngbolo	11	Ulmaceae	*Celtis zenkeri* Engl.
kanga	10	Lauraceae	*Hypodaphnis zenkeri* Stapf. ※
saka	5	Leg.-Mimosoideae	*Albizzia zygia* (DC.) J. F. Macbr.
gopo	4	Euphorbiaceae	*Ricinodendron heudelotii* (Baill.) Pierre ex Pax
sen	4	Cecropiaceae	*Musanga cecropioides* R.Br.
banga	3	Palmae	*Elaeis guineensis* Jacq.
dumo	3	Bombacaceae	*Ceiba pentandra* (L.) Gaertn.
gboku	3	不明	不明
hayahaya	3	Moraceae	*Ficus exasperata* Vahl
banjo	2	Rubiaceae	*Morinda lucida* Benth.
bemban	2	Ulmaceae	*Celtis adolfi-friderici* Engl.
gbeli	2	Clusiaceae	*Garcinia Kola* Heckel
kulu	2	Sterculiaceae	*Mansonia altissima* (A. Chev.) A. Chev.
nbeno	2	Olacaceae	*Heisteria* cf. *parvifolia* Smith
nbundulu	2	不明	不明
duko	1	Cecropiaceae	*Myrianthus arboreus* P. Beauv.
kando	1	Moraceae	*Ficus* cf. *lutea* Vahl.
kolo	1	Moraceae	*Ficus sur* Forssk.
lombo	1	Apocynaceae	*Alstonia boonei* de Wild.
long	1	Moraceae	*Milicia excelsa* (Welw.) C.C. Berg
mombu	1	Annonaceae	*Anonidium mannii* (Oliv.) Engl. & Diels
nbongo	1	不明	不明
nbungu	1	Lecythidaceae	*Petersianthus macrocarpus* (P. Beauv.) Liben
ngolugwake	1	Leg.-Papilionoideae	*Baphia leptobotrys* Harms
sei	1	Meliaceae	*Entandrophragma cylindricum* (Sprague) Sprague
selele	1	Leg.-Mimosoideae	*Tetrapleura tetraptera* (Schum. & Thonn.) Taub.
solobo	1	Myristicaceae	*Pycnanthus angolensis* (Welw.) Warb.
不明	1	–	–

※ *Terminalia sperba* Engl. & Diels の可能性あり

　モンディンディムでは,除草することは,「ボカサを切る」という。ボカサ (*bokasa*) とは, 1970年頃にこの地域に広がった外来種の草本 *Chromolaena odorata* のことである。「雑草」に対応する独立した用語がないのである。
　畑を拓くと,まず生えてくるのは,前述のボカサをはじめとする草本であり,次に, セン (*sen, Musanga cecropioides*) をはじめとする陽樹だという。キャッサバを一度だけ植えた畑では,センやアブラヤシ,コロ (*kolo, Ficus sur*) などの陽樹が生えやすいが, 続けてもう一度キャッサバを植えた畑には, ボカサやニャンジ (*nyanji, Costus afer*), ンジョンジュ (*njonju, Aframomum* sp.) などの草本が卓越して, なかなか木本が生えないという。

11-5 ▶ 農地の生物多様性

農地の生物多様性はどのように生まれるか

　モンディンディムの畑のなかには，作物と品種の多様性，伐開時に伐り残された樹木，除草されなかった「雑草」といった植物が存在する。作物や品種は，畑地のどの地点をとっても多様性が高い狭義の混作で栽培されている。伐開時には，特定の種に偏らず，状況に応じて様々な樹木が伐り残される。「雑草」は伐開後すぐに生えてくるだけでなく，時間が経つにつれて次々と新たな種が自生するため，時間と共に構成種が変化する。このような様々な植物によって，農地の生物多様性が高まっている。以下では，多様性がどのように生み出され，農地や周囲の土地，農民にどのような影響を与えているかを，考えてみたい。

　農地の生物多様性を生み出す一つの要因は，自然環境である。そもそも，熱帯雨林は生物多様性が高く，そのことが，熱帯雨林保護の大きな理由とされてきた（市川 本書第1章）。また，熱帯雨林の温度と湿度は，植物に旺盛な繁殖力を与え，植物の生長のサイクルが非常に速いため，植生の更新も速い。このような理由から，熱帯雨林に拓かれた農地には，生物多様性を生み出す自然条件が整っている。

　次に，農民の側の条件としては，大木を大量に伐採するのに向くチェーンソーなどの道具も，除草剤などの化学的な手段も持っていない。かれらは，手持ちの条件のなかで持続的に必要な収穫を得られる農法を作り出してきたのである。そのなかで，意図的に作り出す作物と品種の多様性以外に，伐開時に伐り残された樹木，除草されなかった雑草といった植物が存在する畑が生まれた。

多種・多品種の混作の理由とその影響

　人びとはなぜ，多種・多品種を混作するのだろうか。このような問いへの答えには，いくつかのレベルがある。一つは，農民自身が説明する理由である。一方で，農民自身は意識しておらず，自然科学者が「混作の科学的効用」として指摘する理由がある。そのあいだに，農民自身は混作の原因として説明しないが，その副次的効果については観察者の目に見えるし，農民自身も認める，といった理由がある。この節では，これらについて整理してみよう。

　人びとに，「なぜ多種を混ぜて植えるのか」と訊くと，一瞬，答えに詰まる。この地域では，混作が当たり前だからである。それから，「1年中，食べ物が収穫できるから」「いろいろなものが食べられるから」「どれかの作物が不作でも，他の作物が食べられるから」といった答えが返ってくる。

特に主食作物に関しては，多くの品種を植える理由の一つが，1年中収穫を続けるためだということは，農民自身が意識している。この地域の主食作物は根栽作物であるが，水分の多い根栽作物は，湿度の高い熱帯雨林では腐敗が早く，収穫後の長期の貯蔵には向かない。そのため，成熟時期がずれるよう，品種や植え付け時期をずらすのである。特に，プランテン・バナナは，実ったら熟す前に収穫しなければならないため，一つの畑のなかでも品種と植え付け時期をずらして，1年中まんべんなく収穫できるように配慮する（四方 本書第10章）。キャッサバは地下茎が大きくなってからも数か月から場合によっては1年以上畑のなかで保存することも可能だが，早生で早くから収穫できる品種と，晩生だが収穫量の多い品種を混ぜて植える。
　もう一つの理由は，食の多様性で説明される。主食畑には，主食の材料となりうる作物が8種栽培されていて，1年を通して主食に変化を与えてくれる。また，モンディンディムでは34種類の調味料の利用が観察，または聞き取りされたが，そのうち11種類が，畑の作物とその加工品である。地下茎を主食に，葉を副食に利用するキャッサバや，塊茎を主食に，若葉を副食にするヤウテアなど，複数の部位を食用とする作物もある。カカオの若芽から抽出される樹液は，この地方独特の粘性をもつ調味料として利用される。副食の材料は魚や野生動物，野生植物が用いられるが，キャッサバの葉，オクラ，葉菜類なども副食材料を提供している。主食畑の種と品種の多様性は，このように，1年を通した食卓の多様性に貢献している（Komatsu 1998）。
　他の理由には，雨量などの気候条件でどれかの作物が被害を受けたときも被害の少ない作物がある，ネズミやゴリラといった野生動物による害が特定の作物に集中するなど，食糧の安定供給が挙げられる。
　一つの畑に多数の種の作物を同時期にランダムに植え付ける狭義の混作は，中部アフリカの熱帯雨林では一般的な農法であり（安渓 1981；杉村 1995；小松，塙 2000；四方 2004），また，東南アジアや南米など，熱帯の畑でも一般的である（Spencer 1966; Bass & Morrison 1994）。
　近年の農学では，混作には多様な「科学的」効用があることが指摘されている。モンディンディムの人びとが指摘したような「1年を通じた食糧供給の持続性」「食の多様性」「生産の安定性」以外にも，1. 高さや形状が異なる作物を混ぜて植えることで，空間や日光を有効利用できる，2. 作物によって必要とする栄養分や根の深さが異なるので，土壌の栄養分を有効利用できる，3. 病虫害は特定の作物が被害に遭うので，異なる作物どうしが障壁になって病虫害が広がりにくい，4. 植え付け時期や収穫時期がずれることで労働力が分散される，5. 様々な作物が長期間畑に存在することで，雨や太陽から土壌が保護される，といった効用である（Richards 1985; Francis 1986）。栽培期間，用途や味，耐病虫性が異なる多品種を混作

することも，多種混作と同じ効用から説明することが可能である。

伐開時に樹木が切り残される理由とその影響

次に，伐開時に伐り残された樹木について考えてみよう。これらの樹木はなぜ伐り残されるのだろうか。この質問に，農民は次のように答える。

まず，伐るのに労力を要する太い樹木は残すのだ，という説明がある。胸高直径が70cmをこえるような大木や，板根が発達した樹木は，伐採するのに労力がかかるので，あえて伐らなくてもよい，という説明である。おまけに，このような大木は，伐り倒して火入れをしても，表面が燃えるだけで幹はほとんどそのままの形で残ってしまい，農作業のじゃまになる，という。しかし，大木でも伐り倒され，農作業のじゃまになるままに放置されている樹木もある。反対に，大木でないのに伐り残されている木もある。

次に，ある程度の樹木は日射しや雨から作物や土を守るために必要だ，という説明がある。プランテン・バナナの栽培には，年間降水量が2000mmから2500mm程度が最適であるが，年間降水量が1500m以上で降水量が50mmを下回る月がない土地であれば適しているといわれる。調査地の条件は後者に適っているが，乾季に成長が止まることを防ぐには，被陰を与えることが必要であると考えられる。キャッサバ栽培には，気候条件からいえば，被陰は不要であるはずだが，キャッサバにも多少の被陰があった方がよい，という人もいる。さらに，その畑が将来カカオ畑になる場合，より多くの樹木が伐り残される。カカオは直射日光に弱いのでより被陰が必要だとかれらはいう。

ただし，カカオ畑には，残してよい樹種と邪魔になる樹種があるという。残すのは，上の方にだけ枝がついて適当な陰を与えるが，下の方は風の通りがよい木である。枝が密集していたり，下部にまで枝がある樹種はカカオの生長を阻害する。また，吸水力が高い木，実がたくさん落ちる木はよくない，という。調査した畑に残されていた樹木のうち，セン（4本），ハヤハヤ（3本），ドゥコ，コロ，モンブ，ンゴルグヮケ（各1本）は，上記の理由で「カカオによくない」とされる樹種であるが，実際に畑に残されていた。

一方，樹木を残す理由としては語られないが，樹木を残すことによるいくつかの影響がある。

残された樹種のなかには，何らかの利用法をもつ樹種が少なくない。調査をした9筆の畑に伐り残されていた29樹種のうち，16種には，何らかの明確な利用法がみられた（表11-3）。残される樹木には大木が多いため，建材として輸出される樹種も含まれ，最も多い利用法は，建材，または丸木舟などの材料としての利用である。しかし，その他の利用法は，「樹皮や葉を薬として」「実や種を食用として」「葉

表 11-3　切り残された樹木の主要な利用法

利用法	種数
幹を家・丸木舟・ほかの物財の材料として	9
樹皮を薬用として	4
実・種を食用として	4
葉に集まる幼虫を食用として	4
葉を薬用として	3

29種中，利用法の重複あり

図 11-4　野生の樹木 gopo（*Ricinodendron heudelotii*）の実をすりつぶし，調味料にする女性

に集まる幼虫を食用として」というものであり，これらの利用の特徴は，樹木を伐採せずに継続的に利用できることである（図11-4）。中高木の樹皮は，マラリアなど，比較的重篤な病気に用いられることが多く，重要な役割を果たしている。

　実際には，その土地にプランテン・バナナとキャッサバをどのような割合で植えるか，そのあとカカオ畑にする可能性があるか，今，どのような樹木が残っているか，その樹木を残すことで他の作物に弊害があるか，その樹木自体が有用か，といった複数の要因を考慮して，総合的に，その畑にどの樹木が伐り残されるのかが決められていると考えられる。

　農民が語ることはない影響として，伐り残された樹木は，畑地を日光や雨から守る役割も果たしている。畑を伐採してから作物が育つまでと，トウモロコシやラッカセイを収穫ついでに除草したあと，キャッサバを一度目に収穫したあとなどは，まとまった裸地ができて土が剥き出しになるが，ここにスコールや強い日射が降り注ぐと，土壌のラテライト化や流出が進む。しかし，伐り残された樹木が傘の役目を果たし，作物や雑草が畑地を覆うまでの土壌の保護の役割も担っている。

　農民が語らないもう一つの影響は，結果的に，農地がアグロフォレストリーになることである。樹木作物と一年生作物を組み合わせたアグロフォレストリーは，栄養補給や土壌の保護などの観点から注目されているが，西アフリカでも，自生していた樹木を伐り残す形でのアグロフォレストリーが報告されている（Amanor 1993; Schroth et al. 2004a）。その土地に自生する樹木を利用したアグロフォレストリーは，

速やかな植生の回復と二次林の利用の観点からも注目される。モンディンディムのように樹木を伐り残した場合，被陰を与えることによって，陰樹である一次林の構成樹木の実生の発達を促進し，農地として価値の高い一次林構成種の多い森林の回復にも貢献している可能性がある。火入れが徹底されないため，伐採された樹木のなかには，幹や枝から萌芽再生するものもあり，これらも速やかな森林の回復に貢献していると考えられる。

除草が徹底されない理由とその影響

　焼畑の伐開後の火入れには雑草抑止効果があるが，調査地では火入れが徹底されないため，この効果は薄い。いずれにせよ数か月経つと，作物を追い越す勢いで野生植物が繁茂する。熱帯の焼畑移動耕作における生産の限定要因の一つは，除草の労働力であり，数年経つと手に負えなくなる野生植物が，焼畑が移動する大きな理由であるといわれている (佐々木 1995; 田中 1997)。

　モンディンディムでも，人びとは，除草した方が作物がよく育つと思っているし，除草をすることもあるが，他の作業を優先することで，結果的に「雑草」がどんどん増えていく。

　一方，モンディンディムでは，これらの「雑草」の多くに，有用性が認められている。図 11-1 のなかに存在する 34 種の「雑草」のうち，29 種 (85%) に，単数，または複数の用途が見いだされていた。図 11-5 は，調査した 750m^2 のなかに存在した 102 種の植物の利用法である。102 種中，80 種 (78%) に用途があった。

　利用法は，薬用，物質文化 (家や道具などの材料)，食用・飲用，調味料・嗜好品，儀礼用，毒，などに分けられる。多い順から，薬用が 40 種，家や道具などの材料が 18 種，食用・飲用が 13 種，調味料・嗜好品が 7 種，儀礼用が 3 種，毒の利用が 1 種である。薬用については，草本では，日常的な病気やケガに，実や葉をつぶして湿布したり，浣腸したり水でもんで飲む，という利用が多く，木本になると，樹皮を煮出して飲む方法が多い (図 11-6)。また，木本には，マラリアなど重篤な病気の薬が多く，重要性が高い。

　これら野生植物には，一年生の草本の利用から，数十年後に大木に生長する大木まで含まれており，利用法にも，時系列に沿って様々な段階における利用が含まれている。木本は，生長してから利用されることが多い。時間と共に，「雑草」の利用可能性も変化するのである。主食畑は，1 年に一度か二度，拓かれる。一度拓いた畑は，キャッサバやプランテン・バナナをおおかた収穫する 2, 3 年後まで日常的に利用される。また，毎年新しい畑を拓くため，一つの世帯は，「雑草」の構成種と生長段階のちがういくつかの畑を利用することになり，様々な有用性をもつ「雑草」の入手が可能になっている。

図11-5 「雑草」の利用法

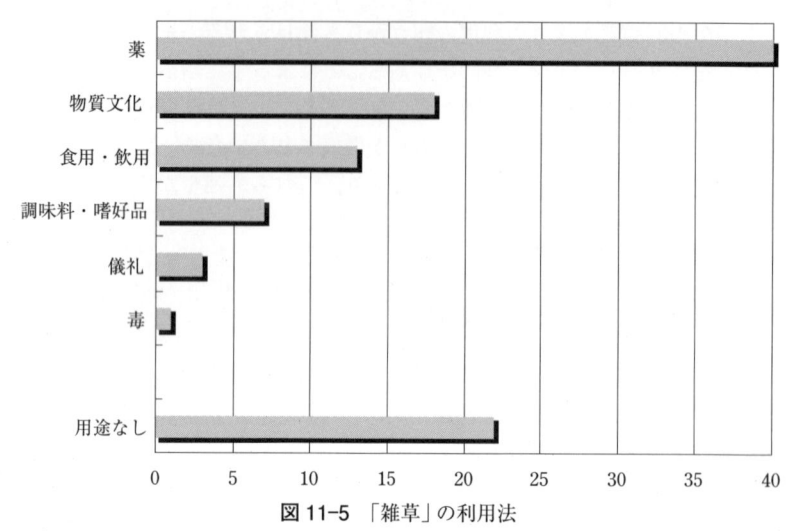

注：750m² の調査プロット中に存在した102種
　　利用法の重複あり，同じ部位で同じカテゴリーの用途を1と計算

11-6 ▶ 生物多様性を生みだす関係性

　ここまで，自然環境と人間の技術を背景に，主に適応と合理性に関わる側面から，三つの植物群において多様性が生み出される理由とその影響を個々に述べてきた。しかし，農地の生物多様性は，人間と植物の対面のなかで生まれる個々の関係の結果である。次に，このような人間と植物の関係性について考えてみたい。

　そもそも焼畑移動耕作は，通時的に農地の生物多様性を生み出す農法である。一部の樹木を残して人間が森林に耕地を拓く。そこに作物が植え付けられ，作物のあいだを縫って，自生した野生植物が繁茂する。やがて作物が野生植物に埋もれるようにして，放棄された畑地は徐々に二次林へと変化していく。野生植物を含む混作畑は，人間の行動のサイクルと，自然のサイクルの組み合わせによって時間をかけて形成され，常にその要素が変化し続ける。植生の遷移を利用して対象とする有用植物の生産性を高める生産様式を，福井勝義は「遷移畑」と名付け，日本における農業史の一段階として，人為的に改変した植生を利用して，栽培植物と自生する野生植物を同時に用いる段階があったことを想定している（福井1983）。耕地に自生する野生植物の重要性が高かったこの時期の遷移畑と，モンディンディムの栽培植物を中心とする畑では，野生植物の生育に対する意図性のレベルが異なるが，植物遷移のシステムを利用して，生物多様性を生み出すという点では，同じ意味を持っている。

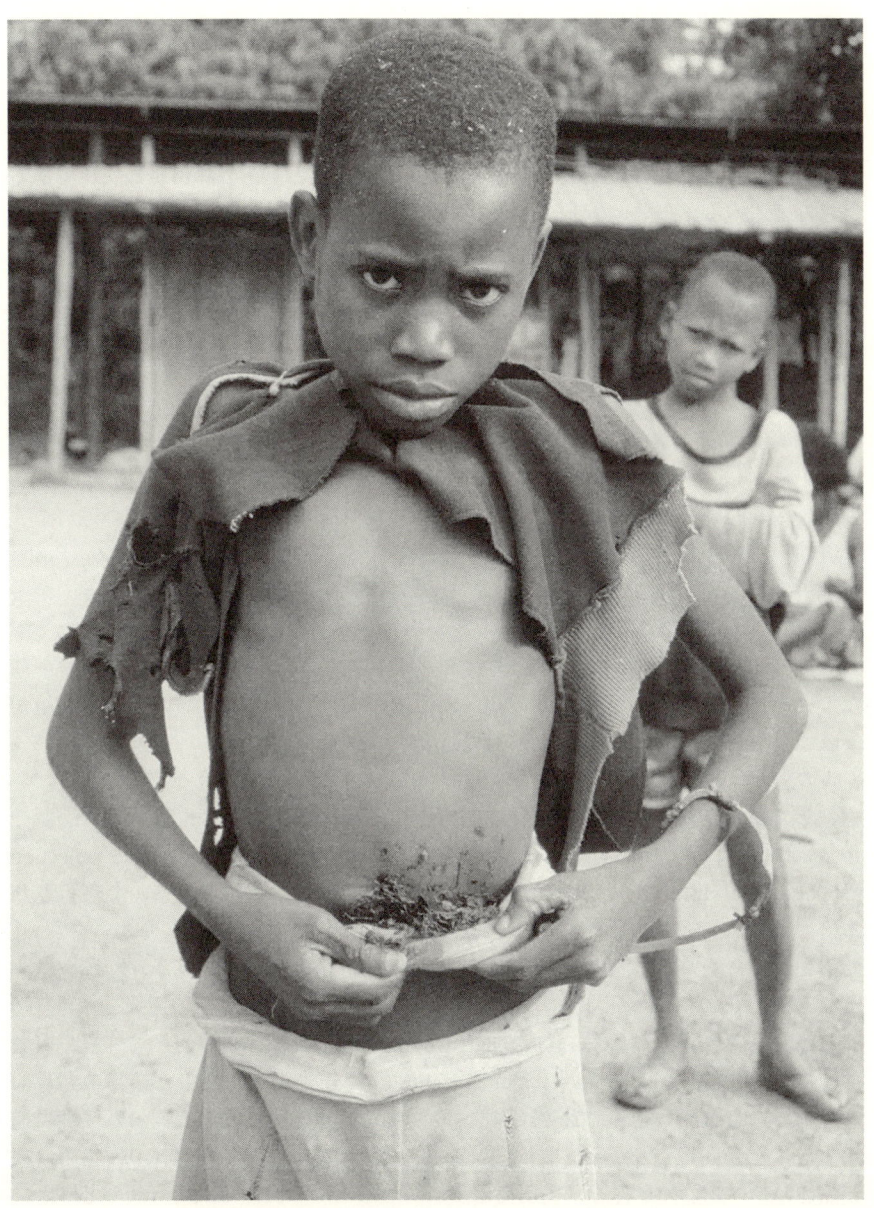

図 11-6　畑の「雑草」をすりつぶして腹痛の治療をする少年

焼畑・混作の意味を，農民の価値観から考える視点もある。東部ザイールの調査地について，農民による混作の価値評価を論じた杉村和彦は，日本の焼畑と水田の思想を論じた坪井洋文(1983)を参照しながら，次のように述べている。水田・単作農耕が，一つの作物をより多く収穫することを目的とする「豊作の思想」をもっているのに対して，焼畑・混作農耕では，土地に適合した多様な作物をまんべんなく実らせることに価値をおく「満作の思想」を持っている(杉村1995)。ザイールの熱帯雨林の農耕文化は，景観の多様性の高い畑を「美しい」と評価する文化であると杉村は述べる。モンディンディムの農耕文化も同じアフリカの熱帯雨林の農耕文化として，この系譜を引くと考えられる。ただし，モンディンディムの人びとは，杉村が述べるほど自覚的ではない。このように，世界観，価値観または生きざまといった視点から畑の多様性を見直すことも必要である(小松2005)。一方，その意図性や自覚性には，様々なレベルが存在することには注意が必要である。モンディンディムにほど近いコンゴ共和国の熱帯雨林における焼畑農耕民の土地利用を調査した塙狼星は，自然と人為が作り出す8種類の植生で結ばれる人間と植物の様々な関係を描写し，人間が自然と，多様な景観を「共創」すると表現した(塙2002)。この場合，人間は行動の結果を明確に意図しているわけではない。

　農地の生物多様性の一つのレベルは品種である。アマゾンのキャッサバ(Boster 1985)，ニューギニアのサツマイモ，アンデスのジャガイモ(山本2004)など，栄養体繁殖で増える根栽作物でも多くの品種があり，バナナでも地域によって異なる膨大な品種が存在する(小松ほか2006)。タンザニアでは，1村で72品種が観察されたことを丸尾聡が報告しており(丸尾2002)，主食，デザート，酒の材料と利用が多岐にわたるとはいえ，実用のみでは説明できない現象である。

　このような品種多様性の目的性や意図性に関しては，次のような議論がある。アマゾンでキャッサバの品種多様性に興味を持ったJ.ボスターは，選択には，認知(perception)のレベルと実用(utilization)のレベルがあると考え，前者を selection for perceptual differences (SPD)と呼んだ。ボスターは，利用のレベルで選択される前に，認知選択(SPD)があることを強調した。人びとは，まず，ちがいを認め，名前をつけ，その後に使い分ける。「役に立つから」見分けているわけではない，ということである(Boster 1985)。重田眞義もまた，人為的な品種の選択を，非意図的な弁別・命名である「認知選択(cognitive selection)」と実用的な目的で変異を収斂させる「実用選択(utilitarian selection)」に分け，認知選択を，ヒトと植物の非目的的行動の無意識の「結果」であると述べ，人間と植物の関係性を人間の意図性に還元することの問題点を指摘している(重田1995)。モンディンディムの作物の，種と品種のレベルでの混作を，実用性と価値，もしくは意図性で説明可能かどうかについては，今後の検討が必要である。

　モンディンディムの混作は，生殖を管理する作物にかぎられない。「伐り残され

た樹木」と「除草されない雑草」という，人間にとって豊かな価値を持つ野生植物が，農地の生物多様性をますます高めている。このような野生植物は，パパイヤ，アブラヤシなど，作物だが意図的には植え付けない植物の延長線上にあり，これら全てが「混作」されていると見なすことができる。

　そもそも，伐られるはずなのに伐られない，除草されるはずなのに除草されないことを示す，「伐り残された樹木」，「除草されない雑草」といった矛盾した表現自体を再考するべきかも知れない。ハーランは，作物と雑草は連続的なものであり，両者を二項対立で捉えたり，厳密に分類することはできないと指摘する (Harlan 1992)。雑草とは，植物生態学的にみれば，人間が攪乱した環境に遺伝的に適応した植物である。人間の側から見れば，人間がその時点で，邪魔，もしくは無用であると判断した植物であるということになる。J. R. ハーランは，このような雑草の二面性について分析し，人間の対応の側面から，耕地内に生育する植物に次の連続的な五つのレベルを想定している。1. 栽培化された（遺伝的に変化した）植物 (domesticated plant)，2. 生育が奨励される雑草的作物 (encouraged weed crops)，3. 存在が許容された雑草 (tolerated weeds)，4. 存在が好まれない雑草 (discouraged weeds)，5. 有害視され疎まれる雑草 (hated, despised, etc. (noxious) weeds)。これらのカテゴリーはあくまで連続的であり，畑に存在する特定の植物をどのレベルで扱うかは，場所や時，集団によって異なるという。

　モンディンディムの畑では，1から5までの全ての植物群が見られる。特に，「除草されない雑草」と「伐り残された樹木」は3にあたり，あわせて，「存在が許容された野生植物」と呼ぶことができる。ただし，畑のなかの「存在が許容された野生植物」は，人間が明確な意図をもって存在させているわけではない。農民は，畑のスペースや植物の日照量の確保のため，畑地の樹木の大半を伐り，作物の生長のためにはできるだけ除草をするのがよいとは認識しているものの，実際には十分な手間をかけないため，結果的に「存在が許容された野生植物」が多く存在しているのである。野生植物の存在の許容は，非目的的行動の無意識の「結果」であるといえるだろう。畑地における人間の「手の抜き方」自身が，畑に生物多様性をもたらすのである。フィリピンの根栽農耕の品種多様性の変化について論じた G. プレインと M. ピニェロは，このような管理をハンドオフ・マネージメント (hand-off management) と表現している。

　農地における生物多様性では，農民が意識し，意図した知識や行動と共に，無意図的行動，またはハンドオフ・マネージメントによって，自然ともに作り出す多様性を正当に評価することが必要である。さらに，農法の持つ意味を，適応，技術，実用性，価値観・世界観，非意図的・非目的的な行動といった複数の側面から総合的に考えることで，近代科学的な「知」のありかたとは異なる形の在来知 (indigenous knowledge) を理解することになると考える。

最後に，このような品種の多様性を生み出すダイナミクスは，農民が常に，新たなものを取り入れる柔軟性から生まれているという点に注意を払う必要がある。本書の総説（第3章）で書いたように，中部アフリカの熱帯雨林は常に新しい要素を受け入れて全体を組み替えながら農業を変化させてきたが，農業とは，そもそも，完成した農法にしたがうことではなく，そのようなダイナミックな営みなのである。前出のプレインとピニェロは，農民は多くの品種を見分けているが，その全てを手元におこうとしているわけではなく，様々な実用的用途に応じた有力品種群（dominant cultivars）のコア・セットを中心に，評価とテストを繰り返して，「さらによい」品種の入れ替え実験を常にして，よりよいセットにしようとしているのである，と述べ，品種の多様性について，農民の行動のダイナミックな側面を強調している（Prain & Piniero 1999）。モンディンディムの農業も，カカオを含む新たな作物や新たな品種を受け入れ，母村とは異なる植生を受け入れ，新たな雑草を受け入れる中で作り替えられてきた。変化の激しい現代の社会・経済状況のなかで農の文化と在来知を総合的に捉えることは難しいが，在来知のダイナミクスの解明は今後の大きな課題である。

第12章

伊藤美穂

ヤシ酒と共に生きる
—— ギニア共和国東南部熱帯林地域におけるラフィアヤシ利用 ——

12-1 ▶ ヤシ植物の重要性

　ヤシ科植物は，湿潤熱帯地域に約200属2700種が分布しており（Burkill 1997），地域住民の食生活のみならず，経済的，社会的な側面においても利用されている重要な植物である（石沢 1987; Lynn 1997; 松井 1991）。アフリカにおいては，中部および西アフリカで，樹液がヤシ酒として利用されるラフィアヤシは，世界中で栽培されているアブラヤシと並ぶ有用植物の代表的な存在である。ラフィアヤシに関する従来の人類学的研究は，和崎春日が行ったカメルーン，バムン王権社会とラフィアヤシの結びつきや（和崎 1990），塙狼星による北コンゴの農耕民のヤシ酒利用の文化などが挙げられる（塙 1996）。これらは共に，地域住民とラフィアヤシとのあいだに見られる密接な関わりについて報告している。

　ヤシ科植物には，寿命のかぎり栄養生長を続け，何度でも開花，結実をする多回結実性のもの（例：アブラヤシ，オウギヤシ）と，一定の栄養生長期間を経て，生涯に一度だけ開花，結実し，その後枯死する1回結実性のもの（例：ラフィアヤシ）がある（濱屋 2000）。コートジボワールで樹液利用のラフィアヤシ群落の持続性への影響について調査を行ったM.モレットらは，1回結実性のラフィアヤシからの樹液採取は，繁殖なしの枯死を招くため，過度な利用は，その群落の維持を脅かすとし，ラフィアヤシに対する管理の必要性を指摘している（Mollet 2000）。しかしそうした指摘にもかかわらず，人間との結びつきが強いラフィアヤシの管理に関する研究はあまりないのが現状である。そこで，本論では，西アフリカのギニア共和国南東部の熱帯林地域の一村落を対象に，人びとのラフィアヤシ利用とその管理の実態について定量的なデータを含め記述し，人びととラフィアヤシの関係を明らかにしたい。本論の構成は，まず，「ラフィアヤシの利用」について説明し，ついで「樹液

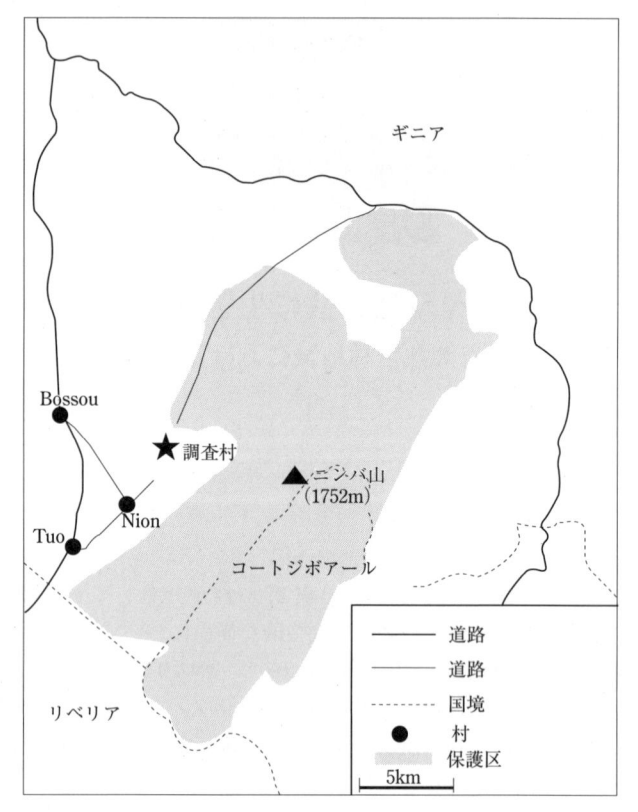

図12-1　調査村の地図

採取」,「ヤシ酒の利用」について記述し，最後に「ヤシの管理」について検討する。

　現地調査は，2005年の9月-11月，2006年の1-5月までの計8か月間行った。調査地は，リベリアとコートジボアール国境に程近い，ギニア南東部のローラ県に位置するセリンバラ村である（図12-1）。調査村から最寄りの町へと続く道は悪路で，車の往来はほとんど見られず，非常に交通の便の悪い場所に位置する。村の標高は500-1000mで，村の東側には原則として全ての人間活動が禁止されるニンバ山厳正自然保護区（面積：1万3000ha）がある（Lamotte et al. 2003）。2005年および2006年に行った世帯調査では，村の人口は，78世帯471人であった。住民はマンデ語系のマノンの人びとである。彼らの生業は，コメ，キャッサバを主要作物とする焼畑農耕，および漁撈，狩猟を行う。年間降水量は，2300mm程度で，1年は11月-2月までの乾季と，3月-10月までの雨季という明瞭な季節に分かれる。

　住民のラフィアヤシ利用について見る前に，本論の主役ともいえるラフィアヤシ（図12-2）の植物学的特徴について説明する。ラフィアヤシは，アフリカ固有の

図12-2 ラフィアヤシ

ヤシ科植物で、調査地周辺には、ラフィア属のラフィア・ホッケリ（*Raphia hookeri* Mann & Wendl.）が分布している。その分布域は、中央、西アフリカの川辺や湿地、湿潤熱帯林と広範囲に渡り生育している。マノンの方名では、ルオ（*luo*）、あるいはヨイリ（*yoyiri*）と呼ばれる。ラフィアヤシの樹高は5-10m、そして全長10-15mの巨大な羽状複葉を持つ。ラフィアヤシは雌雄同株で、前述した通り、約10年間の栄養成長期間の後、その一生の最後に一度だけ開花・結実して枯死する。

12-2 ▶ ラフィアヤシの利用

ラフィアヤシは、多くの部位が多種多様な方法で人びとに利用される。マノン語でペイ（*kpei*）と呼ばれる葉軸は軽く耐久性に優れ、屋根の梁や天井などの建材として利用される。たとえば一般的な家屋1戸当たりに、約110本もの葉軸が使用されている。葉軸の表皮を加工したものは、収穫後のコーヒー豆や米などの農作物を置くマットや寝具として利用される。ラフィアヤシ製のマットは、風通しが良く寝心地も悪くない。また、漁撈の筌、椅子など様々な物質文化としても用いられる。ペイレー（*kepi-lee*）と呼ばれる小葉は、葉軸と共に屋根葺き材として利用される。し

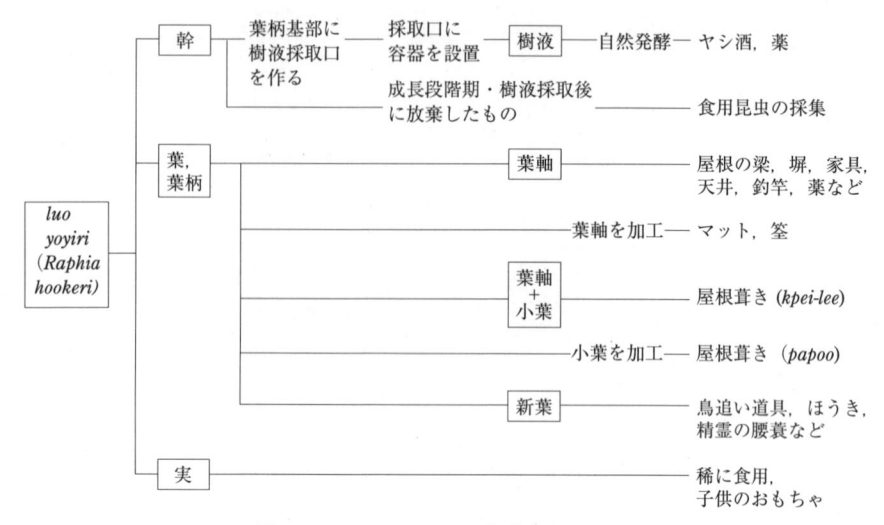

```
                  ┌─ 幹 ──┬─ 葉柄基部に    ┬─ 採取口に     ─ 樹液 ─── 自然発酵 ─── ヤシ酒, 薬
                  │       │  樹液採取口    │  容器を設置
                  │       │  を作る        │
                  │       │                └─ 成長段階期・樹液採取後 ────────── 食用昆虫の採集
                  │       │                   に放棄したもの
                  │       │
                  │       ├──────────── 葉軸 ─────────── 屋根の梁, 塀, 家具,
                  │       │                              天井, 釣竿, 薬など
 luo              │       │
 yoyiri ──────────┤ 葉,   ├──────────────────── 葉軸を加工 ── マット, 筵
 (Raphia          │ 葉柄  │
 hookeri)         │       ├──────────── 葉軸 ──────────── 屋根葺き (kpei-lee)
                  │       │             +小葉
                  │       │
                  │       ├──────────────────── 小葉を加工 ── 屋根葺き (papoo)
                  │       │
                  │       └──────────── 新葉 ──────────── 鳥追い道具, ほうき,
                  │                                        精霊の腰蓑など
                  │
                  └─ 実 ─────────────────────────────── 稀に食用,
                                                          子供のおもちゃ
```

図 12-3　ラフィアヤシの部位ごとの利用法

かし，ラフィアヤシ製の屋根葺き材は，毎年のように補修が必要なため恒常的な家屋には好まれず，1-2年毎に移動させる焼畑近くの出作り小屋に利用することが多い。

　樹上部の成長点から棒状に伸びた新葉リー（lii）の繊維を加工したものは，鳥害防止の鳥追い道具や，帽子，バッグ，また儀礼や祭りに出てくる精霊の衣装として利用される。直接的な利用ではないが，枯死したヤシの幹や葉軸内には，食用となるゾウムシなどの幼虫が巣食う。これらはタンパク質と脂質に富んでいるため，マノンの人びとにとって非常に美味とされている。かれらは幹本体を切り倒し，中から幼虫を採集する。これらは，子供のおやつとしても，非常に好まれている。

　数あるラフィアヤシの利用法のなかでも，最も重要なのは，酒となる樹液の採取である。ヤシの樹液から作られる酒は，マノン語でヨープル（yo-ple）と呼ばれる。ヤシ樹上部から採取される樹液は糖分を豊富に含み，自然状態で存在する酵母により，半日ほどで自然発酵しアルコール分を含む白濁色のヤシ酒となる。アフリカの他地域においては，木を倒してそこから滲み出た樹液を採取する方法もあるが，ギニア南東部では，切り倒さずに立ったままの樹上部からとる方法が採用されている。調査地では農作物から醸造した酒を作らないため，ヤシ酒は唯一の地酒であり，日常的な場，あるいは儀礼の場など多くの場面で飲まれる。

　ラフィアヤシは，樹液，幹，葉軸，小葉，新葉，実と，ほとんどの部位が人びとによって多重に利用されている。その利用法は，食・飲料，薬，物質文化，間接的利用などを含め，合計18種類にもなる（図12-3）。ラフィアヤシは，マノンの人び

との生活を多岐にわたって支えており，強い文化的価値をもつ植物なのである。次に，特に重要視される利用法として，ラフィアヤシ樹液の採取の工程とヤシ酒の消費について述べたい。

12-3 ▶ ヤシの樹液採取

　樹液採取は，ヨパミ（*yopami*）と呼ばれる男性によって行われる。村内では約7割の男性がヨパミとして活動している。ヨパミの年齢構成は，10代から70代までと幅広い。樹液採取の工程は，樹液採取に適した木の物色から始まる。樹液採取に適した個体とは，樹高が約5m前後まで成長し，開花・結実を直前に控えた個体といわれる。ヨパミが，その目印とするのは，樹上部に見られる新葉の本数である。栄養成長期の個体には，樹上部に1本の棒状の新葉が見えるが，開花直前になると新葉の数が2-3本見えるようになる。この状態に達した個体は，ヨベー（*yobee*）と呼ばれる。すでに開花を迎えた個体ヨディア（*yodia*）や，未成熟な個体が樹液採取の対象になることはない。ヨパミはあらかじめ，自分が目をつけたヨベーに，目印となる竹を置いたり，木に切り込みを入れるなどして他人に知らせる。

　樹液採取のための下準備として，樹上部に登るための梯子（竹が使用される）の固定，樹上部での足場の設置，両手で自由に作業を行うために腰を通す輪（命綱）の設置，ヤシの頂部を穿つための道具の調達などを行う。ヤシの頂部を削る作業には，ビア（*bia*）という短刀が使われる。樹液採取の工程1日目に，頂部に近いところにある成長点上部を切り落とし，樹液の流出口となる切り口を作る。この切り口を朝夕の1日2回，毎回約1cmずつ水平に削り取ってゆく。この作業が終わると，切り口に葉をかぶせる。これは，樹液に集まるハチやハエを避けるためといわれる。この下準備期間を1週間ほど続けると，樹液が本格的に出始める。その時期になると，ヨパミは受け皿となるポリ容器を幹の上部に設置する。

　この時期になると，ヨパミは毎朝夕の1日2回，木に登って容器にたまった樹液を収集する。クズウコン科の葉で作った漏斗を使い，別の容器に樹液を移し替える。この際，出口の細い漏斗を使うので，ポリ容器に入っているハチやゴミなどはある程度は取り除かれる。そして，移し変えた容器にあらかじめ用意していた蔓を結びつけ，樹液の入った容器を地上へと下ろす。切り口付近の各部位には，方名で詳しい名前がつけられている。図12-4のように，「ヨイニャラナ（*yoignarana*）」部分からしみ出た樹液は，「ヨガー（*yogaa*）」をつたい，「ヨミドレー（*yomidolee*）」という備え付けられた葉に導かれ，ポリ容器に入る仕組みになっている。ヨパミはこの部分を穿つように削り取り，髄をむき出しにする。その後は数日ごとに「ヨガー」を削りとり，「ヨイニャラナ」部分を更新する。樹上部の作業時間は，個人差，また

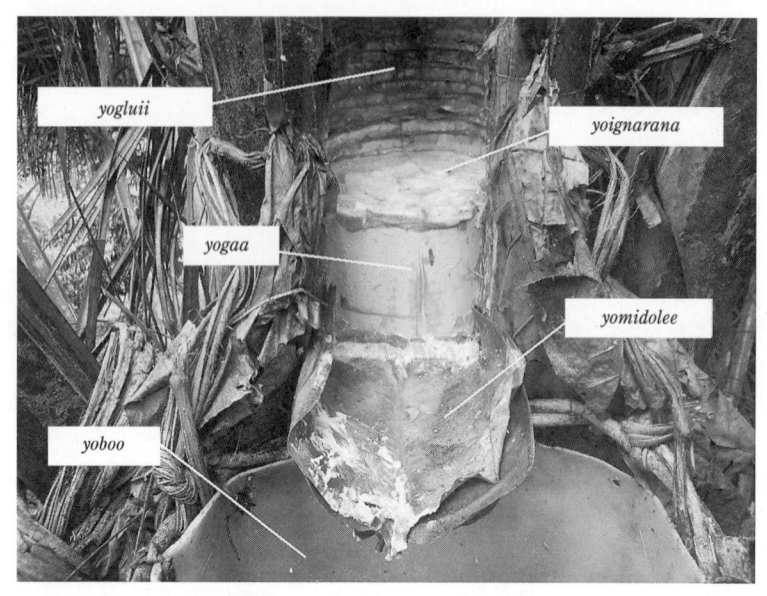

図12-4　ラフィアヤシの部位名称

作業の内容によっても異なるが，短くて15分，長くても30分ほどである。

　樹上部での作業以外にも必要な仕事はある。ヨパミは，樹上部にある樹液を受けるポリ容器のなかに，必ずグワン (guan; *Bridelia ferruginea*) の木の樹皮を干したものを入れる。これは，2，3日ごとに取り替えられる。グワンはヤシ酒に欠かせないもので，グワンの入ってないヤシ酒は頭痛をもたらし，おいしくないといわれる。このように彼らは，ヤシ酒の味にこだわりをもっているのである。

　採取した樹液は，ヨパミ自身が畑や村まで運ぶこともあるが，多くの場合ヨパミの妻，あるいは村内でバーを開いている女性が運ぶ。ここまでが，樹液採取の一連の流れである。ヨパミたちは，樹液を受けるポリ容器を設置してから，樹液採取をやめる数日前までの一連の採取期間を，切り口や樹液の状態，樹液の出かたの状態に応じて6段階に呼び分けている。男どうしの会話では，自分の採取しているラフィアヤシがどの段階にあるかといったことが，頻繁に話題にのぼる。そのため彼らは，村内の誰がいつ，大量のヤシ酒を持っているかについて非常に詳しいのである。

　切り口からしみ出たラフィアヤシの樹液は，人の手を加えなくても自然発酵が進み，アルコール分を含む酒となる。朝方に採取した樹液の糖度を屈折糖度計を用いて1時間おきに計測した結果，樹液糖度は時間の経過と共に低下していた。これは樹液の発酵が進み続けていることを意味するが，そのうちに酢酸発酵が進んで酸味を帯びるようになる。ヤシ酒は保存期間が短く，マノンの人びとは採取から1日以上経過したヤシ酒を口にすることはほとんどない。

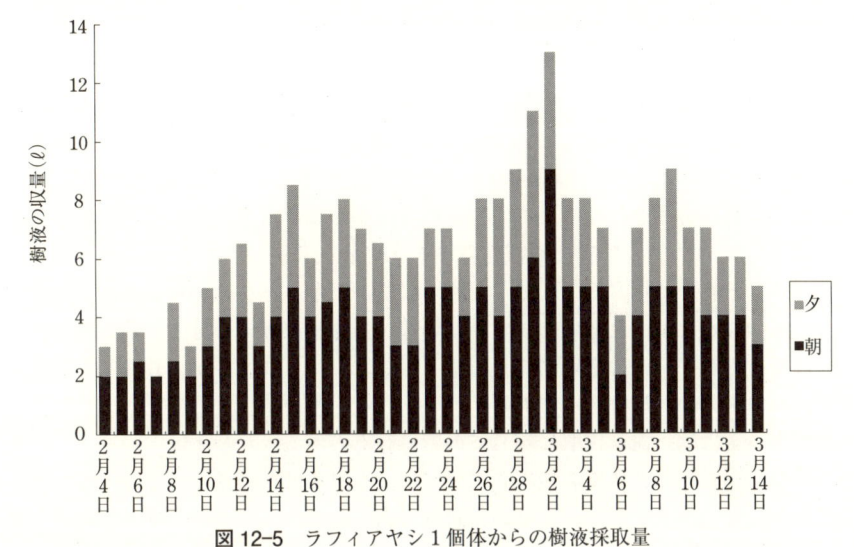

図 12-5 ラフィアヤシ 1 個体からの樹液採取量
樹液採取期間：2006 年 2 月 3 日から 3 月 14 日までの 39 日間，樹液収量：255.5 リットル。

　あるヨパミが 1 個体のラフィアヤシから，樹液採取を行ったときの 1 日当たりの収量を朝，夕に分けて示した（図12-5）。全採取期間は 39 日間，全収量は 255.5 リットルであった。採取期間中は，毎日一定して樹液を得ることができるが，1-2 か月もするとだんだんと樹液の出が悪くなっていく。こうして，樹液の採取が行われたラフィアヤシは，その後放棄され，開花，結実を迎えることなく枯死してしまう。
　季節に応じて，樹液の出方に差が見られるか調べるため，乾季と雨季に，それぞれ 5 人のヨパミが樹液を採取した合計 10 個体のラフィアヤシで，樹液採取の観察および採取量の計測を行った。その結果，樹液の採取を行う時期に，有意な季節性は見られず，雨季，乾季ともに，樹液採取が行われていることが明らかとなった。合計 10 人のヨパミがそれぞれ 1 個体から得た収量や採取期間を平均すると，採取期間は約 28 日間，1 個体当たりの全収量は 251.7 リットルであった。1 日当たりの樹液収量は，1 個体当たり約 9 リットルである。しかし，採取期間や収量には，個体により 2-3 倍の差が見られる。樹液の収量は，ヨパミにとって大きな関心事である。しかしどの個体から，より多くの樹液が出るかはヤシの外見から予想することは困難で，実際に切ってみないと分からないとかれらはいう。一見，多くの樹液量が期待できそうな，樹高が高くかつ太い個体から必ずしも多くの樹液が出るとはかぎらず，樹高が低く細い個体から多くの樹液が採れることもあるという。ヨパミ達は，「こんなに小さな個体から，何リットルものヤシ酒が，何か月も取れ続けたぞ」と誇らしげに楽しそうに語ってくれた。これからも分かるように，ラフィアヤシは完全に人びとの手によって管理された植物ではないのである。

ヨパミは1個体当たりの樹液採取量を増やすために様々な試みを行う。一例をとると，朝夕1日2回の髄部の削り取り作業を3回に増やすこともある。また，樹液の収量が下がると，根元近くの樹皮を削り取る作業「ヨガメニャ (*yogamegna*)」を行う。また，樹上部に残されている葉軸を切り落とすこと「ヨビン (*yobin*)」も樹液採取量を増やすためにする，と彼らはいう。植物生理学的な検討が必要ではあるが，実際にこれらの方法を行うことで，翌日に採取量が増える事例はいくつも観察された。また，他の植物の樹皮を樹液採取中の木の根元に結びつけたり，キャッサバ（マニオク）を植えたりすることで，樹液の収量が上がるともいわれている。ラフィアヤシ林のなかを歩くと，キャッサバが場違いな印象を与えるほど，枯れたヤシの根元に植えられているのを頻繁に目にする。これらは，ヨパミがより多くの収量を得るために努力した痕跡なのである。

　またヨパミには，樹液採取に際しての禁忌行為がある。たとえば，ニワトリを殺した日や，一般的な大衆薬を使用した日には，ヨパミは木に登ってはいけない。その理由として，ラフィアヤシは臭いに敏感であるため，ヨパミがニワトリの血や薬の臭いを体に残したまま登るとそれを嫌ったラフィアヤシが，樹液を出してくれなくなるからだといわれる。また樹液採取の時期が終盤にさしかかると，その木の採取者しか木に登ることができなくなる。ラフィアヤシはヨパミ個人を認識しており，他の者が登ると木は怒り，樹液を出してくれなくなるといわれている。このようにラフィアヤシは，禁忌を通じて擬人化されて語られる植物なのである。

　ではヨパミたちは，年間に何本程度のラフィアヤシから樹液採取を行っているのだろうか。村内の74人のヨパミに対し，2005年の年間の樹液採取本数について聞き取り調査を行った。その結果，年間に計352本，1人当たりにすると平均4.8本の個体から樹液採取を行ったことが明らかとなった。この結果と先述した1個体当たりの樹液採取量の平均から換算すると，調査村での2005年の1年間の樹液採取量は，約8万8600リットルとなる。樹液採取には季節性が見られず，年間を通して生産されることより，1日当たりにすると，約242.7リットルの樹液が村内で採取されたと推定される。ヤシ酒1リットルの熱量は約420kcal (Wu Leung 1968) なので，それからすると，1日に約10万kcalの熱量がヤシ酒によって村にもたらされることになる。これは，成人ひとりが1日に必要とする熱量2000kcalの約50人分にも相当する量である。

12-4 ▶ ヤシ酒の消費

　ヤシ酒は，樹液採取中の木の下，道端，村内，祭りの場など，至る場所で飲まれ，ヤシ酒があればそこは一つの楽しい宴会場所となる（図12-6）。共同作業の報酬と

図 12-6　樹液採取（上）とヤシ酒の宴会（下）

してもヤシ酒は飲まれる。村内では焼畑の伐開時，収穫時などに共同作業が頻繁に行われる。その際，畑の所有者は，労働者に昼食とヤシ酒を振舞う。男性ほど機会は多くはないが，女性や子供，赤ん坊もヤシ酒を飲む。ヤシ酒を囲む集まりは，村の四方八方で見られ，酒はその場にいる者たちでまわし飲みされる。

マノンの人びとは毎日どのくらいの量のヤシ酒を飲むのだろうか。3人の成人男性を対象に，185日間にわたりヤシ酒の飲酒量調査を行った。ある対象男性1人が調査期間中に飲んだヤシ酒は146.5リットル，ヤシ酒を飲んだ日数は，調査期間全体の約75％に達しており，日常的にヤシ酒を飲んでいると言える。飲酒量には，月別，季節による差はみられず，通年にわたって飲酒されている。1人当たりの1日の平均飲酒量は約0.8リットルで，これを熱量に換算すると336kcalとなる。嗜好品である酒から1日に必要な熱量の約17％を得ている計算となり，栄養源としてもヤシ酒は重要であることが分かる。

ヤシ酒の飲み方には作法がある。まず，ヤシ酒の採取者あるいは購入者が，バリアムと呼ばれる分配者を指定し，用意したヤシ酒を渡す。バリアムは，その場にいる者から選出される。20歳前後の男性がバリアムとして指定されることが多い。バリアムが場を鎮め「誰が，誰に，何を目的として，何に感謝して，この場でヤシ酒を振舞うか」について説明する。その場にいる者たちは，ヤシ酒を振舞う人に感謝の握手を求める。その後，バリアムがヤシ酒をコップに注ぎ分け，ヤシ酒の持ち主に必ず初めの1杯目を渡す。これには，毒見の役割があるといわれる。バリアム自身が2杯目を飲み，その場にいる者にヤシ酒をまわし始める。その場による人数にもよるが，1-2個のコップを用いてまわし飲みをする。年齢順，すなわち地位の高い順にヤシ酒は配られる。コップ1杯のヤシ酒を受けた者は，一気にそれを飲み干し，バリアムにコップを返す。バリアムは，次の者にヤシ酒をつぎわける。バリアムは，ヤシ酒が終わるまで分配を続け，途中でやめることは許されない。ここで注目したいのは，誰が，誰にヤシ酒を振舞ったか，振舞われたかということが，非常に重要視されている点である。たとえば，その場に途中参加した者がいると，バリアムはまた会話を中断させ，「誰が，誰に」ということを再度説明する。バリアムの配分により，場に居合わせたものは，基本的に，ほぼ同量のヤシ酒を飲むことになる。

成人男性3人に対する飲酒量調査と共に，彼らが飲酒したヤシ酒の入手先について聞き取りを行った。その結果，飲んだヤシ酒全体の約7割の量が，他人からの贈与によるものであることが明らかとなった。彼らは，自分がヤシ酒を採取，または購入しなくても，多くの機会にヤシ酒を飲むことができる。また，自身で購入したり，採取したヤシ酒は同様に友人に気前よく振舞われる。ヤシ酒を気前よく他人に振舞うという行為は，男性の社会関係において重要であり，ヤシ酒は人間関係の潤

滑油としての役割を持つ。

　またマノンの人びとは，健康のためにヤシ酒が欠かせないという。ヤシ酒に，植物の樹皮や根を入れ半日ほど浸したものは，薬用効果が期待されて飲まれる。成人男性および女性の合計11人からの聞き取りによると，28種の植物がヤシ酒とあわせて使われていることが分かった。これらの植物は，ヤシ酒とあわせることで，薬用としての効果を持つといわれている。ヤシ酒の効用には，腹痛，マラリアなど病気の治療などもあるが，使用頻度では男性の強壮剤として飲まれることが最も多い。男女ともに，病気や呪いに対する効用を期待して飲まれることも多いが，全効用の36％を占める強壮剤としての利用は，男性にのみにかぎられる。女性だけの効用についての情報がまったく得られなかったことからしても，ヤシ酒は男性との結びつきが強い飲み物であるといえる。

　調査村では，1980年代半ばまで，ヤシ酒は金銭のやりとりなしに，自家消費や贈与の形で，共飲されていたという。80年代半ばから，ギニアでは政権交代によって急速に市場経済が浸透することになったが，その影響を受けて，調査地域でも，村内でヤシ酒販売が始まった。ヤシ酒に，新たに現金収入源としての価値が加わったのである。ヨパミが，ヤシ酒を売る相手は，村内でバーを営む女性，友人，世帯内の人，そして近隣村から徒歩で買つけに来る人などであるが，いまのところ輸送手段がないために遠隔地への供給は皆無である。図12-7は，9人のヨパミが生産したヤシ酒，計2053.5リットルの使途や販路について聞き取ったものから作成した。現在，自家消費や贈与に当てられる量と現金で販売される量は，約半分ずつを占めている。経済的な価値が加わった現在も，全てのヤシ酒が売りにだされるわけではない。特に夕方に採取されたヤシ酒は，家庭内や気の合う仲間で共に飲まれることが多い。いずれにしても生産されたヤシ酒の大部分が，村内で消費され，村外へと出荷されたヤシ酒は全体のわずか約8％である。村外へのヤシ酒の大規模な出荷が行われない要因としては，消費地となる都市までの輸送手段がなく，アクセス条件が悪い上に，前述したようにヤシ酒の保存期間がきわめて短いことなどが挙げられる。また，近隣村においても同様にヤシ酒採取が行われているため，近隣の村においても高い需要がないことも一因としてあげられるだろう。

　9人のヨパミが，それぞれラフィアヤシ1個体から得たヤシ酒の全収量と販売量，またその収入を表12-1に示した。ヤシ酒の値段は，ヨパミから直接買い取った場合，ドルに換算すると1リットル当たり約0.07ドル，村内のバーで買った場合には約0.12ドルだった。9人のヨパミが，収量の一部を販売することで得た平均収入は，1個体当たり約8.8ドルであった。他の現金収入源と比較してみると，米100kgを売って得られる収入は約37ドルである。つまり4個体のラフィアヤシから樹液採取を行うと，米100kgを売った場合と同等の現金収入を得ることができる計算となる。ヤシ酒は保存が効かないために，その日の収量は同日中にしか売

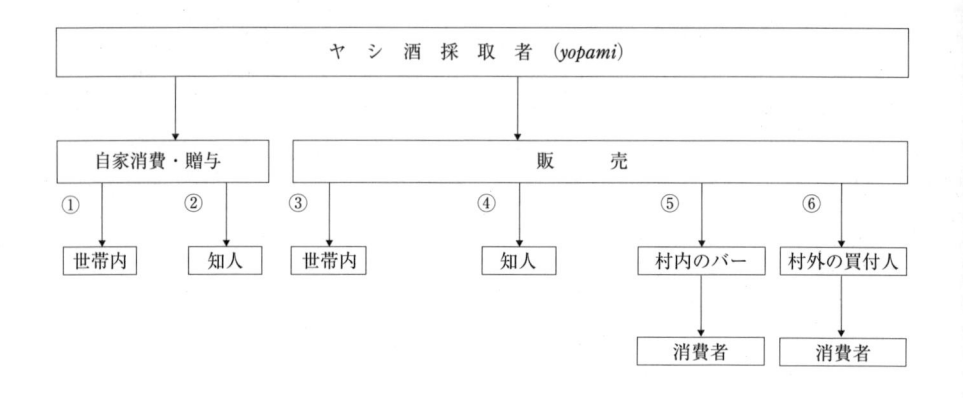

```
                    ヤ シ 酒 採 取 者 (yopami)
                    ┌──────────────┴──────────────┐
                自家消費・贈与                    販 売
                ┌──┴──┐           ┌────┬────┬────┬────┐
                ①    ②           ③    ④    ⑤    ⑥
              世帯内  知人        世帯内 知人 村内のバー 村外の買付人
                                              │        │
                                            消費者    消費者
```

	割合(%)		対象者	ℓ	割合(%)
自家消費・贈与	52	①	世帯内	273.50	13.3
		②	知人	788.00	38.4
販売	48	③	世帯内	47.00	2.3
		④	知人	303.00	14.8
		⑤	村内のバー	479.00	23.3
		⑥	村外の買付け人	163.00	7.9
合計	100			2053.50	100.0

図 12-7　ヤシ酒の消費，流通経路
※9人のヨパミが採取したヤシ酒（計2053.5リットル）の流通経路の聞き取りに基づき作成

表 12-1　ヤシ酒からの収入

ヨパミ No	全収量(ℓ)	販売量(ℓ)	収入($)
1	154	52	3.9
2	130	58	4.2
3	187	99	6.9
4	178	113	7.7
5	255.5	90	7.7
6	176.5	101	7.9
7	240.5	129	9.6
8	461	137	12.3
9	286	210	19.3

ことができない。ヤシ酒の販売による1回当たりの収入は少額だが，採取期間中は継続的な現金収入源となりえる。他の現金収入源（たとえば，農作物）と比較してみても，季節性がないという点で，またこの地域で重要な価値をもつ野生獣肉と比較してみても確実性があるという点において，ラフィアヤシは，彼らにとって非常に重要な現金収入源の一つであるといえる。

筆者の調査期間中に，村内でバーを開いた女性は6人いた。しかし彼女たちは，毎日バーを開くわけではない。彼女たちの都合のよい日，たとえば農作業の予定がない日などに，不定期にヤシ酒を仕入れ，村内でヤシ酒を売る。それぞれバーを開く頻度は異なるが，ヤシ酒のバーに特化している人は，週に5日ほどバーを開いていた。彼女らは，ヨパミから5リットルを単位として直接ヤシ酒を買い取る。ヤシ酒には非常に甘いものもあれば，苦いものもあるので，買い取ったヤシ酒を大きなたらいに入れて混ぜ合わせ，味を調節し丁度よい味にする。

ある日のAさんの事例から紹介すると，ヤシ酒バーで45リットルのヤシ酒を仕入れ，そのうち41リットルを売って約1ドルの利益だった。わずかな額ではあるが，100kgで37ドルという米などの他の物品の物価を考えると小遣い程度にはなる。それに，ヤシ酒バーには設備などはほとんど不要であるため，少ない資本金で，且つ女性の都合のよい日に開くことができるため，ヤシ酒バーの経営は女性にとって，非常に参入しやすい現金収入源となっている。

12-5 ▶ ラフィアヤシの管理

調査地域の湿地林にはラフィアヤシが優占する。ラフィアヤシが生育する場所は，方名で「ヨコイ」と呼ばれる。居住区周辺のヨコイには，土地に対する所有が決まっている。71世帯中54世帯（約76％）の世帯が，所有する面積に大小はあるものの，1-3か所のヨコイを所有していた。ヨコイは，血縁関係のある複数の世帯が共有することもある。樹液採取は，現在では，基本的に自身の所有するヨコイ内のラフィアヤシから行われるが，以前は村周辺のどのヨコイのラフィアヤシでも自由に樹液採取が可能であったといわれている。樹液採取以外の利用，たとえば，建材として使う葉などの採取などは，現在でも他人のヨコイで自由に行われる。住民が樹液採取を行うには，自身のヨコイ内に樹液採取が可能な段階まで成長した個体があることが必要である。

ところで，西アフリカ原産で，ラフィアヤシと同様に重要な役割を果たすアブラヤシは，調査地では村周辺の焼畑休閑林を中心として多く生育する。アブラヤシから作るヤシ油は，食卓に欠かせないものであると共に，重要な現金収入源でもある。ヤシ油を作るために，かれらは樹上部にのぼり果房を収穫する。ところがアブ

ラヤシの実に関しては，土地の所有者が誰であるかにかかわらず，「誰もが，どこでも好きなときに好きなだけ」果房の収穫をすることができる。ラフィアヤシの樹液の場合とは異なり，アブラヤシに関しては，現在でもオープン・アクセスの状態なのである。同じヤシでも，ラフィアヤシとアブラヤシとでなぜこのようなちがいがあるのだろうか。おそらくそこには，両者のライフサイクルのちがいが要因として働いているのではなかろうか。アブラヤシの寿命は，約20年，しかも多回結実性で寿命のあるかぎり何回でも果房を付ける。実をとっても何回でも結実する上に，ラフィアヤシのように湿地に限定されて生育するわけではない。それに比べ，ラフィアヤシは10年間もの長い生育期間を経て，一生に1回しか樹液を採取できない上，生育地も限定される。両者にみられるこのような資源としての稀少性におけるちがいが，人びとの所有や利用権のちがいを生み出しているのではないか。アブラヤシとラフィアヤシとの管理の仕方，および利用権のちがいについては，今後さらに調査を進めてゆきたい。

ヨコイを所有する世帯の約85％の世帯が，樹液を確保するために，ラフィアヤシの自生だけにまかせず，自身のヨコイにおいてヤシの生育管理を行っていると答えた。かれらは，将来的なヤシ酒採取を明確に意識して，ヤシの管理を行っているという。管理の実施者は，主に樹液採取を行う男性ヨパミである。具体的な管理方法は三つある。一つ目は播種である。村人は，主に村に隣接する保護区内のヨコイで採集した大量のラフィアヤシの種子を，自身のヨコイ，あるいは湿地に散播する。二つ目は，ヨコイ外からの移植である。村近くの保護区内に偶然，あるいはそれを目的として保護区に入って実生を見つけると，それを自身のヨコイに持ち帰り移植する。1-2本単位で移植することもあれば，何十本も採取し持ち帰り，大規模に移植することもある。移植の時期に季節性は見られず，不定期に行われる。このような不定期な移植活動が，長期間連続して行われることで，自分のヨコイのなかに様々な生育段階にある個体からなるラフィアヤシ林を作り出していると考えられる。

播種，移植に用いられる種子や実生は，いずれも主に，村近くの保護区で採集される。保護区内では，基本的に全ての人間活動が禁止されているが，樹液採取，ラフィアヤシの種子の採集などに関しては現在のところ黙認されている。保護区内にも個人が所有するヨコイが存在するが，樹液採取の利用権は頻繁に譲渡され，種子や実生の持ち出しに関しても，厳しくは禁止されていない。保護区内ではこのような緩やかな所有が一般的であるため，保護区は多くの村びとにとって種子や実生の採集源としての機能を果たしている。

管理に関する三つ目の方法は，ヨコイ内での移植である。同じヨコイ内でも移植は行われる。結実した親個体の周辺には，種子や実生が密集している。そこで，採取した種子や実生を密な部分から疎な部分へ移し変えて均等に分布させていく。

表12-2　各世帯のヨコイ面積とラフィアヤシ個体数

世帯	ヨコイ No	面積（㎡）	ラフィアヤシ個体数
A	①	1230	73
	②	9730	1974
	③	1960	391
B	①	15000	986
C	①	550	48
	②	1130	41
D	①	4250	834
E	①	3810	356
	②	270	57
F	①	390	36
	②	5130	511
G	①	4550	687
	②	11970	687
H	①	7510	490
	②	3590	48
	③	5280	669
I	①	470	157
	②	2100	255
J	①	2330	364
	②	370	80
	③	3590	152
計		85210	8497

　ヨコイは，村周辺を無数に流れる川筋に沿って存在し，居住区より約5km以内に集中して分布する．ある10世帯が所有するヨコイ（全21か所）で，ラフィアヤシの個体数を数えると共に，GPSを用いて各ヨコイの面積の測定を行った（表12-2参照）．10世帯が所有する21のヨコイの全面積は，計85,200m^2で，このなかにラフィアヤシは，稚樹，幼樹を含めて合計8,497本が観察された．各ヨコイにおける樹液採取の適齢時期をすぎた個体数を図12-8に示した．横軸は各ヨコイを，縦軸はそれに該当するラフィアヤシの個体数を示している．下段部分は樹液採取が行われ，それによって枯死したものである．上段部分は樹液採取が行われないまま，開花結実を迎えその後に枯死したものを示す．この二つの分類は，樹上部の切り跡などの外見から容易に判断することができる．図12-8より，樹液採取は全てのヤシから行われるわけではなく，多くのヨコイで樹液採取が行われないまま，開花・結実を迎えたヤシが存在することが分かる．このように，開花，結実する個体をあえてヨコイに残すことで，ラフィアヤシの天然更新が可能になっている可能性が考えられる．

　図12-9は，各ヨコイに生育するラフィアヤシを，樹高を基準として6段階に分け，

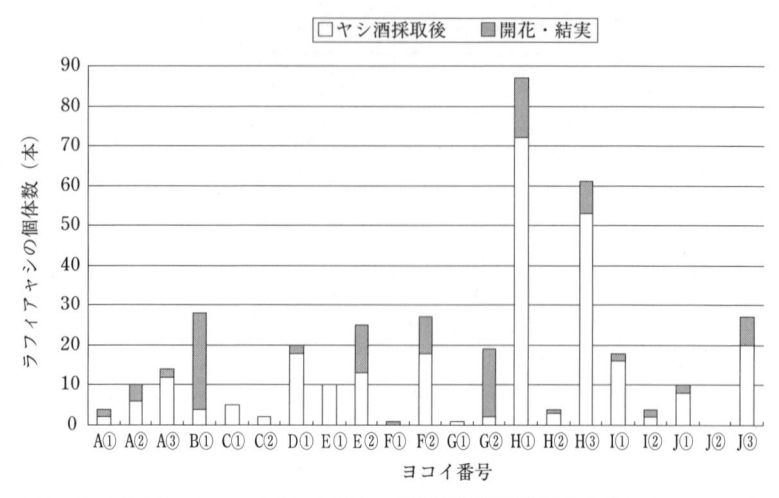

図 12-8　世帯ごとのヨコイ内における，樹液採取適齢時期をすぎたラフィアヤシの個体数（n = 377）。

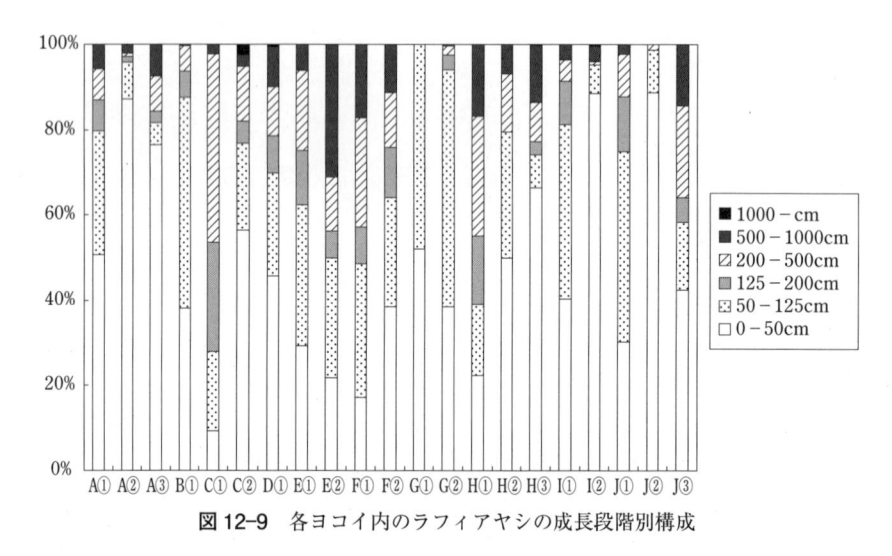

図 12-9　各ヨコイ内のラフィアヤシの成長段階別構成

その各段階に属する個体数の割合を示した。棒グラフの下から順に樹高の低い段階のものが並んでおり，横軸は各々のヨコイを示している。これによると，各ヨコイには，様々な成長段階の個体が生育していることが分かる。図内で稚樹，幼樹しか生育していない3か所のヨコイ G1, G2, J2 は，ラフィアヤシがまったく自生していなかった湿地に，近年になって新たに播種や移植を行った新しいヨコイである。

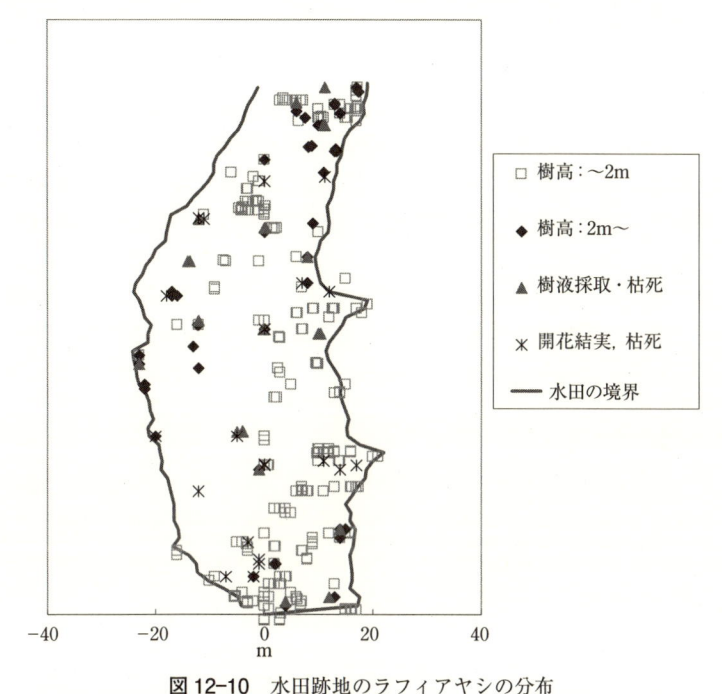

図 12-10　水田跡地のラフィアヤシの分布
面積：2,350m^2，水田放棄後6か月，耕作期間2年間，ラフィアヤシ全個体数：273本

　以上のように，調査地では，一見自然に生育しているようにみえるラフィアヤシに対して，播種や，外部からヨコイへの移植，ヨコイ内での移植，そしてヨコイ内での切り残しによる天然更新などの人為的関与が見られた。マノンの人びとは，自身が所有するヨコイを一つの単位として，これら三つの方法を組み合わせ，積極的にラフィアヤシの管理を実施しているといえよう。そのような管理の結果として，新たなヨコイが形成され，また様々な生育段階のラフィアヤシ林の形成が促されている。このように，ヨコイのなかに様々な生育段階のラフィアヤシを併存させることによって，樹液採取がいつでも可能な個体を維持しようとしていると考えられる。
　最後に，近年普及してきた水田耕作とラフィアヤシの関係について触れておきたい。ラフィアヤシの生育地である湿地は，同時に水田耕作にとっても好適な土地となる。したがって，水田耕作の拡大は，ラフィアヤシの生育地を奪うことになるとも考えられる。しかし調査地ではそのような事態になってはおらず，水田耕作によってむしろラフィアヤシの生育が促されているようである。この地域では，水田も焼畑と同様に，湿地を伐り開いて造成し，何年か後には休閑される。湿地を伐開して水田にする際には，そこを覆っていた植生が除去されるが，ラフィアヤシだけは切られずその場に残される。また水田伐開時に，ラフィアヤシの播種が集中的に

行われることが多い。水田を拓くことをきっかけに，ラフィアヤシの管理を開始したという例も数多く聞かれた。さらにこの地域では，水田を作る際に焼畑と同様に刈り取った下生えを乾燥させた後に火入れを行うが，村人の話によると，この火入れによる熱刺激によってラフィアヤシの種子の発芽率が上がるといわれている。

図12-10は，過去2年間の耕作期間の後に放棄されて半年たった水田の跡地で観察されたラフィアヤシの分布図を示す。かつての水田の面積2350m^2内に，273本ものラフィアヤシが見られた。図の周囲の線は，水田の境界を表し，水田内のドットはラフィアヤシの個体を，樹高別，樹液採取の有無により四つに分類して示したものである。このように水田や，水田の跡地にも，様々な樹高のラフィアヤシが高密度に生育している。近年，この地域で拡大している水田は，ラフィアヤシと混作のような形で共存している。ラフィアヤシは，水田耕作から排除されるのではなく，それと共存しており，またそのことによってヤシの管理自体の機会が増加しているようにみえる。しかし，長年にわたる稲作は，水田となる湿地土壌の疲弊を招き，ラフィアヤシの生育に悪影響を与えるとの意見も村人から聞かれた。彼らが，今後どのように水田耕作とラフィアヤシを共存させていくのか，長期的な視野にたった調査が必要であろう。

12-6 ▶ラフィアヤシ利用の持続性を支えるもの

ラフィアヤシの産物は多岐にわたって人びとの生活を支えている。なかでもヤシ酒となる樹液は，かれらの栄養面，社会・文化面，そして経済面において重要な役割を果たしており，かれらの生活にとって欠かせないものである。ラフィアヤシは，かれらの血となり，肉となり，金となり，なおかつ薬や人間関係の潤滑油にもなる。しかもラフィアヤシの開花，結実には，特に季節性が見られないため，樹液採取は季節にかかわらず年間を通して行われている。このようなラフィアヤシの生態とあわせて，人びとは，頻繁に行われるヤシ酒の贈与や共飲の慣行を続けている。ラフィアヤシの樹液採取は，そのヤシの一度しかない繁殖を阻止して枯死を招くため，樹液の利用圧が高まるとヤシの個体群の維持が脅やかされるとの指摘があることは先述した。しかし，ヤシ酒の保存期間が短いことに加えて，調査村は，都市へのアクセスが悪いことなどもあり，採取したヤシ酒のほとんどが村内で消費されている。そのために，過度の利用圧が抑えられている現状である。さらに，ヤシ酒をもたらすラフィアヤシ群落は，自生個体が保護されている他，主にヤシ酒生産を目的とした播種や移植，選択的な樹液採取による天然更新の促進など，人びとの積極的な関与のもとに維持されている。これらの管理を組み合わせることで，様々な生育段階の個体が存在するラフィアヤシ林が形成されている。また，こうした管理に

よって新たなヨコイが作られることもある。以上のようなラフィアヤシ個体群の維持と育成の動機づけとなっているのは，なんといってもやはりヤシ酒に対する強い嗜好である。将来にわたってヤシ酒を確保するために，かれらはラフィアヤシの管理に精を出すのである。そしてそうした管理は，調査地に隣接する自然保護区が，ラフィアヤシの種子や実生の採集源としての役割を持つことによって成り立っている。つまり，人間活動が制限されている保護区が，実は，この地域でのラフィアヤシ林の維持と育成に関して，重要な役割を果たしているのである。ヨパミは，保護区のなかに簡易小屋を作り，それぞれが採取してきたヤシ酒をここに持ち寄っては共飲し，しばしの談笑を楽しんでからそれぞれの畑に農作業に出かけていく。ラフィアヤシを植えても，すぐに採取ができるわけではない。ヤシの実生が芽生えてから10年もの年月を待ったのちに，一度だけ樹液が採取できるようになるのである。しかし彼らは，「たとえ自分が樹液採取をしなくても，息子が大きくなった頃に，この木から樹液を採取するだろう」という。彼らは，このような，世代を越えた長いタイムスパンの上に立ち，ラフィアヤシの管理を行っているのだ。彼らにとって，ラフィアヤシは世代を通じて継承されるある種の財産であるともいえるだろう。このような状況において，現在までのところ調査地では，ラフィアヤシ群落が維持されていると考えられるのである。今日もきっと，ヨパミたちは樹液採取用のポリタンクを片手に三々五々に自身のヨコイへ向っていることだろう。

第13章

平井將公

サバンナ帯の人口稠密地域における資源利用の生態史
―― セネガルのセレール社会の事例 ――

13-1 ▶ はじめに

　西アフリカの乾燥サバンナに位置するセネガル中西部には，数世紀にもわたって定住的な生活を続け，人口稠密な地域を形成してきたセレールと呼ばれる人びとが暮らしている。本章では農業と牧畜を基幹生業とする彼らが，厳しい自然条件や変容する社会・経済環境にどのように対処してその暮らしを維持してきたのかについて，植民地時代から今日に至るまでの自然利用の変遷を明らかにしながら考察してみたい。そのなかではとりわけ，彼らが肥料や飼料，燃料として頻繁に利用・管理してきたマメ科高木のサース (*Faidherbia albida* [syn. *Acacia albida*]) に焦点をあてていく。

　本書の中心舞台であるコンゴ盆地の熱帯雨林は，陸上生態系のなかでも特に高い植物現存量や生産量と豊かな生物相，そして1km^2 当たり1人未満という人口密度の低さによって特徴づけることができる。他方，本章で対象とする西アフリカの乾燥サバンナではコンゴ盆地とまったく逆の状況がみられる。植物現存量は熱帯雨林の約10% (40トン/ha) に満たない (cf. Whittaker & Likens 1975) にもかかわらず，この地域の農村の人口密度は 10-100人/km^2 と高い。セレールが居住するセネガル中西部も含め，200人/km^2 を上回る農村地域も決して珍しくはない (cf. UNEP/GRIDホームページ)。

　今，仮に植物現存量をそっくり植物資源に置き換えてひとり当たりの資源量を勘定したとすると，コンゴ盆地を1としたとき，セレールはその2000分の1の値にしかならない。言いかえると，植物資源当たりの人口は2000倍となる。このように資源量に大きな相違がある地域間では，環境への適応様式も当然ながら画一ではありえない (原子 1998)。そして自然との関わり方も，そこで生じている問題もまっ

図 13-1　耕地に成立するサース林（点線は樹冠の外縁を示す）

たくちがっていることが予想される。地域の生態系や植物がもつ資源としての有用性，その社会化のありかた，生業，生活様式，土地生産力などによって，大きな資源差がどのように解消されているかという問題は，地域の特性やそこに暮らす人びとの生き方を知る上で重要な視点となりえよう。

　特に現在では，セレールの人口増加が顕著であるため，彼らが利用しうる資源の量はさらに減少する傾向にある。調査を実施したンドンドル村では 1960 年に 450 人程度だった人口が，1976 年には 520 人，2007 年には 1300 人と 2 倍半に増加している。セレールは古くから高い人口規模を保持してきたことで知られるが（Pélissier 1966），人口増加率は近年さらに高まっているのである。

　このような人口増加に伴い村の周囲も隣村とのあいだも全て耕地で埋めつくされてしまった。彼らは家畜飼養も熱心に営むが，その飼料となりうるのは作物残渣や枯草，そして耕地に残されたサースの葉と果実以外にほとんどない。生活燃料にしても，サースの枝や乾燥した牛糞，雑穀の稈を主とするなど，いずれも農牧業から派生した植物資源にかぎられている。

　耕地のサースは，樹高が 10–15m に達し，幹がスッと伸びて遠目には立派だが，枝葉が頻繁に伐採されるため，樹冠は著しく縮小し，全体として樹形は明らかに均衡を崩している（図 13-1）。調査初期の私にとって，このいびつな樹形が織りなす

景観は人口圧がもたらす「環境破壊」の投影物であった。だが実際には，サースの林は長いあいだ大規模な枯死や枯渇から免れ，その枝葉は村の「共有資源」として脈々と維持されていることも事実である。それはどのように捉えられるべきであろうか。

資源維持の問題に関して，たとえばコモンズ論では，共有地のなかで個人の無制限な利益追求を抑制する装置がなければ，「コモンズの悲劇」（Hardin 1968）は回避できないと説明される。そのような装置として特に注目されたのが，集団内の合意形成や社会的制度化であった（e. g. Ostrom 1990）。しかしながら，セレール社会では人口増加と資源の稀少化が進む今日においてさえも，個人の利益追求に関わる社会制度を表立って強化しようとする風潮は認められない。たしかに，「サースを利用する際，幹から切り倒すべきでない」といった最低限の取り決めはなされている。だが，「樹木そのものを消滅させてはいけない」という認識を成員間で共有しつつも，実際に「悲劇」が回避されているのは，生態学的な知見にもとづいた彼らの生態実践によるところが大きいと思われる。特に枝葉を切って利用するサースは，樹木と人との直接的で精緻な相互交渉の成果として，利用の継続が可能になっている側面が強い。セレールは資源の枯渇を未然に防ぐタイトな社会的装置をもたずに，「乏しい資源」をやり繰りしてきたといえる。本章では作物に肥培効果をもたらし，飼料や燃料として枝が頻繁に切られるサースに注目し，それが生業に取り入れられた経緯と，現在のサースの利用の実態を明らかにし，人びとがこの資源の持続化に向けて練り上げてきた工夫の累積としての歴史，すなわち生態史について，その生態学的側面を記載・考察してみたい。

13-2 ▶ 集約的農業の展開とサース林の形成

調査地の概要

調査はセネガル中西部に位置するティエス州のンドンドル村で実施した（図13-2）。この地域は，気候上スーダン・サバンナ帯に区分され，年間降雨量は400-600mmと少なく，雨がまったく降らない乾季は10月から翌年5月までのおよそ8か月間にも及ぶ。潜在自然植生としては，イネ科の草本層にマメ科の高木やシクンシ科の灌木などがまばらに混じる，いわゆるアカシア・サバンナが成立すると考えられる。

この地域に暮らすセレールは定住性が強く，たとえばンドンドル村の周囲には創設から700年を越すと見なされている村が存在するなど，古い時代からこの地に根を張り続けてきた。ンドンドル村の創設期は，現在の中年世代が創始者から数えて

図 13-2 調査村の位置

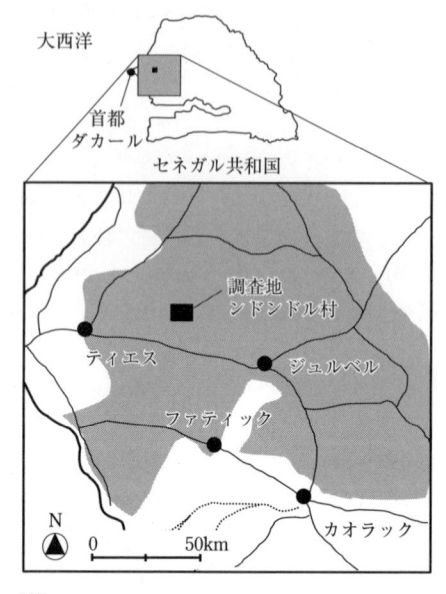

（■ はサース林が分布する範囲を示す）

11世代目にあたることから、およそ300年前だと推定される。セレールの村は基本的に、創始者を共有する父系の大規模リネージのメンバーによって構成されており、ンドンドル村においても男性成員の約8割が創始者の子孫にあたる。

　彼らは雑穀栽培と家畜飼養を主要な生業としてきた。農業では自給作物としてトウジンビエやソルガムの他ササゲが、また換金および自用にはラッカセイが栽培されている。家畜飼養では、かつてウシ牧畜が中心であった。しかし、1960年代後半から70年代前半にかけて頻発した干ばつや伝染病を原因としてウシが次々といなくなり、その後はウシよりもヒツジやヤギを家畜飼養の中心に据える世帯が増えていった。家畜の飼養形態は、従来からの日帰放牧に加え、近年では舎飼も盛んに営まれるようになっている。舎飼では少数のウシやヒツジが、高値での売却を前提として手間隙をかけて肥育されている。家畜飼養をめぐる近年の変化として、このような家畜の現金収入源としての役割の増大の他に、犂耕用の畜力とされるウマの飼養が一般化したこと、さらにまた、屋敷に溜まった舎飼家畜の畜糞が肥料として積極的に利用されるようになった点が挙げられる。

農業と牧畜の結合

　セレールの生業は，I. 農業と牧畜の密な同所的結合に基づく高い土地生産性と，II. 耕地のなかに形成された，サースの優占する人為植生[1]（以下，サース林）の2点によって特徴づけられている（Pélissier 1966; Seyler 1993: p3; Lericollais 1999; Hirai 2005）。しかし，これらはいずれも最初からあったわけではなく，社会内外の諸要因との交渉による変遷のなかで発達を遂げてきた。以下にその経緯をたどってみよう。

　19世紀中頃まで，人びとは生計のほとんどを雑穀と乳製品のみに依存しており，それらを生産する上での土地利用は，現在よりも随分と粗放だったとみられている。当時，土地は人口に対して豊富であり，地力はもっぱら休閑地を組込んだ輪作によって維持されていた。耕地の外縁には疎林が広がっており，そこはウシの放牧地とされていた（Garin et al. 1998）他，燃料，建材，食用・薬用植物の重要な採集地としても利用されたと思われる。疎林が開墾される際には，既存の有用樹（たとえば，バオバブ *Adansonia digitata* やローカストビーン *Parkia biglobosa*，*Pterocarpus erinaceus*，*Balanites aegyptiaca*，*Prosopis africana*，タマリンド *Tamarindus indica* など）が意図的に残された可能性はあるものの，その生育密度は全体として低く，少なくとも近年のサース林ほど高められていたとは考えられない。またこの当時，サースは耕地にはもちろんのこと，疎林にもほとんど生育していなかったと推測される[2]。以上のように，この時代の生業は，農業と牧畜が異なる場所で別個に営まれるという半農半牧的なものであり，それは土地や植物資源の余地の上に成り立っていたといえよう。

　しかし，こうした生業は，19世紀中頃にフランス植民地政府がラッカセイ栽培を導入し，その拡大政策を推し進めるなかで大きく変貌することとなった。人びとはラッカセイを栽培する上で，以前からの輪作体系にラッカセイを組込む形で対処したが，その際には既存の耕地をラッカセイ用に割いたのではなく，疎林を新たに開墾し，耕地面積そのものを増加させた。だが，こうした農業生産の拡大の代償として，放牧地や燃料などの採集地であった疎林は消失し（Garin et al. 1998），また人口増加もあいまって休閑地は徐々に縮小していき，土地や土壌養分の不足がもたらされた。これらを背景に農業と牧畜の営み方，さらには両者の関係性は，次のように変化していった。

　それはまず，家畜の放牧地が移動したことに表れている。それまで放牧地としていた疎林がなくなったことを受けて，耕作期にあたる雨季のあいだは，村から

1）　有用樹が選択的に耕地に残されて形成された人為植生は，一般に farmed parkland と呼ばれる（Pullan 1974）。
2）　サースは河川沿いなど，地下水位の高い沖積土壌を好適ハビタットとしている。それを考慮すると，当時サースは村から離れた涸川周辺にのみ分布していたと考えられる。

10km ほど離れた灌木地帯で日帰り放牧が営まれるようになった。ここは養分に乏しい砂質土壌が厚く堆積した高台になっており，土壌環境が悪いためそれまで利用されてこなかった土地である。他方，乾季には，枯草や作物残渣，そして後述するサースの葉や果実を飼料として，耕地内での刈跡放牧が開始されるようになった。

　こうした放牧地の変化は，それだけにとどまったわけではなかった。特に，乾季における刈跡放牧をきっかけとして，人びとが家畜の排泄物を作物の肥料として体系的に活用するようになった点は，地力を管理し，作物の収量を増加させる上で革新的だったといえよう。それが達成される過程では，まず，複数の世帯から構成される放牧ユニットが編成された。各ユニットでは，その成員がそれぞれ保有する耕地に家畜囲いを設けて，一定の期間と順番にしたがいながらそこに家畜群をめぐらせていった。放牧から帰った家畜は，夜になると耕地に敷かれた家畜囲いにとどまり[3]，そこに糞尿をもたらすわけだが，これによって，作物，特に雑穀の収量は大幅に増加したと思われる。さらに，家畜の排泄物の効果を各自の耕地全体に行渡らせるために，同一の耕地内においても数日という短いインターバルで家畜囲いの位置を移動させるという，細やかな工夫も図られていた。このように，ラッカセイ栽培の導入に端を発した土地や地力の不足への対処として，人びとは，肥料と飼料の相互供給を可能とする，農業と牧畜の同所的結合を果たしたのである。

　しかしその一方で，雨季の灌木地帯での日帰り放牧に際しては，家畜による作物への食害をいかに防ぐかという課題が生じた。この食害防止に向けて人びとは，新たに労働組織を編成し，村内の全家畜の夜の泊まり場とする共同家畜囲い（*jati*）を耕地内の特定の場所に設置した。この家畜囲いは，広さが十数ヘクタールにも及び，その設置には大量の物資（柵材や家畜を繋ぎ止める杭や紐など）に加えて，村びと総出による共同労働が投入されたという。さらに，共同家畜囲いから灌木地帯へ移動する際には，作物の植わる耕地を横切らざるをえないが，ここでも食害防止のため，家畜専用の道（*bed*）がおよそ 10km にもわたって設けられた。この道の両脇には，家畜が耕地へ侵入するのを防ぐため，サラン（*Euphorbia balsamifera*）という灌木が挿し木によって密植され，その管理は現在に至るまで続けられてきた。

　農牧業を効率的に結合させるさらなる工夫として，雨季から乾季への移行期に灌木地帯での日帰り放牧を耕地内での刈跡放牧へ逸早く切替られるよう，輪作のありかたにも調整が加えられた。村のほとんどの世帯は，複数の場所に耕地を保有している。このとき，もし仮に各世帯が意のままに輪作を展開してしまうと，雑穀とラッカセイの耕地は，村の耕地全域にわたってモザイク状に分布することになる。また，ラッカセイは雑穀に比べて収穫期が 1 か月ほど遅い。つまり，作目に応じて場所を考慮しながら世帯間で輪作をそろえないかぎりは，全世帯がラッカセイを収穫し終

---

[3] 夜は家畜の盗難に遭うため，家畜と寝泊りをともにする若者や，彼らを補佐する少年グループが組織された。

わるまで，刈跡放牧を再開することができないことになる。そこで，彼らは村の耕地を大きく東西に二分し，輪作1年目は東側の耕地で雑穀を，西側ではラッカセイを作り，2年目はその逆の作付けをするという，計画的な輪作を展開した。このように全世帯が同調しながら輪作を展開することによって，収穫作業が早く済む雑穀耕地をいち早く刈跡放牧の場とし，家畜の排泄物をできるだけ長く耕地に投与することを実現させたわけである。ンドンドル村の大部分の世帯が現在でも東西に複数の耕地を保有しているのは，おそらくこのためであろう。

　ラッカセイ栽培の導入以降，人びとは農業と牧畜を同所的に結合し，土地生産性の向上に努めてきた。そして，その過程では放牧地の移動や放牧ユニットの編成，家畜の排泄物の活用，食害の防止，輪作の調整といった様々な工夫が凝らされていた。これらを考慮すると，農業と牧畜の同所的結合は一見単純にみえるものの，実際には細やかな技術や成員間の紐帯が不可欠であり，決して一筋縄に成立するものではないことがよく理解されよう。そして，次に述べるサース林の形成も農牧業の結合過程において施された，重要な土地への働きかけとして捉えられる。

サース林の形成

　ラッカセイ栽培の導入以前，サースは村から離れた涸川沿いのみに分布しており，耕地にはほとんど生育していなかったと推察されている（脚注2参照）。では，そうしたサースが，なぜ，農牧業の結合過程において耕地内に多く出現するようになったのか。また，それがサースであったのはなぜか。これらは，サースがもつ固有の生態特性と深く関係している。

　サースはアフリカ起源のマメ科の高木であり，成長すると樹高は30m，太さは胸高直径にして2mにも達する（Wood 1992）。サバンナの樹木にしては大きく，成長も速い。さらに，萌芽力にも富んでおり，枝を切っても旺盛な再生をみせる。だが，この木の最大の特徴は，「reverse phenology」（Roupsard et al. 1999）と称される，他種とはまったく正反対の季節性（以下，逆季節性）にあるといってよい。つまり，この木だけが雨季に落葉し，乾季に着葉・結実するという，特異な性質をもつのである。

　一般に，耕地のなかに樹木が生えると，その樹冠が作物の成長に欠かせない光を遮蔽するため，取り除かれてしまうことが多い。しかし，逆季節性にしたがうサースは，作物が育つ雨季に葉を落とすことから，日光をめぐる競合を作物とのあいだに起こしにくい。それどころか，播種期に落ちる葉が作物（特にイネ科の作物）に肥培効果をもたらすため，収量の増加につながりうる。実際，セネガルにおいてサースがトウジンビエにもたらす肥培効果を調べたD. ルップは，サースの樹冠内とその外では収量に1.7倍もの差があると報告している（Louppe 1996）。また，長い乾季

を通して茂る葉や果実は,乾季の最も厳しい時期に,家畜の貴重な飼料となりうる。サバンナにはサースの他にも有用な樹木が数多く存在するが,そのなかにおいてもセレールがサースを選択し,サース林を形成したのは,この木に特有の「逆季節性」に基づく有用性を農牧業の生産体制に組入れるためだったと考えられる[4]。

　サース林を耕地のなかに形成するにあたって,人びとは耕地に芽生えたサースの稚樹(*karkar*と呼ばれる)を保護し,なおかつその成長を促すために,「ヤル *yar*」と呼ばれる方法を用いてきた。ヤルとは元来,人間の大人が子どもに対し,生活上の規範や技術を体得させたり,間違った言動や姿勢を矯め直したりするという,教育行為全般を指し,ちょうど日本語でいうところの「しつけ」に相当する。サース林の形成におけるヤル(以下,「しつけ」)とは,耕地に発生した稚樹[5]に対し,横方向に徒長した枝を切払ったり,添え木や土寄せを施したりすることを通して,人が手間隙をかけていくことである。人びとは「稚樹がまっすぐ上に,速く伸びるように」という意図を込めて,こうした「しつけ」を実践してきた。

　現在,ンドンドル村の人びとが利用している耕地には,全域243haにわたって計4548本25種類の成高木が生育する。そのなかでサースの占める割合は,実に9割にも達し,また,それらは全て稚樹の段階から人びとによって「しつけ」られてきた個体である。こうした「しつけ」の結果,植生の種組成はかつてより単調となったが,他方で現存量は大幅に増えたことが,ほぼ自然状態を保っている近隣村の植生との比較から明らかとなっている(Hirai 2005)。この現存量の増加は,肥料や飼料の充足に資するだけでなく,生活に不可欠な燃料の確保という観点からしても非常に重要である。かつて燃料は疎林で採集されていたと考えられるが,その消失以降は,耕地のサースが最も主要な燃料として扱われるようになっているのである。

---

[4] サースはアフリカのサバンナ帯に広く分布し,セレールと同様,同種の優占する植生を耕地のなかに形成する社会も多い。特に人口密度の高い西アフリカの農村地域では,この木の最適ハビタットからずれた環境においても,農業や牧畜との関係から分布が拡大している。他方,サース以外の樹木,たとえばシアバター(*Vitellaria paradoxa*)やカポック(*Bombax costatum*),バオバブ(*Adansonia digitata*)などが優占する植生を耕地に形成する社会も西アフリカにはみられる(e. g. Pullan 1974)。そうした地域とサース林を形成する地域とを比較すると,前者は後者よりも土地が豊富であり,また,木が有する経済価値をより強く重視しているという印象を受ける。

[5] 自然分布するサースの果実を家畜が食し,その糞に含まれる種子が刈跡放牧を通して耕地全域に大量に散布されることで,稚樹が発生したと考えられる。

13-3 ▶ サースの稀少化をめぐって

稚樹の「しつけ」の滞り

　セレールの人びとはラッカセイの導入以降，100年以上にもわたって土地生産性の高い複合的な生業様式を練り上げてきた。しかし，それは1970年代を境に転換することとなる。急激な人口増加[6]や土地不足の深刻化により，主食である雑穀の自給がままならなくなると同時に，干ばつなどの天候不順や伝染病，飼料不足によって家畜，特にウシの飼養規模が大幅に縮小したのである。換金作物であるラッカセイの収量と販売価格も安定的だったとはいい難い。こうした状況に際して，人びとは農牧業に生計の軸足をおきつつも，都市での出稼ぎ[7]や村周辺での小商いなどを盛んに営むなど，生業の多角化を積極的に推し進めて対処していった。だがそれは，サース林の維持という観点からすれば，個体群の維持に欠かせない稚樹の「しつけ」に滞りをもたらすことにもつながっていった。

　その直接的な原因は，ウマを用いた犂耕，すなわち馬耕が普及した点にある。それまで農業にかかる労働は，祖父を共有する複数の拡大家族を基本単位とした共同作業によって営まれてきたが，出稼ぎを背景として農作業への関与や参加の度合いが拡大家族のなかでばらつくようになった。その結果，労働単位は細分され，労働力が不足するようになった。特に，若者の少ない世帯ではそれが顕著にみられる。こうしたことから，人びとは播種や耕転などを迅速化するために馬耕をとり入れたのだが[8]，それに用いる犂はサースの稚樹を切り倒すことになってしまった。さらに，稚樹がもつ鋭いトゲは，高価なウマの足を傷つけるおそれがあるため，整地の段階において稚樹が刈払われるケースも多くなった。馬耕以前は，枯死木が出た場合，人びとはそれを補うために残っている稚樹を「しつけ」て後継樹としてきたわけだが，近年，少なくともこの30年のあいだは，それがまったく実施されておらず，新たに出現したサースは実に1本もないことが明らかとなっている（Hirai 2005）。さらにまた，稚樹の「しつけ」の停滞に同調するかのごとく，サースの個体数はここ数年のあいだ年間1.2％というわずかな速度ではあるが，減少しているのも確かである（平井2009）。

6） 出稼ぎは人口流出をもたらすが，それを差し引いても村の人口は年間1.9％ずつ増加している。
7） 15-60歳男性の村人口のうち，年間を通した出稼ぎ労働者は42％，乾季に限定した者は31％である（2002年）。
8） 村に初めて犂がもたらされたのは1954年である。村の年輩者によれば，植民地政府の役人（chef de canton）タノール・ファルが犂を持ち込んだというが，彼への強い反感と，土壌劣化を懸念して採り入れなかった者が多かったという。セネガル独立後，農業政策の一貫としてロバやウマを用いた犂耕が推奨されたが，当初は部分的な広まりに限定されていた。

「しつけ」が実施されなくなったもう一つの理由として，耕地という場所柄から樹木の密度をこれ以上増やしにくいという，農業生態学的な事情が挙げられる。たとえば，Sn（60歳代男性）は，「若い頃，サースが多すぎて農作業がしにくかったため，若干の本数を間引いた」という。しかしその反面，彼は，「家畜飼養に特化するならサースが多い方が飼料が増えてよい」とも述べている。肥料にも飼料にもなり，燃料としての重要性も高いサースは，多いほどよいと思われがちであるが，増えすぎてしまうと，農作業がしづらくなるばかりか，いくら雨季に落葉するとはいえ，幹や枝が作物の成長に不可欠な日光を遮断したり，登熟したトウジンビエを害する鳥がサースの樹冠を巣としたり，さらには根が地表に浮き出て余計に作業の邪魔になったりするといった不都合が生じる。農牧業が耕地と放牧地を共有しながら結合するという土地利用においては，サースの密度が二つの生業のバランス関係から微妙に保たれていることが重要であり，枯死個体の補充は解決されるべき課題であるとはいえ，何が何でもサースを増やせばよいというわけにもいかないのである。

稀少性の高まりに潜む問題

村の人口が増え続けるにもかかわらず，サースの個体数の増加が見込めない現状のもと，サースの稀少性は高まっているとみてよいだろう[9]。こうした状況下で起こりうる問題の一つは，サースの役割が特定の用途に限定されてしまう点にある。サースは飼料や燃料として重要だが，そのように用いるためには枝葉を切らなければならない。しかし，枝葉を切りすぎると，今度は落葉によってもたらされる肥培効果が低減することになる。実際，筆者がンドンドル村のサースを対象に調査をしたところ，樹冠内のトウジンビエの収量は樹冠外に比べて，1.5-2.8倍も高められていることが明らかとなったが，他方，そうした肥培効果は，樹冠の規模が小さくなるにつれて，減少するという結果もえられた（平井 2009）。サースの肥培効果については，セレール自身も強く認めているところであり，とりわけ，家畜の保有頭数が少ないために肥料となる畜糞を入手しにくい世帯にとっては，枝葉採集によってもたらされる樹冠の縮小は大きな問題となりうる。とはいえ，飼料や燃料を採集しないわけにもいかないというジレンマに陥っているのが，今日のサースの利用をめぐる状況であるといえよう。サースは複合的に利用しうるが，肥培効果と飼料・燃料のどちらの効用を満たすかによって枝葉の扱い方が正反対になるため，資源量

---

9) ここでいう資源の稀少性とは，曽我亨（2007）のいう「生業経済における資源の稀少性」，すなわち，「個々の生態資源に生じる需要の強さと供給の強さのバランスによって表される相対的な概念」と同義であり，また，彼は「稀少資源をめぐる競合を論じる上では，稀少とされる資源の客体と，それをめぐって争う主体のありかたを明確化」する必要性を指摘している。この点について本章では，考察部で触れることにする。

の減少に応じて，用途間でのトレードオフが生じやすくなるのである。

　サースの稀少化の高まりに伴うもう一つの問題は，村の成員間でサースをめぐる競合関係が顕在化，あるいは激化して，ついに樹木自体を枯渇にいたらしめるまで，枝葉を採りつくしてしまうというリスクである。そして，こうしたリスクは，サースの利用をめぐる権利のありかたと密接な関連にある。

　そもそも，サースをはじめとする耕地の樹木は，それが生育する耕地の保有者に帰属するとされてきた。つまり，慣習的に樹木は「各成員の所有物」と見なされてきたわけである。しかしながら，所有権と用益権は一致しておらず，「生存木」と「枯死木」，あるいは「幹や太い枝（主枝）」と「枝葉・果実」といったように，樹木の状態や部位によって，利用をめぐる権利のありかたは異なっている。幹や主枝については，木が生きているあいだは所有者も含めて，切ってはいけないことになっているが，枝葉と果実に関しては，「切りすぎてはいけない」という緩やかな合意のもとに，村の全ての成員に用益権が容認されている。もっとも，幹に紐を巻くなどして「私有物」であることを主張し，他者による枝葉・果実へのアクセスを一切排除することも可能ではあるが，それを実践する者は皆無に等しい[10]。各成員は，枝葉採集の用益権を互いに開放し，交換し合っているのであり，そのことによってサースの枝葉の採集活動をより自由なものにし合っていると考えられる。他方，木が枯死するや否や，他の成員がもつ用益権は消滅したと見なされて，所有者のみがその処分権を行使しえるところとなる。

　このように，サースの本体にあたる幹や主枝とちがい，枝葉・果実の用益権は皆へ開かれている一方で，それらの採集時における他者への配慮は，人びとの語りにはなかなか表れてこない。「枝葉は皆のもの」という共有意識は強いが，実際の採集現場においては，「枝葉は早い者勝ち」とよく語られるように，「皆のもの」であるという意識のもとに，自己の利益の追求が正当化されているようにさえみえる。さらに，採集を終えたあとの段階においても，サースをめぐる競合関係が発露する場面がしばしば確認されている。たとえば，乾季の飼料として重視される果実は，他者からのねだりを回避するため，採集したあとに納屋に隠されるケースも珍しくない。また，燃料となる枯死個体を拡大家族の成員間で分配する際には，分配量の

10）ンドンドル村では2002年から2007年にかけて1個体確認されたのみである。それを実践したSmは，結実量の増加を見越して，枝が採集されないように幹に紐を巻いたが，その行為が他の成員によって非難されたわけではなかった。また，彼の主張を無視して，枝葉を採集する者も誰一いなかった。他方，ンドンドル村の隣に位置するウォロフの村との境界付近では，ウォロフ側が自身のサース（ウォロフ語でカッド *kàdd*）に紐を巻いている。これについて，ンドンドル村の者は，「ウォロフは，（サースがほしいのではなく）単に我々によって枝が切られることが嫌なだけだ」と解釈している。逆に，ウォロフの村の境界内に耕地を保有する，ンドンドル村のIsは，ウォロフの子どもがIsの木の枝を伐採しているのを発見した際，怒りを露にして，その子を強く非難した。このように，セレールとウォロフとのあいだには，木の利権をめぐって強い緊張関係がみられるが，それは物質文化的な利用というよりも，社会的な対立関係に根ざしている部分があると考えられる。

微細な差をめぐって，長々しい口論が頻発している。

以上を考慮すれば，現在，サースの枝葉は，「自由な採集，できるだけ多くの取り分」という風潮のもとに利用されているようにみえ，また，このままサースの稀少性が高まるとすれば，成員間での競合関係に拍車がかかり，サースが枯渇するリスクは増大していくと想定されてもおかしくはないだろう。しかしながら，現実のところ，サースは枯渇に向かっているようにはみえない。人びとは，何らかの対処を施し，サースをめぐる競合や枯渇のリスクを回避しているのではないかと考えられるのである。では，それはどのようなものなのか。それを解く手がかりとなりうるのが，自然のままの樹形を保ったサースと，ンドンドル村のサースとの樹形比較からみえた，樹冠の「調整様式」である。

競合・枯渇回避の可能性

ンドンドル村から5km離れたところに，セネガルの国立農業研究所がかつて試験地としたことのあるサース林が残っている。そこに生育するサースの樹形はどれも自然の状態に保たれており，それゆえ，この地域におけるサースの標準木と見なすことができる。それと比較して，ンドンドル村のサースの樹冠規模が標準木とどのように異なるかを調べたところ，以下のような結果がえられた。

図13-3に示すのは，標準木およびンドンドル村におけるサースの樹冠投影面積（樹冠規模の指標と見なしうる）と胸高直径との関係である。標準木の結果をみると，胸高直径と樹冠投影面積は，強い相関関係にあり（ピアソンの相関係数 $r=0.88$, $P<0.01$），このことからサースは本来，胸高直径がかなり大きくなっても，それに伴って樹冠規模を増していくという性質にあることが明らかである。他方，ンドンドル村のサースでは，胸高直径と樹冠投影面積とのあいだにまったく相関関係がみられず（$r=0.14$），また樹冠投影面積は全体的に縮小している。これは，本来みられるはずの強い相関関係を打ち消すほどの強い採集圧が，樹冠にかかっているからに他ならない。しかし，図をさらにみてみると，ンドンドル村のサースの樹冠は全体的に縮小しているとはいえ，その度合いは個体間で著しく異なっている。つまり，同程度の胸高直径のなかに大から小まで幅広い樹冠の規模をもつ個体が含まれており，さらにまた，意外と多くの個体が標準木と同規模の樹冠を有している点も興味深い。

たとえば，図中の三角（▲）と丸（●）はともに胸高直径80cm程度の個体だが，▲の樹冠がかなり縮小しているのに対して，●は標準木により近い。●の上方にはさらに大きな樹冠をもつ個体が確認される。こうした個体間の大きな差を枝葉採集との関係からみると，▲は最近の切枝によって樹冠が縮小した個体，●は最近わずかに切枝されただけのものか，あるいは大量に切枝されたのち，ある時間を経て樹

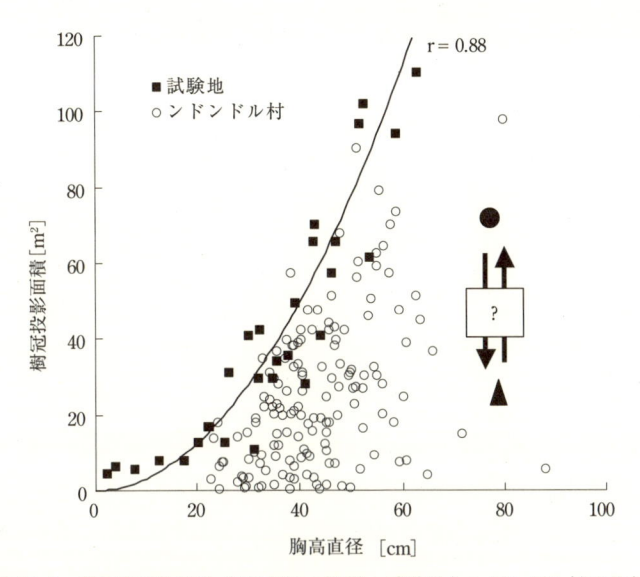

図13-3 樹冠投影面積と胸高直径の関係：試験地とンドンドル村の比較
* ：樹冠投影面積 $S = \pi (\Sigma l/8)^2$，l は 8 方位における幹から樹冠の端までの距離
** ：サンプル数：試験地 n = 30，ンドンドル村 n = 148
*** ：曲線は拡張アロメトリー式（r はピアソンの相関係数）
**** ：▲●は胸高直径 80cm 付近で樹冠投影面積が大きく異なる 2 つの個体を示す（本文参照）

冠が回復した個体である可能性が強い。

　いずれにせよ，どの個体も過去に何度も切枝されていることは確かであるから[11]，現時点で大きな樹冠を有するのは，それなりの回復過程を経た結果であることに間違いはない。つまり，ンドンドル村のサースの樹冠は，切枝によって縮小するだけでも，一定状態にとどまっているわけでもなく，伸縮しているのだと考えられる。そしてこのことは，人びとが樹冠の状態や規模を吟味し，採集可能な個体とそうすべきでない個体を選別しているという可能性を示唆していることになる。それはすなわち，樹冠の小さな個体には回復期を設け，それによって回復した個体を次の採集対象にするという，「採集ローテーション」が個体間で組まれていることを意味するものである。

　サースの枝葉の採集をめぐっては，自分だけの利益のために樹木を枯死させてはいけないという暗黙の合意が社会内部に存在するものの，それに関するより具体的な取り決めや合意は成員のあいだで形成されているわけでは決してない。このようなサースの利用をめぐる制度的背景のもとで，むしろ，各成員は自らの裁量におい

---

11) どの個体にも切枝の痕跡は必ずみられ，その規模や数から何度も樹冠が大幅に縮小した過去がうかがい知れる。

て村のサースを利用・管理し，また，それを通して各個体への採集圧や枯死の確率を軽減している側面が強いのではないかと思われる。そして，そのことが，サースのもつ多用途の併存や，サースを必要とする他者への配慮につながっているようにもみえる。以下ではこの点について，飼料調達を目的とした枝葉・果実採集の参与観察や，サースの成長に関する定量的分析の結果などにもとづきながら，詳しく検討してみたい。

13-4 ▶ 飼料採集の現場

飼料の季節変化

　気候学にしたがえば，調査地域の季節には雨季と乾季しかないことになるが，興味深いことに，セレールは微妙な環境変化に応じて1年を大きく四つの季節に区分している。我々が通常雨季と呼ぶ時期は，彼らの季節区分では「ナウェット *nawet*」と呼ばれ[12]，その後乾季が深まるにつれて，朝露の降りる「ルリ *lëli*」，窪地の水がなくなり，草が完全に枯れる「ノール *nor*」，最も暑く乾燥の厳しい「チョーロン *cooron*」と移行していく。そして，こうした季節の変化にしたがって，家畜の飼料構成も大きく変化することとなる（図13-4）。

　まず，雨季の基本飼料は何といっても，新鮮な草や樹木の生葉である。13-2節で述べたように，家畜は舎飼と放牧（牧畜民フルベへの委託も含む）の二つの方法によって飼養されている。人びとは前者の家畜に対して，耕地の除草を兼ねて採集した生草や，木登りによってえられるバオバブの葉を与える[13]。他方，後者の家畜は村から離れた灌木地帯に移動し，そこで生草や灌木の葉を採食する。

　乾季の序盤に相当するルリがくると，その前半では，耕地に残る生草を子どもたちが採集し，それが舎飼家畜の基本飼料となる[14]。この時期は作物の収穫期でもあり，収穫が済むとトウジンビエやラッカセイの作物残渣はかき集められて，耕地から各自の屋敷へと運び込まれる。そして，生草が減少するにつれて，そうした作物残渣が舎飼家畜の基本飼料として常用されるようになっていく。放牧家畜の方は，

---

12) ナウェットは雨の降り方に応じてさらに八つに細分されている。
13) グイ（バオバブ *Adansonia digitata*）やウェン（*Pterocarpus erinaceus*），ンブル（*Celtis integrifolia*）など，雨季に茂る樹木の葉も与えられる。舎飼家畜は屋外へ放されるときもあるが，作物を害さないように口に空缶がかぶせられる。
14) 採集対象とする草の種類はおとなが子どもに指示する場合が多い。「水気が多い草」とされるツユクサ科のヘプヘプ（*Commelina benghalensis*）や「油が多い」というアカネ科のクンバニューレ（*Monechma ciliatum*）などが特に好まれる。子どもは指示された草の種類を間違えると叱られてしまうことから，草の名前や生態をしっかりとおぼえている。

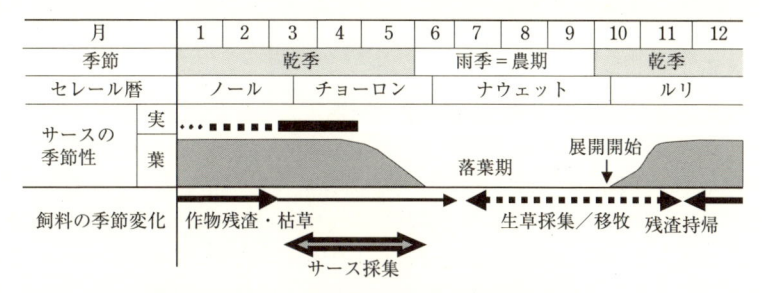

| 月 | 1 | 2 | 3 | 4 | 5 | 6 | 7 | 8 | 9 | 10 | 11 | 12 |

図13-4 サースの季節性と年間の飼料採集活動

作物の収穫が済むと，灌木地帯から刈跡の耕地へと再移動し，耕地に残った枯草や作物残渣を飼料とするようになる。

次いでノールになると，サースの葉が展開し，また，開花や結実も徐々に進んでいく。この時期からサースの樹冠は瑞々しい葉で覆われるわけだが，それにもかかわらず人びとはまだサースを採集しようとはせず，作物残渣と枯草のみを家畜の飼料とする。この点について彼らは，「早期にサースの葉や果実を与えてしまうと，後々，乾いた作物残渣や枯草を食べなくなってしまう」とか，「サースの葉はまだ熟れておらず[15]，また，未熟な青い果実を与えると家畜の口がただれてしまう」と説明する。私が知るかぎり，実際この時期にサースを飼料とする者はいない。

だが，乾季が終盤まで深まるチョーロンの時期になると，それまで蓄えられていた作物残渣や耕地の枯草は激減し，残りわずかとなるのが一般的である。たとえば，2006年の場合，チョーロンの初期に耕地に残っていた作物残渣や枯草の量は，0.14t/haであった。他方，この時期にサースの葉がどの程度茂っているのかを推定したところ，風乾重にして0.43t/ha，実際の消費形である生重では1.42t/haと見積もられた。こうした比較に基づくと，チョーロンには実に地表に残る飼料の10倍以上の葉がサースの樹上に茂るという状況が生じていることが分かる。さらに，葉に加えて，この時期に熟す果実や，ウシが好んで食べる無刺の若枝（「甘い枝」と称される）を加味すれば，地表にある飼料との差は飛躍的に広がるであろう。こうした状況のもと，サースは飼料としての重要性を増し，初めてその葉や果実が採集され始めるのである。

サースの採集においては，生葉は枝ごと採集されてすぐに消費される一方，果実は貯蔵にまわされるケースが多い。また，サースの葉や果実の量がいくら作物残渣や枯草の量を上回るとはいえ，サースが家畜の基本飼料とされることはほとんどない。人びとは，「耕地にあるものは，たとえわずかでも全て活用しておこう」という意図を強くもっており，飼料はやはり，かき集められた作物残渣と枯草が中心と

---

15)「サースの葉が熟れるのはチョーロンだ」といわれることから，それは生態学的な意味での葉の展開を指してはいないと考えられる。

なる。つまり，サースは，量の問題からすれば，補助的に用いられるのが一般的だといえる。

　以上のように，年間を通して飼料構成の変化をみると，サースは1年のうち6か月以上も葉を茂らせているにもかかわらず，実際に採集されるのはチョーロンから雨季直前までの約3か月間にかぎられている。こうしたサースの採集時期や期間は，乾季の早い時期に採集しても良質の飼料にならないという考えや，作物残渣や枯草との量，またはそれらを徹底的に利用しようとする人びとの意向，そして農作業との時期的な重複といった，生業に関わる様々な生態要因との絡まりによって定められているとみられる。

　採集時期と期間がチョーロンから雨季までの3か月間にかぎられている点について，サースの飼料としての質，またはサース自身にとっての生産性という観点から考えてみると，次のように説明できる。葉は落葉間近になると飼料としての質が低下するのだが，逆に栄養に最も富む展開直後の若い葉を採集すると，光合成による一次生産は阻害される。したがって葉が展開してからおよそ3か月目に相当するチョーロン初期に採集を開始することは，飼料の質もサースの生産性も確保される可能性が高い。たとえば，「葉が熟れていない」といった彼らの言説は科学的には説明しにくいが，サースの成長を維持し，生業全体のバランスを保つ上では合理的に機能していると考えられる。

　ところで，チョーロンの終盤になると，作物残渣や枯草は量的に減少するだけでなく，栄養においてもかなり低質化する。こうしたなかで，サースは唯一の新鮮，かつ栄養価の高い飼料として認められているが，先に述べたように，それにもかかわらずサースが基本飼料とされることはほとんどない。それはなぜか。また，そもそも人びとは飼料としてのサースにどのような価値を見い出しているのだろうか。

サースの給飼パターンと質的重要性

　2006年はサースの果実の満作年であり，人びとは乾燥の厳しさが増したチョーロン初期の3月10日あたりから葉や果実の採集を本格化させていた。その採集と給飼のなされかたについて13世帯を対象として調査した結果（表13-1），まず，サースを採集したのが確認できた世帯は，13世帯のうちヒツジやウシ，ヤギなどを飼養する10世帯であった[16]。この10世帯のうち，家畜の保有頭数の多い世帯は，刈跡耕地での日帰り放牧によって，逆に，保有頭数の少ない世帯はもっぱら舎飼によっ

---

[16] 残りは家畜をもたない者，合成飼料に依存する者，市場でサースの果実を購入する者であった。サースを採集しなかった理由については，「賃金労働とするセメント・ブロック作りの仕事が忙しく，時間がとれなかった」ことや，「伝統医であり，農牧業に熱心には従事しない」という点が挙げられた。

第 13 章　サバンナ帯の人口稠密地域における資源利用の生態史 | 279

表 13-1　家畜飼養の方法とサースの採集状況（2006 年）

世帯 No. (n = 13)	家畜の保有頭数[1]			給飼方法[2]	採集				備蓄量 [kg][3]	
	ウシ	ヒツジ	ヤギ		有無	部位	道具	場所	葉	果実
1. On	[2] 〈8〉	[4]	[1]	A	○	葉・実	ロンク	村内・外	?	300＜
2. Gn	〈21〉	[10] 〈29〉	0	A	○	葉・実	ロンク	村内	?	?
3. An	0	0	0	—	×	—	—	—	—	—
4. Sn	0	[6]	[1]	A	○	実	ロンク	村内	—	21.3
5. Jn	[3]	[3]	0	A	○	実	山刀	村内	—	17.7
6. Bn	0	[2]	[9]	—	×	—	—	—	—	—
7. Dd	0	[7]	0	B	○	実	ロンク	村内・外	—	168.1
8. As	0	(5)	[6]	C	○	葉・実	ロンク	村内	?	178
9. Dn	0	(4)	0	C	○	実	ロンク	村内	—	7.6
10. Cn	0	(3)	0	—	×	実	購入	—	—	37.5
11. Mg	(1)	(1)	0	C	○	葉・実	ロンク	村内	?	45.9
12. Sm	0	(4)	0	C	○	葉・実	ロンク	村内	?	101.3
13. Is	0	(4)	0	D	○	葉	ロンク	村内	1.5	—

1：( ) は舎飼群，[ ] は日帰放牧群，〈 〉は牧畜民フルベへの委託群，■はサースの給飼が確認された家畜群を示す。各世帯は大型家畜としてウマやロバも保有するが，これらはサースを食さないため省略した。
2：チョーロンにおける給飼方法の分類　A：放牧後に果実と作物残渣を給飼する世帯，B：放牧時の作物残渣と枯草のみに依存し，サースの果実を貯蔵にまわす世帯，C：舎飼飼養し，作物残渣にサースの葉や果実を加える世帯，D：舎飼飼養し，作物残渣にサースの葉のみを加える世帯
3：2006 年 3 月 26 日に計測。

て家畜を飼養する傾向にあった（ヤギはいずれも野放し）。だが，どのような飼養形態であれ，彼らの家畜には，ヤギおよびフルベに委託したもの以外[17]，全てサースが給飼されていた。

3 月 26 日までに彼らが採集して，備蓄した果実の重量を計測したところ，その量には世帯間で大きなばらつきがあり，また，サースの給飼パターンにも相違があることが明らかとなった。それにしたがうと，各世帯は以下の四つに分類される：

[A]　放牧後にサースの果実と屋敷に溜めた作物残渣を給飼する世帯：4 世帯
[B]　放牧時の作物残渣と枯草のみに依存し，果実を貯蔵にまわす世帯：1 世帯
[C]　舎飼飼養し，作物残渣にサースの葉や果実を混ぜて給飼する世帯：4 世帯
[D]　舎飼飼養し，作物残渣にサースの葉だけ混ぜて給飼する世帯：1 世帯

A のタイプでは，朝から夕方にかけて刈跡放牧を営み，家畜群が村に帰着した直後にサースを与えている。たとえば，3 月 26 日の時点ですでに 300kg 以上もの果

---

17) フルベに委託した大規模な家畜群がサースを採食する機会は，放牧中に牧童によって枝が切り落とされるか，あるいは自然落下した果実に遭遇するかのどちからによる。しかし，その頻度は近年かなり低くなっていると思われる。また，ヤギに対しては保有頭数の規模にかかわらず，サースが意図的に与えられることはなかった。

実を備蓄していた世帯 On（表13-1）は，「チョーロンは耕地に飼料が少ないため，家畜は満腹にならない」と述べ，保有する成ウシ2頭と成ヒツジ4頭に対して，毎夕約5kgの果実を与えていた。それを観察したところ，On がタライに果実を入れるや否や，家畜はそれに一斉に群がり，一気に食べつくしてしまった。この世帯は耕地の保有面積が小さいため，日帰放牧後に家畜に与えるための作物残渣を十分にえることができない。また，On はサースを人目につかない納屋に鍵をかけて仕舞いこんでいた。これらのことからも，このケースではサースが不足しがちな基本飼料を量的に補充する役割を担っていることがよく理解できる。

Bタイプに相当するのは，成ヒツジ7頭を放牧によって飼養する世帯 Dd のみである。この世帯は大量の果実を採集していたにもかかわらず，チョーロンにはそれを消費しないという。耕地の枯草や作物残渣の量は日ごとに減少するため，ヒツジは移動範囲を広げなければならず，その体重も徐々に減少する。だが，Dd は「播種準備で耕地が一掃される時期に備えて，果実を温存しておく」と述べ，実際，彼が家畜に果実を与えるところは確認されなかった。このケースでは，耕地の作物残渣や枯草の徹底利用が優先され，サースは本当に何もなくなったときの切り札として用いられているといえる。

CとDタイプは，舎飼によって家畜を肥育している世帯である。たとえば，Cタイプに含まれる世帯 As では，屋敷に溜め込んだ作物残渣がチョーロン以降も多く残っていたが[18]，それでもサースの果実採集に熱心であった。As は採集から帰宅後，まだ水気を含む果実と完全に乾燥した果実を選り分け，放置すると腐ってしまう前者を作物残渣に混ぜて給飼していた[19]。彼は，「果実は柔らかいのが一番よい」と述べる。これは，乾燥前の果実のなかには生種子が消化可能な状態で含まれるため，より効率的に多くの栄養を果実から摂取できるという事実から発せられた証言だと考えられる。他方，乾燥した果実は，先の Dd と同様に，端境期の飼料として貯蔵され，また，On と同様，As はそれを人目のつかないところに仕舞い込んでいた。

Cタイプに該当する別の世帯 Sm では，作物残渣が底を突きかけていたため，成ヒツジ1頭に対して1日当たり0.8kgの実を給飼するなど，飼料全体に占めるサースの比率が高かった。また，ウシを肥育する世帯 Mg は，「サースを与えると肉付

---

[18] 生草が生えるまでに作物残渣を消費しきってしまう世帯も決して珍しくない。これに対し As は2007年，ジャシウと呼ばれる匍匐性の強いササゲ品種を栽培した。この品種は豆の収量が少ないが，茎を非常に長く伸張させる特徴があり，食用よりも家畜飼料に向いている。As は「この観点からジャシウを栽培した」と述べている。

[19] ヒツジを舎飼する世帯は，サースの果実を与える際，手で果実をちぎってこまぎれにする。これは，サースの果実が，むいたリンゴの皮のような螺旋形をしており，「ヒツジの口には大きすぎて食べにくく，また，乾燥しきった薄めの果実の場合は，その縁が鋭利な状態となるため，ヒツジの口内に傷を負わせる」からだという。

きや乳の出がよくなる」と述べる。チョーロンの時期にタンパクを多く含む飼料は，サースの他に見あたらないことから，Cのケースでは，量的補充や端境期の備蓄飼料としてだけでなく，栄養価の高さという観点からサースを評価して，積極的に採集・給飼しているといえよう。

Dタイプに該当する世帯Isは，彼が飼養するヒツジ4頭に対して，作物残渣にサースの葉を混ぜたものを給飼していた。とはいえ，彼は毎日たくさんの量を与えていたわけではなく，むしろ，作物残渣を豊富にもっていないにもかかわらず，数日に一度，わずかな量を給飼したのみであった。たとえば，3月26日にIsは結実のない枝を切って，そこから計1.5kgの生葉を採集して給飼した。単純計算にもとづけば，彼はヒツジ1頭当たりにわずか375gしか葉を与えていないことになる。

だが，畜産学によると (e.g.川島2007; Ibrahim & Tibin 2003)，タンパクの補給はそれがたとえわずかであっても，作物残渣の消化率を上げるように作用するという。地域差，個体差はあるだろうが，一般にサースの生葉，果実，生種子にはそれぞれ20%，15%，26%のタンパクが含まれている (Cissé & Koné 1992)。他方，作物残渣や枯草は，繊維質（セルロース）を主としており，とりわけ乾季の深まったチョーロンでは，その消化・吸収が困難となる。そうしたとき，サースがもたらすタンパクは，それがたとえわずかだとしても，家畜のルーメン内の微生物を活性化して，劣化した作物残渣や枯草から効率的に栄養を引き出すことにつながると考えられる。実際，この点についてヒツジを対象に検証したS.T.ファール・トゥーレは，作物残渣にサースの生葉を少量 (100g) 加えた結果，家畜が作物残渣を摂取する全体量とその消化率が改善されたことを報告している (Fall-Touré 1978)。また，その一方で，サースには消化阻害物質として知られるタンニンも含まれるため，サースの給飼量は基本飼料の20%程度がよいという見解も提出されている (Fall-Touré et al. 1997)[20]。つまり，多量の給飼は逆によくない結果をもたらす可能性が高いのである。

サースが家畜へもたらす影響として，「サースは家畜の体内を洗う」とも人びとは述べている。家畜は，その年に初めてサースを採食してからしばらくのあいだ，下痢を催すことが多い。人びとによると，「この下痢のなかには腸にこびりついた脂肪や寄生虫といった不潔なものが含まれている」らしい。実際，私自身も白濁したゼリー状の何かを，下痢のなかに確認した。彼らはそれを，「不純物がサースによって洗い流された」と認識しているのである。

以上のように，サースの飼料としての役割を給飼パターンごとにみてみると，どの世帯でもサースを基本飼料としない点で共通しており，量の問題に還元するならば，サースはあくまで補助飼料でしかないといえるだろう。だが，「作物残渣の補

---

20) 先のヒツジの実験では，サースの増量に伴う消化率の低下はみられていない (Fall-Touré 1978)。また，L.R.ハンフリーズ (1989) は，ルーメンでは消化できない状態にあるタンニン内のタンパク（バイパスタンパク）が第4胃で消化されることを見い出し，栄養としての有効性を指摘している。

充のためにサースを採集・給飼する」という行為には，高タンパクの餌を与えるという質的な機能が含まれている。また，端境期の最後の切り札としても，劣化した作物残渣から栄養を効率的に取り出す源としても重要視されていると考えられた。このように，人びとはサースに特有の質的役割を認めており，また，「少量」を適量として給飼することが効率的な家畜飼養に貢献するという理解のもとにサースを飼料として活用しているといえよう。

飼料の採集方法

　サースの葉や果実を飼料として採集して，利用するためには，それらがついた枝を丸ごと切ることが必要である[21]。したがって，飼料採集はサースの資源量を直接的に左右する行為であり，そのありかたは第3節で述べたように，用途間のトレードオフやサースの枯渇問題と深く関連する。以下では，成ヒツジ5頭を舎飼によって飼養する50歳代の男性 As を事例に挙げ，彼が2006年3月19日から23日までの5日間にわたって毎日実施した枝葉の採集，すなわち切枝がどのような道具や技法のもとに実践されたのかについて詳しく検討してみたい。

　As が切枝に用いたのは，ロンク (*lonk*：引っ掛けるの意) と呼ばれる道具 (図13-5) で，これは7m ほどの竹竿[22]の先端に鉤棒をタイヤのゴムチューブで結合した，切枝専用の手製のものである。従来は山刀を用いることが一般的だったが，木に登る若者が出稼ぎに流出することが多くなったため，近年では地面からの切枝が可能なロンクが多用されるようになった。

　As が3月19日から5日間 (計18時間) かけて採集した果実は (葉については，採集の現場に屋敷から連れてきた家畜が即採食したため，計測できなかった)，計204.8kg に達し，それらは計40個体のサースから集められていた。1個体から採集した果実の量は，平均5.1kg (SD = 3.5) にすぎず，また，果実を得るために切るに至った個体当たりの枝の量も，以下に述べるように基本的には決して多いものではなかった。

　彼がアクセスした40個体のうち，13個体を対象に，1個体当たり何本の枝が

---

21) 乾燥した果実であれば，枝を強く揺らすだけ落ちることがあるが，生葉に関しては枝を切る以外に採集する方法はない。また，切られた枝は燃料としても再度，採集の対象となる。樹木の切枝方法の分類を紹介している坂口勝美 (1988) によれば，セレールの枝葉の切り方は，"頭木仕立て (Pollarding)" であるか "切枝萌芽仕立て (Lopping)" に該当する。本章では，単に "切枝" と表記することとする。

22) 竹はこの地域に自生しないため，セネガル南部から定期市場に持込まれたものを人びとは購入している。2006年に竹の販売について調べたところ，チョーロンに入る前の2月18日にその年で初めての販売が確認された。竹は1本1000CFA フラン (1CFA フラン≒0.2円) で売られ，朝10時に50本あったのが，昼すぎには残り7本となっていた。販売は3月終わりまで続き，よく売れた。サースの採集に向けてチョーロンの以前からロンクの準備を開始する人は多い。

第13章　サバンナ帯の人口稠密地域における資源利用の生態史 | 283

図 13-5　ロンクとそれを用いたサースの採集
＊：ロンクでの採集は，フックを目的の枝に引っ掛けたあと，身体を後ろに下げな
　　がら，それを掻き落とす。"切る"のではない。

切られたかを調べたところ，1-5本しか切られなかった個体が全体の9割（12個体）を占めたが，残りの1割（1個体）は16本も切枝されていた。切られた枝（n＝38）の太さは元口直径にして3-5cmが最も多く（84％），それより太い枝は3本（最大8cm），細い枝も3本（最小2cm）と少なかった。こうした結果から，飼料採集の大まかな傾向として，多くの個体から主に太さ3-5cmの枝が少量ずつ集められ，8cmをこえるような太い枝は滅多に採集の対象とされないといえる。樹冠を構成する枝の太さはバラエティーに富んでいるが，それにもかかわらず切枝の対象となる枝の選択に一定の傾向がみられるのはなぜだろうか。

図13-6は，Asが飼料採集の対象としたサース1個体と，その樹冠を構成する各葉群の大きさや結実の状況を示している。この個体の樹冠は五つの葉群（A–E）から構成されており，各葉群の結実状況は次のとおりであった。(1) A–Cは満作，(2) Dは平作，(3) Eは結実なし。また，枝葉（シュート）の連続性に着目すると，A–Cは主枝から亜側枝まで単線的に連接するのに対し，DとEは側枝で分断され，そこから新梢が数多く萌芽していた。こうした葉群間でみられる形態の相違は，過去の切枝の規模や，それからの回復期間の長さとの関係から生じるものであり，E

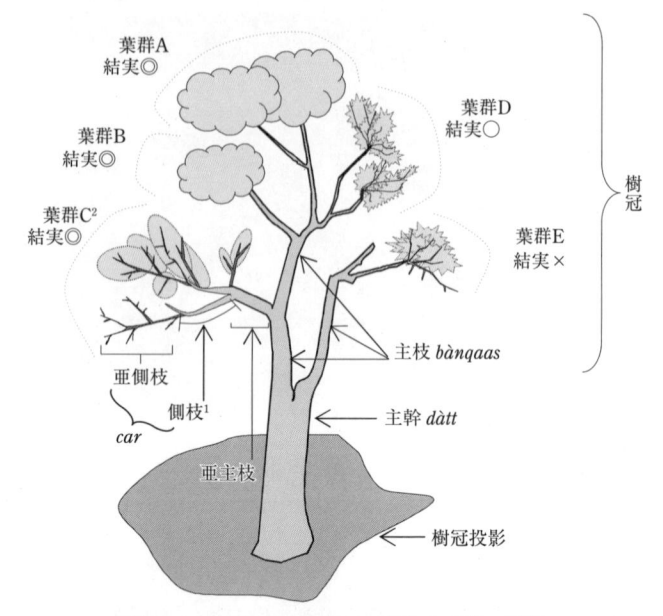

図 13-6　As による切枝の一例および枝の呼称

1：側枝とは亜主枝より末端にある枝の総称である。そのなかには①結果枝（結実する枝）や②発育枝（栄養生長をおこなう一年生枝）が含まれる。サースは側枝の途中から切られて，新梢が再生する。新梢が成長すると①や②を含むようになる。本稿では，切枝後の再生部を境に側枝を二つに区分し，亜主枝に近い方を"側枝"，末端に伸びる方を"亜側枝"とあらわすことにする。参考：菊池・塩崎（2008），農文協（1994）

2：葉群 C は枝の呼称（下部）と葉のつき方（上部）を示すため，他の葉群とは別の描写方法をしている。

＊：ローマ字は現地語での名称

は前回（おそらく昨年），D は前々回，そして A-C はそれらよりさらに前に切枝されたと推察される。

　こうした葉群をもつ樹冠に対して，As は次のように切枝を施した。まず，葉群 A は満作だったにもかかわらず，切枝の対象とされなかった。これは「ロンクが十分に届かなかった」という単純な理由に由来する。葉群 A を支える亜主枝にはロンクが届いたものの，その亜主枝は鉤棒の幅よりも太く，また仮に幅を広げて引っ掛けたとしても枝に強度があるため，切枝できなかったと思われる。ンドンドル村のサースの平均樹高は 11.1m（n = 243，SD = 4.3）である。他方，ロンクで切枝可能な高さは，ロンクの長さに人の身長や手の長さをあわせても，せいぜい 10m が限度であろう。つまり，ロンクでは切枝ができないほど高いところにも多くの葉群が位置しているのである。As はこれを踏まえて，翌日，それまで用いていた鉤棒を長さ 40cm から 60cm のものへと取り替えたが，それによって飛躍的に採集効率が上

がったわけではなかった。

　葉群 B からは亜側枝が 1 本採集されたが，それによって葉群内の果実が全て取りつくされたわけではなかった。As は，「果実採集は早い者勝ち」だといいつつも，「全部切ってしまうと来年結実しない」と述べ，他の個体へと採集対象を移したのである。

　だがそれとは対照的に，葉群 C に関しては亜側枝から全て切枝された。これは，この葉群に対してロンクが十分に届き，また葉群の規模が前回の切枝から十分に回復して大きかったからである。

　葉群 D にも結実がみられたが，B と同じ理由で 1 本の切枝にとどまった。結実がなく，また，規模の小さかった葉群 E は切枝されなかった。

　このような事例をみるかぎり，サースの切枝には少なくともいくつかの制限要因が付随していることが分かる。採集道具のロンクの長さや，先端の鉤の幅によって，高くて太い枝へのアクセスは物理的に不可能となり，樹冠の上方に枝葉が残りやすくなっている。また，自発的に結実に関する将来予測を打ちたて，切枝を抑制する場面もみられた。これらを考慮すると，サースの切枝は，各個体のもつ葉群が小さいほど少量となり，逆に十分に大きい場合には，一部の太い枝から一気に切り，より多くの果実を採集していることが分かる。つまり，切枝対象となる枝の太さに一定の傾向があるのは，なるべく回復した葉群に的を絞っているためだといえよう。

　また，As にかぎらず，トゲの多い枝は，結実量がいくら豊富だったとしても，切枝の対象としては敬遠されている。サースには同一個体のなかに鋭く長いトゲのある枝と，まったくない枝とが混在することがあり，「苦い」と称される前者は，トゲが障壁となって，ヤギ以外の家畜は葉も果実もほとんど食せないからである。人が手で果実を枝から分離しようにも，大変な苦痛が強いられる。だが逆に，「苦い枝」は垣根の材料に適することから，飼料以外の目的で切枝の対象とされることがある。

13-5 ▶ サースの生態に対する理解と精緻な切枝技法

成木の「しつけ」

　第 3 節からここまで，チョーロンにおける飼料採集に注目しながら，人びとが飼料としてのサースにどのような価値を見い出し，また，それを調達する上でどのような切枝を実践しているのかについて検討してきた。その結果は，次の 2 点にまとめられよう。第 1 には，サースはタンパクに富む飼料でありながらも，乾季を通して常に採集の対象とされているわけではないということである。採集の時期や期間

は，サースの葉や果実の季節性，他の飼料との量的関係，さらには「少量を適量とする」などといった給飼のパターンと密接に関連して定められており，そのことがサース自身の生産性の確保にも結びついていると考えられた。第2には，サースの切枝が，ロンクという道具や，葉群の規模，結実に関する将来予測との関係から制約を受けつつ，前回の切枝から回復した葉群に的を絞る形で慎重になされているということである。そして，このことによってもサースの生産性は確保されやすくなっているといえよう。

しかしながら，ここでなお再考を要するのは，いくら切枝の時期や期間が適切であり，また，切枝対象の選択が慎重になされているとはいえども，人口の多さやサースの需要の高さを踏まえると，村全体における切枝量は膨大なものになると予測され，結局，多用途の併存や成員間の競合的関係は，解消されないままになっているのではないかという疑問についてである。この点をさらに明確にするためには，人びとがサースの利用の持続に向けて取り組んでいる，より主体的な側面を照射しながら，サースの切枝のありかたについて実証的に明らかにすることが必要である。本節では，こうした観点から，人びとがサースを切枝することをしばしば，"成木を「しつけ」する"（以下，成木の「しつけ」）と表現する点に注目し，それがサースの切枝をどのようなものとしているのかについて，参与観察や定量的なサースの成長分析の結果にもとづきながら検討していくこととする。

すでに述べたように，サースの稚樹を保護し，その成長を促す行為をセレールの人びとは「しつけ *yar*」と表現している。そこでなされるのは，徒長枝の切除や，添え木づけといった作業だが，それらは「しつけ」という語彙から受けるニュアンスと似通っており，元来人間に用いられる言葉を彼らがサースの稚樹にも適用している背景を我々も比較的容易に汲み取ることができる。ところが，彼らはサースの成木に対してもこの語彙を用いることがある。つまり，飼料採集などを通して枝を切ることが，サースの成木を「しつけ」ることになるというのである。だが，どのような考えにもとづいて成木の切枝が「しつけ」と表現されているのかは，稚樹の場合とちがってなかなか理解できるものではない。切枝が成木に与えるインパクトや，その際に彼らが意図することを具体的に知らなければ，この疑問は解けないように思われる。

成木の「しつけ」は，たとえば次のように語られる。ある男性は，「この木はまっすぐだろ？　オレの爺さんが「しつけ」たんだ」という。また，別の男性は，「うまく「しつけ」るとサースは活力を増し，葉をたくさん出す」とか，「森林官はサースを切るなというが，切らなければ早く死んでしまう。だけども，切りすぎるとそれもよくない，古い木は特にそうだ」と語る。

こうした語りから判断するかぎり，成木の「しつけ」にはどうやら，切枝によってサースの樹形を調整したり，樹勢を維持するという意図が含まれているようであ

　　　　　　自然の樹形　　　　　　　ンドンドル村の樹形
　　　　　図13-7　自然の樹形とンドンドル村の樹形

る。また,「やりたい放題, 好きなままに枝を切ってはいけない」とか,「サースの成長を抑止したり, 死なせたりするような枝の切り方をしてはいけない」とも語られるように, 切枝すること全てが「しつけ」となるのではなく, そのありかたが問題とされていることも分かる。さらに, うまくやれば, サースの樹勢が維持されるだけでなく, 人びとが利用する上で都合のよい形へと樹形が変化していくという認識が含まれることもうかがい知れる。では, うまいやり方とはどのようなものか。また, 本当にサースはそのように変化していくのだろうか。

　ここでもう一度, 先にみた As による切枝の事例を取り上げてみよう。As は, たとえ結実している葉群があったとしても, それを全て切枝するケースはほとんどなく, むしろ少量の細い枝を多くの葉群から択伐するように採集することが多かった。また, 亜主枝のような太い枝を切り, 葉群全てを採集することもみられはしたが, その頻度は低いものであった。こうした切枝の傾向は, 成木の「しつけ」を通して, 切枝後の回復がスムーズなものになるような樹形の形成を, 人びとが重視していることと深く関連している。

　切枝を受けていない標準木とンドンドル村のサースの樹形とを比較してみると (図13-7), 標準木は枝が斜上に長く伸び, 葉が高い位置に偏在すると同時に, 樹

冠の内部に多くの空隙があるのが分かる。一方，ンドンドル村のサースは，葉群が互いに重ならずに開張しており，樹冠内部にまでくまなく光が入って，葉密度が標準木よりも明らかに高まっている。人びとは標準木に関して，「切枝した方が木が元気になる」と述べているが，この証言には，切枝を通して受光体勢を改善し，全体的な葉量の増加を図るという意図が含まれていると考えられる[23]。

このような開心型の樹形を作るためには，まず，亜主枝を切り，その切口から多数の新梢の発生を促す必要がある。やがて新梢はそれぞれ成長して一つの葉群を形成するが，その過程では互いに重なり合った無駄な枝が必ず生じる。こうしたサースの生態を踏まえてみると，As がロンクを使って細い枝を択伐していたのは，無駄な枝を取り去ることと関連し，また亜主枝をわずかな頻度でしか切らないというのは，許容されるダメージの範囲内で次の葉群の再生を図ることと関連していると考えられる。

図 13-6 に示すサースをみてみると，葉群 A-C と葉群 D-E というように幹を中心にして左右の葉群の規模が大きく異なっている。左側は前回の切枝以降，一定の回復期を経て切り頃となった葉群であり，他方の右側は，最近切枝されて，現在は回復期におかれている葉群だと考えられる。このように，人びとは，再生の元手となる太い枝を基本的には切らずに残し，また，葉群の生産性を光環境の改善によって高めるために細い枝を択伐することによって，適切なサースの樹形を形成しようとしていると考えられる。

現在耕地に生育するサースは，どんなに短くても 30 年間，長い場合には 100 年以上にもわたって切枝を受け続けている。こうした長い期間に及ぶ切枝歴のなかで，サースは，成木の「しつけ」を通して本当にその樹勢，すなわち切枝からの回復力が維持されてきたのだろうか。その点について検証したのが，以下に述べる実験である。

2006 年 3 月 16 日に，ンドンドル村に生育する典型的なサース 1 個体を対象として，実験的にその樹冠を構成する枝葉を全て切枝した（図 13-8）。そして，そのおよそ 1 年後に再度全ての枝葉を切枝して，葉，枝，果実がそれぞれどの程度再生したかを計測した。その結果，枝は切枝前の約 3 割が回復し，葉については約 4 割の回復がみられた。結実は確認されなかった。

この実験で対象とした個体は，他の個体と同様に何度も切枝された前歴をもっており，決して特別な個体ではない。実験の結果から分かるように，そうしたサースをたとえ丸裸になるまで切枝したとしても，少なくとも枯死することはなく，一定量の枝葉の回復が確認された。その回復量が，実験対象とした個体の将来を保障

---

[23] ブルキナファソのブワの社会を対象に調査した D. デポミエは，人手のまったく入らないサースに比べて，随時切枝されるサースの方が，切枝時に枯死するリスクが低下するだけでなく，樹勢が保たれると報告している（Depommier 1996）。

①：伐採前
②：伐採直後06/3/16
③：335日後の回復状況

＊：回復率[%]（①を伐採した枝葉の乾重量と，③を伐採した枝葉の乾重量との比）は葉44.4，実0，枝32.2，合計32.5。伐採は村の青年に依頼。伐採部位は両者等しい。

図13-8 サースの回復量

するに足るものかどうかを正確に知るためには，今後も実験を繰り返していく必要があるが，少なくとも2009年6月まではその生育状態が通常であることを確認している[24]。果実が実らなかった原因としては，一般に切枝から1年目には結実枝が形成されにくいことや，サースの結実量は年変動が激しいことが考えられる（Depommier 1996）。

幹の肥大成長に関する調査からも，成木の「しつけ」に関する興味深い結果がえられている。一般にサースは成長が速いといわれ，幹（成木）の年間肥大成長は，胸高直径にして少なくとも1cm，速い場合には4cmにも達することが報告さ

---

24) 2009年4月から6月にかけて実施した現地調査の結果に基づく。

表 13-2　幹の肥大成長：2002-07 の 5 年間の変化

測定日	平均値±SD[cm]	標本数	最小	最大	平均値の差
2002/3	44.8±11.8	132	22.7	88.0	0.3±0.1(P<0.01)
2007/2	45.0±11.7	132	22.8	88.0	
平均年間肥大量	0.06cm/yr				

＊：最小値および最大値に該当したサースは両年とも同一個体

れている（Mariaux 1966; Rocheleau et al. 1988; Gourlay 1995: cited in Barnes & Fagg 2003: p64）。ところが，ンドンドル村のサースについては，そのような速い肥大成長はまったくみられなかった[25]。それどころか，2002 年から 5 年間にわたって 132 の同一個体群を対象に胸高直径を計測したところ，肥大成長は平均して年間 1mm にも達していなかった（表 13-2）。メジャーをもって耕地のサースを計りまわるたび，村びとは私にこう語る。「グイ（バオバブ）は太くなるが，サースは変わらないぞ」。内心では「そんなわけはない」と思いつつ 5 年が経過し，結局，村びとのいうとおりだということが分かった。

　実はこの証言には，成木の「しつけ」と関連した大変に奥深い意味が含まれている。ンドンドル村の自然条件は，サースの生育にとって決して悪いものではない。また，樹冠は全体的に縮小しているものの，残った葉で光合成をすることは可能である。それにもかかわらず，ンドンドル村のサースに肥大成長がまったくといっていいほどみられないのは，光合成産物のほとんどが，個体の生存や，切られた枝葉および果実の再生産にあてられているからであり，幹の肥大成長に欠かせない形成層の分裂組織には，その生存を維持しうる最低限の光合成産物しか投資されていないと予測される。

　こうした肥大成長のありかたについて，人びとの立場から考えてみると，すでに一定の太さに達したサースが，今以上肥大することに大きな意味はないと思われる。枝葉や果実の需要の大きさを考慮すれば，「太る暇があれば，枝葉と果実をできるだけ多く再生産（jibi）して欲しい」というのが人びとの願うところであり，今のところはそれがサースの生態に関する深い理解のもとに実現しているといえよう。

---

[25] 肥大成長は環境要因以外にも測定開始時の樹齢や胸高直径にも左右され，連年同速度での成長を遂げるわけではない。だが，ンドンドル村の平均的な直径サイズ（40-50cm）を考慮すれば，5 年間で大きな変化がみられてもまったく不思議ではない。たとえば，ブルキナファソの 2 地域でサースの成長輪を解析したデポミエらは，雨量 400-800mm/yr の Watinoma 地方において胸高直径 50cm に達する年数を 26 年，雨量 800-1200mm/yr の Dosso 地方では 45 年と推定している。両地域には胸高直径 1.3m を越す個体も生育する（Depommier & Detienne 1996）。

成木の「しつけ」とサースの用益権

　以上にみたような成木の「しつけ」に基礎をおいた切枝は，サースの生存や樹勢を維持しながら，葉や果実の採集量を最大化するための精緻な切枝技法であると表現できる。だが，それは同時に「サースに太る暇を与えない」，いいかえれば「生かさず，殺さず」という限界に迫ったやり方だともいえ，そこには個体の枯死を招くリスクも当然含まれていると考えてよい。近年のサースの枯死率は，年間1.2％であることをすでに述べたが，限界に迫ったやり方に含まれるリスクの高さから判断すると，この枯死率はみごとに抑えられているといっても過言ではなかろう。人びとは，成木の「しつけ」というサースへの働きかけを通して，サースから得られる効用を最大化しようとしていると同時に，それは枯死に至る寸前のところで切枝を抑えることによって実現していると思われる。

　そうした精緻な切枝が実現する上で重要な要因の一つは，サースに関する理解の深さや切枝の正確さといった生態的・技術的な問題である。すでに述べたように，飼料採集の事例として取り上げたAsは，5日間で40本以上の個体から200kg以上の果実を採集したが，その過程では各個体の樹勢や樹形などが見極められ，状況に応じて適宜切枝箇所や量が調節されていた。

　だが，彼らがもつこのような技術を効率的に運用する上では，枝葉や果実をめぐる用益権のありかたという，社会制度も非常に重要な背景となっている。第3節で述べたとおり，サースの所有権は，それが生育する耕地の所有者に帰属する。しかし，枝葉や果実に関しては，「たくさん切ってはいけない」という暗黙の了解のもとに，村の成員全てにそれらを採集する用益権が認められており，実際Asが切枝の対象とした40個体も，全て他の成員の耕地に生育していたサースであった。このようにサースの用益権が全ての成員に開かれていることによって，人びとはより多くの個体を切枝対象として吟味しながら選択することが可能となり，それによって個体当たりにかかる負荷が分散させられていると考えられる。そしてまた，農業と家畜飼養におけるサースの重要性に関する認識や，枯死に至るまで切枝してはいけないという考えを村びとが合意として共有していることで，用益権を互いに開放し合えるという状況が生じていると考えられる。

13-6 ▶資源利用の生態史

セレールの生業の変遷

　本章では第一に，セレールの人びとが，植民地時代から現在に至るまでの時代の

流れのなかで，どのように生業を変遷させてきたのかについて検討した。

19世紀半ば以前，人びとは半農半牧という形態のもとに粗放的な生業を営んでいた。しかし，その後，植民地政府によるラッカセイ栽培の導入に起因して，土地不足や土壌養分の低下がもたらされたため，その問題への対処として，彼らは農業と牧畜を刈跡耕地において同所的に結合するようになった。それによって，乾季の刈跡耕地に畜糞を計画的に投入することが可能となり，地力を綿密に管理できるようになった。

農業と牧畜の結合を進展させる過程では，牛群管理や食害防止に向けた新たな組織編成や，共同労働の慣行，さらには世帯間の紐帯にもとづく独特の輪作体系も発達した。本章で注目してきたサース林も，稚樹の「しつけ」という，人びととの働きかけを受けて，農牧の結合過程において形成されたものである。このように，人びとは土地や養分の不足に対処するために，技術的にも社会的にも様々な工夫を凝らしながら自然を利用してきており，それによって構築された，サースを要とする「農」―「林」―「牧」の密接な連関に基づく生産様式は，いわば彼らの自然利用に関する理解と実践の集大成のようなものだといえよう。肥料と飼料の相互供給を可能とする農業と牧畜の同所的結合に，さらにサースを加えることで，人びとは土地当たりの生産性を高め，またそれを安定的なものとしてきたのである。

だが，1970年代以降，干ばつの頻発やラッカセイ経済の不振，そしてさらなる人口増加を背景として，人びとは従来の農牧業に片足をおきつつも，他方では出稼ぎや家畜の肥育・販売を新たに始めるなどして，生業の多角化を積極的に推し進めていった。その結果，労働力不足が深刻化して，馬耕を取り入れることになったわけだが，それは稚樹の「しつけ」に滞りをもたらすことにつながった。このことによって，飼料，肥料，燃料として需要のあるサースは，近年，その稀少性が高くなったとみられる。だが，ここにおいても人びとは，成木の「しつけ」という精緻な切枝技法を展開することによって，サースの利用の持続性を保とうと努めてきた。

以上のように，時代を通してセレールの生業を通観すると，彼らは生業にまつわる諸々の技術や，それと密接に関わる社会的要素に適宜改変を加えつつ，生業をダイナミックに変化させてきたことがうかがえる。また，そうした動態は，不安定な自然環境や，彼らの生業を取り巻く内外の諸要因の変化に対する柔軟な適応として捉えられる。

竹沢尚一郎や嶋田義仁は，西アフリカのサバンナ帯の生態資源が量的・質的に「豊か」であることを，河川や氾濫原などに関する知見に依拠しながら，強調している（竹沢 2008; 嶋田 1999, 2003）。しかし，河川がない上に土地が狭く，地力にも乏しいセレールの暮らす地域で調査をしてきた筆者からすれば，サバンナは資源に乏しいだけでなく，アフリカのなかでも特に過酷な環境だという印象の方が際立っている。それでも，セレールは長いあいだ，移住もせず，高い人口密度を保持してき

た。もし，セレールの暮らすサバンナに「豊か」なものがあるとすれば，それは彼らが生業を媒介としながら自然と対峙するなかでえた，暮らしをよくするための知識や理解であり，また，それに根ざした実践の力に他ならない。セレールの人びとが経てきた資源利用の生態史が例示しうるのは，土地や植生への積極的な働きかけこそが，生活環境としての土地や植生の維持につながるということである。

「共有資源」としてのサース

　本章では第二に，サースの利用，とりわけ，成木の「しつけ」を通した切枝技術に関して，飼料採集の現場を対象としながら詳細に検討した。

　ここではまず，近年，サースの稀少性は高まっているとみられ，それに伴って，サースの役割が特定の用途に限定されたり，あるいは成員間でサースをめぐる競合関係が激化して，樹木自体が枯死に至ってしまうリスクの増大が想定されることを述べた。こうした問題と関連して，たとえば，曽我は，「資源の稀少化による競合を論じる上では，稀少とされる資源がどれかを明確にすると同時に，資源どうしの関係についても検討する必要がある」と指摘する。また，「稀少な資源をめぐって競合する主体について，何が（民族集団，クラン，リネージ，家族，個人など）その経済主体に該当して，さらに，それらが一定の資源に対してまったく同じだけの稀少性を認めているのかについても検討する必要がある」ことを述べている（曽我2007）。

　この指摘にしたがって，まず家畜飼養に占めるサースの位置を検討してみると，サースは，本質的にみれば，家畜飼養において一つの資源にすぎず，また，年間を通した飼料構成からみても，常に利用されるわけではなかった。人びとがサースを必要とするのは，1年のうちで乾季の終盤の3か月間だけであり，さらにそのなかにおいても，サースは基本的に補助飼料でしかなかった。次に，サースを利用する主体としては，家畜を管理・保有する各世帯がそれに該当し，そこには村の大部分の成員が含まれる。そしてまた，サースの葉や果実の用い方，すなわち，給飼のパターンは世帯によって様々に異なっていた。しかしながら，このようにサースの利用が時期的・量的に限定され，また，利用の方法や認識のありかたに世帯間で相違があるとはいえども，サースの葉や果実は，その質的重要性から誰もが望むものであることに間違いはない。乾季終盤においてサースは，絶対になくてはならない必須の稀少資源とまではいえないにしても，サースがあるからこそ家畜飼養はより安定的なものとなり，また進展してきたといっても過言ではないだろう。

　それでは，資源としてこのような性質を帯びたサースは，現在，切枝を伴う飼料採集のなかでどのように維持されているのだろうか。この点について，成木の「しつけ」との関係から考察してみたい。成木の「しつけ」とは，サースの樹形を人びとが利用上都合のよいように仕立て上げ，またその樹勢を長期間にわたって維持す

ることであった。サースを適切に切枝すれば，新鮮で活力のある葉のついた枝葉がえられ，また，そのことがサースの樹勢の維持，および採集量の最大化につながることが定量的調査から明らかとなった。

　このような成木の「しつけ」には，高い技術性が含まれている。しかし，それを効率的に実践する上では，サースの枝葉や果実に関する用益権を，成員どうしが容認し合うという，社会的側面が重要な要因となっていた。「枝葉を切りすぎてはいけない」という合意のもとに人びとは用益権を互いに認め合い，そのことによって切枝対象となるサース個体の選択幅が広がり，各個体が受ける負荷の軽減が可能となっていたのである。

　だが，資源に乏しい状況のなかで，なぜ他者の枝葉を切ることが認められているのか。それについてここで示しうるのは，人びとはサースの持続性，つまりそれが生き続けて枝葉を生産し続けることに価値をおいているということである。サースが枯死しては，作物への肥培や家畜への飼料供給は行えない。そうしたサースの有用性，またそれを活用する上でサースのあるべき状態についての理解を人びとが共有しており，成木の「しつけ」という技術を通して皆が自らの利益の追求を自制しながら枝葉を切ることができるからこそ，人びとは，他者に自らの木をまかせることができると考えられる。サースは，形式的には私有の資源であるが，それをめぐる価値，知識，技術を人びとが共有することによって，実質的には「共有資源」化されているのである。

　一方，共有資源について佐藤仁は，「共有資源は競合性があるにもかかわらず，他人の排除ができない財であり，また競合性のために過剰消費を促す可能性が高い，という最も厄介な性質をもっている」と述べている（佐藤 2002：23-24）。たしかに，セレールの場合においても，本来は私有のもとに所有されているサースにおいてさえ，その枝葉へのアクセスを他人から一切排除することはできない（脚注10参照）。だが，それによって過剰消費が起きる可能性は，人口稠密なセレール社会の場合，実は小さくなるのではなかろうか。彼らは，私有化や区画化，あるいは，すみわけにみられるような，資源利用の異所化によって他者を排除するのではなく，むしろそれとは正反対に，他者を受け入れ合っている。つまり，成木の「しつけ」といった技術や，サースの重要性に関する認識の共有のもとで，同所的にサースを使うことこそが，各個体の受ける負荷の軽減を可能とし，それが利用と保全の両立に資していると考えられる。

Field essay 2

エコック行

▶ 木村 大治

　エコックの名を最初に意識したのは，カメルーン東南部の地図を眺めていたときだった。1999年夏，私は，カメルーンとコンゴの国境を流れるジャー川沿いの村，ドンゴに滞在し，バカ・ピグミーの人類学的調査を続けていた。1990年代に入り，内戦でコンゴ民主共和国（旧ザイール），コンゴ共和国での調査が難しくなってきたので，我々の調査グループは，カメルーンの熱帯雨林に新しいフィールドを求めたのだった。この時点までに，総計すると10人をこえる教員，院生たちがこの地域に散らばり，ピグミーや農耕民の調査を行っていた。移動には四輪駆動の車が必要なので，そのやりくりにはいつも頭を使う。地図を眺め，各人がいる地域を思い起こしながら，今度〇〇君のフィールドに車をやり，その帰りに××さんを拾って首都ヤウンデに出る，そして……といった算段をする。

　そのとき，かつて私が歩いて調査した地域のはるか南，道の通ってない森のただ中に，エコック・エダンバワ（Ekok Edanbawa）という地名の記された，奇妙な記号を見つけた。燈台のマークのようなその記号は地図の凡例には載っておらず，他には同じものは描かれてないのだった。「何や，これは」。私の脳裏に，エコックというエキゾチックな名前と共に，その記号が刻み込まれた（図1）。

　その後，フィールドの幾人かに質問をして，エコックとはどうやら，大きな岩らしいことが分かってきた。ドンゴ村にはそこへ行ったことのある人間はいなかったが，岩の存在そのものはよく知られていた。あのような奇妙な形で地図に出ていることからも，ある種の「名所」らしいことが推測された。エコックは，自動車道路の終端からは遠く離れた森のなかに位置している。しかし，そこまで歩いていく細い道はある。森棲みの人びとはそういった道をたどり，何日もかけて遠くの村を訪問しているのだ。かれらと同じようにして，森のなかに点在する集落を訪ねてみたい，私はかねてからそのような計画を持っていた。

　この地域にはいくつもの木材伐採会社が入っている。よく整備された幹線道路に

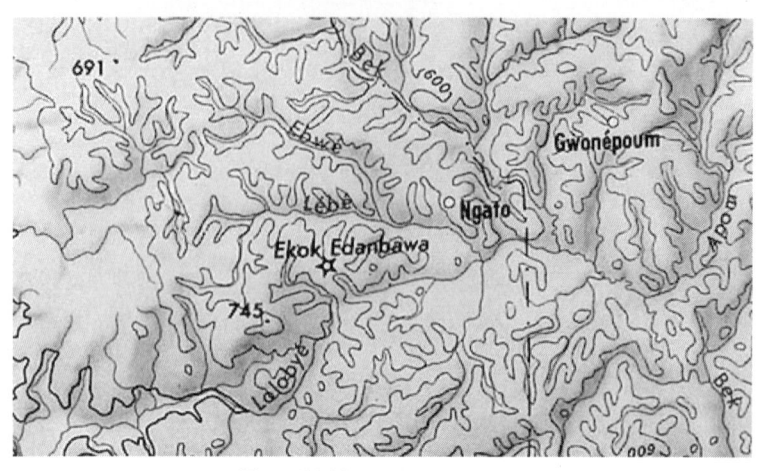

図1　地図上の Ekok Edanbawa

は，巨大な木材を積んだローリー（図2）が日に何十台も行き交っている。人びとの生活は当然，道路の大きな影響を受ける。物資はどんどん入ってくる。換金作物であるカカオを買いつけにトラックがやってくる。伐採会社に売る野生動物の肉や干魚の需要が高まる。そういった生活の変化も面白いが，おそらくこの地域の人びとがはるか昔から続けてきたであろう森棲みの生活はどのようなものなのか，それを見てみたいという気持ちがあったのだ。またこの地域には，新たな国立公園を設定しようという動きがあり，森に住む人たちがどの程度，動植物環境にインパクトを与えているのかは，我々の調査の重要なテーマでもある。

2001年秋の調査のとき，エコックの近くのマレア・アンシアン村でピグミーの調査を続けている，大学院生（当時）の服部志帆さんのもとを訪ねた。マレアまでは最近道路が延びて，車で行くことができるようになったのだが，それ以前からここまでは人の歩く道は通じていた。こうして熱帯林に貫入した道に沿って，農耕民・狩猟採集民の村々は分布しているのである。

図2　伐採会社のローリー

「この先の森のなかに，おーおきな見晴らしのいい岩があるんですって」彼女はおっとりとした関西弁でいった。「エコックやろ」私はすかさず答えた。そこで私の調査終了後，ヤウンデに出る間際に，私，服部さん，それに別の村に調査に入っている大学院生（当時）の安岡宏和君，四方篝さんの4人でエコックを訪れてみよう，そういうことになった。

12月9日朝，ドンゴ村の調査基地を引き払い，マレアに向かう。途中のバティカ村で，帰国する四方さんを拾う。彼女は調査終了直前のオーバーワークがたたって，扁桃腺を腫らし発熱していた。一緒にエコックにいくのは断念して，マレアの服部さんの家で寝ていることになった。

午後3時，マレア着。服部さんが迎えてくれる。（安岡君はまだ，先のズーラボット村だ。）一緒に行ってくれるという，服部さんのインフォーマントのバラ氏に，エコックの話を聞く。「ものすごく大きい」「上に登るとはるか遠くまで見渡せる」「アヴィオン（飛行機）が下を飛ぶのが見える」。最後のはまあ割り引いて聞くとして，期待を持たせる話だ。しかし，あまり期待しすぎない方がいいのかも知れない。四方さんは，今回の調査で，調査地の人に「森のなかにものすごく広い草地がある」と聞き，連れて行ってもらったのだが思いのほか小さくて，一緒に来てくれた人にびっくりしてみせるのに苦労したという。「めっちゃ小さかったりして…」彼女は自分が行けなくなったせいか，負け惜しみのようにそんなことを言う。

ともかくも，行ってみなければ分からない。おそらく，日本人でエコックに行くのは我々が最初だろう。私は事前に，地図でじっくりと行程を研究した。自動車道路はマレアで終わり，そこからは森のなかを細い道が続いている。2時間半ほど歩くと，安岡君の入っているズーラボット・アンシアン村に着く。途中一か所，船で渡らなければならない川がある。ズーラボットから約5kmでガト村。そこから先には定住村はないが，道は続いている。地図では，エコック・エダンバワはガト村から直線距離で15kmの位置にある。ガト村から一日でエコックまで往復するとすると，直線で30km歩かないといけない。森のなかの道だから，当然距離はもっと伸びるはずだ。不可能ではないが，女性の服部さんの体力を考えると，途中でテントでの一泊を考えざるを得ない。案内兼ポーターの人たちを数人連れて行く必要があるし，食料も持参しなければならない。私たちはバラ氏に人選を頼み，食料や持参品を準備した。

12月10日，5時すぎに目が覚める。準備を整え，バトン・ド・マニオク（キャッサバの粉を水で練りクズウコン科植物の大きな葉で包んで蒸したもの。甘さのない「ういろう」のような食感），オイルサーディン，パパイヤ，ゆでトウモロコシの朝食。けっきょくバラ氏は一緒に行かず，弟のアドリアン氏が同行することになった。それに農耕民コナベンベのサムソン，バカ・ピグミーのノラというふたりの若者。日本人3人（木村，服部，安岡），カメルーン人3人のパーティーである。

7時50分，マレア村を出発。途中，食料のバトン・ド・マニオクを買う。ベック川を船で渡り，10時35分に安岡君のいるズーラボット村に到着。安岡君は日本で完成できなかった猿害の論文を，「完璧だ」といいながら印刷していた。彼は一緒に行くかどうかしばらく迷っていたが，けっきょく行くことに。昼飯を食ったあと，12時57分に出発。

　14時13分，最後の定住村，ガト村に到着。集会所でカワウソを焼いている。途中の食料に，ゲンディ（ピーターズダイカー）の肉を買う。早く出発したいのだが，アドリアンらがうだうだしていてなかなか出発できない。いらいらする。

　16時15分，やっと出発。レベ川を渡る（図3）。その後いくつもの小川を渡ったが，その前後は泥田のようになっていて，足首が全部埋まってしまう。一歩一歩引き抜きながらの行軍だ。17時22分，ペティと呼ばれるキャンプ地に着く。放棄されたバカ・ピグミーのモングル（ドーム型の家）がいくつかあるが，人はいない。カメルーン組3人は，そのモングルで寝ることにし，我々はそれぞれテントを張る。21時すぎ，水を汲んできてもらい，肉とフフ（キャッサバの練り粥）を料理してもらう。ツリーハイラックスだろうか，森から寂しげな鳴き声が聞こえる。

　12月11日，8時前，道案内を頼んでいたガト村のシェフ（村長）が来てくれる。肉とフフで朝食。8時37分，出発。

図3　川を渡る

　9時39分，小川を渡渉。渡ったすぐあとに，狩猟キャンプの跡を見る。このあたりも，定住村はなくとも，こういった小規模なキャンプは点々と存在しているのだ。その後12時前まで，いくつかの小川を渡る。相変わらず泥田のなかの，苦しい行軍。11時50分，ベンバ（*Gilbertiodendron dewevrei*）の乾いた純林を抜けると，「もう（エコックは）始まっている」とアドリアン。眼前に，巨大な黒い高まりが見えてくる。山だ，エコックはやはり。

　登り口のすぐ手前で，安岡君がついてきていないことに気づく。後ろを歩いていると思っていたのだが，それはサムソンとノラのふたりだったのだ。うかつだった。「安岡〜」「安岡さ〜ん」（by服部）と何度か呼んでみるが，答えはない。サムソンらがすぐ，「ヤソカ〜」「ヤソカ〜」

図4　エコックに登る

と叫びながら引き返す。待つしかないので，服部さんと座りこんでいると，12時22分，安岡君やってくる。はぐれたと分かると，冷静に立ち止まっていたそうだ。

　エコックの斜面を登り始める (図4)。近づいてみると，山というよりは，半球形の岩のドームだ。粘度の高い溶岩が凝固したようで，草もほとんど生えてない。異星の表面のような，奇妙な光景。最初は急な斜面で，上に近づくほどゆるやかになる。転げ落ちないように，しかし早足で登る。

　頂上に立つと，むこう側はかなり広く平らになっている。熱帯林の樹冠を完全に越しているから，高さは80mほどもあるだろうか (図5)。なぜこんな場所に，こんな岩が突きだしているのだろう。地質学的には説明がつくのだろうが，誰か調べた人はいるのだろうか。飛行機が下を飛ぶには少し低すぎるが，しかしカメルーンの森が遥かに見渡せる。あとで合成するつもりで，360度の写真を撮る。交通の便が良ければ，けっこうな観光名所になっているだろう。キャッチフレーズはさしずめ，「カメルーンのエアーズロック」か。

図5　頂上からの眺め

しかしいまこの眺めは，苦しい思いをして歩いてきた我々だけのものだ。

13時30分，バトン・ド・マニオクとオイルサーディンで昼食を取ったあと，出発。来た道をそのまま引き返す。靴は洗ってもまたすぐ泥に突っ込まないといけない。フィールドノートに記した，来たときの時刻を見つつ，あと何分で次の川，と計算する。前日泊まったペティに近づいた頃，ペースが急激に落ちてきた。服部さんの足取りが遅くなっているのだ。

16時55分，ペティ到着。腰を下ろして一休みすると，アドリアンが首をぐいと傾け，行こうと合図をする。服部さんは「アンポシーブル（不可能）」といって座り込んだままだ。けっきょく，この日はまたここ泊まりということにする。オイルサーディンとトマトを入れた米を炊く。うまいが私も疲れているのだろう，もう一つ食欲が分かない。9時前まで喋って寝る。

12月12日，4時半頃目が覚める。7時31分出発。レベ川を渡り，8時47分，ガト村に着く。途中，服部さんが靴擦れができて辛そうなので，持っていたゴムぞうりを貸す。アドリアンはガトで強い蒸留酒を手に入れて飲み始める。まだ歩かないといけないのに仕方のない奴だ。

11時4分，ズーラボット村着。安岡君は荷物を片づけて後から来るということ。ベック川を船で渡り，14時に四方さんの待つマレア村に帰着する。彼女はにこにこ笑いながら，おにぎりとドライカレーを出してくれた。

（このエッセイは2005年にカメルーン・フィールドステーションのホームページに書いた文章を元にしている。登場する人の所属等は当時のものである。）

第Ⅳ部

森でとる

安岡宏和

第14章

バカ・ピグミーの狩猟実践
── 罠猟の普及とブッシュミート交易の拡大のなかで ──

14-1 ▶ 森林伐採・ブッシュミート交易・国立公園

　世界で二番目に大きな熱帯雨林ブロックが残っている中部アフリカの衛星写真を見ると，森林の景観として似つかわしくない褐色の直線が深緑色の森林のなかを縦横に走っている様子を確認することができる。褐色の直線は，伐りだした材木を搬出するための伐採道路である。この地域では特定の樹種を選択して伐採しており，面としての森林景観は維持されている一方で，森の奥深いところにまで伐採道路が入りこんでいるのである。この道路をつたって野生動物の狩猟やその肉の交易をなりわいとするハンターや商人が進入してくる。その結果，森林景観は維持されているにもかかわらず動物がいない，という森林の空洞化 (the empty forest syndrome, Redford 1992) が生じることになる。

　このようにして交易される野生動物の肉は，特にアフリカの森林地域ではブッシュミート (bushmeat) と呼ばれている。熱帯雨林の保全は，人類が総力を挙げてとりくまねばならない環境問題の一つとして認識されるようになってひさしいが，近年では森林そのものの破壊に加えて，ブッシュミートをめぐる問題が大きくとりあげられるようになっている。その背景の一つには，熱帯雨林における希少動物の保護や生物多様性の保全といった人類にとっての普遍的価値を，ブッシュミート交易が脅かしているという認識を先進国の人びとが抱いていることがある (市川 2008)。それだけではなく，ブッシュミート交易の拡大が住民の生活に対して重大な影響を及ぼす可能性も指摘されている。アフリカの熱帯雨林地域では，歴史的に人びとのタンパク源として野生動物の肉が重要な役割を果たしてきた。そのため，過剰な狩猟による野生動物の減少が，人びとのタンパク質摂取量の不足，そして栄養状態の悪化につながることが危惧されている (Wilkie & Carpenter 1999; Brown &

Davies 2007; 市川 2008)。

　こうしたなか，中部アフリカの熱帯雨林地域を対象として，ブッシュミート問題に関する研究が増加している。しかし，その関心は当該地域における狩猟のサステイナビリティ（sustainability，持続可能性）を検証し，ブッシュミートの枯渇をふせぐにはどのような資源管理が必要か，といった点に集中しており，脈々と営まれてきた人びとの生活のなかに，ブッシュミート交易がどのように嵌入してきたのか，それが人びとによってどのように経験されたのか，という点について言及されることはほとんどない。

　生活全体を視野にいれながら人びとの狩猟実践を把握することは，ブッシュミート交易そのものだけでなく，しばしばそれと並行して人びとのまえに現れてくる自然保護プロジェクトがはらむ問題点を理解するうえでも重要である。近年では，問答無用で現地の人びとを保護区からしめだすような計画は過去のものとなりつつあり，人びとの生活や文化と自然保護とは両立すべきだという考えが，立場によって比重のおき方にちがいがあるにせよ共通の認識となっている。しかし，それにもかかわらず，多くの自然保護プロジェクトは，人びとの生活の実態を十分に把握したうえで立案されているとはいえず，かれらにとって不当であると受けとられる形で森林資源の利用が規制されているのが実情である（服部 2004，『社会誌』第10章）。

　このような事態が生じる背景には，その土地に住んでいる人びとが，いつ，どこで，どのような森林資源を利用しているのか，ということに関する情報が決定的に不足しているという，単純な事実がある。国立公園などの保護区を設立するにあたって動植物に関する調査はそれなりに労力をかけて実施されるのに対して，その地域の人びとが森林資源をどのように利用しているのかということについては，とおりいっぺんの聞き取り調査がアリバイ的に行われるだけである。

　本章の舞台であるカメルーン東南部の熱帯雨林地域でも，それは同様である（市川 2002；服部 2004，『社会誌』第10章）。1990年代から商業伐採が拡大し，道路網が拡張するとともに，ブッシュミート交易をなりわいとする商人やハンターが森の奥の村々にやってくるようになった。その過程で，土地勘があり，狩猟の技能にひいでたバカ・ピグミーのハンターたちは交易ネットワークの末端に組みこまれた。それと並行して，WWF（世界自然保護基金）の主導のもとで自然保護プロジェクトが進められ，今世紀に入ってカメルーン東南部には三つの国立公園（ロベケ，ブンバ・ベック，ンキ）が設立された。本章では，このようなインフラストラクチャーの整備や自然資源利用をめぐる法制度の変化にさらされながらバカが実践している狩猟活動の実態を，できるだけ定量的に記述することを目的とする。そのさいに，伝統的な槍猟から鋼鉄製のワイヤーを用いた跳ね罠猟へ，という猟法の変化にも目を配りながら，ピグミー系狩猟採集民のなかでのバカの狩猟の特徴的な点について検討を加えたい。

本章でとりあげる地域は，ンキ国立公園の北辺に隣接するズーラボット・アンシアン村（以下Z村）である。もとになったフィールドワークは，主として2001年から2003年にかけて21か月間にわたって実施した。2005年と2008年に短期間再訪したさいの観察もまじえている。Z村は，150-200kmほど間隔をあけてカメルーン東南部の森林地域を南北に走る二つの幹線道路の中間に位置しており，カメルーン東南部のなかで，最も交通の便が悪い場所の一つである。村の人口は，2003年現在，バカが144人，その他に焼畑農耕を主たる生業としている農耕民コナベンベが11人であった。カメルーン東南部の一般的な村ではバカと農耕民の人口は同程度か，農耕民の方が多いが，Z村の農耕民は1970年代から交通の便のよい地域に移住してしまったため，現在は「バカの村」といってよい様相を呈している。

14-2 ▶ バカの狩猟

狩猟の方法と対象

　Z村に3人いる50代の男性のひとりM氏は，狩猟の名手であると皆に認められている。狩猟の名手であることによって，Z村のバカのあいだでM氏が特別な待遇を受けることはないが，農耕民や商人から一目置かれていることもあって，バカ以外の人びととの対応にさいしてZ村のバカを代表するような立場にたつことが多い。
　M氏によれば，かれの祖父の時代（20世紀初頭から前半）には，定住的な集落をもたずに森のなかで遊動的な生活をおくっており，槍のみを用いて狩猟をしていたという。クロスボウは，かれの父親が若いころ（20世紀前半）までは使用していたが，現在Z村には1個しかなく，クロスボウをつくる人はいない。かつてコナベンベが網猟をしていたという話を，かれは父親から聞いたことがあるという。しかし，かれ自身は網猟を見たことはなく，少なくともZ村の近隣に住むバカが網猟をしていたという話は聞いたことがないという。弓矢は，子供がつくって遊ぶことはあるが，大人が狩猟につかうことはない。落とし穴猟は，コナベンベがかつてしていたが，バカはしない。M氏の話はZ村近辺の事情にかぎられているが，バカの伝統的な主たる猟法が槍猟であったことは，別の地域において実施された先行研究においても指摘されている（佐藤1991; Hewlett 1996）。
　表14-1に，2002年と2005年に実施されたモロンゴと呼ばれる長期かつ大規模な狩猟採集生活のなかで捕殺された動物を，猟法ごとに記してある。モロンゴでは，野生ヤムが豊富な地域へ向けて移動する期間（遊動期）と，そこに滞在している期間（逗留期）にわけることができる（安岡 本書第8章; Yasuoka 2006a, 2009a）。二つの

表 14-1　2002年および2005年のモロンゴにおける動物（哺乳類・爬虫類）の捕殺数と重量 (kg)

バカ語名	ラテン名	和名	2002年のモロンゴ					2005年のモロンゴ				
			遊動期 (23日)		逗留期 (50日)		捕獲総重量	遊動期 (15日)		逗留期 (17日)		捕獲総重量
			槍	その他	跳ね罠	その他	(kg)	槍	その他	跳ね罠	その他	(kg)
mbóke	*Atherurus africanus*	ブサオヤマアラシ	1				2.8				1 (槍)	1.8
pàmè	*Potamochoerus porcus*	カワイノシシ	4		3		226.2	4		2		129.0
'akàb/gɛkɛ	*Hyemoschus aquaticus*	ミズマメジカ			2		24.2			6		62.1
dèngbè	*Cephalophus monticola*	ブルーダイカー		1 (手)	2		7.9			1		4.0
gèndi	*C. callipygus*	ピーターズダイカー			38		619.4		1 (手)	12		175.8
ngbmù	*C. dorsalis*	セスジダイカー		1 (手)	21		336.1		1 (手)	8		132.3
mòngala/miè	*C. leucogaster*	ハラジロダイカー			5		68.0					
mònjumbe	*C. nigrifrons*	スクロダイカー			1		13.0					
bèmbà	*C. silvicultor*	コシキダイカー			9	1 (槍)	351.9	1		5		195.8
mbàngɔ̀	*Tragelaphus euryceros*	ボンゴ			2		143.6					
mbɔ̀k	*Syncerus caffer*	アカスイギュウ			1		141.7					
kelepa	*Smutsia gigantea*	オオセンザンコウ			1		26.7					
kokolo	*Phataginus tricuspis*	キノボリセンザンコウ		1 (手)			1.4					
yà	*Loxodonta africana cyclotis*	マルミミゾウ		1 (銃)			777.5					
buse	*Badeogale nigripes*	クロアシマングース						1				4.3
nganda	*Herpestes naso*	クチナガマングース	1				3.0	1		1		4.8
ebie	*Felis aurata*	アフリカゴールデンキャット			2		14.4					
sùa	*Panthera pardus*	ヒョウ			1		25.1					
sèkò	*Pan troglodytes*	ナミチンパンジー			3		93.0					
mbùmà	*Bitis gabonica*	ガボンバイパー				1 (槍)	2.6					
meké	*Python sebae*	アフリカニシキヘビ				1 (槍)	35.4					
mbambè	*Varanus niloticus*	ナイルオオトカゲ				1 (槍)	4.5					
mokòakele	*Osteolaemus tetraspis*	コビトワニ	1	1 (山刀)			9.6				1 (山刀)	1.6
kunda	*Kinixys erosa*?	セオレガメ		1 (手)			3.4				3 (手)	6.0
lende	?	ミズガメ		1 (手)			1.5				1 (手)	1.0
計			7	7	91	5	2932.9	7	2	35	6	718.3

注：2002年のモロンゴについては全期間にあたる73日間（2月17日–4月27日）、2005年のモロンゴについては全行程42日中32日間（2月24日–3月27日）のデータである。捕獲重量としては原則として体重を計量したが、マルミミゾウのみ、切りだした肉片のうちバカが手にした分（およそ半分）を計量した。表記したもの以外にレッドダイカー第5頭とコシキダイカー1頭が捕獲されたが発見が遅れたため腐敗していたため放棄した。安岡（2004: 64）には、ここにしめしたもの以外に逗留期キャンプの近くで漁労をおこなっていた農耕民に依頼した銃猟の成果であるホオジロマンガベイ（*Lophocebus albigena*）1頭とボンゴ1頭を記している。

期間における居住形態のちがいは，狩猟の方法にも大きく影響しており，遊動期には槍猟が，逗留期には罠猟が主たる猟法となる。以下では，これら二つの狩猟のやり方と，対象となる動物について説明する。

槍猟 ── 伝統的な猟法

　槍を用いたバカの狩猟行は，大きく二つのタイプにわけることができる。一つ目は，特に狩猟に目的を限定せず，蜂蜜などを探しながら森を探索しているときや，キャンプの移動の最中に動物の痕跡を見つけたときに，それを追跡して仕留める狩猟行である。これはバカ語でセンドと呼ばれる。表14-1をみると2回のモロンゴで19頭の動物が槍によって捕殺されており，そのうちカワイノシシが8頭で最も多いことが分かる。カワイノシシは，1頭が20-50kg程度なので，槍による一撃で致命傷を与えることができる（図14-1）。また，群れで行動するため，単独や番(つがい)で行動するダイカー類などと比べて，痕跡を発見し，追跡することが容易である。かれらはときおりダイカー類を槍で捕殺することがあるが，それはダイカーそのものを見つけたさいに，とっさに投槍して仕留めるといった場合である。カワイノシシの真新しい糞を見つけた場合，バカはその主を追跡するのに対して，ダイカー類のものを発見しても追跡することはない。猟犬がいれば，倒木の陰にかくれているフサオヤマアラシやマングースなどを追いたてさせ，出てきたところを槍で仕留める，という狩猟が行われることもある。

　槍猟の成功率は高いとはいえないが，人数が多い場合には，それほど悪くない。筆者が同行した14例のセンドのうち，ハンターの数が3人以下だった4例は，全て失敗した。一方，ハンターが4人以上であった10例のうち，カワイノシシに遭遇した6例中5例は成功した。そのうち2例では，一度に2頭を仕留めた。またその10例のうち，アカスイギュウに遭遇した2例中1例は成功した。このときは逃げるアカスイギュウを猟犬が追いかけて後足に噛みつき，そこに追いついたバカが腹に槍を突き刺した。10例のうち他の2例はチンパンジーの群れに遭遇したものであるが，ともに失敗した。

　狩猟行のもう一つのタイプは，男のみからなる狩猟団を結成して，1週間程度，動物を探索するもので，バカ語でマカと呼ばれる。ただ，狩猟を第一の目的とするといっても，他の活動を排除するわけではない。動物を探索したり，痕跡を追跡したりしている最中にさえ，バカたちは頻繁に樹上を見あげ，蜂蜜を探す。狩猟が不首尾に終われば，蜂蜜採集行であったとでもいうべき様相を呈することになる。マカの参加人数は，数人のときもあれば，20人をこえることもある。槍をもって狩猟に参加するのは10代後半からであるが，それに満たない少年がマカに同行することも多く，少年期から森での生活や狩猟に親しむ機会となっている。ただ今日で

図 14-1　槍で仕留められたカワイノシシ

は，槍のみを用いたマカが実施されることは稀で，多くの場合，村外から象牙を目当てにやってきた商人などから銃を委託されて行われる。とはいえ銃を委託されるのはひとりであり，その他の参加者は，マカの最中にカワイノシシやアカスイギュウなどと遭遇すると，槍でもって狩猟を行うことになる。こうした個別の追跡行がセンドである。

　バカの狩猟において，槍猟が重要な意味をもっていることを示すものとして，槍猟の主たる獲物であるカワイノシシないしゾウが倒されたときに，一の槍を与えたハンターとかれの年長親族はその肉を食べられない，という食物規制を挙げることができる（佐藤 1993）。もしこの規制を破ると，そのハンターは二度とその動物を倒すことができなくなるといわれている。カワイノシシの場合は，ある程度の数を仕留めると，この規制は解かれるが（10代後半くらいに，食べるかどうかを自分で決断する），ゾウの場合は，一生のあいだ厳格にこの規制が適用される。この規制が科せられるのは槍によって捕殺された場合にかぎらないが，カワイノシシは罠よりも槍によって捕殺されることが多いし，ゾウも銃が普及する以前には槍によって仕留められていた。したがって，この規制は槍猟と深く関連していることは間違いなく，槍猟はバカの狩猟に関わる文化の核心に位置づけられてきたといえる。

罠猟 ── 近年の主要な猟法

　伝統的にバカは槍猟によって動物を仕留めてきたとはいえ，今日では獲物の大半は，罠猟によるものである。仕掛けられるのは，跳ね罠である。動物が穴を踏みぬくと，しならせて固定していた棹が跳ねあがり，棹の先にとりつけられていたワイヤーが踏みぬいた足にくいこみつつ，勢いよく獲物の身体をひっぱりあげる。罠猟は，罠を仕掛けてから獲物を仕留めるまで時間がかかるし，一度仕掛けてしまえば継続的に獲物が得られるので，長期間同じ場所に滞在するほうがよい。モロンゴの場合には，野生ヤムがたくさん生育しており長期間滞在できる地域に到着してから，罠猟が始められた。2回のモロンゴで捕殺された160頭の獲物のうち，126頭が罠猟によるものであった（表14-1）。そのなかでもレッドダイカー類（ピーターズダイカー，セスジダイカー，ハラジロダイカー，スグロダイカー）があわせて84頭と最も多く，全体の80％近くを占めている。レッドダイカー類とは，ウシ科ダイカー亜科の動物のうち，褐色の毛に覆われ，体重15－20kg程度の中型のものである。今日のバカの狩猟は，獲物の数の観点からいえば，罠猟によるレッドダイカー類の捕殺に特徴づけられているといってよいだろう。

　罠猟はモロンゴの逗留キャンプだけではなく，村から10－20kmほど離れた地域に設けられたキャンプでも行われる。この程度の距離であれば1日で村まで往復することができるため，栽培しているバナナや，商人から買ったキャッサバ粉をキャンプにもちかえることができる。Z村には，村から南方に森へ入る大きなルートがいくつかあり，さらにそれから枝分かれした数多くの小道がある。罠猟キャンプは，これらの小道の脇に設けられる。調査期間中に設けられた45か所の罠猟キャンプの世帯数の平均サイズは2.4世帯（10人程度。なおバカの生計単位は核家族である）で，最も大きなキャンプでも5世帯であった。キャンプに同居するのは，父と息子の関係にある世帯や，夫が兄弟どうしの世帯であることが多いが，妻が姉妹どうしの世帯で罠猟キャンプが構成されることも少なくない。一つのキャンプを設けてから村に帰るまでの平均滞在日数は58日であった（正確な日数が分かった17例）。キャンプを引き払うときに罠を残したままにしておき，村を生活の拠点にしながら猟を続けることもある。罠猟キャンプを設ける場所については，それぞれに好みがあるようだが，親族集団などと関係づけられた排他的なテリトリーはない。

　キャンプ地が決まると，まず女たちが細い木々を組んでドーム状の枠組をつくり，そこにクズウコン科の植物の大きな葉をひっかけて屋根を葺く。近くにラフィアヤシが群生していれば，男たちが数日をかけてラフィアヤシの葉を編んで，屋根葺きや壁に用いる莚（むしろ）をつくり，より堅固な方形の小屋を建てる。ラフィアヤシの葉軸でベッドをつくることもある。キャンプについた翌日からは，1日に10個くらいずつ罠を仕掛け始める。2日ほど続けて罠を仕掛けると，次の日は蜂蜜を探しに出か

図 14-2 罠にかかったミズマメジカ。レッドダイカー類より少し小さめ (10kg 程度) の動物である。

けたりする。罠はけもの道にそって10-30mおきに仕掛けられることが多いが，3個ほど近接して仕掛けられたり，わき道に仕掛けられたりすることもある。複数の世帯がキャンプに滞在しているときは，親子や兄弟で一組になってキャンプから放射状にルートを設ける。50個程度の罠を仕掛ける場合，ルートの長さはキャンプから2kmくらいである。手持ちの罠を仕掛けてしまうと，頃あいをみて獲物がまったくかからない罠をとり外して，別のルートに仕掛け直したりするなどの微調整を行う。罠にかかった動物はその日か翌日のうちに死んでしまい，2日もたてば体中がウジだらけになる。したがって，全ての獲物を損なわずに回収するには，最低でも3日に一度，罠を巡回して獲物を確保する必要がある。

今日，バカのあいだに広く罠猟が普及している背景の一つには，数十年前から鋼鉄製のワイヤーが手に入るようになったことがある。以前には植物性の繊維を利用して罠をつくっていたというが，ワイヤーの導入によって捕殺率が上昇したことは間違いないだろう。しかし，バカのあいだに罠猟が普及したのは，そのような外部要因だけによるものではない。次節ではこの点について検討する。

14-3 ▶ 罠猟が普及した生態的要因

ピグミー系狩猟採集民における猟法の多様性

興味深いことに，コンゴ盆地の熱帯雨林に住んでいるピグミー系狩猟採集民のあいだでは，主たる猟法に大きな変異がある。研究の蓄積のある四つのグループについて見ると，コンゴ盆地北東部に住んでいるムブティは網猟（Harako 1976; Tanno 1976; 市川 1982），エフェは弓矢猟（Harako 1976; Terashima 1983）を採用しており，コンゴ盆地北西部に住んでいるアカは網猟（竹内 1995），バカは槍猟（佐藤 1991）を採用してきた。もちろん槍は，最もシンプルな武器であり，バカ以外のピグミーも槍を携えて森を歩き，機会があれば槍猟を行う。しかし，たとえばムブティの槍猟は，少数の狩りの熟練者が大型哺乳類を狙うものが中心であり，そのため原子令三は，ムブティの狩猟のなかで槍猟を特別な意味をもつ猟法として位置づけている（Harako 1976）。原子のこの指摘は，上述したマカに該当するだろうが，バカの槍猟は，カワイノシシを主たる獲物としてセンドのような形で随時行われ，もっと日常的な営みだといえる。ここではまず，バカの猟法選択の要因を検討するための補助線として，コンゴ盆地北東部のイトゥリの森に近接して住んでいるムブティとエフェの猟法の変異をめぐって展開してきた議論をレビューしておきたい。

ピグミー系狩猟採集民の狩猟活動について初めて詳細に記述した原子は，ムブティの網猟とエフェの弓矢猟が，ともに森林棲のダイカー類を対象としており，茂

みに潜んでいる獲物を包囲網に追いたてるという共通の構造をもっていると指摘している (Harako 1976)。両者の差異は，包囲網が網であるか，弓矢をもった射手であるかのちがいでしかない，というわけである。それをふまえて原子は，網猟の起源について以下のように推論した。もともとイトゥリの森に住んでいたピグミー系の人びとは，弓矢猟をしていた。そこに網猟をするバントゥー系の農耕民がやってきた。網猟は弓矢猟よりも効率がよいため，バントゥー系の農耕民と交流をもち始めたムブティのあいだに網猟が広く普及した。その過程で，網猟には勢子として女性が参加するようになったことで，炭水化物系食物の採集に割く女性の労働力が減少した。そのため，ムブティと農耕民との共生関係は，肉と農作物との交換を通してより強固なものになった。一方，網猟をしないスーダン系の農耕民と交流をもっているエフェは弓矢猟を継続しており，農耕民とエフェとのあいだでなされる肉と農作物の交換は相対的に少ない。

　ムブティとエフェの猟法のちがいに関しては，この他にもいくつかの仮説が提出されたが，原子のものも含めて初期の仮説には，ある先入観があった。それは，網猟の方が弓矢猟よりも効率がよいというものである。ところが，その後の生態人類学的研究の進展によって，労働投入量（人・時間）当たりの効率には，両者にほとんど差がないことが明らかになった (Ichikawa 1983; Terashima 1983; Bailey & Aunger 1989)。たしかに時間当たりの収穫は，網猟の方が多い。しかし，勢子として参加する女性の人数を考えると，網猟の効率がよいとはいえないのである。

　狩猟効率ではないとすれば，両者の猟法の選択に影響を及ぼす要因は何だろうか。R. C. ベイリーと R. アンジェは，狩猟そのものの効率だけでなく，女性の労働力を狩猟にまわすか，農耕民への労働提供へまわすか，どちらの方が農作物を得るのに効果的かという点に注目すべきだと主張した。実際に農作物との交換レートを比較すると，肉が高い価値をもつのはムブティの住む地域であり，労働提供が高い価値をもつのはエフェの住む地域であった (Bailey & Aunger 1989)。そのため，ムブティの女性は網猟に参加し，そこで獲れた肉と交換することで農作物を手に入れ，エフェの女性は狩猟には参加せず，農耕民の畑仕事を手伝った対価として農作物を手に入れる，といった戦略のちがいが生じることになる。ベイリーらは，このような地域差の背景には，人口集中地からの距離が関係しているのではないかと指摘している。ムブティの住む地域は，人口集中地に近く，商人も頻繁に訪れるため，肉の価値が高くなる。また，農作物以外にも現金収入源が多様であるため，畑の大きさは最小限でよい。一方，エフェの住む地域は，人口集中地から遠いため，商人の往来が少ない。農耕民にとっての現金収入源は農作物にかぎられており，できるだけ大きな畑をつくるためにはエフェの労働力を要する，というわけである (Bailey & Aunger 1989)。

　ただし，ベイリーらも自ら指摘しているように，女性の労働力に対するインセン

ティブのちがいは，ムブティのあいだにのみ網猟が普及し，エフェのあいだではまったく普及していない理由を説明するわけではない。なぜなら，女性の労働力がなくても，男性のみで網猟をすることはできるからである。それにもかかわらず，主たる猟法が明瞭に区分されている背景には，原子が指摘した，網の入手可能性の問題があるのではないかと，ベイリーらはいう (Bailey & Aunger 1989)。ひとりがもっている平均的な 60m 程度の網をつくるにためは 300 人・時間に相当する労働投入が必要とされる。しかし，ムブティにしろ，エフェにしろ，網を一つも所有していない集団において，そのような面倒な作業に全員が一致してとりかかることは，とうてい起こりそうもない。ただし，農耕民からあらかじめ網をわたされていれば話は別である。ムブティは網猟を行うバントゥー系農耕民と交流をもつ過程で，農耕民から網猟を依頼されるようになり，当初は猟が終わるたびに獲物の一部と共に農耕民に網を返却していたのであろうが，次第に自分たちで網を管理するようになった。こうして，ムブティのあいだに網猟が定着していったのではないか，とベイリーらは推測している。原子の推論とのちがいは，狩猟効率よりも，農耕民との分業的関係の構築の方を強調している点にある[1]。

交流をもってきた農耕民から網を供給されるかどうかが，ピグミー諸集団への網猟の普及に関与したことは，コンゴ盆地北西部に住んでいるアカとバカの例からも見てとれる。網猟をするアカはバントゥー系の言語を話し，網猟をしないバカはアダマワ・ウバンギ系の言語を話す (寺嶋 本書第 9 章)。このことは，アカはバントゥー系の農耕民と長く交流をもってきたこと，バカはアダマワ・ウバンギ系の農耕民と長く交流をもってきたことを示している。そして，コンゴ盆地の熱帯雨林地域に住んでいるバントゥー系農耕民のあいだには網猟が広く見られ，盆地北縁に住むアダマワ・ウバンギ系の農耕民はほとんど網猟を行わないのである (Hewlett 1996)。

ただし，バカに関していえば，農耕民との関係はそう単純ではない。バカはたしかにアダマワ・ウバンギ系の言語を話すけれども，現在カメルーン東南部で交流をもっている農耕民のほとんどはバントゥー系であり，少なくともそのうちのいくつかの農耕民は網猟を行うという記録がある (Hewlett 1996)。また，アカの居住地域に近いコンゴ北部のサンガ川近隣に住んでいる一部のバカは，かつて網猟をしていたという報告もあるし (Bahuchet 1993)，Z 村でも農耕民がかつて網猟をしていたという話が伝わっている。このようにバカが網猟を受容する機会がなかったわけではないのに，どうしてバカのあいだには網猟がほとんど普及していないのだろうか。近年の罠猟の積極的な導入を考えても，伝統的な槍猟へのこだわりといった文化的な嗜好性のみによって，バカが網猟を拒否したとは考えにくい。

---

[1] その背景には，そもそもピグミーは農耕民の存在を前提として熱帯雨林のなかで生活できるようになったのではないか，というベイリーらの持論がある (安岡 本書第 2 章)。

動物個体群の構成と罠猟の普及

　原子は，ムブティは伝説的にいわれてきたような「エレファント・ハンター」ではなく，「ダイカー・ハンター」であると指摘した (Harako 1976)。陸上最大の哺乳類であるゾウに槍一本でたちむかう小柄なピグミーのハンターという表象はたしかに印象的ではあるものの，かれらの日常の食生活に寄与しているのは，あくまでも小型のダイカー類である。表14-1で示したように，それはバカについても同じである。ところが，ムブティが網猟によって捕殺するダイカーと，バカが罠猟によって捕殺するダイカーには，興味深い相違点がある。ムブティやアカによる網猟では捕殺総数のうち 52-96％がブルーダイカーであるのに対して，一部のアカや，バカ，およびカメルーンの農耕民による罠猟ではレッドダイカー類の方が多く捕殺されている[2] (表14-2)。すなわち，網猟を主とするムブティらは「ブルーダイカー・ハンター」であり，罠猟を主とするバカらは「レッドダイカー・ハンター」であるといえるほどに，両者の獲物はちがっているのである。

　ブルーダイカーとレッドダイカー類のちがいは体の大きさにある[3]。ブルーダイカーの体重は 5kg 程度で，レッドダイカー類は 15-20kg 程度である。表14-2のなかで，中央アフリカ共和国のザンガ・サンガ地域で両方の猟法によって捕殺された動物数を記載している A. J. ノスの研究に注目すると，網猟ではブルーダイカーとレッドダイカー類の捕殺数の比はおよそ 7：1 であるのに対して，罠猟ではほぼ 1：1 である。つまりレッドダイカー類は，網猟よりも罠猟による方が，捕らえやすいということである。その理由はいくつか考えられる。体の大きいレッドダイカー類は網を破って逃げやすいこと，またレッドダイカー類の方が体重が重いぶん，ワイヤーが足をきつく締めつけるということもあるだろう。

　網猟と罠猟とで獲物の構成にこれほど相違があるならば，地域における動物個体群の構成，すなわちブルーダイカーとレッドダイカー類のどちらが多いかということが，猟法選択を決定づける要因になっても不思議ではない。実際，網猟をするムブティが住んでいるイトゥリやアカが住んでいるザンガ・サンガでは，ブルーダイカーの生息密度が 11.7-20.4 頭/km^2 であるのに対して，レッドダイカー類は

---

2) 表14-2において，ンドンゴにおけるバカの罠猟 (Hayashi 2008) やカメルーン南部州の農耕民バイによる罠猟 (森 1994) では，獲物におけるブルーダイカーの割合が高くなっている。これは，狩猟圧の高い状態が継続している地域では，小型で，相対的に繁殖力が強いブルーダイカーの個体数が多くなるからだと考えられる。たとえばンドンゴ地域では，ダイカー類の生息密度が極端に小さいことからも，狩猟圧が高いことは明らかである (Ekobo 1998，表 14-3)。

3) 罠に用いる鋼鉄製のワイヤーは，購入した新品のものを，6本の細いワイヤーにほどくことができる。レッドダイカー類を狙う場合には，ワイヤーを3本ずつの2組にほどいて使用し，ブルーダイカーを狙う場合には，1本ずつ6組にほどいて使用する。Z村のバカは，ほとんどの罠において3本ずつにほどいたワイヤーを使用していたことから，意図的にレッドダイカー類を狙っていることが分かる。

表 14-2　コンゴ盆地各地の網猟と罠猟による捕殺数におけるダイカー類の割合

猟法	民族	国／地域	ブルーダイカー 捕殺数	ブルーダイカー 比率	レッドダイカー類 捕殺数	レッドダイカー類 比率	総捕殺数	出典
網猟	ムブティ	DRC／イトゥリ	**42**	[78%]	11	[20%]	54	Harako 1976
	ムブティ	DRC／イトゥリ	**66**	[52%]	39	[31%]	126	Tanno 1976
	ムブティ	DRC／イトゥリ	**98**	[69%]	25	[18%]	142	Ichikawa 1983
	ムブティ	DRC／イトゥリ南部	*	[76%]	*	[24%]	*	Hart 2000
	ムブティ	DRC／イトゥリ中央部	*	[67%]	*	[32%]	*	Hart 2000
	アカ	コンゴ／モタバ	**23**	[96%]	1	[4%]	24	Kitanishi 1995
	アカ	コンゴ／イベンガ	**112**	[69%]	46	[28%]	162	竹内 1995
	アカ	CAR／ザンガ・サンガ	**440**	[75%]	64	[11%]	589	Noss 2000
罠猟	バヤ（農耕民）	CAR／ザンガ・サンガ	38	[31%]	**45**	[36%]	124	Noss 2000
	アカ	コンゴ／モタバ	4	[10%]	**18**	[46%]	39	Kitanishi 1995
	バカ	カメルーン／ズーラボット	37	[5%]	**574**	[73%]	782	Yasuoka 2006b
	バカ	カメルーン／マレア	24	[10%]	**135**	[59%]	229	服部 2008
	バカ	カメルーン／ンドンゴ	**48**	[40%]	45	[38%]	120	Hayashi 2008
	バイ（農耕民）	カメルーン／南部州	14	[38%]	**16**	[43%]	37	岩本 1990
	バイ（農耕民）	カメルーン／南部州	**60**	[47%]	29	[23%]	127	森 1994

注：捕獲数については，他方より大きい数値のほうを太字で示してある．DRC はコンゴ民主共和国，CAR は中央アフリカ共和国．総捕殺数には，ダイカー類以外の動物も含む．なお Hart (2000) には，実際に観察した捕殺数は掲載されていない．

3.0-3.9 頭／km^2 となっており，ブルーダイカーの方が多い（表 14-3）。一方，罠猟をするバカが住んでいるカメルーンでは，レッドダイカー類の生息密度が 1.3-20 頭／km^2，ブルーダイカーは 0-7.4 頭／km^2 となっており，レッドダイカー類の方が多い（表 14-3）。つまり両者のあいだで，ブルーダイカーとレッドダイカー類の生息密度の大小が逆転しており，網猟を行うムブティやアカが住んでいる地域ではブルーダイカーの生息密度が大きく，罠猟を行うバカが住んでいる地域ではレッドダイカー類の生息密度が大きいのである。明確な因果関係を実証するためにはさらに精緻で広範囲における比較が必要であるが，ブルーダイカーの多い地域では網猟が採用されやすく，レッドダイカー類が多い地域では罠猟が採用されやすい，という傾向があることは間違いないだろう。

　ここまで罠猟と網猟とを対比してきた結果，バカの住んでいる地域では罠猟の方が動物個体群の構成に適合していることが示唆された。ただ，鋼鉄製のワイヤーが普及する以前には，バカは主として槍猟をしていたと考えられていることから，槍猟と網猟とを比較する必要もある。槍猟の主たる対象であるカワイノシシは，成長すると 50kg をこえることもある大きな動物であり，群れで行動する。したがって，まんべんなく分散して生活している小型の動物を狙う網猟の対象に，カワイノシシは入らない。つまり，ブルーダイカーを狙う網猟と，カワイノシシを狙う槍猟は，労働力の配分という点において完全にトレードオフの関係にある。もしバカが住んでいる地域ではカワイノシシの生息密度が他より高く，槍猟によって十分な猟果があるならば，たとえ近隣の農耕民が網猟をしていたとしても，バカが網猟を採用す

表 14-3 コンゴ盆地各地におけるブルーダイカーとレッドダイカー類の生息密度

国	地域	調査区の村からの距離	生息密度（頭/km²）		出典
			ブルーダイカー	レッドダイカー類	
DRC	イトゥリ南部	0–10 km	**6.9**	2.2	Hart 2000
		10 km–	**11.7**	3.9	
DRC	イトゥリ中央部	0–10 km	14.8	8.2	Hart 2000
		10 km–	**17.8**	**8.7**	
CAR	ザンガ・サンガ	0–5 km	10.7	2.7	Noss 2000
		5–10 km	14.8	2.4	
		10–15 km	**20.4**	**3.0**	
カメルーン	ロベケ	0–10 km	**3.6**	2.5	Fimbel et al. 2000
		10–20 km	2.3	5.5	
		20–30 km	1.4	6.3	
		30 km–	**3.8**	**15.1**	
カメルーン	ンゴイラ	5–40 km	7.4	**20.0**	Ekobo 1998
	ブンバ・ベック	10–50 km	3.7	**11.0**	
	ノース・ンキ	5–30 km	2.3	**10.0**	
	ンキ	5–50 km	0.1	**6.0**	
	コリドール	5–40 km	0.4	**5.3**	
	モルンドゥ・ミンボミンボ	5–20 km	**1.4**	1.3	
	ドンゴ・アジャラ	5–20 km	0	**0.8**	
カメルーン	コリドール	10–30 km	0.6	**8.0**	Yasuoka 2006b

注：太字の数字の方が高い生息密度を示している。DRC はコンゴ民主共和国，CAR は中央アフリカ共和国。Hart (2000) のレッドダイカー類の数値にはミズマメジカを含む。Hart (2000) と Ekobo (1998) のデータにおける調査区の村からの距離は，調査区が記された地図をもとに筆者が推定した。Ekobo (1998) の7つの調査区は隣接しており，そのうちブンバ・ベック，コリドール，ンキの区域は 2005 年にブンバ・ベック国立公園とンキ国立公園になった。

るとは考えにくいということである。ただし，この点については，比較可能なデータがなく，今後の課題である。

　上述したように，ピグミー系集団のあいだに見られる猟法のちがいを理解するためには，猟具の入手経路としての農耕民との関係や，カロリー源となる食物の入手も含めた生活全体における狩猟の位置づけを考える必要がある。実際，罠猟は定住的な生活様式とも適合しており，定住化が進んでいるだけでなく，森のキャンプでも1か所に2か月以上滞在することが多いバカにとって，受け入れやすい猟法だといえる[4]。それに加えて，罠猟は，罠を仕掛けたあとは，ほとんど手間がかからないため，網猟のように女性の労働力を動員する必要がないし，男性の労働力の配分

4） 農耕民が，手の込んだ多彩な罠をつくり，罠猟に強く依存しているのは，農耕のために移動が制限されることと，多大な労働力が必要となることによるものだとされている（Sato 1983; Takeda 1996）。

の点でも槍猟と併存可能である[5]。バカのあいだに罠猟が普及した背景としては，地域の動物個体群の構成が罠猟に適合していたと同時に，生活全般や労働の組織化への適合という側面においても困難がなかったことも重要な点であろう。そして，鋼鉄製のワイヤーが容易に手に入るようになったことが，決定的な契機になったのだと考えられる。

14-4 ▶ブッシュミート交易の拡大

伐採道路開通にともなう人の流入とブッシュミート交易の拡大

　生活全体のなかでの狩猟の位置づけを念頭において罠猟の特徴を考えたとき，最も重要なことは狩猟の規模を拡大するのが容易だということである。Z村はワイヤーを購入することができる町まで遠く離れており，商人の往来も限定的だったので，2001年にはバカのハンターはひとり20個程度のワイヤーしかもっていなかった。ところが，2002年4月に伐採道路が開通して状況が一変した。本節では，このときのZ村におけるブッシュミート交易の拡大の様子を記述する。

　カメルーン東南部では1990年代から商業伐採が拡大したが（市川 2002），幹線道路から遠く離れたZ村の周辺地域では，2001年になって伐採が行われた。伐採道路が開通する以前には，Z村はきわめて交通の便が悪く，ブンバ川から80km以上の道のりを徒歩でやってこなければならなかった。しかし伐採道路が開通すると，この地域の中心的な町であるヨカドゥマから，1日に数台の車が，ブッシュミート交易を行う商人や，かれらが村で販売するための物資，そしてハンターをのせてやってくるようになった。伐採と木材の搬出は2002年4月から7月にかけて行われた。伐採労働者が去ったあとの2002年8月から2003年8月のあいだに，Z村に1か月以上滞在して生活していた人びとは50人に及んだ（Yasuoka 2006b）。そのうち44人は伐採道路が開通したあとにZ村にやってきた人であった。44人のうち28人は，罠猟をするために大量のワイヤーをもってやってきた。そのうち漁具をもってきた4人は漁撈もしていた。当初から滞在していた6人も含めた50人のうち，この時期にライフル銃をもちこんで狩猟を行ったのは6人，散弾銃をもちこんだのは3人であった。地酒を売っていたのは11人で，そのうち10人はブッシュミートを買い

---

[5] アカの狩猟について研究した竹内潔は，アカが網猟の他に罠猟を積極的にしていることについて，ムブティと比べて農耕民とのあいだの食物交換関係が希薄なアカの社会では，女性が主食となる食物の調達に時間と労力を割く必要があり，そのため男女両性の多数の参加を要する網猟に常時専念することが難しく，そのかわりに男性のみで実施できる猟として罠猟が各種用意されるようになったのではないかと推論している（竹内 1995）。

集めていた。それまで40kmほど離れた村にしかなかったような小さな商店や露店を開いて，食料品や雑貨を売り始めた人は5人いた。

　罠猟をするためにやってきた外来のハンターは，長期滞在型の4人と短期滞在型の24人にわけられる。長期滞在型のハンターは流浪の末にZ村に流れついたとおぼしき人びとで，そのうちのふたりは，それぞれZ村のバカの女性，そして隣村のコナベンベの女性と結婚した。大勢を占める短期滞在型のハンターは，ヨカドゥマ近辺の村からやってきたコナベンベをはじめとする農耕民である。かれらは2月から5月まで，人によっては8月頃まで滞在していた。その期間は，乾季の畑の伐開の時期（12月–2月）とカカオ栽培の作業が忙しくなる時期（9月以降）の合間にあたる。外来のハンターは平均して5巻のワイヤーをもってきていた。レッドダイカー類を対象とする場合には1巻から30個の罠をつくることができるので，5巻で150個の罠を仕掛けることができる。Z村のバカの案内で森にキャンプをつくり，数か月間，罠猟をしたあと，案内を依頼したバカにワイヤーを残していくことも多い。

　ブッシュミートの交易を行う商人は，ハンターと比べて遠くからやってきた人が多い。1000km以上も離れたカメルーン西部の英語圏からやってきた人もいる。商人たちは，バカのハンターにワイヤーを与え，バカは1巻き当たり5–10個の燻製肉をわたす[6]。ワイヤーはバカのものになるが，その商人はワイヤーをわたしたバカとの取引を継続することができる[7]。

　主要な獲物であるレッドダイカー類は，頸部から上を切りおとして内臓がとりだされ，半身に切りわけられたあと，胴体に前後一対の肢を加えた部分（コテと呼ばれる）を一つの単位として，燻製にして売られる。頸部，頭部と内臓は自家消費される。交易の調査を実施した2003年3–8月の6か月のあいだに2817個のレッドダイカー類の燻製肉の取引が記録された（表14-4）。このうち1458個の燻製肉が外部からやってきたハンターによって売られたものであった。すなわち，半年間で1400頭のダイカーが捕殺され，700頭が外来のハンターによるものだったということである。レッドダイカー類以外には，オナガザル類やゾウの燻製肉も相当量が取引されている。サルは散弾銃で狩猟されたもので，ゾウはライフル銃で倒されたものである。ゾウの肉は，村に滞在している商人と取引されずに銃の所有者自身が町まで運ぶことも少なくないが，表14-4にはこのようにして輸送されたブッシュミートはカウントされていない。

　レッドダイカーの半身の燻製肉は，道路開通前から直後にかけては500CFAフラ

---

6) ヨカドゥマではワイヤー1巻は3000CFAフラン程度で売られている。なお1ユーロ＝655.957CFAフランの固定レートである。1ユーロ＝130円とすれば，5CFAフラン≒1円となる。

7) ある商人が，かれがワイヤーを提供したのではないバカから秘密裏に肉を買おうとしたことが表面化した場合，そのバカにワイヤーを渡した商人は，バカではなく買取をしようとした商人を責める例がみられた。すなわち，これはバカと商人との関係というよりも，商人間の紳士協定のようなものだと考えられる。

表14-4　Z村におけるブッシュミート交易の内容（2003年3-8月）

動物	交易された取引単位		月平均売上 (CFAフラン)	取引単位	単価 (CFAフラン)
	全期間	月平均			
レッドダイカー類	2,817	470	470,000	半身の燻製	1,000 (500–1,500)
大型哺乳類	711	119	178,500	切身の燻製	1,500 (1,000–2,000)
オナガザル類	115	19	57,500	個体	3,000
ブルーダイカー	42	7	10,500	個体	1,500
その他	77	13	84,000		
販売額計			800,500		

注：Z村に居住する農耕民コナベンベの調査助手を雇って，2003年3-8月のあいだに村にもちこまれたブッシュミートの種名と数，肉の所有者，狩猟した人，買った人を記録してもらった。レッドダイカー類は *C. callipygus*, *C. dorsalis*, *C. leucogaster*, *C. nigrifrons*。655.957 CFAフラン＝1ユーロで，5CFAフラン≒1円。

ンで取引されていたが，数か月たつと1500CFAフランにまで上昇した後，2003年には1000CFAフランにおちついた[8]。レッドダイカーの半身を1000CFAフランとして計算すると，ブッシュミート取引の活発化によって47万CFAフラン/月の売り上げがZ村にもたらされたことになる。その他のブッシュミートからの33万CFAフラン/月をあわせると，ブッシュミート交易によって，およそ80万CFAフラン/月がZ村にもたらされたことになる（表14-4）。

こうしたブッシュミート交易の活性化によって，ハンターひとり当たりの現金収入も増加した。バカのハンターは月当たり平均して19人が罠猟をしており，227個のブッシュミート（レッドダイカー類の半身の燻製）が売られた。外来のハンターは，平均して14人が罠猟を行い，243個のブッシュミートが売られた。バカによってひとり1月当たり6.0頭（＝227/2/19），外来のハンターによって8.7頭（＝243/2/14）のレッドダイカーが捕殺されたことになる。したがってハンターひとりが1か月に手にする現金は，バカでは1万2000CFAフラン，外来のハンターでは1万7400CFAフランになる（表14-5）。この地域での農耕民の畑でのバカの日雇い労賃が250CFAフラン程度，またカカオ栽培がさかんなカメルーン南部での3か月から4か月間のカカオ栽培作業の労賃が1万–5万CFAフラン（坂梨『社会誌』第8章）であることを考えると，捕殺した動物の頭部や頸部，内臓を食べたうえでこれだけの収入が得られるブッシュミート交易は，バカにとってはかなり魅力的な現金収入源といえる（そもそも，Z村ではカカオ栽培がないのだが）。もっとも，多様な現金収入源をもつ農耕民にとっては，農閑期の小遣い稼ぎとして位置づけるのが妥当であろう。

現金を得たバカは，まず布や食器などを買って妻にわたすことが多い。残りの大

---

8) ヨカドゥマでの売値は2000CFAフラン，北方の国境の町ガリゴンボでの売値は3000CFAフランであった。

表 14-5　Z村のブッシュミート交易におけるバカと外来ハンターの比較（2003年3-8月）

	バカ	外来ハンター
月平均の活動ハンター数	19	14
月当たりの獣肉販売数	227	243
ハンター当たりの捕殺数	6.0	8.7
ハンター当たりの販売額（CFAフラン）	12,000	17,400

注：655.957 CFAフラン＝1ユーロで、5CFAフラン≒1円。

表 14-6　Z村にもちこまれた酒類・食品などの販売量と販売額（2003年1-8月）

品目	月平均の販売額（CFAフラン）	販売量	単価（CFAフラン）
酒類	732,400		
ビール	323,000	430bottle	700-800
地酒	320,500	400L	800
赤ワイン	88,900	60L	1,500
炭水化物系食物	339,000		
キャッサバ粉	264,700	520kg	500
米	61,800	120kg	500
その他	12,600		
油、調味料など	80,000		
衣料品	74,700		
その他	76,300		
計	1,302,400		

注：Z村に滞在しながら、ブッシュミート交易を含む商業活動をしていた4人の商人にノートブックをわたし、2003年1-8月のあいだに村にもちこんだ物資を記録してもらった。Z村には他にも数名の商人が出入りしていたが、大半の物資がこの4名によってもちこまれた。655.957 CFAフラン＝1ユーロで、5CFAフラン≒1円。

部分は酒に消える。Z村にもちこまれた商品について販売額を基準に集計したところ、酒類（地酒、ビール、ワイン）が56％を占めていた（表14-6）。販売額の第2位はキャッサバ粉で全体の20％であった。これは必ずしも現金で購入されたわけではなく、ハンターが森のキャンプにいくときに前借りとしてもらい受け、ブッシュミートをわたすことで返済するというやり方が多くみられた[9]。

　こうして、ブッシュミートを買うために支払った現金を、酒を販売することで回収し、さらに大量のキャッサバ粉で狩猟キャンプの食生活を補助する、というZ村におけるブッシュミート交易の構図が見えてくる。そしてブッシュミート交易の拡大とともに目立って増加したこととして、泥酔したバカによる暴力沙汰があるこ

9）　もちこまれた物資の販売額は1月当たり130万CFAフランで、上記のブッシュミートの販売額80万CFAフランを上回る。ブッシュミート以外に現金収入源が見あたらないことから、両者の相違は記録されなかった取引があったのと、前借りで手に入れた酒などの代金をバカが踏み倒したか、調査期間中に返済されなかったことによるものだと考えられる。

図14-3 Z村のバカが設けた罠猟キャンプの分布（2002年7月-2003年8月）
表記されている27個のキャンプサイトのうち6個は二度使用された。19のサイトはGPSで確認し，残りはインタビューにもとづいて位置を推定した。2か所のキャンプ地は分からなかった。扇形はキャンプの分布域の広がりの目安として記した。

表14-7 Z村のバカが設けた罠猟キャンプ数の月変化（2002年7月-2003年8月）

2002年						2003年								キャンプ・月	
7月	8月	9月	10月	11月	12月	1月	2月	3月	4月	5月	6月	7月	8月	計	年換算
1	4	7	2	5	4	9	9	2	3	6	9	9	5	75	64

注：各月1日にバカが滞在していたキャンプをカウントした。

とをつけ加えておきたい。

ブッシュミート交易時における罠猟の拡大

　伐採道路が開通し，ブッシュミート交易が活発化したことで，バカの狩猟の規模は拡大した。調査を行った2002年7月から2003年8月のあいだに，Z村のバカによって35か所の罠猟キャンプが設けられた。それらのキャンプは，平均して2.5世帯からなり，村の南方20km以内の地域に設けられた（図14-3）。上記以外に外

表 14-8　ブッシュミート交易中に設けられた 5 か所の罠猟キャンプの猟果

獲物		罠猟キャンプ					モロンゴ逗留キャンプ (2002 年)
		サイト 1	サイト 2	サイト 3	サイト 4	サイト 5	
	村からの距離	8 km	9.5 km	18 km	19 km	21.5 km	40.5 km
レッドダイカー類		24	117	172	121	52	65
カワイノシシ		2	6	10	15	9	3
コシキダイカー		1	5	16	9	3	9
ブルーダイカー		8	5	8	14		2
食肉類		1	3	9	7	1	3
霊長類			2	6	14	1	3
大型有蹄類			1	3	3		3
ミズマメジカ		1				4	2
齧歯類			2		2		
センザンコウ		1	2	2			1
計		38	143	226	185	70	91
ハンターの数		3	3	5	2	2	12
はね罠の設置数（最大時）		147	246	390	207	121	300
猟開始から調査までの日数		79	85	71	83	91	41
罠・日		10965	19014	24840	15141	10339	10223
狩猟効率指数（罠・日/補殺数）		289	133	110	82	148	112

注：もとになったデータは以下のように収集した。まず，罠を設置してから 2−3 ヵ月ほど経過したあと，罠を仕掛けたバカの男たちと一緒に罠を回って，それぞれの罠でそれまでに捕殺した獲物を記録した。バカは各々の罠で捕らえた獲物の種類と数を鮮明に記憶しているので調査の精度には問題がない。獲物の同定には Kingdon (1997) を利用した。つづいて各キャンプにおける狩猟効率を比較するために，Noss (2000) を参照して 1 頭の獲物を捕らえるまでに要する，のべ罠・日を狩猟効率指数（罠・日/捕殺数）として，比較の指標とした。指数が 100 であれば，罠 1 個 100 日あたり（あるいは罠 100 個 1 日あたり）1 頭の獲物が捕獲されたということである。つまり，値が小さいほど効率がよい。モロンゴにおける罠・日は実測値で，その他のサイトでは設置した罠の総数をもとに，キャンプ開始日から 1 人 5 個ずつ罠を設置したと仮定して推定したものである。なお，モロンゴのキャンプでは表記以外にレッドダイカー類 5 頭とコシキダイカー 1 頭が捕獲されたが，発見が遅れて腐敗していたため放棄した。

来のハンターだけで構成されたキャンプもあり，いくつかのキャンプは外来のハンターとバカとで共同で利用された。キャンプでの平均滞在期間は 60 日で，調査を実施した 14 か月のあいだにキャンプが設けられた月の，のべ数をカウントすると 75 キャンプ・月であった。1 年当たりに換算すると 64 キャンプ・月になる（表 14-7）。

　上記 35 か所の罠猟キャンプのうち，調査を行った 5 か所についての猟果をみると，やはりレッドダイカー類が最も多く捕殺されている（表 14-8）。各サイトにおける狩猟効率指数を算出すると，82−289 罠・日/捕殺数の範囲であった[10]。ただし，

---

[10] ここでいう狩猟効率指数とは 1 頭の獲物を捕らえるまでに要する，のべ罠・日で，小さいほど効率がよい。

図 14-4 罠猟キャンプでレッドダイカーの肉を燻製にする作業をしているバカの男

村に最も近いサイト1だけが突出して効率が悪い。ブッシュミート交易が活性化するなかで村に近い地域では大きな狩猟圧がかかったために，レッドダイカー類の個体数がすでに減少していたためだと考えられる。サイト2からサイト5における狩猟効率指数は80-150（平均111）の範囲にあり，交易が活発化する以前に実施されたモロンゴでの狩猟効率指数112と比べて悪くない（表14-8）。したがって，2003年の調査時において，そしてもちろんブッシュミート交易が活性化する以前には，村からそれほど遠くない場所でも十分な狩猟効率が実現されていたといえる。ただし，ブッシュミート交易が活性化したのが2002年後半からで，最もさかんだったのが2003年であったことを考えると，2003年前半に実施した調査時には，狩猟効率が目にみえて悪くなる事態には至っていなかっただけだと考えるべきであろう。

現に交易前のモロンゴではひとり当たり25個の罠が仕掛けられたのに対して，ブッシュミート交易時には平均して74個の罠が仕掛けられていたのである。なかには150個の罠を仕掛けていたバカのハンターもいた。キャンプに滞在していた世帯当たりの捕殺数を比較すると，モロンゴの0.15頭/世帯/日に対して，罠猟キャンプでは0.61頭/世帯/日になる。ブッシュミート交易時には，4頭の獲物のうち3頭を売ったとしても，モロンゴのときと同量の肉を確保できたことになる（図14-4）。

14-5 ▶ 罠猟のサステイナビリティ

ブッシュミート交易時における狩猟のサステイナビリティ

2002年4月の伐採道路の開通にともなって，大量のワイヤーがZ村にもちこまれ，Z村のバカと，近隣地域からやってきた外来のハンターが，さかんに狩猟を行うようになった。ハンターが増えただけではなく，ハンターひとり当たりにして4倍のレッドダイカー類が捕殺された。そこで本節では，最も大量に捕殺されたレッドダイカー類を例にとって，ブッシュミート交易にともなう狩猟圧の増加が，サステイナブルな水準にあったのかどうかについて検証する。

狩猟のサステイナビリティを判定するための最も一般的な方法は，J. G. ロビンソンとK. H. レッドフォードが定式化したものである（Robinson & Redford 1991）。まず，対象種の最大年生産量を P_{max}，最大年増加率[11]を λ_{max}，対象地域の生息密度を D として，

$$P_{max} = D(\lambda_{max} - 1).$$

という式を立てることができる。さらにロビンソンらは，最大年生産量のうち人間によって利用可能な割合は，対象種の寿命の長さと負の相関関係があるとした[12]。すなわち，寿命が5年未満の種では P_{max} の60％，5年以上10年未満の種では P_{max} の40％，10年以上の種では P_{max} の20％が人間に捕殺されたとしても，地域の個体群は重大な影響を受けないとされる。この水準をサステイナブルな最大狩猟圧 P_{RR} として，

$$P_{RR} = P_{max} \times f = D(\lambda_{max} - 1) \times f. \quad (f = 0.2 \text{ or } 0.4 \text{ or } 0.6)$$

という式を立てることができる。この式によって得られる P_{RR} の値が，対象地域における年間捕殺数よりも大きければその狩猟はサステイナブルであり，小さければそうではない，ということになる。

それではまず，調査地域におけるダイカー類のサステイナブルな最大狩猟圧を算出しよう。調査地域のレッドダイカー類の生息密度（D）は，表14-3で示したカメルーンにおけるレッドダイカー類の生息密度を利用する。調査区が村に近いた

---

[11] 最大年増加率は，初産年，終産年，年当たりの生産性などをもとに推定される。レッドダイカー類は生後11か月目には性成熟して，その7か月後（生後18か月）には仔を生む（Noss 2000）。

[12] 一般に寿命の短い動物（齧歯類など）は成熟が早く，多くの子供を産むが，寿命をまっとうするまえに食物獲得競争や捕食のために相当数の個体が失われる。その一部を人間が捕殺してもよいというわけである。

表14-9　Z村周辺におけるレッドダイカー類のサステイナブルな最大狩猟圧の推定値

生息密度 (頭/km²)	年増加率 (λ)			年増加のうち利用可能な割合	サステイナブルな最大狩猟圧 (頭/km²/年)		
	A	B	C		λ_A より	λ_B より	λ_C より
5-20	1.65	1.54	1.24	0.4	1.5-6	1-4	0.5-2

注：生息密度は表14-3を参照。年増加率はAはFeer (1993)、BはFa et al. (1995)、CはFimbel et al. (2000)による。サステイナブルな最大狩猟圧の推定方法はRobinson & Redford (1991) による。

めに生息密度が極端に小さくなっているものを除くと，5-20頭/km²としてよいだろう。レッドダイカー類の最大年増加率 (λ_{max}) は，1.65，1.54，1.24という三つの推定がある (それぞれ，Feer 1993; Fa et al. 1995; Fimbel et al. 2000)。レッドダイカー類の寿命は5年以上10年未満であり，fの値は0.4となる (Fa et al. 1995; Fimbel et al. 2000)。これらの値を上記の式の変数に代入すると，調査地域におけるレッドダイカー類のサステイナブルな最大狩猟圧 (P_{RR}) は，最も小さい推定値が0.5頭/km²，最も大きい推定値が6頭/km²となった (表14-9)。二つの数値は一桁ちがっているが，野生動物の生態調査では推定値にこの程度の幅が生じることはさけられない。

　次に，ブッシュミート交易が活発化しているあいだの狩猟圧が，サステイナブルな最大狩猟圧以下におさまるかどうかについて検討する。実際の狩猟圧を推定するには，狩猟対象面積と，年間捕殺数が必要である。まず狩猟対象面積は，図14-3に示した罠猟キャンプの分布から，およそ350km²としてよいだろう。年間捕殺数は，表14-8に示した5か所のキャンプにおける狩猟の成果をもとに推定できる。それら5か所のキャンプでは，のべ409日間 (すなわち13.6キャンプ・月) のあいだに実施された罠猟によって，486頭のレッドダイカー類が捕殺された。Z村のバカ全体では，年間に換算して64キャンプ・月の罠猟キャンプがつくられたので，Z村では年間2287頭 (=486×64/13.6) のレッドダイカー類が捕殺されたと推定できる。さらに，この期間には，Z村のバカと同じ地域で狩猟を行った外来ハンターによって，バカと同程度の獲物が捕殺されている。したがってZ村では，バカと外来ハンターをあわせて年間4500頭のレッドダイカー類が捕殺されたと推定できる。

　Z村の年間捕殺数は，ブッシュミートの取引量からも推定できる。2003年3-8月の半年間に，Z村では2817個のレッドダイカー類の燻製肉が取引された (表14-4)。これは年間に換算すると，2800頭 (=2817×2/2) のレッドダイカー類が捕殺されたことになる。ただし，上述したように村にもちこまれた物資の売り上げは，ブッシュミートの販売量を大きくこえており，この値は過少評価である可能性が高いので，2800頭の2倍に相当する5600頭としておこう[13]。

13) この推算の根拠は以下のとおりである。バカのハンターが平均して75個の罠を仕掛け，狩猟効率指数が110 (表14-5のサイトの平均) であれば，1日当たり0.7頭程度の獲物が得られることになる。

以上の二つの推定から，ブッシュミート交易ブームのあいだに年間に換算して 4500 – 5600 頭のレッドダイカー類が捕殺されたということになる。対象となる森林の面積は 350km² であったから，単位面積当たりの狩猟圧は 13 – 16 頭 /km²/ 年となる。小さいほうの値をとっても，表 14-10 に示したレッドダイカー類のサステイナブルな最大狩猟圧 (0.5 – 6 頭 /km²/ 年) を大きく上回っており，ブッシュミート交易ブーム時の狩猟圧のもとで地域の動物個体群が損われたことは明らかである[14]。

サステイナブルな罠猟の条件

次に表 14-8 に示したモロンゴのキャンプでの罠猟の結果を援用して，ブッシュミート交易を前提としない場合の Z 村の人びとによる年間捕殺数を推定してみよう。モロンゴのキャンプでは，腐敗していたものも含めて，罠猟によって 70 頭のレッドダイカー類が捕殺された。これらの獲物が 89 人によって 50 日間に消費されたので (Yasuoka 2006a)，Z 村の人口 143 人による 1 年間の消費量に換算すると，821 頭 / 年となる[15]。これらが 1000km² の森林で捕殺されるとすれば (Yasuoka 2006a)，狩猟圧は 0.8 頭 /km²/ 年と推定できる (図 14-5)。伐採道路が開通したあとのブッシュミート交易の期間 (13 – 16 頭 /km²/ 年) と比較すると格段に小さい。先に推定したサステイナブルな狩猟圧の上限値 (0.5 – 6 頭 /km²/ 年) と比較すると，その最

これは月当たりにすると 20 頭程度である。一方，表でみたように，ブッシュミートの取引量から推定される月当たりのバカによる捕殺数は 6 頭である。かりにこの 3 倍ほどの相違が全て記入漏れによるとすれば，年間の捕殺数は 8400 – 9000 頭程度になる。ただし，ダイカー類の肉が実際の 3 分の 1 しか記録されていなかったとは考えにくい。捕殺量が多くなるにしたがって狩猟効率は悪くなるはずなので，ひとり当たり 20 頭 / 月という値は過大な値であろう。また，表 14-4 で示した Z 村におけるブッシュミートの販売額 80 万 CFA フラン / 月と，表 14-6 で示した Z 村に持ち込まれた物資の販売額 130 万 CFA フラン / 月に，1.5 倍程度のちがいがある。ブッシュミート以外にこれだけの差をうめることのできる現金収入源はないので，この 50 万 CFA フランはブッシュミート交易の記入漏れによるものだと考えられる。これら二つの観点から Z 村におけるレッドダイカー類の年間捕殺数を補正するとすれば，ブッシュミート交易で記録された 2800 頭の 2 倍に相当する 5600 頭と見積もってよいだろう。なお Yasuoka (2006b) では 8400 頭 / 年を採用した。

14) Van Vliet & Nasi (2008) は，ダイカー類の生態に関する研究が不十分であるため，最大増加率の値が正確に得られないことや，実際にどれくらいの範囲において何頭のダイカーが捕殺されているのかがはっきりしない場合が多いことから，これまでの多くの研究においてサステイナビリティの検証が十分に正確に行えていないことを指摘している。ただ本研究では，後者についてはかなり正確な情報が得られており，少なくともブッシュミート交易時の罠猟がサステイナブルであったとは考えにくい。

15) 人体に必要なタンパク質を，かりに野生動物から全て摂取するとすれば，平均的な大人ひとり当たり 0.28kg/ 日の肉が必要だとされている (Robinson & Bennett 2000)。モロンゴでは，大人ひとり当たりにして 0.36kg/ 日の肉の供給 (可食部) があったので，十分な量であったといえる (Yasuoka 2006a)。なお，Chardonnet et al. (1995) の推算によれば，サハラ以南のアフリカでは，ひとり当たりの獣肉の消費量は狩猟採集民で 0.104kg/ 日，農耕民で 0.043kg/ 日である。

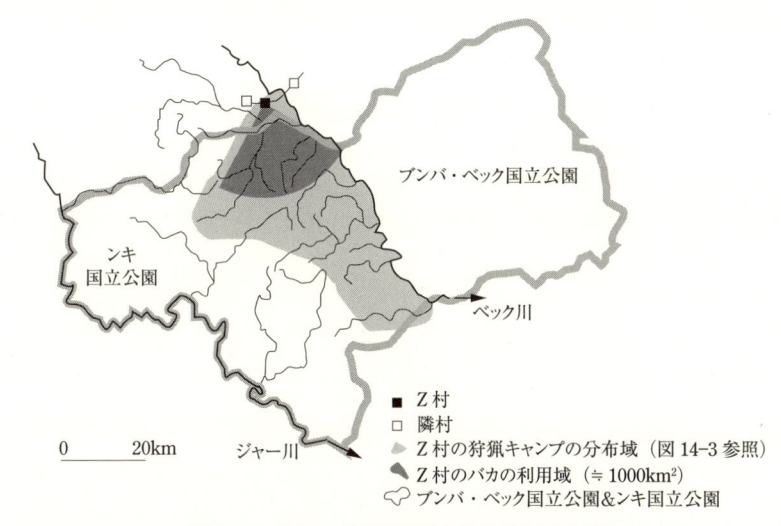

図14-5 Z村のバカが利用する地域と国立公園

表14-10 Z村におけるレッドダイカー類の伐採道路開通以前と以後の狩猟圧

推定狩猟圧 （頭/km²/年）		サステイナブルな最大狩猟圧 （頭/km²/年）
伐採道路開通以前	伐採道路開通以後	
0.8	13-16	0.5-6

注：道路開通以前は1000 km²の地域，道路開通以後は350 km²の地域で狩猟が実施されるとして，狩猟圧を推定した。

小値を若干上回るものの，最大値の10分の1程度である（表14-10）。したがって，ブッシュミート交易以前には，サステイナブルな狩猟が実践されていたと考えることができる。

反対に，Z村においてレッドダイカー類を年間800頭ほど消費する生活が実施されているとして，そのときの狩猟圧がサステイナブルな最大狩猟圧より小さくするために必要な狩猟地域の面積を逆算すると，130（=800/6）-1600（=800/0.5）km²となる。Z村の人口は150人ほどだから，人口密度は0.1-1人/km²程度になる。最小値（130km²）をとれば，ブッシュミート交易ブーム時に利用されたような狭い範囲で実施されても，狩猟がサステイナブルである可能性はあるが，最大値（1600km²）をとれば，モロンゴで頻繁に利用するいくつかの区域がおさまる地域（1000km²，図14-5参照）の1.5倍程度の面積が必要になる。ただ，モロンゴにおける肉の消費量はかなり高い水準にあることを考えると，1000km²程度の森林が利用できれば，バカにとっての必要量を満たしたうえで十分にサステイナブルな狩猟を

実践することができるだろう。

　いずれにしても，狩猟圧に余裕をもたせつつ，十分な量のタンパク質を継続的に確保するためには，かなり広い森林をエクステンシブに利用しなければならないということである。しかしカメルーン東南部では，1990年代末からWWFが主導する自然保護プロジェクトが進められ，今世紀に入って三つの国立公園（ロベケ，ブンバ・ベック，ンキ）が設立された。そのうちンキ国立公園の境界は，村の南方わずか5kmのところにある（図14-5）。Z村の人びとが，狩猟圧がサステイナブルな水準にたもたれるように広く薄く森林を利用するためには，この境界をこえなければならない。

14-6 ▶ 森棲みのレジティマシーの確立へ向けて

槍猟から罠猟へ，ブッシュミート交易から自然保護プロジェクトへ

　バカの主たる猟法は歴史的にみて，集団的な槍猟から個人による罠猟へと移行したと考えられる。他のピグミー系狩猟採集民と比べて特徴的なことは，網猟をまったく行わないことである。鋼鉄製ワイヤーの導入が罠猟の普及の契機になったことは間違いないだろう。しかし，罠猟がカメルーン東南部の動物個体群の構成や，バカの生活と相性がよいという事実を見のがすことはできない。ブルーダイカーよりもレッドダイカー類の方が多いカメルーン東南部では，小型（5kg程度）の獲物を主対象とする網猟よりも，中型（10-20kg）の獲物がよく捕殺される罠猟の方が効率がよい。また，定住性が強い今日のバカの生活にも，罠猟はよく適合する。罠猟は，決して「伝統的」な猟法とはいえないが，今日のバカの生活を構成する重要な要素であり，自家消費を主たる目的として実践されるのであれば，十分にサステイナブルな猟法である。

　ところが2002年4月の伐採道路の開通とともに，外来のハンターや，ブッシュミートの交易人によって大量のワイヤーがZ村にもちこまれた。バカおよび外来のハンターをあわせると，年間に換算して5000頭程度のレッドダイカー類が，Z村南方20kmあたりまでの森林で捕殺された。狩猟効率や取引量から推定される狩猟圧は，パラメータの設定によって多少の幅があるものの，サステイナブルな水準を大きく超過していたことは確実である。実際，商人やブッシュミートを荷台に山積みにした車が1日に何台もヨカドゥマとのあいだを往来しており，大量の動物が捕殺されていることは誰の目にも明らかであった。しかも捕殺された動物のうち，およそ半分は村外からやってきたハンターによるものであった。

　このときZ村では，外来者に対する狩猟規制を設けようと農耕民コナベンベの

村長が試みたものの，結局，実現しなかった。Z村では，これまで野生動物が枯渇する危機におちいったことがなかったためか，森林へのアクセスを制限するためのローカルな規則はなかったし，短期間のうちにそのような規則を設ける素地もなかったのである。外部からやってくるハンターに対してバカと比べて強い態度で対応できる農耕民がZ村にはほとんどいないことも，村長の試みが失敗した要因の一つかも知れない。

しかし，いずれにしても，野生動物の肉がブッシュミートという商品に変わったとき，Z村のバカのハンターたちはサステイナブルな水準を大きくこえて販売目的の狩猟をするようになったことは事実である。2001年から2003年にかけて実施したフィールドワークをおえて，私が日本へ帰ろうとしていた時期のZ村における狩猟実践は，まさに「コモンズの悲劇」(Hardin 1968) の様相を呈していた。このことは，バカたちは，決して生態系との調和を自らに課しながら生活している「生態学的に高貴な未開人」(the ecologically noble savage, Redford 1991) ではないことを端的に示している。

2004年になると，カメルーン当局がブッシュミート交易を厳しく取り締まるようになった。その結果，ブッシュミート交易は急速に沈静化したようだ。2005年にZ村を再訪したときに私が見たのは，2002年に道路が開通する以前と変わらない生活であった。さらに2008年に訪れたときには，ブッシュミート交易時に残されたワイヤーのほとんどは，すでに錆びて，朽ちていた。罠猟は自家消費を目的として行われており，幸いにも，狩猟ができなくなってしまうほどに野生動物が減少してしまったわけではないようであった。

カメルーン当局が取り締まりを強化し，ブッシュミート交易を沈静化させたことは，Z村の人びとの生活の基盤の一つである野生動物が枯渇する事態を回避するように機能したといってよい。しかしその一方で，この地域に住んでいる人びとによる森林資源利用の実態が十分に把握されないままに，自然保護プロジェクトが進められてきたことによって，様々な問題が生じつつある（服部『社会誌』第10章）。特にZ村では，人びとが利用してきた地域のほとんど全てが，2005年10月に設立されたンキ国立公園の内部に含まれており，かれらが以前のように森のキャンプへ出かけて狩猟を行うことは違法行為になってしまう。カメルーンの現行法では，国立公園内で宿泊することや狩猟をすることは禁止されているからである（Government of Cameroon 1994, 1995）。

農耕民の狩猟とバカの狩猟

国立公園内での宿泊や狩猟が禁止されているとはいえ，バカがそのなかで生活したり狩猟をしたりすることは，黙認されることがある。2008年にZ村を訪れたと

き，バカたちは，国立公園の内部にキャンプをつくり，狩猟もしていた。そこに2週間ほど滞在して村に帰ってきた私に対して，隣村にある国立公園オフィスの職員は，森のキャンプに農耕民はいなかったか，と繰りかえし尋ねてきた。バカが森のキャンプに数週間滞在すれば，当然，狩猟を行うことは，かれも知っている。しかし，その点については追及してこない。逆に私が，バカは国立公園のなかで狩猟をすることは認められているのかと尋ねると，かれは「法律では禁止されている。しかし…」と答え，そこから先をいわせるな，という表情をするのである。

　どうしてかれは，農耕民の存在をことさら気にするのだろうか。本章では，特にバカに焦点をあててきたが，この地域にはバカだけでなく，バントゥー系やアダマワ・ウバンギ系の言語を話す，十をこえる農耕民の民族集団が住んでいる。農耕民も，れっきとした森棲みの人びとである（小松 本書第3章, 第11章；四方 本書第10章；木村他 本書第15章）。しかし農耕民は，バカと比べて経済力があり，罠用のワイヤーを容易かつ大量に入手することができるため，狩猟活動に執心する農耕民が仕掛ける罠の数は多く，ときに数百個に達することもある。また，銃をもっているのは，たいてい農耕民である。したがって当局による取り締まりの圧力は，バカに対するものよりも大きくなりがちなのである。

　2005年に私がZ村に滞在しているときに，銃をもっていた農耕民を逮捕して連行していった森林保護官は，委託された銃で狩猟をしていたバカに対しては「おまえたちは，槍で動物を狩れ」と諭すのみであった。2008年に私がZ村を訪れたさいにZ村の人びとに聞いたところによると，狩猟キャンプに森林保護官がのりこんできたとき，それがバカのキャンプであれば罠猟のためのワイヤーが没収される程度ですむことが多いというが，農耕民のキャンプでは狩猟具の没収だけでおさまらず，ハンターは県庁所在地まで連行されて処罰されるようである。また，スポーツハンティングを目的として貸与されている狩猟区では，外国人の経営者が独自に雇いあげた警備員がパトロールを行っている[16]。かれらは農耕民の狩猟キャンプを発見すると，小屋や燻製台などを徹底的に破壊し，さらにキャンプに滞在している農耕民に暴行するなどして，傷害沙汰になることもあるという。

　狩猟の取り締まりにおけるこのダブルスタンダードは，いっけんしたところ「森の民」としてのバカの狩猟の権利が尊重されているかのようにみえる。しかし，長い目でみれば，このようなやり方は問題をはらんでいると思われる。なぜなら，バカの狩猟と農耕民の狩猟を区別する背景には，バカを生態系内に埋没した存在，いわば動物的な存在とみなして一段低いところにおくという，差別的な心情があると考えられるからだ。多くの研究者が記述してきたように，農耕民とピグミーは，肯定的な評価と否定的な評価が混在する両義的で複雑な感情をもちながら，お互いに

---

16) この種の狩猟区は「一般狩猟区」と呼ばれ，商業伐採が行われた森林区画が狩猟区として設定されたものである（服部 2004）。カメルーン東南部では国立公園より大きな面積を占めている。

差異化しつつ共存してきた（竹内 2001；北西『社会誌』第2章）。経済力にまさる農耕民の方が優位な立場にたつことは古くからあっただろうが，近代的なシステムが浸透していくなかで農耕民の方がより強く国家レベルやグローバルな政治経済と結びついていくことで，農耕民からピグミーに対する差異化の方が，ますます実効的な力をもつようになってきた（北西 本書第4章，北西『社会誌』第2章）。「おまえたちは，槍で動物を狩れ」とバカにいう森林保護官のこころのなかに，このような構造から生まれる差別意識が潜んでいないといえるだろうか。国立公園のなかでバカの狩猟が黙認されるとしても，それが，バカを生態系に埋没した存在として，観念的に森のなかに閉じこめているだけだとしたら，それは，農耕民とバカとの双方向的な差異化の営為のうち，一方にのみ与していることになる。対立や蔑視と，協調や連帯とが混在する農耕民とバカとの両義的な関係のうち，前者のみを拡大しかねないということである。

　カメルーン東南部では，1990年代から伐採道路の開通にともなってブッシュミート交易が拡大し，並行して自然保護プロジェクトが進められてきた。両者は野生動物の狩猟を促進するか抑制するかという点において正反対のものであるが，実は土地の区画化を通して，この地域の森林を，住民による共同利用区域と，伐採区域（のちにスポーツハンティングのための狩猟区）および保護区域にふりわけていくという，一つのプロジェクトとして実施されてきたものである。そのなかで一時的にブッシュミート交易が拡大し，それが沈静化したあと，村落の近くに設定された共同利用区域を除いて人びとによる利用が制限され始めているというわけである。スポーツハンティングのための狩猟区となった伐採区域と，国立公園になった保護区域とは，これまでと同じ生活が制限されるという意味で，人びとにとって同じものである。

　この地域を対象とする生態人類学に課せられた課題の一つは，Z村の人びとのように国立公園や狩猟区のなかで生活してきた人びとがこれまでと同じ生活を営んでいくことのレジティマシー（正統性／正当性）の確立に，いかに貢献できるのかということになるだろう。むろん，バカのみを対象として，かれらを生態系に埋没した存在とみなすやり方には限界がある。いいかえれば，近代化のなかで強化されてきた農耕民とバカとの政治的・経済的な不平等の構造を，さらに強めてしまうのではないやり方がもとめられているということである。そのためには，農耕民とバカとのあいだにある差異を認めつつも，この地域に住んでいる森棲みの人びととして，長い歴史のなかで両者のあいだに構築されてきた関係や，それぞれの森林資源の利用のありかたを，包括的に捉える視座をもたねばならないだろう。

第15章

木村大治
安岡宏和
古市剛史

コンゴ民主共和国・ワンバにおける
タンパク質獲得活動の変遷

15-1 ▶熱帯雨林におけるタンパク質獲得

　タンパク質が人間の生存に欠かせない栄養素であることはいうまでもないが[1]，本章の調査地であるコンゴ民主共和国・ワンバ（図15-1）においては，人びとの摂取するタンパク質のほとんどは，狩猟で得られた野生の獣肉と，漁撈で得られた魚類から得られている。こういった状況は，ワンバのみならず，アフリカ熱帯雨林のほとんどの地域においても同様だろう。

　しかし今日，ワンバにおけるタンパク質獲得の状況は大きく変わりつつある。村落の近辺における動物の生息密度は減少を続けており，いわゆる「空洞化した森林 (empty forest)」（Redford 1992）は現実のものとなりつつある。熱帯雨林保護，生物多様性保持の立場からいえば，狩猟活動は制限されるべきなのだろう。しかし一方，やみくもにそのような措置を取るならば，住民の伝統的な生活形態，価値観は破壊されてしまう。

　近年，ワンバ周辺の環境は大きく変化している。それは一つには，アフリカ熱帯雨林の生態環境が人間活動によって被った一般的な変化と軌を一にするものであり，もう一つは，1990年代以降のコンゴ内戦による，社会・経済的変動に起因するものである。本章では，1970年代より続けられてきた，ワンバにおける生態人類学的研究をもとに，人びとのタンパク質獲得活動の変遷と，その将来について考えてみたい。

---

1) 調査地ワンバに住むボンガンドの人びとは，食物一般に対する空腹を意味する *njala* という言葉の他に，「タンパク質性食物（肉，魚など）」に対する飢えを意味する *bokaku* という特別な語彙を持っている。これはボンガンドだけではなく，バントゥー系の人びとに広く見られる現象である。

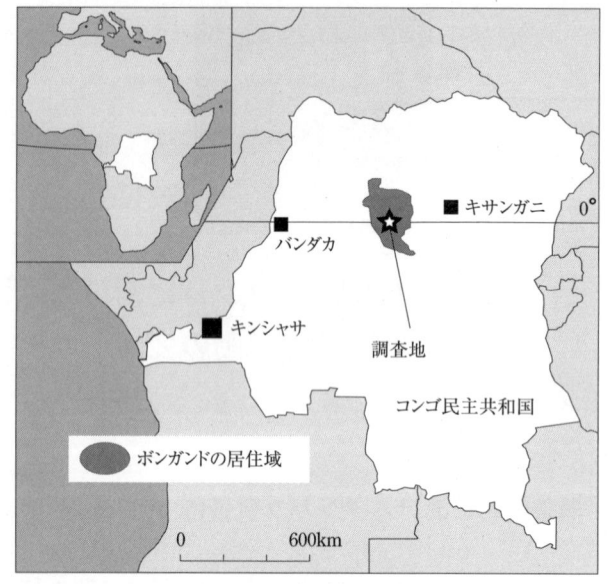

図 15-1　調査地の位置

ワンバの生態人類学研究史

　ワンバにおいては，1973 年から日本人研究者による類人猿ボノボ[2]研究がはじまり，続いて，その調査基地をベースにした，武田淳（武田 1984, 1987），佐藤弘明（Sato 1983，佐藤 1984），加納隆至（加納 未発表原稿[3]）らによる生態人類学的な調査が行われてきた。著者のひとり木村はそれに引き続いて 1986 年から 89 年にかけてワンバ近隣のイヨンジ村に入り，人類学的調査を行った（木村 2003）。

　その後 1990 年にはワンバの森林が「ルオー学術保護区」に指定され，ボノボの調査・保護体制が整うかに見えたが，その直後から旧ザイールの政治・経済状況が悪化し，国内は争乱状態に陥ったため，調査の継続は不可能となった。長い戦乱の後，2000 年代に入りようやく情勢が好転し，ボノボ研究も再開された。本章のもととなった生態人類学的な調査も，長い中断ののち，2005 年より再びワンバをベースにして行われている。私たちは 2005 年以降の調査で，ボンガンドの生態学的・経済学的実態を知るための「生活調査」（詳細は後述）を行ってきた。本章執筆時点では，ようやくそのデータの入力が終了したところであり，今後様々な角度から分析を行う予定だが，本章ではその結果のいわば「速報値」を，ワンバにおいて 30 年

2）　当時はピグミーチンパンジーと呼ばれていた。
3）　加納氏の調査結果は未発表であるが，本章では加納氏の承諾を得て，データを引用させていただいた。

以上に渡って続けられた生態人類学的調査のデータと比較して議論を行う。この「定点観測」データは，ワンバのみならず，アフリカ熱帯雨林全体の現状と未来を考える上で貴重なものといえるだろう。

ボンガンド

民族・分布

　コンゴ民主共和国は，アフリカの中央部に位置する。調査地のワンバは，首都キンシャサから東北東へ直線距離で約 950km の赤道直下にある（図 15-1）。コンゴ川の支流のルオ川（マリンガ川）が調査地の南を流れており，ベルギー植民地政府によって建設された自動車道路が網の目状に走っている。

　ワンバ地域に居住するボンガンド[4]は，系統的にはバントゥー系モンゴ・クラスター（Mongo cluster）という大きなブランチに属する人びとである（Murdock 1959）。バントゥーの人びとは，紀元前数百年頃，現在のカメルーン海岸部付近から移動を始め，サハラ以南のアフリカ全土に拡散していったが，ボンガンドの祖先もこの流れに乗り，熱帯雨林の周縁部からその内部へと移り住んできた歴史を持っている（小松『社会誌』第 1 章参照）。かれらの人口については，信頼できるデータは存在しないが，過去の Van der Kerken (1944) および G. P. Murdock (1959) の人口推定値をもとに，平均人口増加率を 3％と見積もって計算すると，45 万人ないし 50 万人という値が出てくる（Kimura 1992）。

　ボンガンドの住む地域の気候は，一日の最高気温の年平均は約 30℃，最低気温の年平均は約 20℃と比較的一定しており，年間降雨量は約 2000 ミリである（Vuanza & Crabbe 1975）。

生業活動

　ボンガンドは，生業的には焼畑農耕民に分類されている（Kimura 1998）。かれらの主要な作物はキャッサバであり，耕作面積の多くはキャッサバ畑が占めている。食料とする作物としては，その他にバナナ，トウモロコシ，ヤムイモ，陸稲，サツマイモ，サトウキビ，ラッカセイ，それにトウガラシ，ネギなどいく種類かの野菜が栽培されているが，これらはキャッサバの植え付けの前に植えられたり，自宅の

---

[4] この民族の名称については若干，混乱した状況がみられる。従来の文献ではかれらは，「ンガンドゥ（Ngandu）」「モンガンドゥ（Mongandu）」などと記載されることが多かった（Murdock 1959; 武田 1984, 1987）。ここで「ボンガンド」の名を用いるのは，まず，かれら自身は自称として「ボンガンド」を用いているからである。実際，かれらに「ンガンドゥって何だ？」と質問すると，「ワニのことだ」という答えが返ってくるのである。ボンガンドとはかれらの共通祖先の個人名である。また，モンゴ研究の第一人者であった G. Hulstaert の作った民族地図（(Philippe 1965 のなかで引用されている）にも，この人びとの名称は Bongando と記されている。

近くに小規模に植えられる程度である。また 1960 年代に，コーヒーが換金作物として導入された。1980 年代までは，コーヒー豆は収穫して乾燥させた後，トラックで買いつけに来た仲買人に売られていた。(しかし後述するように，コーヒー栽培は 1990 年代の内戦時にほぼ行われなくなり，現在ではコーヒー畑はほとんど残っていない。)

一方，「焼畑農耕民」という看板にもかかわらず，狩猟，漁撈，採集活動もさかんに行われている（武田 1987）。昔は槍を使った集団猟や，網猟がよく行われていたが，最近は長期の定住の影響によって，村の近くでの狩猟効率は明らかに落ちてきている。それに代わってワイヤーやナイロンのロープを使った跳ね罠猟がさかんに行われるようになっている（Sato 1983）。また，ナイロンの刺し網や釣り針を使った漁撈もさかんである。森のなかには，食用になる植物，キノコ類，芋虫，シロアリ等が豊富で，それらは主に女性や子供によって採集される。得られた肉や魚，昆虫類によって，タンパク質はほとんど完全に自給できているといってよい。またヤギ，ブタ，ニワトリ，アヒルが飼われているが，日常的に食べられることは稀であり，主として祝いごとの席で料理されたり，婚資として用いられたりする。

15-2 ▶ 1970年代から2000年代にかけての社会・経済・生態学的変化

ザイール，コンゴ民主共和国の内戦

ワンバの状況の変化を説明する前に，その背景となったザイール（現・コンゴ民主共和国）の政治・経済的状況について簡単に述べておく[5]。

旧ザイールの前身は，1885 年に，ベルギーの王レオポルト 2 世によって設立された私有地「コンゴ自由国」であり，それは 1908 年にベルギー領コンゴとなった。1960 年にベルギーよりの独立を達成したが，その直後，銅を産出するカタンガ州の独立をめぐってコンゴ動乱が勃発した。1965 年にモブツ将軍がクーデターで政権を握り，71 年には国名をザイール共和国と変更した。

その後，モブツ大統領による独裁政治が続くが，90 年代初頭の冷戦終結，複数政党制をめぐる混乱のなかでキンシャサ市内に暴動が発生し，物価上昇率が年率数千％になるハイパー・インフレが起こるなど，政治・経済状況は混乱を極めた。1996 年，東のルワンダの内戦のあおりを食って，ツチ系のバニャムレンゲが蜂起，ローラン・カビラを議長とする「コンゴ・ザイール解放民主勢力連合（ADFL）」が結成される。翌年，ADFL はキンシャサを制圧し，モブツは国外逃亡，9 月にモロッコで死亡する。カビラは大統領に就任，国名をコンゴ民主共和国に変更する。しか

---

5) 小松（『社会誌』第 1 章），武内（2007）も参照されたい。

しその後，反カビラ勢力とのあいだで内戦が勃発し，近隣諸国を巻き込んだ混乱状態が続くことになった。2001年，カビラ大統領は警備員に撃たれ死亡，長男のジョセフ・カビラが後任大統領に就任する。

この間，和平に向けての努力が続けられたが，2002年12月，南アのプレトリアにおいてコンゴ国内の各勢力が話し合いをもち，「プレトリア包括和平合意」が成立，これを受けて，2003年7月，2年間を期限とする暫定政権が成立した。プレトリア合意によって予定された大統領選挙，国民議会選挙は，度重なる延期の後，2006年7月に実施された[6]。J. P. ベンバとカビラ暫定大統領の決選投票の結果，カビラが選出され，今日に至っている。政情は，2007年春のキンシャサ市内の騒擾以降は落ち着いた状態である。

戦中，戦後のワンバの状況

戦時下のワンバ村の状況はどうだったのか，村人たちは以下のように語った。1997年の内戦以降，ワンバにはカビラ軍（政府軍）が駐留していた[7]。ワンバの南のイロンゴ村には反政府勢力のRCD軍が，西方の町リンゴモにはMLC軍がいて，ワンバはそういった対立の前線であったようだ。カビラ軍には，アンゴラ，ルワンダ，ブルンディ，モザンビーク，ジンバブエ，ナミビアなどの兵士がいたという。ただし幸運なことに，ワンバ地域では戦闘行われず，個人的な恨みに端を発する事件によってひとりの死者が出た以外は，戦争による死者は出なかったそうである。とはいえ兵士は村人から食料を略奪し，様々な暴行もふるったようで，それを避けて森のなかに住居を移動させていた人もいたという。

一方，戦争による直接的な被害もさることながら，この状況が地域の社会，経済に与えた影響は大きなものがある。すなわち，交通，運輸体系が完全に崩壊してしまったのである。この地域の人と物の流れは，コンゴ川の支流を運行する船と，陸路のトラック輸送に頼っていた。また，ワンバから約400km離れた町ボエンデには，陸路のキンシャサからの定期航空便が着いていた。戦争の影響で，これらの運行が全て停止してしまった。輸送手段がなくなったことと，戦闘に巻込まれる危険から，この地のキリスト教ミッション，そしてプランテーション会社は全て撤退してしまった。現在我々がワンバに調査に入るには，キンシャサからセスナのチャーター便を飛ばすか，（まだ我々自身はやっていないが）赤道州の州都バンダカから，

---

6) 木村が2005年末にコンゴに入った時点では，この選挙のための全国的な選挙人登録が実施されていた。ワンバでも，ジュラルミンのトランクに入ったDellのノートパソコン，プリンタ，そして発電機が配布され，Webカメラによってひとりひとりの顔写真を撮影して登録カードをプリントアウトするという作業が行われていた。

7) ワンバのボノボ調査基地は，兵士たちの住居として接収されていたといい，我々が基地に残していた車，バイク等は全てかれらに取られてしまっていた。

船外機つきボートを仕立て，1週間程度かけて川を遡るしかない。ワンバ近辺では，まともに整備された車は皆無であり，自動車道路は雨で溝が掘られたり，両側から草で覆われ始めている部分も多い。橋もしばしば壊れており，車が通行できなくなっている。河川交通も，若干は回復しているが，昔ほどのレベルにはもどっていない。ワンバの近くではベフォリという町に港があるが，戦後ここに物資を積んだ船が初めて到着したのは，つい最近のことだという。

　この地域のほとんど唯一の現金収入源はコーヒーであったのだが，輸送体系が崩壊したため，その生産は完全にストップしてしまった。作っても売る手段がないからである。1988年の調査（Kimura 1998）では，調査地ヤリサンガ集落の畑面積の約4分の1がコーヒー畑だったのだが（残りはほぼキャッサバ畑），今回の調査で聞いたところ，コーヒー畑はほとんどが森に還っていた。私たちのインフォーマントのひとりは，1997年頃，20トン近くのコーヒー豆を他人から買い集め，それを売って儲けようとしていたのだが，戦争によって売ることができなくなり，全て腐らせてしまったと語っていた。このように，コーヒーによる現金収入の道は絶たれ，村は深刻な物不足・現金不足に見舞われている。2005年の調査で，木村は調査村に5リットルほどの灯油を持って入り，それをインフォーマントらに分けた。村にひさしぶりにランプの光が灯されたのだが，そのとき，ランプの光を「生まれて初めて見た」子供が多いということを聞かされたのである。

　こういった状況で，村人たちはどのようにして生活物資を手に入れているのだろうか。それは，キサンガニ近郊[8]まで歩いてものを運ぶことによって行われているのである。ワンバからキサンガニまでは，直線距離で286kmだが，道のりは400ないし500kmになるものと思われる。人びとはこの道のりを徒歩で，あるいはよくても自転車で，往復している。徒歩だと行くのに10日，荷物のない帰りは1週間程度かかるという。道中，森のなかの道で日が暮れたときはそのまま地べたに寝，また雨が降ると濡れるがままになる，大変な旅だと人びとはいう。持っていって売るものは，干した肉・魚・芋虫，生きたニワトリ，ヤギ，ブタ，蒸留酒，*nsiyo*と呼ばれるウリ科植物の種（調味料として使われる）等々である。キサンガニ近郊の市場でそれらを売り，様々な日常用品を買って帰るのである。調査地の村に滞在していると，家の前の道を，一日に何十人もの人びとが大きな荷物を背負い，ヤギやニワトリを連れて，キサンガニの方角に歩いていくのを見ることができる。ワンバ近辺では，週一日，市場が立つ村がいくつかあるが，そこにある商品について質問してみると，ほとんどのばあい「キサンガニから持ってきた」という答えが返ってくる。

　また，物品の売り買いだけではなくて，人口そのものもキサンガニなどの都市部に流出している。ボンガンドの人口動態については，以下の年の人口ピラミッドの

---

[8] 実際にはキサンガニまでは行かず，その手前のイサンギという地域で立っている市場で売り買いをすることが多いという。

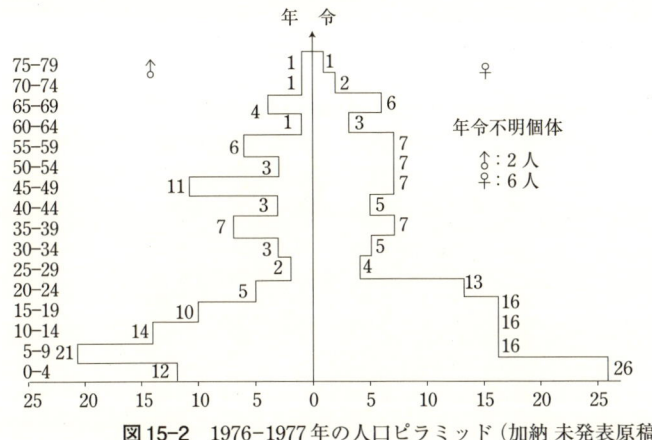

第15章 コンゴ民主共和国・ワンバにおけるタンパク質獲得活動の変遷 | 339

図15-2 1976-1977年の人口ピラミッド（加納 未発表原稿）

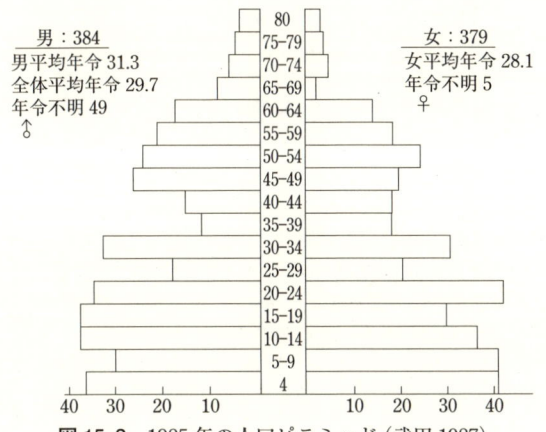

図15-3 1985年の人口ピラミッド（武田1987）

データが得られている。
- 図15-2：加納1976-1977年（加納 未発表原稿）：ワンバ村，ヤエンゲ集落のデータ
- 図15-3：武田1985年（武田1987）：イロンゴ村，ボワ集落のデータ
- 図15-4：木村1987年（木村1992）：イヨンジ村のデータ
- 図15-5：木村2006年：イヨンジ村，ヤリサンガ集落のデータ

　これらに共通していえるのは，その形が，全体としては多産多死を示す三角型をしているが，30代，40代の人口が少なくなっていることである。これは，この世代の人口の流出を示しているものと考えられる。実際，1980年代の調査で知り合った人について，2005年以降の調査で「今どうしているのか」と尋ねると，「キサン

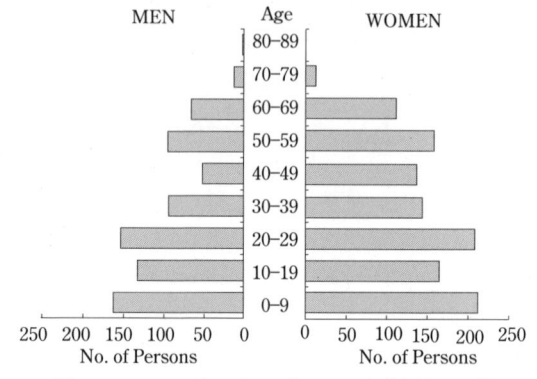

図 15-4　1987 年の人口ピラミッド（木村 1992）

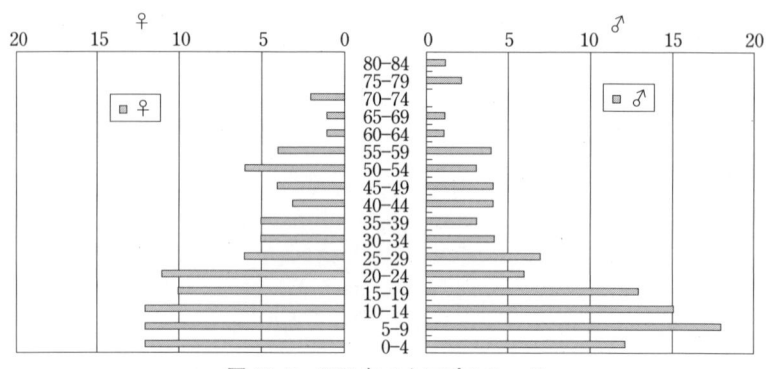

図 15-5　2006 年の人口ピラミッド

ガニに行っている」という答えが返ってくることが多かったのである。

狩猟圧の増大

　以上のような社会・経済的変化に加え，近年の，ワンバ地域を含むアフリカ熱帯雨林の生態学的変化が，住民の生活に大きな影響を与えつつある。

　1900 年代前半に植民地政府によって自動車道路網が建設される以前には，ボンガンドらアフリカ熱帯雨林の住民たちは，森林のなかに小規模な村落を作って住んでいたものと考えられる。村落は頻繁に移動を繰り返し，数十年にわたって同じ場所に定住することは少なかっただろう。しかし道路建設以降，交通や物資運搬の利便さのため，村落はそのような移動をしなくなった[9]。その結果，村落の近くの森

9）　しかし近年でもしばしば，自動車道路をねじ曲げるという労力を払って村落移動が行われていることは，Kimura (1998) で報告した。

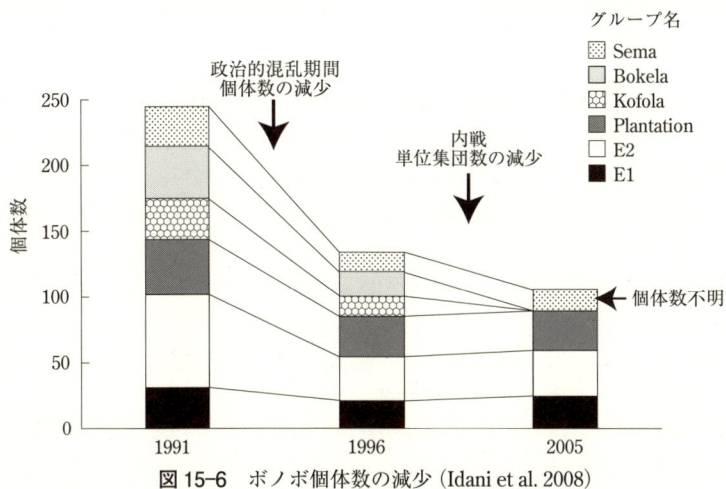

第 15 章　コンゴ民主共和国・ワンバにおけるタンパク質獲得活動の変遷　341

図 15-6 ボノボ個体数の減少 (Idani et al. 2008)

林における狩猟圧は高まり，大型獣の姿はほとんど見られなくなってきた。K. H. Redford (1992) はこういった現象のことを，"empty forest" と呼んでいる。すなわち，いっけん樹木が生い茂った立派な森には見えるが，そのなかには動物はおらず，空っぽだというわけである。特に，マルミミゾウは象牙目的のライフル猟の対象となり，ワンバ地域ではほぼ絶滅したものと思われる。実際，木村は 1986 年からのワンバでの調査で，野生のゾウを見たことは一度もない。1970 年代，加納が調査を始めた当初には，一日森に入れば一度はゾウに遭遇したということだったのだが。

そういった状況に対応して，住民の狩猟の方法も変化してきた。大型獣相手の槍猟（ボンガンド語で *bakula* あるいは *bakimano*），網猟（*botai*）は，80 年代にはまだ行われていたが，2005 年の調査再開後は一度も見られてない。それに代わって，村落の近くでの罠猟は増加しているものと思われる。(Sato (1983) も同様な結論を下している。)

日本人チームの調査対象であるボノボに関しても，戦争前から比べると，ワンバ近辺で観察される単位集団の数，個体数ともに激減していることが報告されている (Idani et al. 2008)（図 15-6）。ボンガンドにおいて，ボノボは強い食物タブーの対象であり，住民たちによると，1970 年代までは食べられることはほとんどなかったそうである (Lingomo & Kimura 2009)。(それがそもそも，ワンバでボノボ調査が始まった理由であった。) しかし，上記のような狩猟圧の増大に加え，住民が他の民族と接触してボノボを食べる習慣を身につけたこと，さらに，戦時中に駐留した兵士たちが銃でボノボを狩猟させたことなどにより，このような個体数減少が起こったものと考えられる。

「売るために獲る」

　このように，村落周辺の森林には高い狩猟圧がかかり続けているのだが，住民たちは動物を，自分たちが食べるためだけに獲っているわけではない。干した獣肉は貴重な現金獲得の源である。戦争前は，そのような干し肉は，村内で売り買いされていたのだろうが，現在ではその多くは，キサンガニ等の都市に持ち出され，売られているのである。私たちの調査村の一つであるヤリサンガでの聞き取りによると，都市に出ていない壮年世代は，村のなかにとどまることは少なく，森のなかに狩猟キャンプを作って動物を獲り，それを都市の市場に売ることに力を入れているとのことであった。コンゴ民主共和国の他の地域の実情は調査していないが，少なくともワンバ地域は，キサンガニ等大都市圏への獣肉供給のセンターとなっているわけである。このように，戦中・戦後の社会経済的状況のもと「売るために獲る」ことによって過剰な狩猟活動に拍車がかかっているといえる。

　アフリカ熱帯雨林の他地域においては，森林伐採のための道路が開通することによって，都市部への獣肉輸送のチャンネルが開け，野生動物が過剰に狩猟されるという状況が報告されている（たとえば，安岡（本書第14章）参照）。ところがワンバ地域においては，そのようなチャンネルはむしろ狭まったにもかかわらず，戦後の貧しさのゆえに，このような「無理な」形の獣肉輸出が行われているのである。

動物狩猟の規制

　野生動物減少という事態を踏まえて，ワンバのあるコンゴ民主共和国赤道州においては，2007年より，1年のうち12月から5月までの半年間を禁猟期にするという法令が施行された。この法令は完璧に遵守されているとは思えないが，おおっぴらに獣肉を食べていると警察に逮捕される危険があるので，ある程度の抑止力としては働いているものと考えられる。

15-3 ▶ ワンバの生活調査

　2005年の調査再開以降，私たちがワンバ地域に住み込んだ実感としても，野生獣肉を食べる機会は明らかに少なくなり，それに代わって魚が食卓に上ることが多くなっている。しかしそのことを定量的に示すデータは得られてなかった。そこで2006年と2007年に，以下に述べるような方法で，世帯への物品の出入りの調査（以

下簡単のため「生活調査」と呼ぶ）を行った[10]。

　まず，ボノボ調査基地のあるワンバ村と，ワンバの東隣に位置するイヨンジ村から，それぞれ10人ずつの字の書ける男性をインフォーマントとして選んだ。かれらには記録用ノート，ボールペン，30kgまで計れるばねばかりを渡し，以下のようなリンガラ語の説明文をつけて依頼した。

> これはボンガンドの人たちがどのように生活しているかを知るための調査である。もし自分の家族が物品を手に入れたり，あるいは他の人たちに物品をあげたりしたときには，その重さを量り，それができないときは量を測ってほしい。それを毎日ノートに書いてほしい。この仕事は1年間続く。
> 記入例：
> ・キャッサバ 10kg：畑から取ってきた
> ・ブルーダイカーの肉 5kg：一次林で，罠で取った
> ・薪 30kg：畑から取ってきた
> ・水 プラスチックのビドン一杯：川から取ってきた
> ・塩 コップ1杯：金で買った。
> ・子供の服1着：人からもらった
> ・魚 1kg：大きな川で捕った。人にあげた。
> ・コーヒー コップ2杯：畑から収穫し，人に売った

　ノートの最初には，対象となる自分の家族全員の名前，性，生年を記入してもらった。家族といっても，どの範囲の人を対象とするのか，という点が問題で，それについてはインフォーマントからも何度も聞かれたのだが，その際は，「あなたが自分で畑を作って，食べさせている人たち，つまり，あなたの妻（たち）[11]と，その子供たちについて書いてほしい。子供でも，結婚して別に畑を作って，その妻子に食わせている者は除いてほしい」と説明した。つまり，その男性を含む核家族が対象ということである。

　この調査は2年間継続し，のべ40人・年のデータが得られた。しかしこういった「ノート留め置き」調査でつねに問題になるのは，インフォーマントがどれだけ真面目にデータを記入してくれるか，という点である。記録のチェックを怠ると，記録を提出する直前に，いわば小学生が夏休みの日記を最後の日にまとめて書くような形で書き込んでしまうといった事態が起こりうるのである。この調査では，私たちが1986年から調査補助をお願いしている，Lingomo Bongoli 氏に調査の管理を依頼し，少なくとも1か月に一度はノートをチェックするという体制を取ったの

---

10) この調査は，トヨタ財団の援助を受けて行われた。
11) ボンガンドでは一夫多妻婚が可能である。

だが，それでも，毎日必ず半ページ分だけ記録している，あるいは記録事項の順番が毎日規則的になっている，などといったものが見つかった。そこで，そのようなデータは全て破棄し，記述に十分にリアリティがあり信頼できると考えられた17人分のデータのみを分析に供した。得られたデータは総計6091人・日分であり，「ある人（あるいはその家族）がある一つの物品を手に入れた（あるいは人にあげた）」という記録を「1件のデータ」と数えると，データ件数の総計は60434件となった。

15-4 ▶ タンパク質獲得活動の変遷

この生活調査データは，様々な角度からの分析が可能であり，それらは今後いくつかの形[12]で発表していく予定であるが，本章では，本章の表題に記した「タンパク質獲得活動の変遷」に焦点を絞って分析を行っていく。

比較対象となる過去のデータとしては，武田が1975-1978年に行った食事調査（武田1987），加納が1976-1977年に行った食事調査（加納 未発表原稿）のものを利用することができる。また，木村が1986年から1989年に行った調査における体験も，比較資料として用いることにする。

武田のデータ 1975-1978

武田は，1975年から77年にかけて，ワンバ村の南隣に位置するイロンゴ村ボワ集落において生態人類学的な調査を行った（武田1987）。イロンゴも，ワンバと同様ボンガンドの人びとが居住する地域である。武田は，ふたりの成人男性に依頼し，ノートに1日ごとに，その日に食べたものをリンガラ語で記入してもらった。この調査自体は1975年から78年まで続けられた。

図15-7に示したのが，武田の結果のうち，動物性タンパク質摂取に関わる部分である[13]。縦軸は「100日におけるある食物の出現回数」であり，食物の重量ではないことに注意されたい。（出現回数であるという点は，後に出てくる加納，および木村による調査データと同様であり，比較には都合がよい。）

このデータを見てまず分かるのは，野生の哺乳類と魚類が，動物性タンパク質の二大供給源になっていることである。全体に対する割合は，哺乳類が46.4%に対し，魚類は36.8%となっている。そして昆虫類（8.5%）がそれに続く。家禽の肉の摂取はごくわずかであり，家畜の摂取はゼロとなっている。出現回数の年変動をみ

---

[12] 今回はタンパク質性食物について分析したが，炭水化物性食物についての分析，芋虫，ヤムイモ等特定の種類の食物についての分析などを今後行っていく計画である。

[13] 武田の原論文では表の形で提示されているものを，グラフ化した。

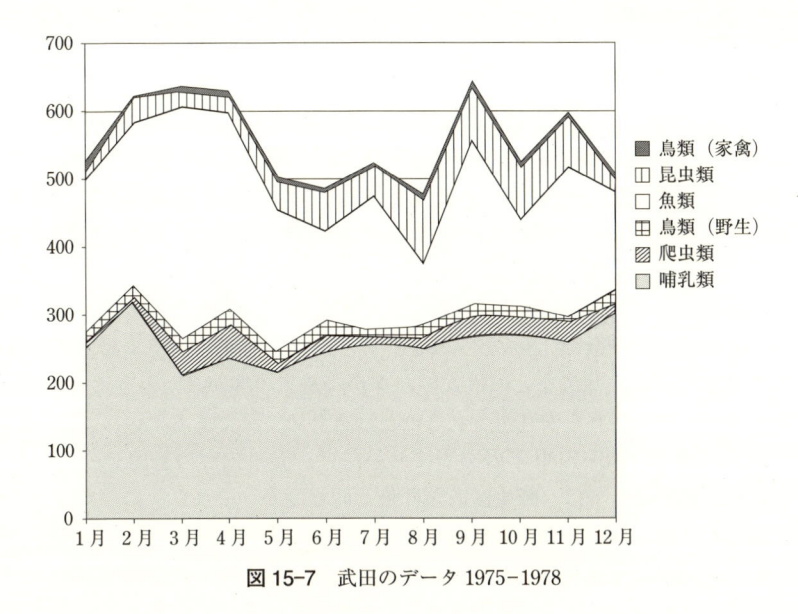

図15-7　武田のデータ 1975-1978

ると，哺乳類に関してはあまり変動が見られないのに対し，魚類は2月-4月の大乾季に多く食べられていることが分かる。これは乾季に大河川の水量が下がり，漁がやりやすくなるためであると考えられる。昆虫の摂取は8月を中心にゆるやかなピークがみられるが，この時期は森に芋虫・毛虫が大発生する時期である。

加納のデータ 1976-1977

　前述のように，武田と同時期の1976年から77年にかけて，加納もボノボ調査の傍ら，調査基地のあるワンバ村ヤエンゲ集落において生態人類学的調査を行っている。ここで引用するデータは，そのなかの食事に関するものである。

　加納は1976年11月14日から30日までと1977年1月3日から18日まで，男性16人から食事内容を聞き取った[14]。タンパク質摂取に関わる動物性副食に関しては，以下のような記述がある。「食事のなかで動物性食品が含まれていたのは，665回（54.1％）であった。種別としては，肉類（哺乳類，爬虫・両棲類，鳥類，鳥類の卵）が最も多く（406例，動物性食品中59.4％），次いで魚類（エビ等の甲殻類も含む）が多く（218例，31.9％），昆虫類が最も少ない（59例，8.7％）。」このように，加納のデータにおいても，食事への魚類の出現頻度は30％強ということになっている。

　注目すべきは，獣肉の内容である。加納によると，「肉類で，実際に食膳にの

---

14) 調査期間がこの時期に限定されているため，武田のような季節による摂取量の変動の議論は行えない。

ぽった回数としては，ゾウの肉が最も多く（138回），その他では，霊長類，偶蹄類が多い。このゾウの肉には，Elongo[15]で刺殺されたものもあるが，ほとんどは，キンシャサから入ってくる密猟者が銃殺したものである。彼等は牙のみをとって，肉は放置してある。調査期間中少なくとも10数頭のゾウが密猟された。これがYayenge村をはじめ，Wamba，Semaあたりに至るまで，広範囲の村で，非常に重要なタンパク源となっている（動物性食品中20.8％を占める）。」この当時は，ゾウがこれほど多く狩られていたわけである。

また加納によると，「家畜，家禽類は，26例しか記録されなかった。これは記録された動物性副食例数の3.8％を占めるにすぎない。（中略）家畜，家禽類の肉が食膳に供されるのは，葬儀などの儀式のときか，遠来の客が来たときくらいである。日常生活においてこれらが利用されることはきわめて稀であるといってよい。」

なお，木村の1986-1989年の調査においては，食事内容の量的データは取っていないが，印象としては，野生獣肉類は魚と同程度か，それ以上に手に入っていたと記憶している。しかし大型動物はすでに取れなくなり始めており，前述のようにゾウの姿を見たことはおろか，肉を食べたことも一度もない。槍猟や網猟などの集団猟はまだ行われていたが，実際はあまり成果を上げられずに帰ってくることが多かった。

木村のデータ 2006-2007

それでは，2006年から2007年にかけての生活調査の結果を見てみることにしよう（図15-8）。この調査でカウントしたのは，「食事への出現回数」ではなく，「その品物をうちへ持って帰った回数」[16]なので，武田，加納のデータと数値自体を直接比較することはできない。しかし，たとえば獣肉をうちに持って帰れば，それは1回ないし数回にわたる食事で食べられるだろうから，品目の比率に関しては比較が可能だと考えられる。

図15-8を見てみよう。縦軸は，分析に供したインフォーマント全員のデータ全体における，「一日当たりの当該物品の平均獲得数」である（この値は，「食事への出現回数」よりは低くなる可能性が高い）。このデータを見てまずいえるのは，動物性タンパク質の主な供給源は，武田，加納のデータと同様に野生の哺乳類と魚類であるが，魚類の方が割合が高くなっているということである。すなわち，全体に対する割合は，哺乳類が24.6％であるのに対し，魚類は42.9％を占めているのである。ここに至って，哺乳類と魚類の重要性の順番は完全に逆転しているといってよい。

---

15) 本章筆者注：罠の一種。
16) 「その品物を他者にあげた/売った」というデータも記録されているが，この分析では用いていない。また，物品の重量も記録したが，まだ整理・分析するに至っていない。

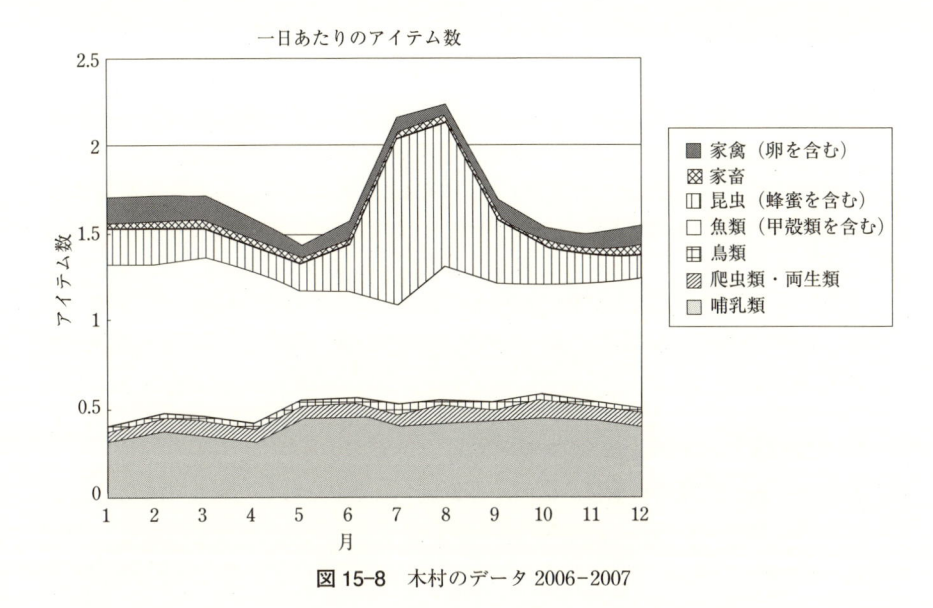

第15章　コンゴ民主共和国・ワンバにおけるタンパク質獲得活動の変遷 | 347

図 15-8　木村のデータ 2006-2007

実際村人たちも，「このごろの若い連中は，狩猟よりもむしろ漁撈に熟練している」といったことをよく語っている。

また，過去のデータに比べ，昆虫類の割合が高くなっていることも注目される（全体に対する割合18.4%）。特に，芋虫，毛虫類が大量に発生する7月，8月のピークは，武田のデータよりもはるかに高くなっている[17]。これら昆虫類は，採集後乾燥させると長期保存がきくので，キサンガニなどの都市にもっていって販売されることも多い。このことが，この時期の集中的な採集活動に拍車を掛けている可能性が高い。

家畜，家禽の割合は，武田，加納のデータよりは増えているが（家畜：2.2%，家禽［卵を含む］：5.8%），それでも全体から見るとさほど多いとはいえない。

タンパク質獲得の変遷

以上をまとめると，ワンバにおける住民のタンパク質獲得活動は，次のような変遷をたどった。

・1970年代には，村の近辺の森にもゾウを含む大型獣が生息しており，狩猟によるタンパク質供給は，漁撈のそれを上回っていた[18]。昆虫類の摂取頻度は8%

---

17) 2008年の調査時，木村と一緒にワンバを訪れたボノボ研究者黒田末寿氏も，昔（1970-80年代）に比べて，インテンシブに芋虫，毛虫類を採集するようになっているという印象を語ってくれた。
18) ただし重量ではなく摂取頻度での話である。

強であり，家畜・家禽のそれは数％と非常に低かった。
住民の現金獲得は，主としてコーヒー豆の販売によっていた。
- 1980年代には，村の近辺の森では大型獣が減少し，集団猟はあまり行われなくなってきた。
- 1990年代初頭より，国内が政治・経済的混乱状態に陥り，交通体系が崩壊したため，商品作物であるコーヒー豆を売りに出すことができなくなった。このため，キサンガニまで徒歩で獣肉等を売りに行くことが普通に行われるようになり，住民が自分たちで消費する以上の獣肉がとられるようになった。
また戦時中駐留した軍隊によって野生獣肉の消費が増大し，「森林の空洞化」に拍車がかかった。
- 2000年代に入り，内戦は終結したが，交通体系はもとに復しておらず，「キサンガニ行き」の状態は続いたままである。
住民のタンパク質の摂取は，獣肉から魚類へと重心を移している。また，都市に売りに出す分も含め，昆虫類の採集が以前よりも盛んになっている。

15-5 ▶ 今後何ができるか

こういった状況下で，ボノボなど希少種を含む熱帯雨林の動物相を保全しつつ，住民のタンパク質供給を賄うには，どのような道が残されているのだろうか。

まず考えなければならないのは，獣肉に代わって第一のタンパク質供給源となった魚類についてである。この地方の河川において，どの程度の魚類資源が現存し，その捕獲許容量はどのぐらいなのか。こういった状況のセンサスは，今後の重要な研究課題である。

新しいタンパク源開発

一方，飼育動物を新しいタンパク源にするというのも，有望なアイデアである。従来ボンガンドにおいては，ヤギ，ブタ，ニワトリ，アヒルといった家畜・家禽が飼養されてはきたが，それらは日常的に食べられることは稀で，主として祝いごとの席で料理されたり，婚資として用いられたりするのみであった。

ところが2006年の調査時に，村人たちが個人的に，あるいはローカルNGOを作って，魚類（特にティラピア）の養殖と，ブタなどの家畜の集団飼養を試みているという情報を耳にした。そこで2007年に，それらの活動について集中的に調査を行った。

ティラピア養殖

　ティラピアは，スズキ目カワスズメ科の淡水魚で，ナイル川流域を原産地とする。繁殖力に優れ，比較的美味であることから世界各地で養殖が行われている。（日本でも「イズミダイ」などと称して市販されている。）

　ワンバの住民によると，ティラピア養殖は，2000年前後にワンバ地域に導入された。もとは西方の都市バサンクスのミッションに導入されたものが，徐々に伝わって来たといわれている[19]。人びとは個人的に，他の村から成魚をバケツ等に入れて運んできて，自分の作った池に放っている。カトリック・ミッションの教師，神父が多く養殖を行っているが，普通の村人でもやっている人はいる。ワンバ近辺では，近くに大きな河川がなく，魚に不自由する地域で盛んに行われているようであった。

　養殖池には，以下の二つのタイプが観察された。
・河川の源頭部の水の湧き出しているあたりを浅く掘削し，周囲の一次林を切って作る
・小河川の河辺を囲って掘削する

この地域は，雨季になると大河川の水位が上がるので，その近辺に池を作っても水没してしまう。このため，上記のような方法で養殖池を作る必要があるのだと考えられる。ティラピアは明るく暖かい場所を好むので，池の周囲の木を伐採してやる必要があるという。一つの池は 10m×10m 内外の大きさであり，ひとりで三つ，四つの池を持っている場合も多かった。餌は，主に生のキャッサバの葉を与えるが，その他にキャッサバのイモ，アブラヤシの実，シロアリなどを与えているとのことだった。

　一つの池は，年 1-2 回掻い出してティラピアを収穫する。一つの池から 1 回に，バケツ数杯分が捕れるという。捕れた魚は自分の家族で食べる他，近親，知り合いへ贈与し，残ったものは村人に 1kg 500 コンゴフラン（約 100 円）で売却する。しかし池は無防備なので，魚を盗まれて養殖を止めた人もいるという話も聞いた。

小家畜の共同飼育

　次に小家畜の共同飼育に関してだが，ジョル，イヨンジなど，ワンバ近辺のいくつかの地域で，ブタ・ヤギ等の共同飼養組合（association）が結成されていた。

　ジョルの組合の組合長（président）に話を聞くと，その組合は 2004 年に結成されたということだった。2007 年現在，40 頭のブタが管理されていた。組合から一般の人たちにメスのブタを貸与し，仔が生まれたら報酬として仔 1 匹を与え，あとは組合に回収する。またオスブタは，種オスを除いて去勢しているとのことだった。

---

[19] 実は，この地域では遅くとも 1960 年代から，ナマズ類など在来種の小規模な養殖は行われていたそうである。

エサは，キャッサバのイモや葉，トウモロコシ，豆，パパイヤの実・葉，米などを与えている。まだ未完成だが，組合によって，大きなブタの飼養場が作られつつあった。ジョルの町は小高い丘の上にあるのだが，その丘の斜面の一部を買い取り，ブタを放す計画であった。一番下の部分には川が流れており，そこが水場になるのだという。

ブタの値段は，3か月の仔は3000コンゴフラン[20]，4か月の仔は4000コンゴフラン，大きなオスなら1万コンゴフラン以上で売れるという。大きなオス数匹で，自転車1台分の値段ということである。また，肉にした場合は1kg 500コンゴフランで売却する。

魚養殖，家畜飼育の問題点

これらの活動は，タンパク質供給の問題に対する有望な試みだと考えられるが，いくつかの問題点も考えられる。

ティラピア養殖については，川の源頭を掘るので水質が汚染される，周囲の一次林を切る必要がある，などといった形で，環境破壊を促進する可能性がある。また，ティラピアは外来種なので，エスケープして外来種問題を起こす危険性もある。実はすでに，飼育場所以外で行った女性の掻い出し漁で，ティラピアが捕獲されるようになっている，との話も聞いた。また，生業としてみたとき，池を作るのに適した場所がかぎられており，一つの池からの収穫量も年にバケツ数杯ということで，はたしてタンパク質供給源として十分なのか，という心配もある。

次に家畜飼育であるが，こちらは大規模にやれば，かなりの量のタンパク質を供給できると期待される。しかし，そういった大規模な共同飼養が果たして可能なのか，場所やエサを準備できるか，という点についてはまだ不明確である。もう一つの深刻な問題が，病気への対処である。実は，2008年にワンバを訪れてみると，コンゴ赤道州北部にブタの疫病が流行し，ジョルの共同飼養組合のブタを含め，ワンバ近辺のブタはほとんど全て死亡してしまっていた[21]。大規模な共同飼育は，つねにこういった危険性をはらんでいるのである。

また，人びとの嗜好の問題もある。老人には「家畜は村で汚いものを食べているので，その肉も汚い。森の動物の肉の方がいい」という意見をもつ人が多いそうである。しかし，若い世代ではそのような考えを持つ人は少ないといい，これは時間が解決する問題かと思われる。

---

20) 当時のレートで1コンゴフラン≒0.2円。
21) 佐藤（本書第7章）にも，「放し飼いにされているこれらの家畜・家禽はしばしば病気で死ぬ」との記述がある。

ローカルNGOによる自然保護活動

　ボノボをはじめとする動物相に関しては，ワンバ地域では1990年に「ルオー学術保護区」が制定され，曲がりなりにも法的な保護が行われるようになっている。一方，この地域でいくつも設立されているローカルNGOにおいても，その綱領に「自然保護」をうたうものが多くなっている（Lingomo & Kimura 2009）。関係者の話によると，こういった動きの背景には，以下のような考えがあるようである。
- ・自然保護活動によって，先進国からの自然保護関係の寄付を引っ張ってこようという意図
- ・エコツーリズムなどの資源としての自然を守ろうという意図
- ・自分たちは「森に生きてきた」人びとであり，森を壊すと生きていけなくなる，という危機感

このように背景は様々なのだが，いずれにせよ，土地の人びとが自分たちの手で森の動物相，植物相を守っていこうという活動が出てきているのは歓迎すべきであり，我々研究者もできるかぎりの援助を行っていきたいと考えている。

15-6 ▶ 地域の未来と定点観測の意味

　この論文で見てきたのは，広大なアフリカ熱帯林中の，ワンバ地域という一点の事例にすぎない。ここで記述した状況が，アフリカ熱帯林にどの程度一般的に適用できるのかという問題については今後の研究に待つしかないが，30年以上にわたる「定点観測」のデータを提示できたという点では，「森棲みの生態誌」研究に一定の貢献ができたのではないかと考えている。

　地域の問題は，タンパク質供給一つを取っても，生態学的な枠組みだけでは収まりがつかず，政治・経済的な問題，さらには文化的な問題をも視野に入れなければ扱うことはできない。この点が，我々が本章をまとめていて痛感されたことである。今後，ワンバ地域を含めたアフリカ熱帯林の多くの調査地で，熱帯林の将来を考えるためのデータを増やしていく必要があると筆者らは感じている。

第16章

林 耕次

バカ・ピグミーのゾウ狩猟

16-1 ▶ はじめに —— ゾウを倒すバカ・ピグミー

　2002年4月14日の夕暮れ時に，バカ・ピグミーの男性 BA が，単身で森のキャンプに戻ってきた。前日の午後に兄の MO がメスのゾウを倒したとのことである。場所は，キャンプから3時間ほど歩いた Mojili と呼ばれる小川の上流付近ということであった。BA の話によると，ゾウ狩猟の名手 MO は，当初オトナオスを狙い，ライフル銃で3発撃ったのだが，急所には当たらず逃げられてしまったという。しかし，近くにとどまっていたオトナメスは，すぐにその場から逃げようとしなかったらしい。MO はライフルの弾を使い果たしたので，BA の持っていた散弾銃と弾を借りて，銃筒に sala と呼ばれる小型の槍を挿入し，メスめがけて発砲した。槍が横腹に命中したあと，メスは数百 m 歩き続け，やがて力尽きて地面に横たわったという。後を追っていた MO と BA は，メスの腹にとどめとなる槍を数か所刺した。そのとき，すでに周辺は薄暗くなり始めており，解体は翌日以降に行うという判断をし，キャンプに帰ってきたらしい。

　——これは，筆者がゾウの解体作業に立ち会った，カメルーン東南部に居住するバカ・ピグミーによるゾウ狩猟の描写である。ゾウ狩猟は今日でもかれらの生活にしっかりと根を下ろしている。本章では，筆者自身がゾウ狩猟に同行した記録をもとに，バカの社会と文化のなかのゾウ狩猟の意味について考えることを第一の目的としたい。

　しかし一方で，かれらの文化は否応なしに，外部社会との関係のなかで変化している点を指摘せざるを得ない。そのことを端的に示す事例をもう一つ挙げてみよう。2009年6月15日付けのカメルーン発のインターネットニュース Le jour の記事は，Boumba et Ngoko: La sécurité renforcée dans les réserves (「ブンバ・ンゴコ：保

護区におけるセキュリティ強化」）との見出しで，森林・野生動物省（La Ministère des Forêts et de la Faune（MINFOF））が，カメルーン東南部の広範囲において密猟者を掃討したことを報じた。それによると，14名の逮捕者が出た上，密猟による獣肉や銃，罠用のワイヤー，山刀なども押収されたという[1]。押収された獣肉のなかには，ゾウの肉も含まれていたようである。筆者は1998年以来，カメルーン東南部のN村を拠点に調査を続けているが，伝え聞いたところによると，N村周辺地域でも数名の農耕民が摘発されたとのことであった。かれらは過去にも象の密猟に関わったことがあり，銃を不法所持していたという。現時点でバカの人びとが摘発されたとの情報は得ていないが，ゾウを含めた野生動物の狩猟活動に対して，今まで以上に厳しい目が向けられるようになることが予想されるニュースであった。

本章ではここに挙げたような，狩猟活動に関連する現代的な課題，すなわち狩猟規制の問題や獣肉をめぐる社会経済的な状況についても言及したい。

16-2 ▶ ピグミーのゾウ狩猟に関する先行研究

ピグミーは，低身長の人びととして知られる。（「ピグミー」についての詳細は，安岡（本書2章）および北西（『社会誌』第2章）を参照されたい。）小さな人びとが，地上で最も大きい動物のゾウを槍一本で狩るというドラマティックな言説は，ピグミーの名を著名にする逸話として広く知られている。

本節では，バカ社会におけるゾウ狩猟を理解するための背景として，バカを含めたアフリカ熱帯林のピグミー系狩猟採集民の狩猟活動，特にゾウ狩猟についての先行研究を瞥見しておく。

ムブティ・ピグミー

コンゴ民主共和国（旧ザイール）のイトゥリの森に住むムブティを対象とした研究では，集団猟である網猟や弓矢猟，槍猟の他，多様な罠猟に至る多彩な狩猟方法が記載されている（Turnbull 1961; Harako 1976; Tanno 1976; Hart 1978; 市川 1982）。ムブティと同じイトゥリの他地域に居住しているピグミーであるエフェでも，犬を勢子に使った弓矢猟の事例が報告されている（Terashima 1983）。

ムブティのゾウ狩猟については，C.M. ターンブルの記載があるが（Turnbul 1961），その生態人類学的な詳細は原子令三によって初めて明らかにされた（Harako 1976）。原子は狩猟としてはより一般的なダイカー類を対象とした網猟に対比させ

---

[1] http://www.lejourquotidien.info/index.php?option=com_content&task=view&id=5021&Itemid=61（最終確認 2009 年 7 月 4 日）。

ながら，ゾウ狩猟の特殊性について言及している。熟練者トゥーマ（*tuma*）によるゾウ狩猟は，通常の狩猟活動である網猟や罠猟と比較して，祝祭的な要素を持つと記載している。市川光雄も槍によるゾウ狩猟について記録しており（市川 1982），ゾウ狩猟では特別な狩猟者の存在が不可欠であり，肉の多さに対する人びとの期待が，単調な社会生活を営む上でのアクセントになっていると記している。

アカ・ピグミー

　中央アフリカ共和国からコンゴ共和国に居住するアカ・ピグミーの調査では，網猟・罠猟を中心とした狩猟の実態が明らかにされてきた（Bahuchet 1985; 竹内 1995; Kitanishi 1995; Noss 2000）。

　アカによるゾウ狩猟については，S. バウシェによる民族誌がある（Bahuchet 1985）。そこでは，ゾウ狩猟の過程，肉の分配，交易品としての象牙について言及されている。またゾウ狩猟の熟練者トゥーマの技術的な民俗知識を中心とした民族誌的記述がなされている。

バカ・ピグミー

　バカのゾウ狩猟については佐藤弘明と安岡宏和の，銃猟によるゾウ狩猟の記載がある（佐藤 1991；安岡 2004）。安岡は，彼の同行した長期狩猟採集行「モロンゴ（*molongo*）」のなかで銃によるゾウ狩猟を確認している。

　ゾウ狩猟と儀礼との関係については，D.V. ジョワリが，バカにとって最も権威があるとされる森の精霊「ジェンギ（*jengi*）」とゾウおよびゾウ狩猟との関連性に言及している（Joiris 1993）。コンゴ北部のバカを対象とした佐藤は，ゾウ狩猟従事者の経歴と食物禁忌に関する考察を行い，ゾウの狩猟者は自ら仕留めたゾウを食べることを徹底して禁じられるという現象を記載している（佐藤 1993）。

　しかし，これらの研究では，実際のゾウ狩猟の様子については触れられていない。さらに現在では，狩猟規制の強化に伴い，ゾウ狩猟の機会は激減していると思われ，実際のゾウ狩猟の機会に立ち会うことは今後いっそう困難であると考えられる。その意味で，本章の記載は価値があると考える。

　上にみたピグミー系狩猟採集民のゾウ狩猟には，共通する特徴を見て取ることができる。ゾウおよびゾウ狩猟はかれらの文化のなかで中心的な位置を占めており，原子はゾウ狩猟の興奮を「祝祭的要素」と表現した。儀礼との結びつきも顕著である。またゾウ狩猟の熟練者は共通して「トゥーマ」と呼ばれている。

16-3 ▶ バカの概況と調査方法

バカ・ピグミー

　バカはカメルーン東南部を中心に，中央アフリカ共和国，コンゴ共和国，ガボンに居住している。人口はカメルーン東部州，ガボン，コンゴ共和国をあわせて約2万5000人 (Hewlett 1996) とも，3万3000人 (Cavalli-Sforza 1986) とも記されている。また，ジョワリは，カメルーンの東南部には約2万5000人のバカが居住していると推定している (Joiris 1998)。バカ語はウバンギ系に属するが (Bahuchet 1993; 木村 2003)，地域の共通言語として，簡略化したフランス語が使われることもある。

　もともとは森林のなかで遊動生活を送っていたと考えられるバカだが，1950年代以降の定住化政策の結果として，現在のバカは，大半の世帯は幹線道路沿いで近隣の農耕民とほとんど変わらない土壁作りの住居を構えている。集落の後方に広がる二次林の先には，自ら伐採して開いた焼畑やカカオ畑を所持している。しかし，農耕の合間には，周辺の森で狩猟採集活動を営んでおり，特に乾季のあいだには数人から，多いときは一集落全ての人びとで森に移動してキャンプ生活を営むことがある。森での滞在期間も，数日からひと月以上と様々である（安岡 本書第2章，第14章）。

　調査を行ったカメルーン東南部は，標高500m前後の全体としては平坦な地形に，河川が谷を刻んでいる。植生は半落葉樹林 (semi-deciduous forest) に分類されているが，ところどころにバカ語で *bai*（バイ）と呼ばれる草地が点在している。ヨカドゥマにおける年間降水量は約1500mmで，季節は12月から2月の大乾季，3月から5月までの小雨季，6月から8月半ばまでの小乾季，8月半ばから12月までの大雨季に分かれる。

調査方法

　筆者は1998年以来，バカ・ピグミーの調査を行っているが，本章では，2001年2月から7月と2002年2月から6月までの調査資料を中心に，記述と分析を行った。いずれの調査もカメルーン東南部N村とその周辺地域を主な調査地としている。調査言語はバカ語を中心に，カメルーンの公用語であるフランス語や英語も用いた。聞き取り調査では，歴史的な経緯を踏まえた調査地の状況，ゾウ狩猟従事者の個別のライフヒストリー，生業や社会関係に関する内容が話題の中心であった。

　本章の対象となる2回の調査では，長期にわたる狩猟採集キャンプの参与観察を行った。2001年の3月中旬から4月中旬に同行したキャンプと5月初旬から6月

中旬に同行したキャンプでは，いずれも一か所にとどまる様式のキャンプを観察した。2002年の3月中旬から4月中旬に同行したキャンプは，キャンプ地を何度か移動させながら滞在を続ける様式の長期キャンプであった。

ゾウ狩猟については，1998年から1999年に観察した狩猟および，狩猟者数名へのインタビューから得られたハンティング・ヒストリーも参考にした。

16-4 ▶ バカの狩猟活動

狩猟活動の概観

本節では，まずバカのゾウ狩猟以外の狩猟活動を記載し，ゾウ狩猟の特徴を浮かび上がらせてみたい。今日のバカの主な狩猟法は，跳ね罠猟と銃猟であり（佐藤1991；林2000；安岡2004；Yasuoka 2006a, 2006b，本書第14章），他のピグミー系狩猟採集民にみられる集団網猟や弓矢猟は現在行われていない。

跳ね罠猟は，アフリカ熱帯林で広く行われている狩猟法である（森1994；竹内1995）。バカの跳ね罠猟は農耕民から伝わった方法であると考えられ，農耕活動が主体の定住的な暮らしに適応しているといえる。主要な対象種は，森林性のアンテロープ類であるブルーダイカー，ピーターズダイカー，セスジダイカーなどである。

銃猟を行う際に使用されるのは，散弾銃とライフル銃である。散弾銃では使用する弾や付属品のバリエーションで，対象動物に対応させた方法が実践されている。通常の散弾は射程距離が長く，細かい弾丸で致命傷が与えられる小型のブルーダイカーや中型のピーターズダイカー，セスジダイカーなど，それに樹に登ったまま地上の様子をうかがっているオナガザル全般も対象である。長期のキャンプ滞在の場合は，カワイノシシも対象種となる。また，通常の散弾の先に，指先ほどの鉛塊を取り付けた改造弾を使う場合もある。このときの対象種はゴリラやスイギュウ，ゾウといった，大型の動物である。また，salaやkakiと呼ばれる，柄のついた短い槍を散弾銃の銃筒に収めて発射するというユニークな方法がある。散弾の発砲の勢いで槍を飛ばし獲物に突き刺しダメージを与えるわけだが，これが使われるのはゾウにかぎられている。命中すればダメージは大きいが，通常の散弾よりも射程距離が短く，ゾウには5mほどまでに近づかねばならないという。

殺傷力の強いライフル銃は，主にゾウ狩猟に用いられる。確実性が高い反面，使用する銃弾が高額であるため（弾一つ当たり1万2000CFAフラン），頻繁に使用されているとはいい難い。

農耕民からの委託による狩猟

　バカの狩猟は，しばしば農耕民からの委託という形で行われる。農耕民はバカに銃を貸し与え，得られた獲物の一部を受け取るのである。正確にいうと，委託狩猟では，「弾の所有者」が「獲物の所有者」ということになっている[2]。（ただし，獲物を仕留めた狩猟者は，原則として内臓と頭部，皮，胸の肉などを報酬として受け取る。）このことから以下のような複雑な関係が生じる。ライフルの弾は高額であることから，通常はバカが農耕民からライフル銃を借りても，弾も同じく農耕民のものということになる。だが散弾銃を借りた場合，散弾は比較的安価（600CFAフラン）であるため，獲物の本体そのものが弾の購入者であるバカのものにもなりうるのである。

　このように，稀にバカ自身が銃弾を所有している場合がある。そのときは，バカが獲物の所有者となる。獲物を仕留めた狩猟者のバカと銃弾の持ち主のバカが異なる場合，獲物は当然後者のものとなるが，解体後の分配では獲物の持ち主から狩猟者へ，通常の返礼としての頭部や胸部の肉の分配とは別に，四肢の一部を報酬として渡すなどの配慮がある。散弾銃を携えたバカの狩猟者に聞き取りを行った際，いくつか携えている散弾それぞれが，誰の所有であるのか，つまり仕留めた獲物の所有権が誰にあるのかをよく認識していた。

　ただし，ゾウ狩猟の場合，肉が大量に手に入るため，上記の原則が崩れることになる。カワイノシシ，ダイカー，サルなどでは銃弾の所有者すなわち獲物の所有者が四肢などの大半を取得し，その多くは販売にまわされる。しかし，ゾウの場合は肉を販売にまわすことが少ないので，肉の大半はバカが取得し，獲物の所有者である農耕民は，象牙など販売できる部分を取得することになる。

政府の狩猟規制

　冒頭に述べたように，現在のカメルーンでは，様々な狩猟規制が行われている。まず，鋼鉄製のワイヤーを使用した罠猟が禁止されている（Government of Cameroon 1994）。（ただし，自然素材を用いた罠猟は禁止されていない。）ワイヤーの入手は容易であり，比較的労力が少なく効率的に獲物を得ることができることから，野生動物の個体数減少に伴う生態系への影響が懸念されているのである（Noss 1998; Yasuoka 2006b）。またカメルーンの狩猟法では，銃を使った狩猟も，正式に許可を受けたもの以外は禁止されている。このような状況から，バカが現在行っている狩猟活動の

---

[2] バカ語では，モノの「持ち主」を表す言葉として *momolo* という語が使われる。たとえば狩猟のさいに銃，銃弾，ワイヤーなどの持ち主を尋ねる場合，あるいは獲物の持ち主を尋ねる場合には，"*momolo naka bo?*"（「これは誰のものか？」）と聞く。質問を受けたバカは，各自が認識している範囲で人の名前を答えてくれる。

大半は「違法」といえるのである。

　バカの慣習的文化に根づいたゾウ狩猟であるが，自然保護の立場からはゾウは絶滅危惧種としての指定を受けているのもまた事実である（服部2004，林2008）。密猟の取り締まりの強化と共に，以前よりバカによるゾウ狩猟も頻繁ではなくなってきている。しかし実際には，バカに対して徹底した指導が行き渡っているとはいい難い。さらに，象牙の入手を目的に，バカの狩猟者にゾウ狩猟が依頼されているということもある。バカは見返りに，大量の肉と金銭の報酬を得るのである。この場合，バカの狩猟者も密猟者と扱われても仕方がないであろう。

16-5 ▶ バカ文化のなかのゾウ

　バカ文化のなかで，ゾウの存在は特別の位置を占めているといえる。表16-2はバカ語におけるゾウの名称分類についてまとめたものである。バカ語ではゾウを ya と総称するが，性別や成長段階による分類は，他の動物と比べてバラエティに富んでいることがわかる。この他にも，たとえばゾウの集団やゾウの通り道についても，特定の呼び方がある。また物質文化として，ゾウの耳などを乾燥させて道具箱を作るほか（図16-1），ゾウ解体後の骨を「擂り石」代わりに使う様子が観察された。

　儀礼的な関わりについてはジョワリも指摘しているように，ゾウ狩猟が行われることを前提とした森行きの前には，森の精霊（me）の頂点に据えられているジェンギを森から呼び寄せ，ゾウを仕留めるための力を授かる精霊パフォーマンスが開催されることもある（Joiris 1998）。

　ゾウ狩猟の熟練者は，ムブティやアカと同じくトゥーマと呼ばれている（図16-2）(Harako 1976; Bauchet 1985)。トゥーマのゾウ狩猟歴をインタビューしたところ，話を過去に遡りながら「どこで，誰と，どのように，どんな年齢・性別のゾウを仕留めたか」ということが事細かに記憶されていることが明らかになっている（表16-1）。この表は，あくまでも聞き取りによる資料をまとめたものであるが，各項目について周辺の人びとの言説などとも合わせて比較的信憑性の高いと思われる事例をカウントした。トゥーマは，主に親族関係にある年上の狩猟者に同行する経験を通じて，必要な技術と知識を身につけるようである。狩猟者が銃を使うようになったとしても，すぐさまゾウを仕留められるわけではない。ある熟練したトゥーマによると，「初めはダイカーなどの小型動物，次にカワイノシシなどの中型動物。そうした経験を積んだあとに，ゴリラやゾウを仕留める狩猟者となる」とのことであった。やがて，仕留めたゾウの頭数や性別，年齢のちがいなどといったゾウ狩猟の経験に応じて，周辺の人びとからトゥーマとして認められる。ただし，少数のゾ

360 | 第IV部　森でとる

表 16-1　調査地 (No. 1–14)、および調査地近郊部集落 (No. 15–20) でのゾウ狩猟者「トゥーマ」とゾウの狩猟成果

No.	集落名	首長経験	名前(仮名)	推定年齢(2002.6)	クラン	父がトゥーマ	合計	seme(老年オス)	kamba(壮年オス)	mosembi(成年オス)	mombongo(青年オス)	likomba(壮年メス)	supa(成年メス)	esube(子ども)
1	C		Kob	38	makombo	○	12		1	2	2	6	1	
2	A		Ngi	55	ndongo	○	16		8		1	7		
3	A	○	Eju	42 (1998死去)	ndongo	○	(29)	(4)	(17)	(4)		(4)		
4	A	○	Men	50	mopanje	○	4		1	1	1	1		
5	A	○	Mog	38	mopanje	○	2			1		1	1	
6	M3	○	Eve	53	njembe	○	5		1			3		1
7	M3		Bak	48	makombo	×	1							
8	M1	○	Mas	72 (2000死去)	likemba	×	(16)		(3)		(3)	(7)	(3)	
9	M1		Mob	46	makombo	×	22		1	8		7	5	1
10	M1	○	Gas	45	mokoumo	○	23		3	6	5	6	2	
11	M1		Mba	57	likemba	○	1							1
12	M1		Anj	53	yanji	○	17	1	1	7	2	3	1	2
13	M2		Nde	53	makombo	○	4			2	2			
14	M2		Bom	42	makombo	○	2					2		
	J		-											
						sub-total	109 (45)	3 (4)	16 (20)	27 (4)	13 (3)	36 (11)	10 (3)	4
15	Mi		Meo	48	likemba	○	40	1	14	12	2	11		
16	Mi		Ben	43	likemba	×	6			2		4		
17	Mi		Yan		monguele	○	8		7	1				
18	Bo	○	Nda	53	monbito	○	28	1	7	3	2	14	1	
19	Bo		Ban	45	ndum	×	36	1	15	5	3	11	1	
20	Bo		Cac	42	makombo	×	4			1	1	2		
						sub-total	122	3	43	24	8	42	2	0
						total	231 (45)	6 (4)	59 (20)	51 (4)	21 (3)	78 (11)	12 (3)	4

倒したゾウの頭数で、括弧は本人が死去してしまったため、親族や近親者から聞いたもの。
狩猟対象は、表16-2に対応。

表16-2　バカ語によるゾウ，および主な大型哺乳類の名称分類

ゾウ

	オス	メス
老年	*seme*	
壮年	*kamba*	*likomba*
成年	*mosembi*	*supa*
青年	*mombongo*	(*bendumu*)
少年	*esube*	(*aluma*)
幼年	(*epusa*)	(*epunje*)
グループ	*liphanda*	

※ *tende*: grand morcean de defense d'run morcean gros et court.（大きく，短い象牙）を持つゾウ，ということばもある。

ゴリラ

総称	*ebobo*
オス	*njele/ngile*
メス	*nyagole*
コドモオス	*kalafe*
コドモメス	*mangomke*
シルバーバック	*ndonga*
グループ	(*bongya*)

チンパンジー

総称	*seko*
大きなオス	*bongo*
コドモ	*njale a seko*

アカスイギュウ

総称	*mboko*
オトナ	*mombiti*
ワカモノ，コドモ	*songo*

カワイノシシ

総称	*fame*
ワカモノ	*mobuma*
コドモ	*bange*

Brisson & Boursier (1979), Brisson (1984)，および聞き取りにより作成した。表内の括弧は，辞書で確認したものの調査者からは確認できなかった名称を示している。

ウしか仕留めたことがない狩猟者が自らをトゥーマと名乗っても，周辺の人物はそれを認めないといった場合もある。

　佐藤が述べているように，ゾウを仕留めた狩猟者（主としてトゥーマ）は，自らが仕留めたゾウを食べることはしない（佐藤1993）。これは，本章におけるいずれの観察時でも共通してみられており，中にはキャンプに滞在中，自分の仕留めたゾウの肉を調理した鍋や，それを盛りつけた皿すら一切使用しないという徹底した行動を実践しているトゥーマもいた。このように，バカのトゥーマは，ある種の自己犠牲を承知の上で，社会に肉を提供する役割を担っているといえよう。また，狩猟者が自分の仕留めたゾウの肉を食べることは，今後のゾウ狩猟の失敗につながると考えられている。それにもかかわらず自分の仕留めたゾウを食べるときは，すなわ

図 16-1　乾燥したゾウの耳。道具箱など，物質文化の材料となる。

図 16-2　ゾウ狩猟に赴くバカ・ピグミーのトゥーマ

ち,「自らゾウ狩りの狩猟者の役割りを終えるときである」と,あるトゥーマは語っていた。

　バカたちが,ゾウの肉に大変高い価値をおいていることも忘れてはならない。一度に大量の肉を得ることができるゾウ狩猟への期待は当然大きいし,ゾウはバカが好む脂肪を多く蓄えているという点でも,食肉としての人気が高いのである。また,ゾウの大量の肉は,狩猟採集民に特徴的といわれる分配行動が,他の狩猟事例に比べて広範囲に及ぶことになる。一頭のゾウを仕留めた時点で,狩猟活動を含む森でのキャンプ滞在が直ちに終了され,集落に帰って肉の再分配が行われることもある。

16-6 ▶ ゾウ狩猟の実際

筆者の観察したゾウ狩猟

　筆者が初めてゾウ狩猟に遭遇したのは,1998年から1999年にかけての調査中に,森林キャンプに同行していた際である。観察機会は二度あったが,いずれの場合もトゥーマがゾウを倒したとの報告を受けて,キャンプに居合わせていた一同と共に現場へと移動した。ゾウが倒れた場所に到着してからは,周辺に改めてキャンプが設置された。オトナのゾウである場合にはもちろんのこと,コドモのゾウであっても,その大きさは他の動物とは比較にならないサイズであるために,解体と肉の保存作業には多くの労力を要するからである。

　2001年の調査時には,その前回滞在時と比較して,WWFなどの環境教育活動の影響だろうか,狩猟活動全般についての規制と監視が厳しくなっていたように思われた。特に定住集落では,ゾウにかぎらず狩猟活動の内容と捕獲した動物や捕獲後の肉に関する情報は極力表面化しないように,という住民の緊張感が漂っていた。このような状況下ではあったが,2000年の11月から12月頃にかけて,3名のトゥーマによって合計5頭のゾウが倒されたという情報を得ることができた。2頭は集落M1の外れに住んでいるトゥーマMEによって,連続して倒されたという。2頭はつがいであり,オスの象牙は比較的立派なものであったことから,銃の持ち主である農耕民からはその報酬として,2万5000CFAフラン(約5000円)の現金も受け取ったのだという。ゾウを倒したあとは,近親の家族を集落から呼び寄せて,約10日間はゾウの肉を解体,加工するためのキャンプで過ごしたようである。ただ,このとき,分配のためのゾウ肉を近親のバカ以外には十分に提供しなかったために,集落に残る一部のバカのあいだでは不満があったようだ。残り3頭については,集落M1のMO,集落M3のBA兄弟と集落AのMEが共同で行った猟で倒されたと

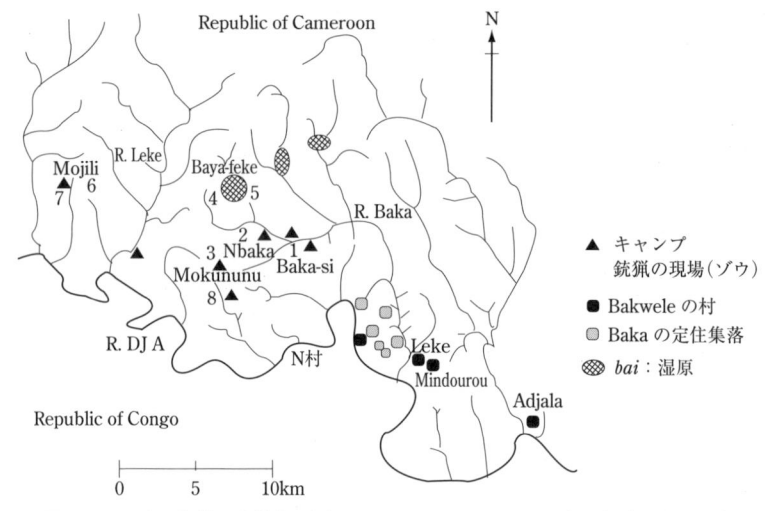

図 16-3　ゾウ狩猟の実施場所（1998，1999，2001，2002 年の観察記録より）

いう。2001 年の調査期間中，筆者はキャンプ滞在中に二度のゾウ狩猟に同行した。いずれもゾウを目の前にしながらも，狩猟そのものは失敗に終わったため，殺傷とそれ以降の様子を観察することはできなかった。

　2002 年の調査中には，トゥーマ MO によって 2 頭のゾウが倒された。これらいずれにおいても，ゾウを仕留めたとの報告を受けてからゾウが倒れた現場に向かって観察を始めた。以下では，各キャンプの様子から，ゾウ狩猟に至る過程，解体や現場での分配作業を含めた移動後の様子についてこれら二つの事例を詳細に報告する。

ゾウ狩猟活動の特徴

　図 16-3 は，筆者が同行したゾウ狩猟活動の位置を示したものである。これまで筆者が直接観察したゾウ狩猟の事例は 8 回で，それぞれの位置は図に記してある。8 つの事例のうち，実際にゾウ狩猟が成功したのは 5 回であり，2 回は発砲は行われたもののゾウには逃げられてしまい，1 回は接近中に感づかれて逃げられた。

　ゾウ狩猟キャンプの位置は，バカの定住集落から最も近いもので直線距離にして約 7km，最も遠いものでは約 23km であった。キャンプ設営中でもゾウ狩猟が成功すると，その地点に人が移動して新たなキャンプが設営されることになる。通常のキャンプでは，「水場が近い」「頭上が安全」「周辺が罠猟や野生ヤム採集に適している」などの条件によってキャンプの設置場所が決定されるが，ゾウ狩猟後のキャンプではゾウの倒れた地点がそのままキャンプ地になるので，こうした点はほとんど

表 16-3　ゾウ狩猟の実施記録（1998, 1999, 2001, 2002 年の観察記録より）

事例	日付	狩猟者	植生	狩猟方法	対象個体	成否
1	14 Nov.1998	GA	森林	改造弾	成雌	
2	14 Apr.1999	KO	森林	飛び槍	幼雌	
3	09 Mar.1999	MO	森林	ライフル	成雄	
4	05 Apr.2001	ME	バイ	飛び槍	成雄	失敗
5	19 Apr.2001	ME	バイ	飛び槍	(群れ)	逃亡
6	13 Apr.2002	MO	森林	ライフル	成雌	失敗
7	13 Apr.2002	MO	森林	飛び槍	成雌	
8	30 Apr.2002	MO	森林	飛び槍	成雌	

無視される。

　キャンプは，1回が11月であったのを除いて，他は乾季から小雨季にかかる3月か4月に実施された。雨季には長期のキャンプを実施するバカの集団はごくわずかである。

　表16-3の「狩猟者」は，実際に銃を発砲した者（成功の場合，ゾウを倒した者）を記してある。MOは8回のうち4回の狩猟者であり，調査地周辺では最も優秀なゾウ狩猟者として知られている。MOとMEは他の人間を伴って狩猟に赴いていた。GAとKOは，いずれも単身でゾウを追跡して，仕留めた。

　ゾウ狩猟は，2回はバイと呼ばれる広大な湿地原で行われた（図16-4）。バイは，ゾウがミネラル分を含んだ土を食べに来たり，日光浴や泥地での「遊び」のために集団で集まる所と認識されている。それ以外は，森林で行われた事例である。これらは，ゾウの足跡をたどったのちに狩猟が試みられた。バイでの狩猟はいずれも失敗に終わり，成功した事例はいずれも森での追跡後の結果であった。ゾウへの接近のためには，木々が生い茂った森林の植生の方が適しているのではないかと思われる。

　8回の狩猟のうち，ライフルを使用した狩猟は2回で，1回は改造弾が使われた。残りの5例は槍を差し込んだ散弾銃で実施されたが，事例5では発砲を試みる以前にゾウに逃げられ，事例4では発砲をしたものの，槍がゾウを貫かず跳ね返されてしまったという（槍先が曲がっていた）。殺傷力が強いとされるライフルを使用した狩猟でも失敗例があるように，このデータから見るかぎり銃の形式によって成功率には大きな差がみられなかった。狩猟者の技術的な要因も大きいと思われる。

　狩猟の対象個体は，失敗した事例のうち，発砲後に逃げられた事例4と事例6はいずれも成年オスであった。事例5は5頭以上の群れであったということで，個体の特定には至らなかった。ゾウを群れで発見した場合，まずは象牙が大きく，身体が大きいオスを狙うというのが狩猟者の共通した認識のようである。成功した5例のうち，3頭が妊娠中のメスであった。残りの1頭は象牙の大きな成年オス，1頭

図16-4　ゾウ狩猟は「バイ」と呼ばれる湿地原の周辺で行われることが多い

は肩高までが120cmほどの幼メスであった。妊娠中のメスが仕留められた頻度が多かったが，これは，妊娠中だと動きが緩やかで対象として狙いやすいからだという。

2002年のゾウ銃猟 (1)

　2002年4月に筆者が同行したキャンプでは，観察の当初からふたりのトゥーマEVとBAがそれぞれ銃を携帯していた。主な目標とされたのはカワイノシシ (fame) であった。当初の目的地としていたキャンプの手前 (C2) で，すでにEVによって，若いメスのゴリラが仕留められていた。しばらくそのキャンプに滞在した後，目的地のキャンプC3に移動したが，間もなく途中参加してきたトゥーマMOは，ゾウ狩猟専用ともいえるライフル銃を携帯していた。MOが当初からゾウ狙いの狩猟であることは明らかであった。

　4月11日の午後に，集落からキャンプC3に到着したMO，彼の弟BUとGOは，すでにキャンプ生活が続いていた兄弟のBAと共に，翌日から他のバカとは別行動をとって森の奥に入っていった。その晩になっても戻らない一行に対して，ベースキャンプC3に残った面々は，「すでにゾウを仕留めたのかも知れない」と話していた。13日はキャンプC3に残ったメンバー全員で魚毒漁が行われたが，4人がこの日も戻らなかったことで，ゾウ狩猟の成功を期待する声は高まっていた。14日の

夕暮れ時18時30分すぎに，BAが単身で戻ってきた。13日の午後にMOがメスのゾウを倒したとのことである。場所は，キャンプC3から3時間ほど歩いたMojiliと呼ばれる小川の上流付近ということであった。BAの話によると，最初MOは*kamba*と呼ばれるオトナオスを狙い，ライフル銃で3発撃ったのだが，急所には当たらず逃げられてしまったという。しかし，近くにとどまっていたオトナメス*likomba*は，すぐにその場から逃げようとしなかったらしい。MOはライフルの弾を使い果たしたので，BAの持っていた銃と弾を借りて，銃筒に小型の槍*sala*を挿入して，オトナメスめがけて発砲した。*sala*が横腹に命中したあと，メスは数百m歩き続け，やがて力尽きて地面に横たわったという。後を追っていたMOとBAは，メスの腹にとどめとなる槍を数か所刺した。そのとき，すでに周辺は薄暗くなり始めており，かれらは解体は翌日以降に行うという判断をしたらしい。4人は12日にBAが散弾銃で仕留めたカワイノシシの肉を少々の野生ヤムと共に焼いて食べたという。また13日に採集した蜂蜜もあったと話していた。

　ベースキャンプC3に滞在していた全てのバカは，さっそく翌15日の朝から移動を始めた。荷造りを済ませたのち，7時45分に出発。道中で新しいゾウの足跡を見ては，BAが今回のゾウ狩猟との関連について説明をしてくれる。「ここで初めに発見した」，「ここに立ち止まっているときに銃を撃ったが，あちらに逃げていった」，「*likomba*を撃ったあと，この足跡を追跡した」等々。1回の休憩（約20分）をはさみ，ゾウが倒れている地点に到着したのは10時55分であった。MOら3人はすでに解体を始めており，倒れたゾウの右側面の肉を切り出していた。無数の蠅が飛び交い，解体に伴う臭いとあいまって，辺りは壮絶な光景であった。ゾウ狩猟ではゾウを仕留めゾウが力尽きて倒れた地点で解体作業が始まるために，通常のキャンプのようにキャンプの位置を主体的に選択することはできない。特に，水の確保に苦労させられることが多いようだが，このときはゾウの倒れた場所から十数mのところに，小さいながらも水の流れがあってその問題は解消された。バカの女性は到着後，荷物を降ろして休む間もなくドーム型の簡易住居*mongulu*作りに取り掛かった。男性陣は，解体したあとの肉を保存するための巨大な棚（*fanda*）作りと，その棚の下に火を熾すために必要な，大量の薪木採集に取り掛かった。ゾウ狩猟に立ち会った4人は，すでに雨をしのげる程度の簡易住居（*tete*）と肉の乾燥棚を作り終えており，解体作業とその肉の運搬に集中している（図16-5）。

　ゾウの解体作業は，斧で分厚い胴体の皮に切れ目を入れ，ナイフや柄を外した槍の刃先で皮を剥ぎ取っていくことからはじまる。皮を剥いだあとに現れる肉を手ごろな大きさの塊として切り出し，棚に運んでいく。市川によると，ムブティの場合は部位ごとに細かく分配のルールが規定されているが（市川1982），バカの解体作業をみるかぎりでは，鼻など一部の部位を除いては特定の部位ごとの一次分配は見られなかった。腹側の肉を切り出したあとは，内臓を取り出す。体内からは，全

図 16-5 ゾウの解体の様子

長 1m 弱の胎児が出てきた。妊娠していたゾウであったために，狩猟のときにオスが逃げたにもかかわらず，メスはとどまっていたのだと BA が説明してくれた。胎児も別の青年によって解体された。胎児の皮はそのままで，ほぼ同サイズのカワイノシシの解体に近いやり方で部位ごとに分けられたが，内臓と鼻以外の頭部は放置された。一方，オトナメスの内臓はそれぞれ巨大なものであるが，心臓と消化器系（胃・小腸・大腸）のみが食用とされ（表 16-4），他の部位はその場に放置された。あばら，背中は斧を使って切り出された。頭部の解体は，2-3 人がかりである。頭部はこめかみの部分と鼻が食用とされる。それらが切り出されると，頭部は象牙を残したまま脇の方へ置かれる。内臓の内容物がその場で捨てられることもあり，解体現場は立ち眩みがするほどの臭いに覆われるが，バカの男性は構うことなく解体と運搬作業を続けた。右の前足と後足を付け根の関節部から取り外して，ようやく半身の解体終了である（12 時 15 分）。

ここで，あとから到着したメンバーの青年層が中心となって残り半身の肉の切り出しが始まった。簡易住居作りを終えた女性のなかには，早速ゾウ肉を調理し始めている者がいた。解体当日ということで，骨のまわりについた雑肉部分を，クズウコン科の植物の葉に包んで熾き火で焼くか，鍋で煮ていた。

図 16-6 はキャンプにおける住居の設営状況と，干し肉を作るための棚の位置を示したものである。棚の数は五つで，それぞれの小屋が棚に向き合うようなサブグ

表16-4 解体後の部位名称と食用・用途

バカ語	部位名	重量*	解体者取り分	解体後調理	商品価値
joe	頭部	5.3	○		
toe	あばら中央	2.0		○	
gende	肝臓	1.8		○	
timi	心臓	0.3		○	
folofolo	肺臓	0.7		○	
gale	あばら	1.9×2			○
gaungole	胸部側面	0.9		○	
janja	腸	1.3		○	
bue	胃			○	
be	前脚	2.8, 3.0			○
kue	後脚	5.9, 5.6			○
koto	皮	―	○		
	合計	33.4			

＊特に複数の記載がない部位については，Dの棚でキャンプ移動前に残った部位全体の燻製肉重量を示す．

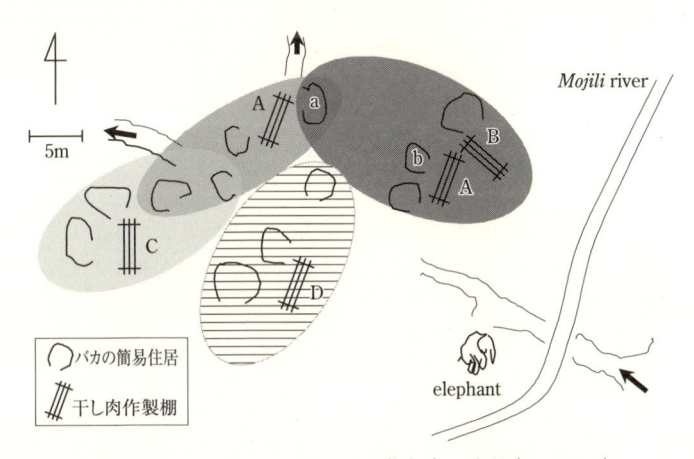

図16-6 キャンプMojiliでの居住と肉の分配（2002.4.14）

ループ（楕円で示した）で建てられていた．棚にはそれぞれのサブグループに対応するアルファベットの大文字で名前をつけた．ゾウの解体，干し肉の管理，分配の作業には，各世帯主にあたる男性が従事していた．なお，CのサブグループでAと重複している二つの世帯は女性と子どもの世帯である．

aは，ゾウを仕留めた銃と弾を農耕民から借り受けた狩猟者BAの世帯である．彼は，のちに集落に戻ったあとで銃の所有者である農耕民に，象牙とゾウの干し肉の一部を渡すことになる．bはBAの兄であり，BAから銃を借りてゾウを仕留めた狩猟者MOである．MOも別の農耕民からライフル銃を借りていたが，それを使って試みたゾウ狩猟が失敗に終わり，その後はBAの銃を借りてゾウ狩猟を成功させ

表 16-5　事例 7 におけるゾウ肉の分配量（2002.4.18 キャンプ撤退前）

棚	重量 (kg)	片数 (片)	一片あたりの重さ (kg)	備考
A	74.9	85	0.88	依頼者の肉を含む
B	59	53	1.11	ゾウを倒した者を含む
C	53	59	0.9	
D	45.7	91	0.5	
計	232.6	288	0.81	

※狩猟後 5 日目の燻製肉の重量は，解体直後の約 40% になる。

た。

　AとBの二つの棚はゾウ狩猟に携わったa，bが中心となって作られたもので，鼻の肉と半身の肉が 14 日の午前中から処理された。CとDは，ゾウ狩猟の成功の知らせを受けてのちに到着したグループであり，AとBの作業終了後に作業を行った。各棚ごとのゾウ肉の重量は，作業から 4 日後の 4 月 18 日の早朝に計測したものである。このキャンプ滞在中は，絶えずゾウ肉を調理していたことと，燻製作業によって，生肉の状態から半分以下の重量になっている点を断っておく。Aでは，銃の所有者である農耕民に渡す肉を含んでいるため，棚は 2 カ所に分けられ，肉の重量も多い。それ以外は，世帯数と人数の割合に比較的対応させるとほぼ均等である（表 16-5）。

　ゾウ狩猟キャンプに滞在中は，ゾウ肉の乾燥作業と同時に，主食となる野生ヤムの採集，蜂蜜採集が行われた。とりあえず十分な肉が確保されたことで，このあと定住集落に戻る手筈は整ったが，人数に見合った重量の荷物にすることが必要であった。キャンプでの食事と，肉の乾燥による重量の軽減を図り，ベースキャンプ C3 に移動したのは 4 月 18 日の正午前であった。ゾウの肉は豊富だが，主食食物が不足していたので，19 日は野生ヤム採集と蜂蜜採集が行われた。20 日には，キャンプのメンバーの大半が集落に戻るためにベースキャンプ C3 と定住集落のあいだに設置した別のキャンプ C1 に移動したが，トゥーマの MO と BA，その弟の BU の 3 人は，引き続き罠猟と銃猟を続けるためベースキャンプ C3 に残った。

　4 月 18 日のキャンプ C5 の撤退前に，各サブグループ内での分配が実施された。サブグループDの 3 世帯には，それぞれ目分量で分けられ（27 片 15.6kg，24 片 12.7kg，21 片 11kg），残り 19 片 6.4kg は他のサブグループに分配された。集落に戻るまでは，毎食のように燻製にしたゾウ肉が食べ続けられたが，集落到着後の 4 月 22 日 - 25 日のあいだに，キャンプに参加していた 10 世帯より，それぞれ 2-7 名に対し，ひとり当たり 1 片から 3 片の分配が確認された。

　なお，集落に到着後，委託を受けていた BA は，ゾウ狩猟の依頼者であった農耕民（銃と銃弾の持ち主）に象牙一対（5kg）と，貴重な鼻の肉を含む，持ち帰った干肉

の約半分（約 45kg）を渡したという。

2002 年のゾウ銃猟（2）

　キャンプ C3 に残った MO らが集落への帰りに Mokununu と呼ばれる森で，再び妊娠した *likomba* を仕留めたのは 4 月 30 日であった。5 月 1 日の晩に MO が単身集落へ戻り，妻や姉妹，娘夫婦などに報告したのち，彼は 2 日の早朝に再び Mokununu に戻った。筆者は 3 日の早朝に，集落 M1 の住民と共に Mokununu に向かった。6 時 25 分に出発して途中三度の休憩を行い，キャンプに到着したのは 13 時 20 分であった。定住集落からは北西方向，直線距離として 12.2km の位置であった。

　MO，BA らは，筆者を含めた一行が C3 をあとにした 4 月 20 日以降，3 日間 C3 にとどまり，24 日に C2 で一泊したのち，C2 を拠点としてゾウを追跡したという。ゾウを倒した 30 日からは Mokununu に滞在していた。その知らせを聞いたのちキャンプへ移動した合流組は，先のキャンプを形成していた集落 M3 中心の人びとではなく，MO が住む集落 M1 の人びとが大半を占めていた。

　ゾウはすでに解体が終わっており，骨が残るのみであった。たびたび続いた降雨のために，解体現場周辺の汚物は流されていたようだが，残骸から漂うアンモニア臭が周囲を被っていた。小屋と肉の乾燥棚は，解体現場から 30m ほど離れた場所に設置されていた。キャンプ脇の谷間に水が湧き出しており，水量は豊富でないものの水源としては申し分なかった。

　肉を乾燥させるための棚は当初大小のものが 5 か所にあり，ゾウ狩猟時のメンバーが 3 人のみであったため，一つの簡易住居周辺に接近して組まれていた。最大の棚は，ゾウの所有者（＝銃弾の所有者）である農耕民の肉が中心を占めていた。二つの大きめの棚は，MO と BA が管理するものだった。残り二つの中型棚は 3 人のなかで年少の BU が管理していた。先の事例同様，ゾウを仕留めたのは MO であったが，銃と弾は BA が委託されたものであったために，農耕民に渡る分の肉の管理，集落から到着したバカへの分配は，BA が中心となって途中参加の青年らに指示を出していた。

　筆者が到着した 5 月 3 日の夕方には，MO が自分の管理する棚からおもむろにいくつかの肉塊（それぞれ 1.5kg ほど）を取り出し，妹や娘など近親女性 3 人に，その晩に食するための分として手渡していた。この時点では，各戸ごとの厳密な分配は観察されなかった。5 月 4 日の朝食後，棚に乗った肉の整理と分配が行われた。5 つあった棚のうち 3 つは解体され，以後干し肉は各戸内のそれぞれで管理された。参加者のなかの 3 人の青年は，早々に帰村した。妻を伴った大半の男性，あるいは妻のみの参加者は野生ヤムの採集に出かけ，一部の男性は銃を担いでの森歩き，あ

るいは蜂蜜採集に出かけていた。

16-7 ▶おわりに —— バカにとってのゾウ狩猟の意味とその将来

　本章では，筆者が実際に観察したバカ・ピグミーのゾウ狩猟の記述を中心に，現在のバカにとってのゾウ狩猟の位置づけを試みた。

　ここまでみてきたように，バカのゾウ狩猟は，主にゾウの肉を獲得することが目的とされており，その意味で基本的にはゾウ狩猟は食糧確保のための「生業狩猟（subsistence hunting）」であるといってよいだろう。この点で，象牙の違法売買を最優先する「密猟者」とは目的が異なっているといえる[3]。象牙目的の密猟への関与であることも否定できないが，本章におけるバカによるゾウ狩猟への視点は，「食肉獲得のためのゾウ狩猟」というモチベーションを重視する立場をとる。

　他方で，野生動物の保護を目的とした狩猟規制がバカの活動に切迫していることも事実である。冒頭に紹介したニュース報道でも明らかなように，密猟と生業の一環としての狩猟の線引きはセンシティブな問題である。狩猟規制の問題は避けては通れず，今後はバカによるゾウ狩猟はいっそう困難であると思われる。

　ゾウは，精霊ジェンギを頂点とするバカの宗教的世界と深く関わっている。そして，狩猟のスペシャリスト，トゥーマは狩猟に関する豊かな知識や技術，経験を保持しており，その後継者となるべき新たな狩猟者が生まれてきていることも事実である。バカのゾウ狩猟は，銃を使っているとはいえ，必ずしも狩猟者にとって安全で確実な方法，手段であるとはいい難い。それでも，バカはゾウを狩るのである。「なぜ，ゾウを狩るのか？」との問いには，大人子どもを含めて，大半の男性が「*a wa mokose*（男だから）」と答えていた。

　本章で見てきたように，バカのゾウ狩猟は，トゥーマたちの生活手段と言うに留まらず，バカという民族そのもののアイデンティティにかかわる活動なのである。この視点に立って，ゾウ狩りを含む狩猟活動を，バカ自身の権利を考えるための手がかりとしていきたい。

---

[3] バカがゾウ狩猟で得た象牙は，一部の肉と共に，銃の所有者である農耕民に渡す。ただし，象牙の大きさによっては，農耕民から報酬としての現金がバカの狩猟者に渡されることもあり，この場合は一概に生業狩猟と位置づけることはできない。

第17章

稲井 啓之

出稼ぎ漁民と地元漁民の共存
── カメルーン東南部における漁撈実践の比較から ──

17-1 ▶ 伐採活動と共に活性化する熱帯雨林の漁撈

　近年，中部アフリカの熱帯雨林では，伐採事業をきっかけとした市場経済の活性化に伴い，人とモノの動きが活発化し，地域社会に大きな影響を与えつつある。熱帯雨林に暮らす人たちは，元来，低人口密度のなかで「森と人の共生」関係を維持してきた。伐採会社の参入による人口の集中や，食糧需要の増加など，社会・経済環境の大きな変化は，かれらの生活にどのような影響を及ぼしたのであろうか。本章では，熱帯雨林地帯の漁撈活動に着目し，あらたな変化について報告する。具体的には，次の2点が論点となる。1) 北方のサバンナ地帯から来た出稼ぎ漁民が，従来，熱帯雨林で行われていたのとまったく異なるタイプの漁法を始めたこと，2) それにもかかわらず，地元漁民はこれを許容して共生関係を築き始めていること。

　出稼ぎ漁民がカメルーン熱帯雨林に入漁するようになった背景としては，1990年代半ばに活発化した木材伐採事業と，それに伴う労働者のためのタンパク質需要の増加がある。カメルーンの熱帯雨林では，1970年代より木材伐採が始まっていたが，1994年の通貨切り下げにより，これまで採算の合わなかった奥地でも伐採が広く行われることになった。特に外資系の企業の参入がめざましく，年間の木材輸出量が1961年から1997年までのあいだに3倍近く増した (Bikié et al. 2000)。

　伐採活動の活発化は，周辺の道路の整備と，市場経済の浸透を促した。また，伐採基地への労働者の流入によって各種食料の需要が高まった。こうしたなかで，カメルーン東南部の熱帯雨林地帯は，魚の供給地として大きな役割を果たすことになった (Nkanje & Nkoumou 2000)。熱帯雨林地帯では，獣肉の供給も可能であるものの，伐採活動によって生息地を狭められた動物を保護するため商業目的の狩猟が禁じられている。そこで，ンゴコ (Ngoko) 川などの大河川が魚の供給地として注

目を受けるのである。

　カメルーンの熱帯雨林地帯には，漁撈に適したいくつもの大河川が流れており，淡水魚の重要性が高い。熱帯雨林の広がるカメルーン南部における魚の平均消費量は，1年間でひとり当たり47kg（1日当たり約129g）に達しており，アフリカ全域の平均値10kgと比べても，はるかに多くの魚が消費されている（Obam 1992）。この地域を含むコンゴ盆地では，獣肉の消費量がひとり1日当たり100g前後（Wilkie & Carpenter 1999）なので，魚は動物性タンパク源として獣肉と同じ程度の重要性があるといえる。

　アフリカの内水面漁撈に関する先行研究としては，コンゴ民主共和国（旧ザイール）における河川漁民の漁撈活動とバーター市に関する経済人類学的研究（安渓1984）や，ザンビア，バングウェウル・スワンプ（Bangweulu swamp）における商業的漁業に関する研究（Imai 1987），同地域の漁民に関して漁撈戦略の相互比較を行った研究（Ichikawa 1985）などがある。特に，バングウェウル・スワンプの事例では，銅山労働者の動物性タンパク源として魚が重要な役割を担っており，異なる民族が漁法や漁撈時間，漁獲対象などに関してすみ分けしていることが明らかになった。

　異なるグループが異なる漁撈活動に従事し，漁場を使い分けるという点で，カメルーン熱帯雨林の漁撈は，バングウェウル・スワンプの事例に類似する。しかし，バングウェウル・スワンプの漁撈は減水期にのみ行われ，そこには定住者がいないのに対して，カメルーンの場合にはもともと住んでいた地元漁民がいる。近年に遠方からやって来た出稼ぎ漁民は，伐採会社の労働者や都市住民に販売する目的で魚を捕るため，地元漁民とは競合関係にあると考えられる。それにもかかわらず，地元住民は，自分たちが築いたキャンプに出稼ぎ漁民が滞在するのを許容している。漁撈に関する二つのグループの比較は，熱帯雨林における共存の知恵を明らかにするにちがいない。

　本研究ではこの点に注目し，1）キャンプ地における両グループの活動や時間配分と，2）両グループの漁撈活動を定量的に比較する。そして，両グループのちがいを述べたのち，3）調査者がキャンプ滞在中に見聞きした事例をあわせて考察することで，この地域における在来者と外部者との関係を明らかにする。

17-2 ▶ 調査地

自然環境と社会環境

　調査地は，カメルーン東南部に位置する東部州ブンバ・ンゴコ（Boumba-Ngoko）県モルンドゥ（Moloundou）郡である。ここは，カメルーンの首都であるヤウンデ

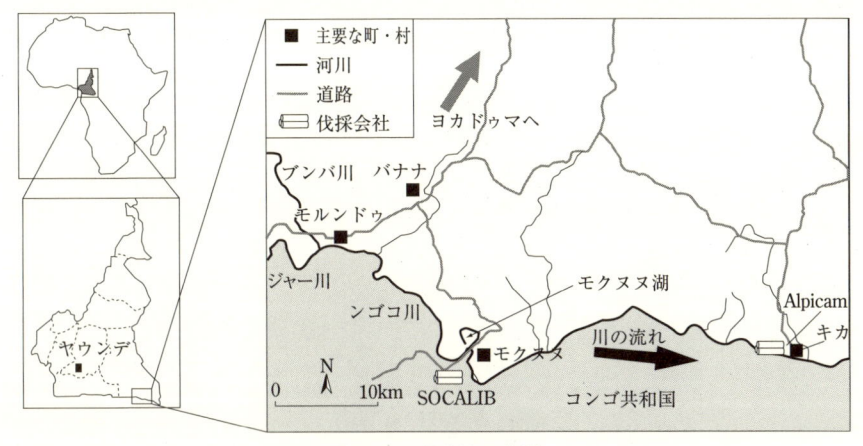

第 17 章　出稼ぎ漁民と地元漁民の共存　375

図 17-1　調査地の位置

(Yaoundé) から 600km ほど離れている（図 17-1）。ブンバ・ンゴコ県の県庁所在地であるヨカドゥマから 250km ほど南に向かって幹線道路が延びており，調査地の郡庁所在地であるモルンドゥは，その南端にある。この町は，ジャー（Dja）川・ンゴコ川を境に，コンゴ共和国と隣接している。主要な道路からは，森のなかに材木運搬を主目的とした道路が東西に横断しており，衛星画像で確認すると，それが網の目のように広がっていることが分かる。

　調査地域の平均気温は約 25 度で，年間平均降水量は約 1400mm（Sigha-Nkamdjou 1994）である。大小の乾季と雨季があり，12 月中旬 − 2 月にかけてが大乾季，3 月 − 6 月が小雨季，7，8 月が小乾季，そして，9 月 − 12 月が大雨季となっている（図 17-2）。

　調査地にはジャー（Dja）川，ンゴコ（Ngoko）川，そしてブンバ（Boumba）川の 3 河川が流れている（図 17-1）。コンゴ川水系は，東アフリカのタンガニイカ湖やキブ湖も含み，アマゾン川水系に次ぐ世界第 2 の流域面積を有し，魚類相に占める固有種の割合が非常に高い（Roberts 1973）。調査地の 3 河川では，21 科 55 属 94 種の魚種が確認されている（Daget 1978）。

　調査地域には，狩猟採集民であるバカ・ピグミーの他に，焼畑農耕民バンガンドゥや半農半漁民バクウェレなどが暮らしている。また近年，カメルーン北部のサバンナ地帯（極北州や北部州など）や西アフリカ諸国（セネガル，マリ，シエラレオネなど）の出身者がこの地域へ移住し，商業やカカオ栽培，換金目的の漁などを行っている。かれらの多くはムスリムである。郡庁所在地であるモルンドゥでは，かれらによって，小規模なコンクリート造りのモスクが建造されている。

　独立後，集住化政策が行われて以降，徐々に村が川辺から道路上へと移動してき

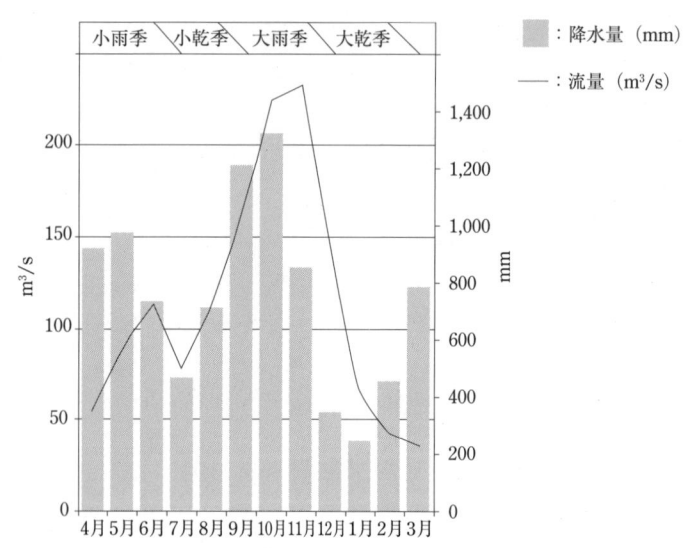

図 17-2　月ごとの平均降水量（1933 年 – 1991 年）とンゴコ川流量（1989 年 – 1992 年）
※ Luc 1994 をもとに作図。

た。かつて河川は，人や農作物，獣肉や魚などを運搬するための主要な交通路であったが，その役割を次第に道路が担うようになっているのである。しかし，道路が敷設された現在もなお，河川は，村落から村落（ないしキャンプ）への移動のために利用されている。

　調査地域では，農耕，狩猟・採集，漁撈などの活動が，基本的に自給目的で行われてきた。しかし，幹線道路が整備された 1970 年代以降は，カカオ栽培が重要な現金獲得源となっており（四方 2007），この地域の出身者のみならず，先述の他地域出身者もカカオ栽培に従事している。

　調査は主としてモクヌヌ（Mokounounou, 図 17-1 参照）をベースに，流域のキャンプをまわりながら行った。カメルーン東南部では 1970 年頃に西欧系や中東系の伐採会社の進出がはじまった。また，1994 年，構造調整計画にもとづいて現地通貨 CFA フラン（小松『社会誌』第 1 章参照）が 50％切り下げられると，伐採会社があいついで参入し，カメルーンの木材輸出高は急速に拡大した（市川 2002）。2002 年現在，カメルーン東南部では 22 社が調査地周辺ではそのうち 2 社が活動している。1976 年にリビア資本により設立され，ンゴコ川沿いのタラタラ（Talatala）村を拠点とする SOCALIB（Société Congolaise Arabe Libyenne des Bois）と[1]，イタリア企業

---

[1] 調査期間中，SOCALIB は資金難のために，2003 年半ばより休業状態に陥り（Dickson et al. 2005），材木の伐採は行っていなかった。また，本社からの支払いが 6 か月間も滞っており，従業員世帯の現

第 17 章　出稼ぎ漁民と地元漁民の共存　377

(Alpi) とカメルーン政府の共同出資により設立され，モルンドゥより約 80km 下流のキカ (Kika) 村を拠点とする Alpicam である．

　SOCALIB の操業中には，魚の流通・販売が活況を呈する．漁民が魚を獲って戻ってくると，SOCALIB やモルンドゥの魚の買い付け人が大勢モクヌヌの船着き場に集まって，即席の市が立つほどだった．ある出稼ぎ漁民はこのときの様子について「モクヌヌの即席市では，買い付け人どうしで先を争って魚を買うため，私の食べる分の魚までもって行かれそうになるほどのにぎわいだった」と語っていた．また，従業員の食料需要をあてこんで，近隣に畑を拓いてプランテン・バナナを栽培・販売する者や，キャンプで漁撈や狩猟を行って魚や獣肉を供給する者が現れた．

二つのタイプの漁民

　ンゴコ川で漁撈を営んでいる漁民は，地元漁民と出稼ぎ漁民の二つのタイプに分けられる．

　地元漁民とは，この地域の村で生まれ育った漁民のことである．水系の発達した調査地域では，内陸の川から遠い場所に暮らす者以外は，ほとんどが何らかの形で漁撈に関係している．特に，バクウェレと呼ばれる民族は，漁撈技術に秀でた民族として自他共に認められている．

　出稼ぎ漁民とは，西アフリカやカメルーン北部の半乾燥帯から調査地域にきた漁民のことである．かれらの多くは，漁の最盛期である乾季にやってきて集中的に漁を行い，地元の人びとから「金を持っている，金回りのよい」人たちと認識されている．本調査では，そのなかでもカメルーン北部から出稼ぎに来ているムズグン (Mousgoum) を対象とした．ムズグンは，カメルーン極北州東部とチャド中西部に位置するロゴーヌ川河畔を故地とし，アフロ・アジア語族の言語を話す．ロゴーヌ川の氾濫原では，古くから多様な漁撈が行われ (Monod 1928)，魚が盛んに販売されている．

　かれらは，1980 年代初期に出稼ぎ漁を行うようになり，以降はチャド湖やカメルーン各地の内水面と沿岸部に出稼ぎの範囲を広げていった．その要因として，極北州の生態環境が変化したことや，食料や婚資に多額の現金を費やす生活様式が普及し，漁撈圧が高まって魚類資源が減少したことなどが挙げられる (稲井 2008)．

　かれらがカメルーン東南部で漁を始めたのは，2002 年とごく最近である．その年，カメルーン北西部州のフンバン (Foumban) で漁をしていたときに，ムズグンの魚の買い付け人から，経済的に活況を呈していたモルンドゥ近郊のモクヌヌ湖のこと

金使用も活発でなかった．本章における SOCALIB 操業中の様子の描写は，聞き取りによって得た情報の再構成である．今後，SOCALIB の休業が地域経済に及ぼす影響について，注意深く見守る必要がある．

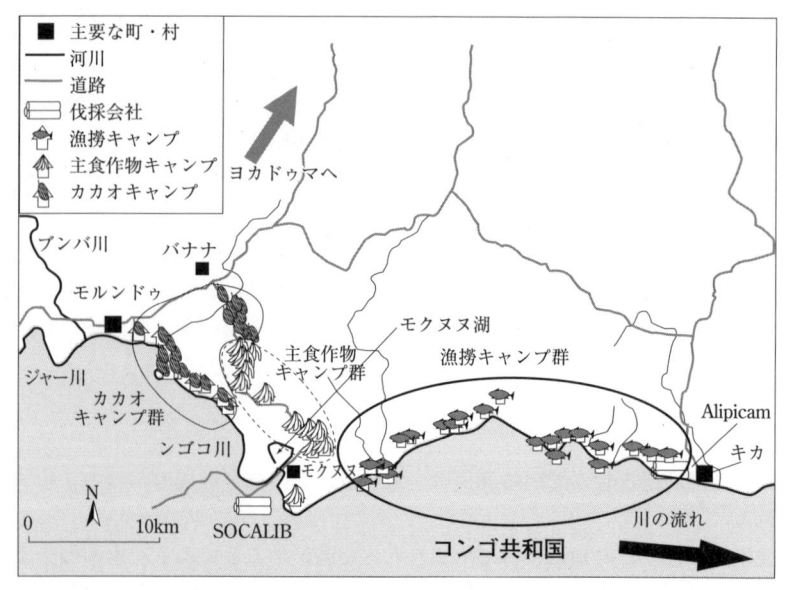

図 17-3 ンゴコ川流域におけるキャンプの分布

を聞き付け[2]，それまでの貯蓄で漁網を購入するなど旅支度をし，わずか1週間足らずで同村の友人と共にモクヌヌへ向かったという。初期の頃から出稼ぎに来ていた漁民によると，カメルーン東南部では，伐採会社の労働者たちが魚を高値で購入してくれることに加え，魚資源が豊富なため，長期滞在して漁を行うのに適していたという。

キャンプ

　本章で述べるキャンプとは，日常的な居住地を離れて，狩猟や農耕，漁撈などを行うため一時的に滞在する場所のことである。カメルーン東南部では，バカによる狩猟採集キャンプ（林 2000）や，バンガンドゥやバクウェレが耕作地に設ける出作り小屋（四方 2004）など，設営目的が明確なものが多く報告されている。一方，本章で扱う漁撈キャンプは，漁撈だけでなく狩猟採集を複合的に行う場合があり（大石 2005），必ずしも漁撈だけが目的となっているわけではない。

　ンゴコ川流域のキャンプを図 17-3 に示した。集落の周辺で，狩猟，農耕，漁撈に適した場所は，ほとんど全て，キャンプとしてすでに利用されている。

---

2) 魚の買い付け人は，次のように語ったそうである。「モクヌヌ湖はモルンドゥにあり，そこからバイクで 3000CFA フラン払えばコンゴの SOCALIB に到着する。そこには，毎日，飛行機で魚を買い付けにくる者がいて，どんな小さな魚も高値で売れる」。

モルンドゥ周辺や幹線道路沿いのバナナ村周辺のキャンプは，カカオ栽培を目的としたものである。これらのキャンプは，カカオ出荷の便宜を考慮して，モルンドゥと幹線道路の付近に集中している。また，モクヌヌ～バナナ村間のモクヌヌ寄りには，プランテン・バナナやキャッサバなどの主食作物栽培を目的としたキャンプがある。これらのキャンプの設立者は，SOCALIBやモルンドゥの市場などで主食作物を販売しようとしてキャンプ生活を始めたそうである。

モクヌヌより下流には，漁撈を主な目的としたキャンプがある。これらのキャンプは，上流のように集中して分布しているわけではなく，2km程度の間隔をおいて設置されていた。漁撈キャンプは，ンゴコ川の氾濫時季に家屋が浸水しないよう，水面から5-10m高くなった高台にある。廃村を再利用したり，下草や木を切り払って最低限の空間を確保したりしただけのものが多い。家屋の形状は，手近な木で組んだ骨組みにラフィアヤシの葉を葺いた即席のものから，土壁や板材，トタンを用いたものまで，様々であった。土壁や板材，トタンなどを用いた家屋は耐久性があり，長期の滞在が可能である。これらのキャンプは，この地域の出身者が管理する。

調査した41か所のキャンプのうち，利用者と会って情報を得られたのは30か所であった。キャンプの所有者の出身地は，12か所がモルンドゥ，7か所がキカ（モクヌヌより約40km下流の材木運搬中継所，製材所）であった。キャンプの6割以上は，町や大きな村の出身者が所有する。その他のキャンプもキャンプの近隣の村出身者で占められ，例外としてセネガル出身者のキャンプが1か所あった。

キャンプの開かれた時期が分かったものは18か所で，全体の3分の2に相当する12か所は1990年代以降に作られており，1980年代以前に作られたのは6か所のみだった。多くのキャンプは，伐採会社が東南部の森へ参入して来た時期より後に作られたのである。

漁撈キャンプの1日

漁撈キャンプでは，実際にどのような暮らしが営まれているであろうか。2005年5月7日-12日の6日間，漁撈キャンプのひとつであるKキャンプに滞在して，地元漁民と出稼ぎ漁民それぞれの活動を調査した。

調査時にキャンプに滞在していたのは，地元漁民MJ（60歳代）とその妻（50歳代），夫婦の孫ふたり（いずれも10歳未満），妻の姪（40歳代），MJと同じ村出身の男性（70歳代）の6人と，出稼ぎ漁民HA（20代，未婚）と彼の助手（20代，未婚）の計8名である。このキャンプには，プランテン・バナナやキャッサバの畑があり，6日間の滞在では，ほとんどの主食をここから得ていた。MJが漁をする際には，彼の孫のひとりが漁の助手を務めていた。

MJ，HAともに朝5時頃に起床し，それぞれ，前日に仕掛けた漁具を見回る。魚がかかっている場合は，その魚を網や針から外す。帰途につく際，MJは仕掛けをそのままにし，HAは仕掛けた漁具を回収する。MJにかぎらず，地元漁民は，いったん漁具を仕掛けてもすぐに回収せず，数日間から1週間ほど同じ場所に放置することがある。漁にかかる時間は，どちらも約3時間である。
　MJの出漁中，妻は料理のために火を起こしたのち，家屋のすぐ裏手の畑へプランテン・バナナやキャッサバなどをとりに行く。畑から戻ると，収穫したばかりの作物を料理する。朝食の基本は，主食であるプランテン・バナナやキャッサバを茹でたものと，バクウェレ語でススク (*susuku*) と呼ばれるナス科植物の実を潰して生トウガラシと共に煮出したスープである。前日の夕食の残りがあれば，それを副食にすることもある。
　漁から戻ると，MJはすぐに朝食をとり始めるが，HAと助手は，まず捕ってきた魚の加工を始める。HAは魚のウロコや内臓を処理して燻製台に並べ，助手は燻製のための薪を集めに森へ行く。その頃，朝食を終えたMJは，山刀や斧にヤスリをかけて森へ出かける準備をする。この時期，MJとその妻は，畑を開く予定の場所で木を倒して，枝を切り払う作業を行っていた。MJは，畑予定地に行くまでの道で，仕掛けておいた跳ね罠の確認も行う。MJの妻は，朝にMJが捕ってきた魚の下ごしらえをし，それを終えると夫の作業の手伝いに向かう。
　同じ頃，燻製の準備を終えたHAと助手は，薪に火をともし，買い置いていた米と朝に捕れた魚を調理して，遅い朝食を摂る。調理は，MJ一家の炊事場ではなく，自分たちの燻製のために焚いている火を兼用する。食事を終えた助手は片づけをし，HAは洗濯に出かける。それが終わると，ふたりは雑談をしたり，ラジオを聞いたりしながら燻製の番をする。薪が尽きそうになると助手が薪を取りに行くが，それ以外は，夕方近くまでのんびりとした時間を過ごす。
　昼頃になると，畑に出ていたMJの妻がキャンプに戻り，昼食の準備をする。昼食は，下ごしらえしておいた魚を，森で採集したアブラヤシの油で調理したものが多い。MJは，家族と共に昼食をとる。その後は，昼すぎまで休憩する日もあれば，再び森で狩猟や畑仕事をすることもある。15時をすぎる頃，MJとHAはそれぞれ，漁具を仕掛けに漁場に向かう。畑に出ていたMJの妻は，家に戻って夕食の準備をする。17–18時頃に漁から戻ってきたMJは，妻が沸かした湯を家で浴びたあとで夕食をとる。HAと助手は18–19時頃に戻り，川へ水浴びに出かける。そして，MJの家族が食事を終えた頃に，HAと助手は食事の準備をして夕食をとる。食後はおしゃべりをしながら就寝時間まで過ごす。MJ一家とHAたちが同じたき火場を囲んで会話をすることもあるが，それぞれが離れて過ごすこともある。そして21時頃には全員が床につく。

図17-4 二つのタイプの漁民の生活時間配分

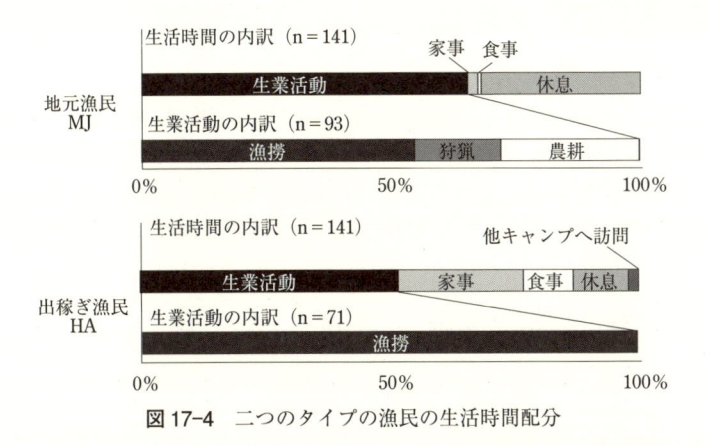

表17-1 二つのタイプの漁民の食事品目（出現回数，6日間）

漁民の種類	主食					動物性タンパク質	
	プランテン	キャッサバ	キャッサバ粉	米	マカロニ	魚	獣肉
地元漁民MJ	8	6	3	2	0	9	3
出稼ぎ漁民HA	0	0	0	16	2	18	0

漁撈キャンプの生活時間配分と食生活

　以上のように，漁撈キャンプでの生活は，所有者である地元漁民と，場所を利用させてもらっている出稼ぎ漁民とでは異なっている。このことは，生活時間と食事品目を定量的に比較すると，いっそう明らかである。

　生活時間配分に関しては，筆者がキャンプに滞在していた6日間，6時より18時までのあいだ30分間隔で，地元漁民MJと出稼ぎ漁民HAの所在と活動内容を観察と聞き取りによって記録した。そのときに特定した活動を狩猟，採集，農耕，漁撈，漁撈補助（以上，生業活動），家事，食事，休息，他のキャンプへ訪問に分類し，観察回数1回として数えた。

　地元漁民MJの活動時間（図17-4）をみると，有効観察回数141回のうち，66%にあたる93回は生業活動に従事していた。これを100%と見なすと，漁撈に費やしていたのは55%，農耕は28%，狩猟は17%だった。様々な生業活動を1日の生活に組み込んでいることが分かる。一方，出稼ぎ漁民HAは，漁撈活動（漁獲物の燻製作業を含む）が生業活動の全てであり，その他は，休息や家事などをして過ごしていた。

　次に，食事品目の比較を図示したものが表17-1である。副食は，動物性タンパク質の食材のみに注目した。地元漁民の主食は，プランテン・バナナやキャッサ

バが90％を占めていたが，これらはいずれも，自分の畑から収穫した作物である。動物性タンパク質としては，魚の他に獣肉を消費しているが，大半は漁撈や狩猟によって獲得したものであった。出稼ぎ漁民は主食を100％購入しており，摂取する動物性タンパク質は全て，そこで捕れた魚であった。つまり，地元漁民は農耕や狩猟によって得た食材を用い，バラエティに富んだ食事をしているのに対し，出稼ぎ漁民は漁撈だけに集中し，そこで捕獲した魚だけを自給食材として用いている。

地元漁民と出稼ぎ漁民との関係

このように異なったスタイルの生活を送る両者は，いかなる交渉を持つのだろうか。出稼ぎ漁民が地元漁民のキャンプを利用する際には，必ずしも，キャンプ内の寝所や炊事場などを利用できるわけではない。利用できるものの範囲は，両者の関係によって変わってくる。しかし，地元漁民が出稼ぎ漁民のキャンプ利用を許容した場合，出稼ぎ漁民は持ち込んだ米やとった魚をまったく贈らないということはありえない。地元漁民も，しばしば，出稼ぎ漁民に食事などを贈ることがある。

自分のキャンプを持たないよそ者である出稼ぎ漁民は，どのようにして地元漁民のキャンプを利用するようになったのだろうか。出稼ぎ漁民HAが調査地域に初めてやってきたときのことを尋ねたところ，彼は，地元漁民の漁撈キャンプを利用するために多くの「投資」をしたと語った。

　　事例）出稼ぎ漁民による地元漁民への掛け売り
　　HAは，2002年に初めてンゴコ川流域にやってきた。この土地に着いた当初は，モクヌヌからキカまでをンゴコ川を下りながら，一つ一つキャンプを訪ねて，そこで漁ができるように交渉した。あるキャンプ所有者から許可をもらい，そこに滞在していたときのことである。ある日，魚を売りに町に出る際，漁撈キャンプにいた地元漁民たちから服，薬，漁具などを買ってくるように頼まれた。地元漁民は，HAに現金を渡さず，頼んだ品物が届いたら払うという。HAはその頼みを断らずに，魚を売って得た現金で頼まれた品物を購入し，地元漁民に届けた。だが，地元漁民たちは，手持ちの現金がないといい張り，支払いをしなかった。結局，HAはそれらを掛け売りにした。同様のやりとりが，滞在するキャンプごとになされ，掛け売りの相手は10名をこえた。しかし，3年経った2005年になっても，その借金を完済した者はわずか2名にすぎない。大半は，HAから請求があったときわずかに返すだけであり，なかにはまったく払わない者もいた。

地元漁民は長期でキャンプに滞在するため，薬や衣服などの商品を入手する機会が少ない。そのため，キャンプを移動しつつ定期的に町に出かける出稼ぎ漁民は，地元漁民に町の商品をもたらす重要な存在である。また，出稼ぎ漁民は，地元漁民

から金持ちだと認識されており，かれらもそのことを承知している。しかし実際のところ，HAは，食材の購入や故郷への送金のため，常に現金を持っているわけではない。それでもHAが掛け売りの要求を受け入れたのは，地元漁民との関係を良好に維持したかったためである。HAは，「もしも掛け売りを断っていたら，今頃はこの漁撈キャンプに滞在できなかったかも知れない」といっていた。つまり出稼ぎ漁民は，踏み倒しのリスクも考慮した上で，「投資」を行うつもりで掛け売りを承諾したのである。

17-3 ▶ ンゴコ川における漁撈活動

概況

　ンゴコ川流域の魚は，川の水位の変化や，それに伴う流域の拡大・縮小によって，生息場所をかえている。大雨季の8月頃より川の水位が上昇し始め，11月になって水位がピークに達する頃には，河畔の林床も水没する。本流にいた様々な魚種が，産卵のために支流をつたって，林床へと入り込む。そして，孵化した稚魚は，氾濫した水が引くまでここにとどまり，幼魚になってから本流へと移動する。ただし，水が引いたあとにも，一部の魚は林床にできた沼に取り残される。大乾季の2月頃には，林床の水は沼を除いて完全に乾き，小さな支流も涸れてしまう。この時期，ほとんど全ての魚は，本流に生息域を移している。

　漁は，ふたり1組で行うのが一般的で，小型で船底が平らな舟を用いる。操船をする者と，漁具の設置や回収を行う者は別である。後者は，漁撈の技術や経験がある者が行う。漁民たちは，河川の周期的な水位の変化とそれに伴う魚の移動を経験的に認知しており，川の水位を目安として漁期を見定め，仕掛ける漁具や漁場を決める。特に大乾季は，魚の生息域が本流に集中するため，漁撈が最も盛んになる。

　調査地で実際に行われている漁法としては，11種類が確認された（表17-2）。これらの漁法は，網漁，釣漁，採集的漁，刺突漁，筌漁に大別される。以下，それぞれの漁法の特徴を示す際，地元漁民と出稼ぎ漁民のどちらの漁民が行うかを見出しの括弧内に記した。また魚の名称は，バクウェレ語と学名をあわせて示す。

網漁

a. 固定式刺網漁（地元漁民，出稼ぎ漁民）　刺網漁とは，魚の通過する場所を遮断して魚体を編み目に絡ませて捕らえる漁法であり，漁網を用いた漁のなかでは最も頻繁に行われるものの一つである。刺網は，浮子と沈子によって漁網を垂直方向へ展開させている。かつては，植物繊維を縒った糸が使われたそうだが，現在では合

表 17-2 調査地において使用されている漁法（観察と聞き込みによる）

	漁法名	漁具を仕掛ける場所	時期	主な対象魚種
網漁	固定式刺網漁	本流の河岸，支流	通年	特になし
	浮き流し網漁	本流の砂質の河床のある場所	乾季	大型魚
	投網漁	本流の砂質の河床のある場所	乾季	特になし
釣漁	底延縄漁・餌なし	本流の河岸，本流を横断	通年	底生性の魚種
	底延縄漁・餌つき	本流の河岸，本流を横断	通年	底生性かつ肉食性の魚種
	竿釣	本流，支流の川岸近く	通年	肉食性の魚種
	置針漁	本流，支流の河岸近く	乾季	肉食性の魚種
刺突漁		冠水した林床	雨季	小型のヒレナマズ科，キノボリウオ科，カエル目など
筌漁		支流の河口	乾季	特になし
採集的漁（女性の漁）	掻い出し漁	林床に残された池	乾季	ヒレナマズ科，サカサナマズ科の大型魚など
	魚梁漁	支流の河口	乾季	特になし

成繊維が使われる。

調査地域では，高さ2ヤード×長さ50ヤードの網が1枚として販売されており，価格はメッシュサイズ[3)]が大きくなるほど高くなる。この他に用いられる部品は，漁網を固定する糸，発泡スチロールやスポンジ製のビーチサンダルを5cm四方に切った浮子，石の沈子である。漁網の上部と下部に浮子糸と沈子糸を通したのち，浮子と沈子をつけるなどして仕掛けを作るが，その方法は地元漁民と出稼ぎ漁民でその構造が異なっている。

基本的にふたり1組で，流れのゆるやかな本流の淵や支流，あるいは本流と支流の合流点で行われる。夕方に網をしかけ，翌朝に魚を回収する。網のしかけと魚の回収には，それぞれ2-3時間ほどが費やされる。魚の大きさによって，約2cmから約20cmまでの異なるメッシュサイズが選ばれるため，対象魚種は広範囲である。水位の高い時期（4月下旬-5月下旬）には，モルミルス科の koto (*Gnathonemus* spp.)，キタリヌス科の eyombo (*Citharinus latus*)，コイ科の mboto (*Labeo ruddi*) が多く捕れ，水位の低い時期（12月下旬-1月上旬）には koto をはじめ，ギギ科の ningi (*Synodontis acanthomias*)，スキルベ科の ekkembo (*Schilbe* sp.) などが主要な対象となる。季節によって得られる魚の種類は異なるものの，多くの種類の魚を捕獲できる漁法である。年間を通して捕れる koto は，小型ながら小骨がやわらかく，脂肪を多く含むことから，この地域で最も好まれる魚種の一つである。

---

3) メッシュサイズとは，通常，網の目の両端を対角線方向に張ったときの二つの結び目のあいだの長さのことをいう。

b. 浮き流し刺網漁（地元漁民）　浮き流し刺網漁とは，刺網を川の流れにまかせて漂わせ，表層から中層にいる魚を捕らえる漁法である。バクウェレ語では *chondo* と呼ばれ，川幅が広く底が砂地の水域で行われる。用いる刺網のメッシュサイズは，14–21cmと大きく，長さは50–100ヤード（約45–90m）ほどである。メッシュサイズの大きな漁網は高価であり，扱うには熟練が必要なため，誰でもできる漁法ではない。

　この漁もふたり1組で行われる。まず，川幅にあわせた長さの網を，川を渡すように投げて流す。水中の網の上部は浮かんだ状態にあるが，水面には達しておらず，下部は沈子によって河床近くまで伸びている。これが下流へ流れるあいだに，魚がかかるのである。漁民たちは，網との距離をとりながら，舟に乗ってこれを追う。網を上げるときは，ひとりが網の一端を持ってかかった魚を確認し，もうひとりは舟がまっすぐ進むように操る。漁撈時間の計測はしていないが，1回の漁におおよそ30分–1時間ほどを要するようである。漁獲が確認された魚種は，前述の *mboto* の他に，ギギ科の *boka*（*Auchenoglanis occidentalis*）が多かった。水勢が強いと網が倒れてしまうので，水位が低く水流も弱い大乾季にのみ行われる。

c. 投網漁（出稼ぎ漁民）　ムズグン語で *burrigui* と呼ばれるこの漁法は，魚の居所めがけて円錐状の網を投げ，かぶせて捕らえる漁法である。何枚かの漁網を糸で縫い合わせて網の形を円形にし，その縁に沈子をつける。沈子は，鉛を鋳造して長さ15cmほどの筒型にしたもので，一つの網に約100個，重さにして約15kg取りつける。漁網の中心には，2mほどの手綱を取りつける。網がきれいに開くよう投げる技能が必要で，重い網を何回も投げるには体力も要する。このため，網の大きさは，打つ人の体力や技能にあわせて作成される。

釣漁

　釣漁は，網漁と同じくらい頻繁に行われる。釣針を1個だけ用いる一本釣りと，数十〜数百個を用いる延縄がある（図17-5）。釣針はナイジェリア製，シンガポール製，日本製のものなどが流通している。針はサイズが大きい1号から小さい15号までであり，サイズが大きいものほど価格が上がる。釣針は1本単位で購入できるが，ほとんどの漁民は100本入りの小箱で購入する。調査地では13–15号がよく用いられ，モルンドゥでは13号1箱が2000CFAフラン（約400円）で販売されている。

a. 延縄漁・餌なし（地元漁民，出稼ぎ漁民）　この漁法は，数十〜数百本の枝針がついた幹糸を河床に放置し，魚を食いつかせるのでなく「引っかける」漁である。枝針は1–1.5mほど離して取りつけてあり，取りつける枝針の数に応じて幹糸の

長さがかわる。枝針が河床に届かないよう，幹糸には浮子がつけられる。

　仕掛けは，川岸から川の中央部へ，幹糸が川の流れに対して直角になるよう設置する。これには1-2時間ほどかかる。設置後，数日間は回収しない。年間を通して行われ，ひとりでも行える漁である。地元漁民，出稼ぎ漁民ともに行っており，技術的な面で両者に顕著な相違はない。底生性の魚種を対象としており，大型のモルミルス科の *zap* (*Gnathonemus* sp.) やカラシン科で，一般にタイガーフィッシュと呼ばれる *zilalo* (*Hydrocynus* sp.)，ギギ科の *kamba* (*Chrysichthys auratus*) などが多く捕らえられていた。

b．底延縄漁・餌つき（地元漁民）　釣針にミミズや1センチ立方に切り分けた石けん，小魚の切り身などをつけて，針を「食わせる」延縄漁である。餌をつけることにより，魚が捕らえやすくなる。対象魚種は，餌なしの延縄漁と同じである。漁民は，餌を採集したり切り分けたりしたのち，それらを一つ一つ釣針に取りつけなければならない。そのため準備に時間を要するが，ときには，そうした労働投入に見合うだけの大型のヒレナマズ科の魚 *ndim* (*Clarias* sp.) や *zilalo* が捕獲されることもある。

c．竿釣（地元漁民）　木の枝を竿として，その先に，針が一つだけついた仕掛けをつけて行う漁法である。この漁が観察できたのは大乾季であった。対象魚種は多岐にわたるが，一度に大量の魚を得ることは期待できないため，遊びなどを兼ねてその日のおかずを取りに行く場合によく行われる。

d．置針漁（地元漁民）　バクウェレ語では *attindi* と呼ばれる。道糸に結びつけた大型（1-4号）の釣針に，餌となる小魚の切り身をつけて淵に沈め，川岸近くに張り出した木の枝に道糸を結んでおく。1晩おいて，翌朝に回収する。基本的には乾季に行われ，*ndim* や *zilalo* などの肉食性の魚が捕れる。材料となる大型の針は，1本単位で販売されており，地元漁民は2，3本を一度に購入して仕掛けを作る。安価に仕掛けを作れることから，刺網漁や延縄漁のついでに行われることが多い。

刺突漁（地元漁民）
　刺網漁や延縄漁でも，大型の魚を仕留めるさいに銛が用いられるが，刺突漁では銛だけを使う。これを行うのは，地元漁民だけである。銛は，自分たちで鍛造する。観察した銛では，基部から先端までの長さが約17cmで，先端に8cmのかえしが付いている。ヤルマ科のパラソルツリー（*Musanga cecropioides* R Br.）の枝などを柄として取りつけると，長さが2mほどにもなる。銛先と柄はひもで固くつながれ，銛先が柄から離れても紛失しないようになっている。対象魚種は，大型の *boka* や *ndim* などである。これらの魚は，増水期の深夜になると，産卵ために支流や浸水

図 17-5 延縄漁で捕えたモルミルスの仲間
延縄などの釣漁では,ときに大型の魚種が漁獲される。この魚は漁民の口に入らず,2万 CFA フラン(約 4000 円)でモルンドゥの買いつけ人に売り渡された(2003 年 12 月 23 日)。

林にやってきて，ときには支流を埋め尽くすほど集まる。漁民は，こうした頃合いをみて漁に出る。魚の近くまでくると灯りを消し，音を立てずに近づく。魚に狙いを定めると，勢いよく銛を投げつけて捕らえる。

筌漁(うけ)漁（地元漁民）

支流と本流の合流点に筌を設置して，支流から出てくる魚を捕らえる漁法である。筌は，直径60cmから2mほどの半円錐形で，設置場所の川幅にあったものを選ぶ。素材は，クズウコン科植物の茎や，ラフィアヤシの葉柄を細く裂いたものなどである。入り口は漏斗状で，いったん魚が入ると出られない構造になっている。乾季に水位が下がり，魚が本流へと戻る時期に行われる。特定の対象魚種はなく，多くの魚種が捕獲される。

魚梁(やな)漁（地元漁民）

バクウェレ語で *liso* と呼ばれる魚梁漁は，小川に堰を作って水をせきとめて行う。雨季の終わりの水位が減少する時期に行われる。多くの漁が男性のみによって行われるのに対して，この魚梁漁と次の掻い出し漁は，女性のみによって行われる。

梁は，長さ2mほどのラフィアヤシの葉軸を幅2-3cmに裂いて編み合わせたものである。設置場所は，支流と本流の合流点である。魚は，水位の減少と共に支流から本流へ移動しようとするが，梁に遮られるため，その付近に集まる。女性たちは，それを確認すると梁から5-6mほど上流に堰を作り，なかの水を取り除いて，泥のなかに潜んでいる魚を拾い集める。本調査ではこの漁法の観察はできなかったため，対象魚種は不明である。

掻い出し漁（地元漁民）

掻い出し漁とは，水たまりの水を掻い出して，残された魚を採集する漁法である（図17-6）。魚梁漁と同様，女性のみによって行われる。

川に近い林床が冠水する時季には，魚が産卵のために森にやってくる。これらの魚の一部は，乾季に水が引いても，窪地に残った水たまりにとり残される。水たまりの深さは膝下くらい，大きさは直径5-10mほどと大小様々である。ここに女性たちが集まり，バケツや鍋で水を掻い出していく。観察時には4時間ほどで水がなくなり，女たちはその後で底の方を手探りして魚を捕えていた。このときの漁獲は，バケツに半分（約5kg）になった。漁獲は，漁に参加した女性のあいだで均等に分配される。ヒレナマズ科の *golo* (*Clarias* sp.) やキノボリウオ科の *pakapeke* (*Ctenopoma* sp.)，ティラピアの仲間である *sal* (*Tilapia* spp. など) などが捕えられる。

図17-6 掻い出し漁の様子
掻い出し漁は，女性によって行われる。調査当時には，バクウェレとバカの女性が共同で行っていた（2003年12月29日）。

17-4 ▶ 二つの漁撈ストラテジー

漁具の選択

　地元漁民と出稼ぎ漁民は，いずれも漁船や漁網，釣針を用いて漁を行うが，これら漁具の形態や作りかたなどは，それぞれ異なる。たとえば舟についてみると，いずれのグループも船底の平らな舟を用いるが，その材料や構造は異なる。地元漁民は，丸太をくり抜き整形した，全長2-3m，幅50cmほどのくり舟を用いる。これは，古くから漁撈や河川交通などのために利用されてきたものである。河辺の木を切り倒したものを整形し，なかを手斧でくり抜いて製作するが，大型の場合にはチェーンソーを用いることもある。耐用年数は木の材質にもよるが，イロコ（*Chlorophora* sp.）のような硬い材で作った舟なら，10年はもつという。
　出稼ぎ漁民が用いるのは，板材を組み合わせた構造船である。これは，出稼ぎ漁

表 17-3 漁具の価格の地域差（CFA フラン）

	刺網 5本指[*1]	刺網 3本指	釣針 4号[*2]	釣針 13号
モルンドゥ	180,000	40,000	15,000	2,000
ドゥアラ[*3]	90,000	20,000	6,000	600

*1 販売単位は1梱（26×100ヤード）
*2 販売単位は1箱（100本）
*3 ギニア湾岸にあるカメルーン最大の都市

民たちがこの地に導入したもので[4]，長さはくり舟とほぼかわらないが，幅が若干広い。製作費はくり舟よりも安価で，1日もあれば製作できる。しかし，板の継ぎ目から浸水するため劣化が早く，1年ほどで使えなくなってしまう。

また，地元漁民は，縒り糸の太い漁網を好んで用いる。その理由は，網にかかった魚が暴れても破れにくいからだという。網が破れれば，修繕して利用する。一方，出稼ぎ漁民は，縒り糸の細い漁網を好んで用いる。この糸は，水中でも見えにくく，魚が絡まりやすいからだという。しかし，縒り糸が細いため耐久性に乏しく，網が破れやすい。網が破れれば，修繕されずに捨てられる[5]。

釣針に関しても両グループの好みは対照的であった。地元漁民は，「針先が少し鈍いものの折れにくい」日本製を好む。一方，出稼ぎ漁民は，「針先と返しが鋭い」ナイジェリア製を好む。この針は魚がかかりやすいものの，もろくて折れやすい。

以上，漁具の選好性をまとめれば，地元漁民が耐久性を重視するのに対し，出稼ぎ漁民は，耐久性よりも漁獲の多さを重視しているといえる。

所有する漁具の数と漁法選択

カメルーン東南部は，漁具の製造者や卸売業者から遠く，漁具の需要も少ないため，その価格は高い（表 17-3）。このため，現金収入源に乏しく，町に出かける機会も少ない地元漁民は，たくさんの漁具を所有することはない。しかし，漁網や釣針の種類は様々で，メッシュサイズの異なる漁網やサイズの異なる釣針を併用したり，刺網と延縄など異なる漁法を組み合わせたりして，漁具の少なさを補っている。また，筌や魚梁など，お金のかからない自然素材を用いた漁具も用いる。表 17-4 に示したように，地元漁民は，投網漁以外の全ての漁法を用いている。掻い出し漁など，女性たちだけが行う漁もみられる。

---

4) かつては，かれらの母村においてもくり舟が利用されていたが，くり舟の材料や製作にかかる費用が高くなったために，比較的安価な板材を用いて製作するようになったという経緯がある。

5) のちに，出稼ぎ漁民 HA 氏の母村での調査を行ったところ，破れた網を修繕しながら使用しており，定期市では中古の漁網の販売も行われていた。出稼ぎ漁民が漁具を使い捨てにするのは出稼ぎ先だけである。

表 17-4　漁法からみた地元漁民と出稼ぎ漁民の比較

種類	漁法名	地元漁民	出稼ぎ漁民	出稼ぎ漁民（母村）
網漁	刺し網漁	○	○	○
	浮き流し網漁	○	×	○
	投網漁	×	○	○
釣漁	延縄漁（餌なし）	○	○	○
	延縄漁（餌付き）	○	×	○
	竿釣	○	×	○
	置針漁	○	×	○
刺突漁		○	×	○
筌漁		○	×	○
掻い出し漁		○	×	○
魚梁漁		○	×	○

　一方，出稼ぎ漁民は，単一の種類の漁具を大量に所有する。かれらのなかには，2600ヤードもの漁網を所有する者や，大型の釣針を1000本以上も取りつけた延縄の所有者もいた。出稼ぎ漁民が漁具を購入するのは，母村の周辺にたつ定期市や，出稼ぎに向かう途中の都市の商店などである。購入には，母村で米や魚を売って得た現金が充てられる。かれらの故地であるカメルーン北部は，ナイジェリアと隣接しており，安価なナイジェリア製の漁具が多い。このため，カメルーン東南部に出稼ぎに行く前には，あらかじめ大量の漁具を購入する。

　漁具を購入する資金が足りない場合，ムズグン語でメイグィダ（*meiguida*）と呼ばれる商人に漁具を買ってもらうこともある。メイグィダは，本来は「家畜を多く所有する者」という意味であるが，転じて「（現金を持つ）裕福な者」「魚の買い付けで財をなした商人」という意味でも使われる。メイグィダは，漁民に漁網や舟などを融資するかわりに，捕れた魚を独占的に安価で買い取る。カメルーン各地の漁場に拠点を置き，漁具を持たない出稼ぎ漁民たちに漁具を貸し付けることで，メイグィダは，他の魚商人より多くの利益を得ている。

　出稼ぎ漁民は，刺網漁と投網漁，釣漁だけを行う（表17-4）。漁法の種類が多い地元漁民とは対照的である。しかし，このことは，かれらの故地において漁法の種類が少ないからではない。かれらの故地でも，季節によって様々な漁法が行われているという。漁法の種類がかぎられる最大の理由は，自分の漁撈キャンプを持たず，乾季のかぎられた時期にのみ漁を行うためだといえる。

表17-5 二つのタイプの漁民による漁獲

魚のサイズ（重量）	地元漁民 MJ		出稼ぎ漁民 HA	
	重量 (g)	匹数	重量 (g)	匹数
<1kg	13,110 (46.3%)	53 (85.5%)	50,890 (89.1%)	172 (99.4%)
>1kg	15,175 (53.7%)	9 (15.5%)	6,250 (10.9%)	1 (0.6%)
計	28,285 (100%)	62 (100%)	57,140 (100%)	173 (100%)

漁獲量

　表17-5は，地元漁民 MJ と出稼ぎ漁民 HA が調査期間（6日間）中に捕獲した魚の数と重量を示したものである。平均重量1kg 未満の魚種と，1kg 以上の魚種に分けて示した。出稼ぎ漁民の漁獲量は，地元漁民の約2倍に達することが分かる。

　調査した6日間に漁撈に出かけていた時間は，地元漁民 MJ が21.8時間，出稼ぎ漁民 HA が33.4時間で，出稼ぎ漁民の方が長かった。その理由は，第17-2節「キャンプ」の項で述べたように，地元漁民は狩猟や農耕など他の生業も行っているからである。この数字から計算すると，地元漁民の漁獲効率は1時間当たり1297.48g，出稼ぎ漁民は1710.78g となり，出稼ぎ漁民の漁獲効率が1.3倍とあまり差はみられない。これは，出稼ぎ漁民が，地元漁民と比べ，大量の漁具や時間を投入して，集約的に漁を行うためである。

　捕獲した魚種をみると，出稼ぎ漁民はほとんどが小型だったのに対して，地元漁民は比較的大型の魚種も対象としていた。地元漁民は，様々な漁具と漁法を組み合わせ，漁撈活動を営んでいる。それに加えて，長期間のキャンプ滞在を通して好漁場を熟知しているため，わずかの漁具を魚の多い場所に設置していると考えられる。

漁獲物の用途

　漁獲は自家消費されるだけでなく，販売，贈与，保存といった形でも処理される。最も多いのは自家消費だが，食べきれないほどの漁獲があった場合，しばしば販売にまわされる。特に大型魚は，地元漁民でも自家消費せずに販売することが多い（図17-5）。町の市場へ直接持ち込む場合と，町からきた買いつけ人に卸す場合の他，SOCALIB とンゴコ川下流の都市とをむすぶ定期船が立ち寄ったとき売却する場合がある。

　普通，魚は数匹（鮮魚ならば1–1.5kg）をひと山とし，1000CFA フランで販売する。買い手は少しでも多くの魚を得ようとするため，売り手が魚を1匹ずつ増やしながら，双方が納得するまで交渉を続ける。鮮魚だけでなく燻製魚も売買される。どちらかがより好まれるということはないが，小骨が少なく，脂の多い魚の方がよく売

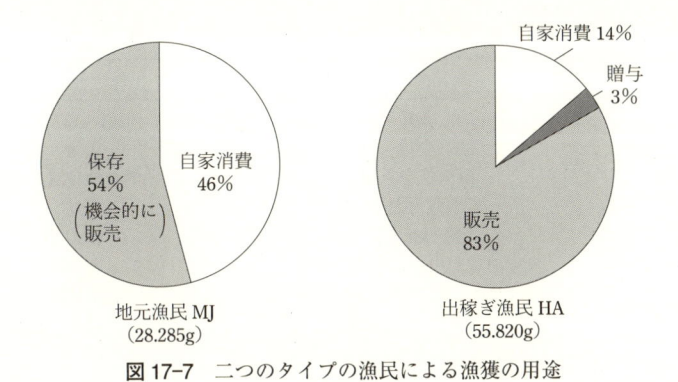

第 17 章　出稼ぎ漁民と地元漁民の共存 | 393

図 17-7　二つのタイプの漁民による漁獲の用途

（左：地元漁民 MJ（28,285g）― 自家消費 46%，保存（機会的に販売）54%）
（右：出稼ぎ漁民 HA（55,820g）― 販売 83%，自家消費 14%，贈与 3%）

れる。脂の多い大型魚や，小骨が多いものの柔らかいモルミルスなどは，美味な魚といわれる。逆に，カラシン科の小さい魚は，総じて硬い小骨が多く，敬遠されがちである。

　図17-7は，地元漁民MJと出稼ぎ漁民HAの魚の利用目的を比較したものである。地元漁民MJは，漁獲の全てを自家消費か保存にまわしている。彼は，家族で食べきれない量の漁獲があったとき，一部を燻製にして保存していた。ほとんどの燻製は結局，自家消費されるが，現金が必要なときには町で販売することもあるという。一方，出稼ぎ漁民HAは，漁獲の83％（約46kg）を販売し，14％（約7.8kg）を自家消費し，3％（約1.6kg）を贈与していた。贈与は全て，地元漁民MJの妻に対してなされたものである。出稼ぎ漁民は，販売を主な目的として漁撈活動を行っているのである。

　HAが魚を販売して得た金額は，約1万8000CFAフランであった。生重量に換算すると[6]，1kg当たり約322CFAフランで売却されたことになる。調査地では，鮮魚の相場は1kg当たり1000CFAフランであるから，この金額は相場の3分の1以下ということになる。HAは，なぜこのように安い価格で魚を販売したのだろうか。実は，HAから魚を買ったのは，ほとんど全て，地元に住む人びとであった。現金収入の乏しい地元の人びとは，購入のさいに十分な現金を持っていないことを訴え，HAはしぶしぶ安価で魚を売ったという。このエピソードには，出稼ぎ漁民と地元漁民の関係がよく表れている。よそ者が円滑に漁撈活動を営むためには，地元漁民と良好な関係を築くことが不可欠である。出稼ぎ漁民は，販売を主な目的として漁をするが，必ずしも収奪的に漁を行うわけではなく，地元漁民への還元もある程度果たされているのである。

6）　鮮魚は，燻製にすると重量が約3分の1に減少する。

表 17-6　二つのタイプの漁民が行う漁撈の傾向

	地元漁民 MJ	出稼ぎ漁民 HA
漁法	多様	単一的
漁具の所有点数	少数	大量
漁具の選択	耐久性を重視	短期的な漁獲量を重視
漁獲対象	小型 – 大型	小型
漁獲量	約 4kg/ 日	約 8kg/ 日
漁獲の利用目的	自家消費が中心，余剰を販売	約 8 割を販売
生業活動	漁：55%，農：28%，狩：17%	漁：100%
食材の入手	キャンプで現地調達	主食は購入して持参，漁獲物を消費

※調査時には，いずれも 2 名 1 組で出漁していた．

異なる漁の傾向

　カメルーン東南部にもとから住む地元漁民と，カメルーン北部など他地域から来た出稼ぎ漁民とは，同じキャンプで滞在しながらも，互いに異なったやり方で漁を行っていた．両者の特徴は，表 17-6 のようにまとめられる．地元漁民は様々な漁法を習得しており，水位変動による漁場の変化に応じて，幅広い漁法のなかから適宜選択を行っている．また，所有する漁具は多くはないが，様々なサイズの漁網や釣針をそろえているため，小型から大型に至るまで様々な魚を漁獲していた．この地域では漁具が高価なため，なるべく耐久性の高いものを購入していた．
　一方，出稼ぎ漁民は，別の地域で安価な漁具を購入してからこの地域を訪れるため，漁具が壊れたり故地へ帰ったりするときには，漁具を廃棄してしまう．このため，壊れやすくとも「より多く捕れる」種類の漁具を大量に購入し，かぎられた種類の漁法を大がかりに行うことで多くの漁獲を得ていた．そして，漁獲の多くを販売にまわしていた．
　地元漁民は，長期間にわたり安定して魚を得るための漁撈，いいかえれば生計のための漁撈活動を志向するのに対して，出稼ぎ漁民は，現金獲得という経済的動機にもとづいて，短期の漁獲の最大化を目指しているといえる．市川光雄（1996）は，商品経済システムによって代表される近代社会と，それ以前の社会における自然の利用法を比較し，前者が交換価値を求めるのに対して後者は使用価値を求めると論じた．これを両者の漁撈の傾向に当てはめるならば，地元漁民は「食べる」という使用価値を求め，出稼ぎ漁民は，「売る」ために交換価値の効率化・最大化を目指しているといえよう．

17-5 ▶ 異質なグループはいかに共存をはかっていたか

漁撈活動の対照性

　地元漁民は，狩猟，漁撈，農耕，採集など，マルチサブシステンスともいえる多角的な生計活動を営むのに対し，出稼ぎ漁民は，キャンプ滞在中できるだけ多くの時間を漁撈に費やして，漁獲量の最大化を図っている。これらはいずれも，漁撈に関わる二つの傾向，すなわち「長期的な安定を志向する生計のための漁撈」を行う地元漁民と，「短期的な漁獲＝現金収入の最大化」を目指す出稼ぎ漁民という対比を裏づけるものである。地元漁民にみられる生計の多角化は，アフリカ熱帯雨林地域の農耕民にも広くみられる特徴である（小松，塙2000）。17-3節で述べた漁撈キャンプの生活も，上記の傾向を裏づけている。地元漁民は，漁撈，狩猟，農耕など，母村にいるときと同様に多様な生業活動を行っており，消費する食材もほとんど自給で賄っている。主食は，プランテン・バナナやキャッサバなど，キャンプ近くの畑で栽培した自給作物が中心であり，副食の動物性タンパク質も，魚の他に狩猟で得た獣肉がレパートリーに含まれていた。かれらの漁具の所有量はさほど多くはなく，また一挙に大漁を期待できるものではないが，それでも，キャンプにいる世帯が消費する分の漁獲は得ることができ，さらには狩猟によって獣肉も得られるので，彩り豊かな食事を楽しむことができる。かれらの漁撈キャンプにおける生活は，自給を軸とした生業的な意味合いを持つものといえる。それは同時に，農耕や狩猟，採集をあわせて行いながら，安定した漁獲を長期的に得ることを志向したものと考えることができる。

　これに対して，出稼ぎ漁民の方は，主食と漁具だけを持ってキャンプへと向かう。かれらはキャンプにおいてもっぱら漁撈活動のみを行い，持参した食料と漁撈で得た魚で生活の大半を賄っている。そして，ほとんど毎日，漁撈に明け暮れ，漁獲の多くを販売にまわしている。かれらは自分の畑をキャンプに持たないため，現金で購入した主食を持ち込まなければならない。したがって，キャンプにおけるかれらの食事の構成は，購入・持参した主食と漁によって得られた魚だけ，という単調な構成になりがちである。かれらの漁撈は，現金獲得という目的に特化したものであり，所有する漁具と使用する漁法は，短期的に売るための魚の捕獲（すなわち交換価値）の最大化を目的とするものである。

出稼ぎ漁民を受け入れる生態的・社会的基盤

　漁撈の舞台である河川は，海洋や湖沼と異なり線形であり，漁もまたその形状に

あわせた線的な移動のなかで行わなければならない。つまり，同じ漁場を利用し続けると漁獲量が落ちてくるので，漁場を移動する。その際には，上流か下流，もしくは季節によっては浸水林へ移動をする。地元漁民のように生活の拠点をキャンプに置く場合，より多くの漁獲を上げるためには，キャンプを離れて遠くの漁場へ行かなくてはならなくなり，インテンシブな漁を続けることは難しい。一方で，出稼ぎ漁民の場合，自らのキャンプを持たないが，所有者から一時的にキャンプの利用を認められれば，そこでインテンシブに漁をすることができる。そして，不漁のときや漁獲が減ったときは，別の漁場やキャンプへと漁をしながら河川を渡り歩くことができる。キャンプを持つか，持たないか，という点についても，漁撈活動の取り組み方の相違が表れていると考えられる。

出稼ぎ漁民がキャンプを持たない理由としては，かれらの出身村との生態環境の相違も考えられる。ゴリラやゾウの出没するような場所にキャンプを設置するには，様々なリスクに対する対処法を知らなければならない。出稼ぎ漁民にとって未経験の環境であるこの地域において，援助や助言を得られる人間関係を構築することは，漁撈活動の遂行にとって重要なことである。そのためにも，出稼ぎ漁民が地元漁民からの掛け売りの依頼を受け入れたことや，通常の価格の3分の1ほどの値段で売ったことなど，地元漁民に対する配慮が大きな意味を持つ。

出稼ぎ漁民と地元漁民のミクロな社会関係の背景として，この地域の外来者受容の社会的基盤について最後に述べておきたい。カメルーン東南部の河川流域においては，在来の者と遠方出身の外部者が混在する村が多く存在する。ある村においては，バクウェレの村長が治める村に，他地域出身者がともに暮らしており，外部者に対してあからさまに排他的な態度は示さない，つまり外部者に対して開かれた社会基盤が整っているようにみえる。また，この地域では在来の者たち自体が，古くから流動的な移動を行っている。カメルーン東南部ンドンゴ村，ミンドゥル村などにおいて植生の生態史的調査を行った四方籌（2006）によると，ンドンゴ・ミンドゥル両村の住民は100年ほど前には，ンゴゴ川の上流に位置するジャー川のさらに上流に集落を形成しており，100年をかけて下流へと集落を移してきた。このような背景が出稼ぎ漁民を受け入れる素地になっていると考えられる。

地域経済の消長と河川漁撈の持続性

以上がカメルーン東南部における河川漁撈の実態である。異なる二つのタイプの漁民が同一のキャンプに滞在しうるということは，出稼ぎ漁民の漁のスタイルが，まだ地元漁民の社会に受け入れられているということであり，目に見えるほどの資源減少が起こっていないことも示唆する。しかしながら，調査期間中に休業状態だった伐採会社が再開すれば，魚の需要が増える可能性がある。そうなれば，地元漁民

にとって「食べる」魚が「売る」魚へとシフトすることも考えられる。こうした価値変化は，資源をめぐってのコンフリクトに発展しかねない。今後，漁撈キャンプの微細な人間関係を維持していく上では，この地域のマクロな経済状況も含めて見守る必要があると考えられる。

Field essay 3

響く銃声と響かない声
カメルーン北部州におけるスポーツハンティング

▶ 安田章人

　生まれて初めて，銃声を聞いた。その雷鳴のような音と共に，オスのバッファローは断末魔のうなり声をあげ，黒い巨体を揺らし地面に倒れた。首を一発で撃ち抜かれたのだ。仕留めたハンターは，満面に笑みをたたえ，狩猟ガイドと握手をした（図1）。

　これは，筆者がカメルーン共和国の北部のベヌエ国立公園に隣接する狩猟区で行われた，娯楽を主目的とした狩猟，いわゆるスポーツハンティング（Sport Hunting）に同行したときの様子である。まさに，ヘミングウェイの著作『フランシス・マカンバーの短い幸福な生涯』で読んだスポーツハンティングの描写そのものだった。

　アフリカ中央部に位置するカメルーンと聞けば，鬱蒼と茂る熱帯林とゴリラなどの類人猿を思い浮かべるかも知れない。しかし，多彩な植生が分布し，「アフリカの縮図」と呼ばれるカメルーンの北部にはサバンナが広がり，森林とはまたちがった豊かな動植物をみることができる。北部州の中部には，三つの国立公園がきちんと横に並べたように設定されている。その中央にあるのがベヌエ国立公園である。州都ガルアから南南東に約120kmの位置にあり，面積は約18万ha，大阪府や香川県とほぼ同じ面積である。公園の西側の境界線はほぼ幹線道路に沿っており，東側はギニア湾へ注ぐニジェール川の支流であるベヌエ川と一致している。気候は，おおまかに雨季（5–10月）と乾季（11–4月）に分かれ，年平均降水量は1000–1400mmあり，比較的湿潤としたサバンナ地域である。

　国立公園では，動物観察や研究活動を

図1　バファローを仕留めたハンター（左）と従業員（右）

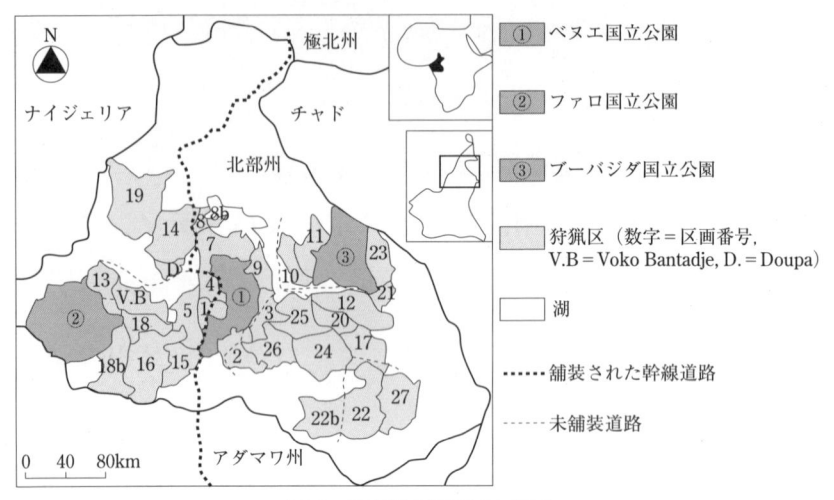

図2　北部州の狩猟区の地図
（出所）（MINEF 2002）および政府関係資料より筆者作成

除いた全ての人為的な活動が禁止されているが，その周辺の狩猟区ではスポーツハンティングが認められている（図2）。ベヌエ国立公園の前身はベヌエ野生動物保護区であった。これは，植民地時代に委任統治を行っていたフランスによって1932年に設定された。独立後の1968年にカメルーン政府によって国立公園に格上げされると同時に，その周辺には狩猟区が設定された。2007年現在，狩猟区は31に区分され，それぞれ政府から欧米の観光事業者に賃借されている。狩猟区を賃貸した事業者は，宿泊施設を建設し，インターネットなどで欧米を中心としたスポーツハンターを集客する。そして，ゾウやライオンなどを撃ちたいとする，かれらの狩猟旅行をコーディネイトし，観光ビジネスを展開している。検索サイトに「safari, hunting, Africa」と入力してみれば，たちどころにスポーツハンティングを取り扱った旅行会社のホームページが出てくる。カメルーンでスポーツハンティングを行うためには，政府に狩猟した動物1頭ごとに支払う狩猟税や，ライセンス料を納付しなければならない。たとえば，外国人旅行者がゾウを1頭狩猟するならば，100万CFAフランの狩猟税と42.5万CFAフランのライセンス料を納めなければならない。北部州におけるスポーツハンティングによる税収は，1990年代以来増加を続け，2001年には約1億円に達した。スポーツハンターは，税金の他に渡航費を除いても，一般的に数週間の滞在のために数百万円もの代金を旅行会社に支払う。つまり，まさにスポーツハンティングは，現代の欧米富裕層の娯楽であるといえる。
　このようなスポーツハンティングは，なにもカメルーンにおいて，北部州のサバンナだけで行われているものではない。東部州の熱帯林にも，国立公園の周辺に狩

猟区という同じような保護区が設定されている。カメルーンの熱帯林におけるスポーツハンティングの目玉は，マルミミゾウやボンゴ，シタトゥンガとされている。東部州における国立公園や狩猟区の整備は北部州よりも遅く，東部州のなかで最も古い保護区は，1950年に設定されたジャー動物保護区である。現在，東部州には，2001年に国立公園に格上げされたロベケ国立公園やンキ国立公園，ブンバ・ベック国立公園が存在する。そして，2000年から2002年にかけて，これらの国立公園周辺に狩猟区が設定された。

　カメルーンの国立公園では一切の人為的活動が禁止されているが，その周辺の狩猟区ではスポーツハンティングだけでなく，地域住民の居住も認められている。つまり，狩猟区は「ハンターの楽園」ではないのである。東部州の狩猟区には，狩猟採集民バカ・ピグミーや農耕民の権利を考慮して，かれらの自然資源の利用をある程度認める地域管理狩猟区が設定されている。しかし，環境教育や獣肉交易のキーワードで語られるように，森林保護政策はかれらの生活にネガティブな影響を与える一面を持っており，そこには多くの問題が山積していることは事実である（服部『社会誌』第11章を参照）。

　一方，北部州では，国立公園や狩猟区が設定されている地域住民の生活に対する配慮は，東部州と比較しても不十分であるといわざるを得ない。北部州の狩猟区にも多くの農耕民や牧畜民が居住しているにもかかわらず，東部州のような地域管理狩猟区は十分に設定されていない。そして，狩猟区内で狩猟を行うためには狩猟税の納付とライセンスの取得が義務とされているため，白人のように高額な税金を支払うことができない地域住民は，無許可で狩猟，つまり密猟を行っている。密猟に対して，当局によって厳しい取り締まりが行われているが，かれらにとって野生動物とは日々の重要なタンパク源であるため，密猟であってもせざるを得ないのである。「白人がこの土地を買ったのだ」と力なく語りつつも，「日々食べるだけの動物でいいから狩猟させてほしい」と語った，ある村人の顔が忘れられない。現在，地域住民が政府や観光事業者に発言を行う公的な場は設けられていない。スポーツハンティングは，多額の税収や消費を生み出すが，それは地域住民の生活を犠牲にして行われているのが実情である。強者の支配の論理に対する改善が，今，必要とされている。

あとがき

　「はじめに」でも触れられているように，京都大学を中心とするアフリカ熱帯雨林の研究は1970年代に始まった。この本の執筆者の一人である市川光雄さんは，初期の段階からこの調査にかかわり，その研究の中核を担ってきた。アフリカ熱帯雨林の調査は旧ザイールのイトゥリの森で始まり，その後は内戦の影響などもあって，コンゴ共和国，カメルーンなどへと展開していった。その過程で市川さんは多くの調査チームを組織してきた。本書とその姉妹編である『森棲みの社会誌』の執筆者は，市川さんと研究をともにしてきた熱帯雨林研究の仲間たちと，市川さんからの教えを受けて育った研究者である。
　市川さんの関心は多岐にわたり，人類社会の進化史や熱帯雨林における自然と人間の共存に関する研究に加えて，最近では「3つの生態学」と題して時間的・空間的により広い視点でものごとを見る生態学を提唱している。
　本書の各論文もそのような視点を共有している。市川（第6章）や佐藤（第7章），寺嶋（第9章）は数千年にわたる時間的な幅を視野に入れた，森と人の歴史生態学的な研究である。また第IV部「森でとる」の論文は，アフリカ熱帯雨林における野生動物の狩猟を，より広い範囲での政治的な文脈も参照しながら分析しており，政治生態学の側面を持っている。このように，外部から様々な影響を受けながら大きく変わりつつあるアフリカ熱帯雨林の研究において，時間的，空間的に広い視野が重要なのはあきらかである。ただし，本書に収められた論文の基礎となっているのは，もう一つの生態学である文化生態学であり，これは長期間のフィールドワークに基づいたものである。その調査には徹底したデータの収集が見られる。例えば，伊藤（第12章）は約8500本のラフィアヤシを観察し，小松（第11章）は畑の雑草も記録している。また，寺嶋（第9章）は，植物に関する膨大な資料を集め，それをデータベース化したアフローラを活用している。このような調査をもとに，自然と人間の関係に関する密度の濃い研究が行われているのである。
　このフィールドワークに基づいた研究に，より広い視点から得られる知見を組み合わせることで，はじめて激動のアフリカ熱帯雨林地域の現状を理解し，将来を見通すことができるに違いない。このような研究の展開に市川さんは大きな役割を果たしてきた。本書は，その現時点での集大成となるものである。そして，本書がアフリカ熱帯雨林地域の研究のさらなる発展の契機となることを期待したい。
　本書は，多くの方々や諸機関の多大な援助を受けた。ここで感謝の意を表したい。
　本書の執筆に至るまでの，フィールド調査，その結果の整理と分析において，以下の諸経費の援助を受けている。文部科学省・独立行政法人日本学術振興会科学研究費補助金（研究課題番号 62400002, 02041034, 03455013, 04041062, 06041046, 08041080,

09044027, 09891005, 10CE2001, 12371004, 14401013, 15405016, 16252004, 16710172, 17251002, 17401031, 18201046, 20405014, 20710194, 21241057），21世紀COEプログラム「世界を先導する総合的地域研究拠点の形成（フィールド・ステーションを活用した教育・研究体制の推進）」，日本学術振興会「熱帯生物資源研究基金助成事業」，日本学術振興会「特別研究員奨励費」，財団法人日本科学協会「笹川科学研究助成」，財団法人大同生命「国際文化基金研究助成」，財団法人住友財団「環境研究助成」。また，以下の諸機関からは現地で調査・研究を進めるにあたってご協力をいただいた。在カメルーン，ガボン，コンゴ民主共和国（旧ザイール）日本大使館，カメルーン共和国森林動物省（旧森林省），同科学技術省，WWF（世界自然保護基金）・カメルーン，GTZ (Deutsche Gesellschaft für Techniche Zusammenarbeit)，カメルーン国立標本館，リンベ (Limbe) 植物園，コンゴ共和国科学省，ザイール自然科学研究センター (CRSN)，コンゴ民主共和国生態・森林研究センター (CREF)，ダカール大学黒アフリカ基礎研究所，モザンビーク共和国カーボ・デルガド州教育文化局，モザンビーク国立民族学博物館。これらの諸機関に謝意を表したい。

　本書に寄稿された論文はアフリカでのフィールド調査に負っている。本書に登場するそれぞれの調査地の人びとの協力がなければ，本書のもととなる研究は成立しなかった。執筆者が彼らと共に過ごし，そこで得たさまざまな経験が本書の骨や肉となっている。個々のお名前をあげられないことをお詫びするとともに，心から感謝したい。

　本書の出版に関しては，京都大学学術出版会の鈴木哲也さんと高垣重和さんに，執筆作業から編集作業にいたるまで多くの場面でお世話になった。執筆者を代表して厚くお礼を申し上げたい。

　最後に，本書の刊行は日本学術振興会科学研究費補助金研究成果公開促進費によって可能となった。

　以上の方々と諸機関に対して，感謝の意を表したい。

2010年2月
北西功一・木村大治

引用文献

Alpers, E. A. 2001. A complex relationship: Mozambique and the Comoro Islands in the 19th and 20th centuries. *Cahiers d'Études Africaines* 161: 73-95.

Althabe, G. 1965. Changements sociaux chez les pygmées Baka de l'est Cameroun. *Cahiers d'Etudes Africaines* 5(20): 561-592.

Amanor, K. S. 1993. Farmer experimentation and changing fallow ecology in the Krobo district of Ghana. In de Boef, W., K. Amanor, K. Wellard & A. Bebbington (eds.) *Cultivating Knowledge: Genetic Diversity, Farmer Experimentation and Crop Research*, pp. 35-43. Intermediate Technology Pubulications, London.

安渓貴子 2003「キャッサバの来た道—毒抜き法の比較によるアフリカ文化史の試み」『イモとヒト—人類の生存を支えた根栽農耕』(吉田集而, 堀田満, 印東道子編) pp. 205-226 平凡社.

安渓遊地 1981「ソンゴーラ族の農耕生活と経済活動—中央アフリカ熱帯雨林下の焼畑農耕」『季刊人類学』12(1): 96-183.

安渓遊地 1984「「原始貨幣」としての魚—中央アフリカ・ソンゴーラ族の物々交換市」『アフリカ文化の研究』(伊谷純一郎, 米山俊直編) pp. 337-421 アカデミア出版会.

Arom, S. & J. M. C. Thomas 1974. *Les Mimbo, Génies du Piégeage, et le Monde Surnaturel des Ngbaka-Ma'bo (République Centrafricaine)*. SELAF, Paris.

Aubreville, A. 1967. Les étranges mosaiques forêt-savane du sommet de la boucle de l'Ogooué au Gabon. *Adansonia Série* 27(1): 13-22.

Aunger, R. 1992. The nutritional consequences of rejecting food in the Ituri forest of Zaire. *Human Ecology* 20(3): 263-291.

Austen, R. A. & R. Herdrick 1983. Equatorial Africa under colonial rule. In Birmingham, D. & P. M. Martin (eds.) *History of Central Africa* Vol. 2, pp. 27-94. Longman, London and New York.

Auzel, P. & D. S. Wilkie 2000. Wildlife use in northern Congo: Hunting in a commercial logging concession. In Robinson, J. G. & E. L. Bennett (eds.) *Hunting for Sustainability in Tropical Forests*, pp. 413-426. Columbia University Press, New York.

Bahuchet, S. 1985. *Les Pygmées Aka et la Forêt Centrafricaine*. SELAF, Paris.

Bahuchet, S. 1988. Food supply uncertainty among the Aka Pygmies (Lobaye, Central African Republic). In de Garine, I. & G. A. Harrison (eds.) *Coping with Uncertainty in the Food Supply*, pp. 118-149. Clarendon, Oxford.

Bahuchet, S. 1993. *Dans la Forêt d'Afrique Centrale, les Pygmées Aka et Baka (Histoire d'une Civilisation Forestière I)*. SELAF, Paris.

Bahuchet, S., D. McKey & I. de Garine 1991. Wild yams revisited: Is independence from agriculture possible for rain forest hunter-gatherers? *Human Ecology* 19(2): 213-243.

Bahuchet, S. & J. M. C. Thomas 1986. Linguistique et histoire des Pygmées de l'ouest du bassin congolais. *Sprache und Geschichte in Afrika* 7(2): 73-103.

Bailey, R. C. & R. Aunger Jr. 1989. Net hunters vs. archers: Variation in women's subsistence strategies in the Ituri forest. *Human Ecology* 17(3): 273-297.

Bailey, R. C., G. Head, M. Jenike, B. Owen, R. Rechtman & E. Zechenter 1989. Hunting and gathering in tropical forest: Is it possible? *American Anthropologist* 91(1): 59–82.

Bailey, R. C. & T. N. Headland 1991. The tropical rain forest: Is it a productive environment for human foragers? *Human Ecology* 19(2): 261–285.

Bailey, R. C. & N. R. Peacock 1988. Efe Pygmies of northeastern Zaire: Subsistence strategies in the Ituri forest. In de Garine, I. & G. A. Harrison (eds.) *Coping with Uncertainty in the Food Supply*, pp. 88–117. Clarendon, Oxford.

Balée, W. (ed.) 1998a. *Advances in Historical Ecology*. Columbia University Press, New York.

Balée, W. 1998b. Historical ecology: Presumes and postulates. In Balée, W. (ed.), *Advances in Historical Ecology*, pp. 13–29. Columbia University Press, New York.

Barnes, R. D. & C. W. Fagg 2003. *Faidherbia albida: Monograph and Annotated Bibliography*. Oxford Forestry Institute, Department of Plant Sciences, University of Oxford, Oxford.

Bass, S. & E. Morrison 1994. *Shifting Cultivation in Thailand, Laos and Vietnam*. International Institute for Environment and Development, London.

Bikié, H., J-G. Collomb, L. Djomo, S. Minnemeyer, R. Ngoufo & S. Nguiffo 2000. *An Overview of Logging in Cameroon*. World Resources Institute, Washington.

Biersack, A. 1999. Introduction: From the "new ecology" to the new ecologies. *American Anthropologist* 101(1): 5–18.

Boster, J. 1985. Selection for perceptual distinctiveness: Evidence from Aguaruna cultivars of *Manihot esculenta*. *Economic Botany* 39: 310–325.

Bretin-Winkelmolen, M. 1999. Appui au développement des pygmées: Recherches sur une approche spécifique. In Biesbrouck, K., S. Elders & G. Rossel (eds.) *Central African Hunter-Gatherers in a Multidisciplinary Perspective*, pp. 259–264. Research School for Asian, African, and Amerindian Studies, Universiteit Leiden, Leiden.

Brisson, R. & D. Boursier 1979. *Petit Dictionnaire: Baka-Français*. Centre Culturel du Collège Libermann, Douala.

Brisson, R. 1984. *Lexique Français-Baka*. Centre Culturel du Collège Libermann, Douala.

Brown, D. & G. Davies (eds.) 2007. *Bushmeat and Livelihoods: Wildlife Management and Poverty Reduction (Conservation Science and Practice 2)*. Blackwell Publishing, Oxford.

Bryant, R. L. & S. Bailey 1997. *Third World Political Ecology*. Routledge, London.

Burkill, H. M. 1997. *The Useful Plant of West Tropical Africa*. Edition 2. BPC, Richimond.

Burkill, I. H. 1960. The organography and the evolution of the Dioscoreaceae, the family of yams. *Journal of the Linnean Society of London. Botany* 56: 319–412.

Burnham, P., E. Copet-Rougier & P. Noss 1986. Gbaya et Mkako: Contribution ethno-linguistique à l'histoire de l'Est-Cameroun. *Paideuma* 32: 87–128.

Burnham, P. 2000. Whose forest? Whose myth? Conceptualisations of community forests in Cameroon. In Abramson, A. & D. Theodossopoulos (eds.) *Land, Law and Environment*, pp. 31–58. Pluto Press, London.

Carpaneto, G. M. & F. P. Germi 1989. The mammals in the zoological culture of the Mbuti Pygmies in North-eastern Zaire. *Hystrix (n.s.)* 1: 1–83.

Carrière, S. M. 2002. 'Orphan trees of the forest': Why do Ntumu farmers of southern Cameroon

protect trees in their swidden fields? *Journal of Ethnobiology* 22(1): 133-162.
Cavalli-Sforza, L. L. (ed.) 1986. *African Pygmies*. Academic Press, Inc., Orlando.
Cavalli-Sforza, L. L., P. Menozzi & A. Piazza (eds.) 1994. *The History and Geography of Human Genes*. Princeton University Press, Princeton.
Chardonnet, P., H. Fritz, N. Zorzi & E. Feron 1995. Current importance of traditional hunting and major contrasts in wild meat consumption in sub-Saharan Africa. In Bissonette, J. A. & P. R. Krausman (eds.) *Integrating People and Wildlife for a Sustainable Future*, pp. 304-307. The Wildlife Society, Bethada.
Chen, Y-S., A. Olckers, T. G. Schurr, A. M. Kogelnik, K. Huoponen & D. C.Wallace 2000. mtDNA variation in the south African Kung and Khwe—and their genetic relationships to other African populations. *The American Journal of Human Genetics* 66(4): 1362-1383.
中条廣義 1992「西アフリカ・カメルーン東部における熱帯半落葉性樹林の生態と持続的利用の可能性」『アフリカ研究』41: 23-45.
中条廣義 1996「北コンゴにおける熱帯雨林の生態学的研究—焼畑跡地の植生遷移」『第33回日本アフリカ学会学術大会研究発表要旨』p. 68.
中条廣義 1997「中部アフリカ・コンゴ北部における熱帯雨林の生態と土地利用1. 二次遷移」『アフリカ研究』50: 53-80.
Cissé, M. I. & A. R. Kone 1992. The fodder role of *Acacia albida* (Del.): Extent of knowledge and prospects for future research. In van den Beldt, R. J. (ed.) *Faidherbia albida in the West African Semi-Arid Tropics (Proceedings of a Workshop, ICRISAT/ICRAF, 22-26 Apr. 1991, Niamey, Niger)*, pp. 29-37. ICRISAT, Patancheru, India and ICRAF, Nairobi.
コッカリー-ビドロビッチ，C. 1988「旧フランス・ベルギー・ポルトガル領の植民地経済—1914年から1935年まで」『ユネスコ・アフリカの歴史 第7巻 上巻』(ボアヘン，A. A. 編) pp. 517-561 同朋社 (Coquery-Vidrovitch, C. 1985. The colonial economy of the former French, Belgian and Portuguese zone. In Boahen, A. (eds.) *General History of Africa VII: Africa under Colonial Domination 1880-1935*, pp. 351-381. UNESCO, Paris).
Daget, J. 1978. Contribution à la faune de la République Unie du Cameroun: Poissons du Dja, du Boumba et du Ngoko. *Cybium* 3: 35-52.
大東宏 2000『バナナ』国際農林業協力協会.
Debroux L., T. Hart, D. Kamimowitz, A. Karsenty & G. Topa (eds.) 2007. *Forests in Post-Conflict Democratic Republic of Congo: Analysis of a Priority Agenda*. Center for International Forestry Research, Bogor.
De Langhe, E., R. Swennen & D. Vuylsteke 1994. Plantain in the early Bantu world. *Azania* 29-30: 147-160.
Depommier, D. 1996. Émondage traditionnel de *Faidherbia albida*: Production fourragére, valeur nutritive et récolte de bois à Dossi et Watinoma (Burkina Faso). In Peltier, R. (ed.) *Les Parcs à Faidherbia*, Cahiers Scientifiques No. 12, pp. 55-84. CIRAD-Forêt, Montpellier.
Depommier, D. & P. Détienne 1996. Croissance de *Faidherbia albida* dans les parcs de Burkina Faso: Etude des cernes annueles dans la tige et le pivot racinaire. In Peltier, R. (ed.) *Les Parcs à Faidherbia*, *Cahiers Scientifiques* No. 12, pp. 23-53. CIRAD-Forêt, Montpellier.

Destro-Bisol, G., V. Coia, I. Boschi, F. Verginelli, A. Caglià, V. Pascali, G. Spedini & F. Calafe 2004. The analysis of variation of mtDNA hypervariable region 1 suggests that eastern and western Pygmies diverged before the Bantu Expansion. *The American Naturalist* 163: 212–226.

Dickinson, R. W. 1975. The archaeology of the Sofala Coast. *The South African Archaeological Bulletin* 30: 84–104.

Dickson, B., P. Mathew, S. Mickleburgh, S. Oldfield, D. Pouakouyou & J. Suter 2005. *An Assessment of the Conservation Status, Management and Regulation of the Trade in Pericopsis elata*. Fauna & Flora International, Cambridge.

Dounias, E. 1993. Perception and use of wild yams by the Baka hunter-gatherers in south Cameroon. In Hladik, C. M., A. Hladik, O. F. Licares, H. Pagezy, A. Semple & M. Hadley (eds.) *Tropical Forests, People and Food: Biocultural Interactions and Applications to Development*, pp. 621–632. UNESCO, Paris.

Dounias, E. 2001. The management of wild yam tubers by the Baka Pygmies in southern Cameroon. *African Study Monographs* Suppl. 26: 135–156.

Duguma, B., J. Gockowski & J. Bakala 2001. Smallholder cacao (*Theobroma cacao* Linn.) cultivation in agroforestry systems of west and central Africa: Challenges and opportunities. *Agroforestry Systems* 51: 177–188.

Dumont, R., P. Hamon & C. Seignobos 1994. *Les Ignames au Cameroun*. CIRAD, Montpellier.

Eggert, M. K. H. 1993. Central Africa and the archeaology of the equatorial rainforest: reflections on some major topics. In Shaw T., P. Sinclair, B. Andah & A. Okpoko (eds.) *The Archaeology of Africa Food, Metals and Towns*, pp. 289–329. Routledge, London and New York.

Eggum, B. O. 1970. The protein quality of cassava leaves. *British Journal of Nutrition* 24(3): 761–768.

Ekobo, A. 1998. *Large Mammals and Vegetation Surveys in the Boumba-Bek and Nki Project Area*. WWF Cameroon, Yaoundé.

Fa, J. E., J. Juste, J. Perez del Val & J. Castroviejo 1995. Impact of market hunting on mammal species in Equatorial Guinea. *Conservation Biology* 9: 1107–1115.

Fairhead, J. & M. Leach 2003. *Sceince, Society and Power: Environmental Knowledge and Policy in West Africa and the Caribbean*. Cambridge University Press, Cambridge.

Fall-Touré, S. 1978. *Utilisation d'Acacia albida et de Calotropis procera pour Améliorer les Rations des Petits Ruminants au Sénégal*. Laboratoire Elevage et Recherche Veterinaire Report. Institut Sénégalais de Recherches Agricoles, Sénégal.

Fall-Touré, S., E. Traoré, K. N'Diaye, N. S. N'Diaye & B. M. Sèye 1997. Utilisation des fruits de *Faidherbia albida* pour l'alimentation des bovins d'embouche paysanne dans le bassin arachidier au Sénégal. *Livestock Research for Rural Development* 9(5).

FAO 1989. *Roots, Tubers and Plantains in Food Security: In Sub-Saharan Africa, in Latin America and the Caribbean, in the Pacific*. FAO, Rome.

Feer, F. 1993. The potential for sustainable hunting and rearing of game in tropical forests. In Hladik, C. M., A. Hladik, O. F. Licares, H. Pagezy, A. Semple & M. Hadley (eds.) *Tropical Forests, People and Food: Biocultural Interactions and Applications to Development*, pp.

691-708. UNESCO, Paris.

Fimbel, C., B. Curran & L. Usongo 2000. Enhancing the sustainability of duiker hunting through community participation and controlled access in the Lobeke region of southeastern Cameroon. In Robinson, J. G. & E. L. Bennett (eds.) *Hunting for Sustainability in Tropical Forest*, pp. 356-374. Colombia University Press, New York.

Francis, C. A. 1986. *Multiple Cropping Systems*. Macmillan, New York.

Fresco, L. O. 1986. *Cassava in Shifting Cultivation—A Systems Approach to Agricultural Technology Development in Africa*. Royal Tropical Institute, Amsterdam.

福井勝義 1983「焼畑農耕の普遍性と進化―民俗生態学的視点から」『山民と海人―非平地民の生活と伝承（日本民俗文化大系第五巻）』（大林太良他編）pp. 235-274 小学館.

Garin, P., B. Guigou & A. Lericollais 1999. Les pratiques paysannes dans le Sine. In Lericollais, A. (ed.) *Paysans Sereer: Dynamiques Agraires et Mobilités au Sénégal*, pp. 219-298. Institut de Recherche pour le Développement, Marseille.

Gezon, L. L. & S. Paulson 2005. Place, power, difference: Multiscale research at the dawn of the twenty-first century. In Paulson S. & L. L. Gezon (eds.) *Political Ecology across Spaces, Scales, and Social Groups*, pp. 1-16. Rutgers University Press, Piscataway.

Gockowski, J. & S. Dury 1999. The economics of cocoa-fruit agroforests in southern Cameroon: Past and present. In Jimenez, F. & J. Beer (eds.) *Proceedings of the International Symposium on Multi-strata Agroforestry Systems with Perennial Crops, CATIE, Turrialba, Costa Rica 1999*, pp. 239-241.

Gourlay, I. D. 1995. Growth ring characteristics of some African Acacia species. *Journal of Tropical Ecology* 11: 121-140.

Government of Cameroon 1994. *Law No. 94-01 of 20 January 1994. To Lay Down Forestry, Wildlife and Fisheries Regulations*.

Government of Cameroon 1995. *Decree No. 95-466-PM of 20 July 1995. To Lay Down the Conditions for the Implementation of Wildlife Regulations*.

Greenberg, J. 1963. *The Languages of Africa*. Mouton, The Hague.

Grimaldi, J. & A. Bikia 1985. *Le Grand Livre de la Cuisine Camerounaise*. SOPECAM, Yaoundé.

Grinker, R. R. 1994. *Houses in the Rain Forest: Ethnicity and Inequality among Farmers and Foragers in Central Africa*. University of California Press, Berkeley.

グシンデ, M. 1960『アフリカの矮小民族―ピグミーの生活と文化』（築島謙三訳）平凡社 (Gusinde, M. 1956. *Die Twiden: Pygmäen und Pygmoide im Tropischen Afrika*. Wien).

濱屋悦次 2000『ヤシ酒の科学』批評社.

Hamilton, A. C. 1976. The significance of patterns of distribution shown by forest plants and animals in tropical Africa for the reconstruction of upper Pleistocene paleoenvironments: A review. *Paleoecology of Africa* 9: 63-97.

Hamon, P., R. Dumont, J. Zoundjhekpon, B. Tio Toure & S. Hamon 1995. *Les Ignames Sauvages d'Afrique de l'Ouest. Caracteristiques Morphologiques*. ORSTOM, Paris.

塙狼星 1996「表現手段としてのやし酒―焼畑農耕民ボンドンゴの多重な世界」『続自然社会の人類学―変貌するアフリカ』（田中二郎, 掛谷誠, 市川光雄, 太田至編）pp. 340-372 アカ

デミア出版会.
塙狼星 2002「半栽培と共創―中部アフリカ,焼畑農耕民の森林文化に関する一考察」『エスノ・サイエンス(講座生態人類学7)』(寺嶋秀明編) pp. 71-119 京都大学学術出版会.
塙狼星 2009「アフリカの里山―熱帯林の焼畑と半栽培」『半栽培の環境社会学―これからの人と自然』(宮内泰介編) pp. 94-116 昭和堂.
原子令三 1998『森と砂漠と海の人びと』UTP 製作センター.
Harako, R. 1976. The Mbuti as hunters: A study of ecological anthropology of the Mbuti Pygmies (1). *Kyoto University African Studies* 10: 37-99.
Hardin, G. 1968. The tragedy of the commons. *Science* 162: 1243-1248.
Harlan, J. R. 1992. *Crops & Man*, 2nd ed. American Society of Agronomy and Crop Science Society of America, Madison.
Hart, J. A. 1978. From subsistence to market: A case study of the Mbuti net hunters. *Human Ecology* 6(3): 325-353.
Hart, J. A. 2000. Impact and sustainability of indigenous hunting in the Ituri forest, Congo-Zaire: A comparison of unhunted and hunted duiker population. In Robinson, J. G. & E. L. Bennett (eds.) *Hunting for Sustainability in Tropical Forest*, pp. 106-153. Colombia University Press, New York.
Hart, T. B. 1985. *The Ecology of a Single-Species-Dominant Forest and of a Mixed Forest in Zaire, Africa*. Ph. D. Dissertation, Michigan State University, East Lansing.
Hart, T. B. 2001. Forest dynamics in the Ituri Basin (DR Congo). In Weber, W., L. J. T. White, A. Vedder & L. Naughton-Treves (eds.) *African Rain Forest Ecology and Conservation*, pp.155-164. Yale University Press, New Haven.
Hart, T. B. & J. A. Hart 1986. The ecological basis of hunter-gatherer subsistence in African rain forests: The Mbuti of eastern Zaire. *Human Ecology* 14(1): 29-55.
Hart, T. B., J. A. Hart & P. G. Murphy 1989. Monodominant and species-rich forests of the humid tropics: Causes for their co-occurrence. *The American Naturalist* 133(5): 613-633.
Hart, T. B., J. A. Hart, R. Dechamp, M. Fournier & M. Ataholo 1996. Change in forest composition over the last 4000 years in the Ituri Basin, Zaire. In Van der Maesen, L. J. G., X. M. van der Burgt & J. M. van Medenbach de Rooy (eds.) *The Biodiversity of African Plants*, pp. 545-563. Kluwer Academic Publishers, Dordrecht.
服部志帆 2004「自然保護計画と狩猟採集民の生活―カメルーン東部州熱帯雨林におけるバカ・ピグミーの例から」『エコソフィア』13: 113-127.
服部志帆 2007「狩猟採集民バカの植物名と利用法に関する知識の個人差」『アフリカ研究』71: 21-40.
服部志帆 2008『熱帯雨林保護と地域住民の生活・文化の両立に関する研究―カメルーン東南部の狩猟採集民バカの事例から』学位申請論文,京都大学大学院アジア・アフリカ地域研究研究科.
林耕次 2000「カメルーン東南部バカ(Baka)の狩猟採集活動 ―― その実態と今日的意義」『人間文化』14: 27-38.
林耕次 2009「アフリカ熱帯雨林の開発と周縁化される狩猟採集民」『開発と先住民(みんぱく実

践人類学シリーズ第 7 巻）』（岸上伸啓編）pp. 255-271 明石書店.
Hayashi, K. 2008. Hunting activities in forest camps among the Baka hunter-gatherers of southeastern Cameroon. *African Study Monographs* 29(2): 73-92.
Headland, T. N. 1987. The wild yam question: How well could independent hunter-gatherers live in a tropical rain forest ecosystem? *Human Ecology* 15(4): 463-491.
Headland, T. N. 1997. Revisionism in ecological anthropology. *Current Anthropology* 38(4): 605-630.
Headland, T. N. & L. A. Reid 1989. Hunter-gatherers and their neighbors from prehistory to the present. *Current Anthropology* 30(1): 43-66.
Hewlett, B. S. 1996. Cultural diversity among African Pygmies. In Susan, K. (ed.) *Cultural Diversity among Twentieth-Century Foragers: An African Perspective*, pp. 215-244. Cambridge University Press, Cambridge.
Hewlett, B. S. 2000. Central African government's and international NGOs' perceptions of Baka Pygmy development. In Schweitzer, P. P., M. Biesele & R. K. Hitchcock (eds.) *Hunters and Gatherers in the Modern World*, pp. 380-390. Berghahn Books, New York.
平井將公 2009『西アフリカ・サバンナ帯の人口稠密地域における生業変容と植生管理—セネガルのセレール社会を事例として—』学位申請論文，京都大学大学院アジア・アフリカ地域研究研究科.
Hirai, M. 2005. A vegetation-maintaining system as a livelihood strategy among the Sereer, West-Central Senegal. *African Study Monographs*. Suppl. 30: 183-193.
Hitchcock, R. K. 1999. Introduction: Africa. In Lee R. B. & R. Daly (eds.) *The Cambridge Encyclopedia of Hunters and Gatherers*, pp. 175-184. Cambridge University Press, Cambridge.
Hladik, A., S. Bahuchet, C. Ducatillion & C. M. Hladik 1984. Les plantes à tubercules de la forêt dense d'Afrique centrale. *Revue d'Ecologie (Terre et Vie)* 39: 249-290.
Hladik, A. & E. Dounias 1993. Wild yams of the African forest as potential food resources. In Hladik, C. M., A. Hladik, O. F. Licares, H. Pagezy, A. Semple & M. Hadley (eds.) *Tropical Forests, People and Food: Biocultural Interactions and Applications to Development*, pp. 163-176. UNESCO-Parthenon Publishing, Paris.
Hopkin, M. 2007. Conservation: Mark of respect. *Nature* 448: 402-403.
ハンフリーズ, L. R. 1989『熱帯草地入門：草種・造成・管理・利用』（北村征生，前野休明，杉本安寛訳）農山漁村文化協会（Humphreys, L. R. 1987. *Tropical Pastures and Fodder Crops*. 2nd ed. Longman Scientific & Technical, Essex).
Ibrahim, A. & I. M. Tibin 2003. Feeding potential of *Faidherbia albida* ripe pods for Sudan desert goats. *Scientific Journal of King Faisal University (Basic and Applied Sciences)* 4(1): 137-145.
市川光雄 1977「"Kuweri" と "ekoni" —バンブティ・ピグミーの食物規制」『人類の自然誌』（伊谷純一郎，原子令三編）pp. 135-166 雄山閣出版.
市川光雄 1982『森の狩猟民—ムブティ・ピグミーの生活』人文書院.
市川光雄 1984「ムブティ・ピグミーの民族鳥類学」『アフリカ文化の研究』（伊谷純一郎，米山俊直編）pp. 113-135 アカデミア出版会.

市川光雄 1987「ヒトの社会」『人類の起源と進化』(黒田末寿,片山一道,市川光雄編) pp. 191-265 有斐閣.
市川光雄 1993「アフリカ狩猟採集民の森林利用における多様性と多重性」『TROPICS (熱帯生態)』2(2): 107-121.
市川光雄 1996「環境問題と人類学—アフリカ熱帯雨林の例から」『生態人類学を学ぶ人のために』(秋道智彌,市川光雄,大塚柳太郎編) pp. 154-173 世界思想社.
市川光雄 2001「森の民へのアプローチ」『森と人の共存世界(講座生態人類学2)』(市川光雄,佐藤弘明編) pp. 3-31 京都大学学術出版会.
市川光雄 2002「『地域』環境問題としての熱帯雨林破壊—中央アフリカ・カメルーンの事例から」『アジア・アフリカ地域研究』2: 292-305.
市川光雄 2003「環境問題に対する3つの生態学」『地球環境問題の人類学—自然資源へのヒューマンインパクト』(池谷和信編) pp. 44-64 世界思想社.
市川光雄 2008「ブッシュミート問題—アフリカ熱帯雨林の新たな危機」『ヒトと動物の関係学第4巻 野生と環境』(池谷和信,林良博編) pp. 162-184 岩波書店.

Ichikawa, M. 1983. An examination of the hunting-dependent life of the Mbuti Pygmies. *African Study Monographs* 4: 55-76.

Ichikawa, M. 1985. A comparison of fishing strategies in the Bangweulu swamps. *African Study Monographs* 4: 25-48.

Ichikawa, M. 1987. Food restrictions of the Mbuti Pygmies. *African Study Monographs,* Suppl. 6: 97-121.

Ichikawa, M. 1993. Diversity and selectivity in the food of the Mbuti hunter-gatherers. In Hladik, C. M., A. Hladik, O. F. Linares, H. Pagezy, A. Semple & M. Hadley (eds.) *Tropical Forest, People and Food: Biocultural Interactions and Applications to Development*, pp. 487-496. UNESCO-Parthenon Publishing, Paris.

Ichikawa, M. 1996. Co-existence of man and nature in the African rain forest. In Ellen R. & K. Fukui (eds.) *Redefining Nature*, pp. 467-492. Berg Publishers, Oxford.

Ichikawa, M. 1998. The birds as indicators of the invisible world: Ethno-ornithology of the Mbuti hunter-gatherers. *African Study Monographs*, Suppl. 25: 105-121.

Ichikawa, M. 2006. Problems in the conservation of rainforests in Cameroon. *African Study Monographs*, Suppl. 33: 3-20.

Ichikawa, M. 2007. L'évitement alimentaire des viandes d'animaux sauvages chez les chasseurs-cueilleurs d'Afrique centrale. In Dounias, E., E. Motte-Florac & M. Mesnil (eds.) *Le Symbolisme des Animaux - L'Animal "Clé de Voûte" dans la Tradition Orale et les Interactions Homme-nature*. Colloques et Séminaires-IRD, Paris.

Ichikawa, M. in press. The forest and indigenous people in the post-conflict Democratic Republic of Congo. *Afrasian Studies*.

Ichikawa, M. & H. Terashima 1996. Cultural diversity in the use of plants by Mbuti hunter-gatherers in northeastern Zaire: An ethnobotanical approach. In: Kent, S. (ed.) *Cultural Diversity among Twentieth-Century Foragers: An African Perspective*, pp. 276-293. Cambridge University Press, Cambridge.

Idani, G., N. Mwanza, H. Ihobe, C. Hashimoto, Y. Tashiro & T. Furuichi 2008. Changes in the status of bonobos, their habitat, and the situation of humans at Wamba in the Luo Scientific Reserve, Democratic Republic of Congo. In Furuichi, T. & J. Thompson (eds.) *The Bonobos: Behavior, Ecology, and Conservation,* pp. 291-302. Springer, New York.

飯田卓 2008a『海を生きる技術と知識の民族誌―マダガスカル漁撈社会の生態人類学』世界思想社.

飯田卓 2008b「モザンビーク北部キリンバ島の漁撈活動」『熱帯アフリカにおける自然資源の利用に関する環境史的研究』pp. 8-45 平成 17 年度－平成 19 年度科学研究費補助金研究基盤研究 B（研究課題番号 17401031, 研究代表者：池谷和信）成果報告書.

池谷和信 2004「狩猟採集社会研究における伝統主義と歴史修正主義との論争」『文化人類学文献事典』(小松和彦, 田中雅一, 谷泰, 原毅彦, 渡辺公三編) pp. 767-768 弘文堂.

Imai, I. 1987. Fishing life in the Bangweulu swamps (2): An analysis of catch and seasonal emigration of the fishermen in Zambia. *African Study Monographs,* Suppl. 6: 33-63.

稲井啓之 2008「調査者としての草の根開発への協力のあり方―カメルーン共和国極北部州マンジュール村での事例を通して」『伝統知識と技術の再活性化によるアフリカの草の根開発 (Grass Root Development) と環境保護』(嶋田義仁編) pp. 101-104 名古屋大学文学研究科比較人文学嶋田研究室グループ.

稲泉博己 1997「西アフリカにおけるキャッサバ加工技術の機械化普及要因― COSCA データベースによるナイジェリア, ガーナ及びコートジボアールの事例研究」『開発学研究』8 (1): 40-51.

Institute Géographique National 1957. *Carte du Cameroun à 1/200000 Moloundou NA-33-XVI.* Institute Géographique National, Paris.

Institute National de la Statistique du Cameroun 2004. *Annuaire Statistique du Cameroun.* Institute National de la Statistique du Cameroun, Yaoundé.

石沢誠司 1987「アコラボ村におけるアブラヤシ利用の文化」『アフリカ：民族学的研究』(和田正平編) pp. 533-565 同朋舎.

伊谷純一郎 1961『ゴリラとピグミーの森』岩波書店.

伊谷純一郎 1974「イツリの森の物語」『生物科学』26(4): 184-193.

伊谷純一郎 1980「赤道アフリカの自然主義者たち」『季刊民族学』13: 6-19.

伊谷純一郎 2002「アフリカの植生を考える」『アフリカ研究』60: 1-33.

伊谷純一郎, 原子令三 (編) 1977『人類の自然誌』雄山閣出版.

伊谷純一郎, 田中二郎 (編) 1986『自然社会の人類学』アカデミア出版会.

伊谷純一郎, 米山俊直 (編) 1984『アフリカ文化の研究』アカデミア出版会.

岩本俊孝 1990「バイ族による森林性有蹄類の罠猟」『人類以前の社会学』(河合雅雄編) pp. 51-70 教育社.

Johnston, B. F. 1958. *The Staple Food Economies of Western Tropical Africa.* Stanford University Press, Stanford.

Joiris, D. V. 1993. Baka Pygmy hunting rituals in Southern Cameroon: How to walk side by side with the elephant. *Civilisations 41(1-2), Mélanges Pierre Salmon, Vol.2: Histoire et Ethnologie Africaine,* pp.51-81. Institute de Sociologie de l'Université Libre de Bruxelles, Bruxelles.

Joiris, D. V. 1998. *La Chasse, la Chance, le Chant: Aspects du Système Rituel des Baka du Cameroun.* Thèse de Doctrat, Université Libre de Bruxelles, Bruxelles.

Jones, W. O. 1959. *Manioc in Africa.* Stanford University Press, Stanford.

門村浩 1992「アフリカの熱帯雨林」『熱帯雨林をまもる』(環境庁熱帯雨林保護検討会編) pp. 49-90 日本放送出版協会.

掛谷誠 1998「焼畑農耕民の生き方」『アフリカ農業の諸問題』(高村泰雄, 重田眞義編) pp. 59-86 京都大学学術出版会.

掛谷誠(編) 2002『アフリカ農耕民の世界：その在来性と変容(講座生態人類学3)』京都大学学術出版会.

Kamei, N. 2001. An educational project in the forest: Schooling for the Baka children in Cameroon. *African Study Monographs,* Suppl. 26: 185-195.

片山忠夫 1998「アフリカの栽培イネと野生イネ」『アフリカ農業の諸問題』(高村泰雄, 重田眞義編) pp. 221-257 京都大学学術出版会.

川島知之 2007「風土が育んだ家畜—熱帯の在来反芻家畜の特性」『家畜生産の新たな挑戦(生物資源から考える21世紀の農学第2巻)』(今井裕編) pp. 155-179 京都大学学術出版会.

Kenrick, J. 2005. Equalising processes, processes of discrimination and the forest people of Central Africa. in Widlok T. & W. G. Tadesse (eds.) *Property and Equality Volume 2,* pp. 104-128. Berghahn Books, New York.

菊池卓郎, 塩崎雄之輔 2008『せん定を科学する—樹形と枝づくりの原理と実際(第4版)』農山漁村文化協会.

木村大治 2003『共在感覚—アフリカの二つの社会における言語的相互行為から』京都大学学術出版会.

Kimura, D. 1992. Daily activities and social association of the Bongando in central Zaire. *African Study Monographs* 13(1): 1-33.

Kimura, D. 1998. Land use in shifting cultivation: The case of the Bongando (Ngandu) in central Zaire. *African Study Monographs,* Suppl. 25: 179-203.

Kingdon, J. 1997. *Field Guide to African Mammals.* Princeton University Press, Princeton.

北西功一 2001「分配者としての所有者—狩猟採集民アカにおける食物分配」『森と人の共存世界(講座生態人類学2)』(市川光雄, 佐藤弘明編) pp. 61-91 京都大学学術出版会.

北西功一 2002「中央アフリカ熱帯雨林の狩猟採集民バカにおけるバナナ栽培の受容」『山口大学教育学部研究論叢』52(1): 51-69.

北西功一 2004a「狩猟採集社会における食物分配と平等—コンゴ北東部アカ・ピグミーの事例」『平等と不平等をめぐる人類学的研究』(寺嶋秀明編) pp. 53-91 ナカニシヤ出版.

北西功一 2004b「狩猟採集民バカにおける学校教育の導入—カメルーン東南部ドンゴ村の事例から」『英語教育学研究』(岡紘一郎編) pp. 239-256 渓水社.

北西功一 2005「狩猟採集民における土地保有と農耕化に伴うその変化—アフリカ熱帯雨林に居住するバカ・ピグミーの事例から」『研究彙報』(特定領域研究『資源人類学』「自然資源の認知と加工」研究班報告) 12: 11-25.

Kitanishi, K. 1995. Seasonal changes in the subsistence activities and food intake of the Aka hunter-gatherers in northeastern Congo. *African Study Monographs* 16(2): 73-118.

Kitanishi, K. 2003. Cultivation by Baka hunter-gatherers in the tropical rain forest of central Africa. *African Study Monographs*, Suppl. 28: 143-157.

Klieman, K. 1999. Hunter-gatherer participation in rainforest trade-systems: A comparative history of forest vs. ecotone societies in Gabon and Congo, c. 1000-1800 A.D. In Biesbrouck, K., S. Elders & G. Rossel (eds.) *Central African Hunter-Gatherers in a Multidisciplinary Perspective*, pp. 89-104. Research School for Asian, African, and Amerindian Studies, Universiteit Leiden, Leiden.

国際農林業協力協会 1998.『熱帯における作付体系』国際農林業協力協会.

国際連合食糧農業機関（編）2002『FAO 農業生産年報』（国際食糧農業協会訳）国際食糧農業協会.

小松かおり 1996「食事材料のセットと食事文化—カメルーン東南部移住村の事例より」『アフリカ研究』48: 63-78.

小松かおり 2005「アフリカの焼畑と混作—在来農法の語られ方」『文化人類学研究 ('05)（放送大学大学院教材）』（本多俊和，大村敬一，葛野浩明編）pp. 187-209 放送大学教育振興会.

小松かおり 2008「バナナとキャッサバ —— 赤道アフリカの主食史」『朝倉世界地理講座—大地と人間の物語— 12 アフリカ』（池谷和信，武内進一，佐藤廉也編）pp. 548-562 朝倉書店.

Komatsu, K. 1998. The food cultures of the shifting cultivators in central Africa: The diversity in selection of food materials. *African Study Monographs* Suppl. 25: 149-177.

小松かおり，塙狼星 2000「許容される野生植物—カメルーン東南部熱帯雨林の混作文化」『エコソフィア』6: 1 20-133.

小松かおり，北西功一，丸尾聡，塙狼星 2006「バナナ栽培文化のアジア・アフリカ地域間比較—品種多様性をめぐって」『アジア・アフリカ地域研究』6(1): 77-119.

河野泰之，藤田幸一 2008「商品作物の導入と農山村の変容」『ラオス農山村地域研究』（横山智，落合雪野編）pp. 395-429 めこん.

Kottak, C. P. 1999. The new ecological anthropology. *American Anthropologist* 101(1): 23-35.

Lamotte, M., R. Roy & F. Xavier 2003. Les premiers temps de l'étude scientifique et de la protection du Nimba (1942-1978). In *Le Peuplement Animal du Mont Nimba (Guinée, Côte d'Ivoire, Liberia)* (Mémoires du Muséum National d'Histoire Naturelle 190), pp. 11 - 17. Muséum National d'Histoire Naturelle, Paris.

Lee, R. B. & I. DeVore (eds.) 1968. *Man the Hunter*. Aldine Publishing Company, Chicago.

Léonard, J. 1952. Les divers types de forêt du Congo belge. *Lejeunia* 16: 81-93.

Leonard, W. & M. Robertson 1992. Nutrition requirements and human evolution: a bioenergetics model. *American Journal of Human Biology* 4: 179-195.

Lericollais, A. (ed.) 1999. *Paysans Sereer: Dynamiques Agraires et Mobilités au Sénégal*. Institut Français de Recherche pour le Développement (IRD), Paris.

Letouzey, R. 1968. *Etude phytogéographique du Cameroun*. Editions Paul Lechevalier, Paris.

Letouzey, R. 1976. *Contribution de la Botanique: Au Problème d'une Eventuelle Langue Pygmée*. SELAF, Paris.

Letouzey, R. 1985. *Notice de la Carte Phytogéographique du Cameroun au 1 : 500000*. Institute de la Recherche Agronomique (Herbier National), Toulouse.

Lewis, J. 2005. Whose forest is it anyway? Mbendjele Yaka Pygmies, the Ndoki Forest and the wider world. In Widlok T. & W. G. Tadesse (eds.) *Property and Equality Volume* 2, pp. 56–78. Berghahn Books, New York.

Lingomo, B. & D. Kimura 2009. Taboo of eating bonobo among the Bongando people in the Wamba region, Democratic Republic of Congo. *African Study Monographs* 30(4): 209–225.

Losch, B. 1995. Cocoa production in Cameroon: A comparative analysis with the experience of Côte d'Ivoire. In Ruf F. & P. S. Siswoputranto (eds.) *Cocoa Cycles: The Economics of Cocoa Supply*, pp. 161–178. Woodhead Publishing Ltd, Cambridge.

Louppe, D. 1996. Influence de *Faidherbia albida* sur l'arachide et le mil au Sénégal. Méthodologie de mesure et estimations des effets d'arbres émondés avec ou sans parcage d'animaux. *Sols et Cultures* 2: 123–139.

Lynn, M. 1997. *Commerce and Economic Change in West Africa: The Palm Oil Trade in the Nineteenth Century*. Cambridge University Press, Cambridge.

前田和美 1998「アフリカ農業とマメ科植物」『アフリカ農業の諸問題』（高村泰雄，重田眞義編）pp. 191–220 京都大学学術出版会．

Maley, J. 2001. The impact of arid phases on the African rain forest through geological history. In Weber, W., L. J. White, A. Vedder & L. Naughton-Treves (eds.) *African Rain Forest Ecology and Conservation: An Interdisciplinary Perspective*, pp. 68–87. Yale University Press, New Haven.

Mariaux, A. 1966. *Croissance du Kad (Acacia albida). Etude des Couches d'Accroissement de Quelques Sections d'Arbres Provenant de Sénégal*. Centre Tech. For. Trop., Nogent-sun-Marne.

Martin, C. 1991. *The Rainforests of West Africa: Ecology - Threats - Conservation*. Birkhäuser, Basel.

丸尾聡 2002「アフリカ大湖地方におけるバナナ農耕とその集約性―タンザニア北西部・ハヤの事例」『農耕の技術と文化』25: 108–134．

松井健 1989『セミ・ドメスティケーション ―― 農耕と遊牧の起源再考』海鳴社．

松井健 1991「バルーチュ族のヤシ文化」『ヒトの自然誌』pp. 194–212 平凡社．

Mbida, C., H. Doutrelepont, L. Vrydaghs, R. L. Swennen, R. J. Swennen, H. Beeckman, E. de Langhe & P. de Maret 2001. First archaeological evidence of banana cultivation in central Africa during the third millennium before present. *Vegetation History and Archaeobotany* 10: 1–6.

McKay, D., B. Digiusto, M. Pascal, M. Elias & E. Dounias 1998. Stratégies de croissance et de défense antiherbivore des ignames sauvages: Leçons pour l'agronomie. In Berthaud, J., N. Bricas & J-L. Marchand (eds.) *L'Igname, Plante Séculaire et Culture d'Avenir*, pp. 181–188. CIRAD, Montpellier.

Mercader, J. 2001. Across forests and savannas: Later stone age assemblage from Ituri and Semiliki, Democratic Republic of Congo. *Journal of Anthropological Research* 57(2): 197–217.

Mercader, J. 2002. Forest people: The role of African rainforests in human evolution and dispersal. *Evolutionary Anthropology* 11: 117–124.

Mercader, J. (ed.) 2003a. *Under the Canopy: The Archeology of Tropical Rain Forests*. Rutgers University Press, New Brunswick.

Mercader, J. 2003b. Foragers of the Congo: The early settlement of the Ituri Forest. In Mercader, J. (ed.) *Under the Canopy: The Archeology of Tropical Rain Forests*, pp. 93–118. Rutgers University Press, New Brunswick.

Mercader, J. & R. Marti 2003. The Middle Stone Age occupation of Atlantic central Africa: New evidence from Equatrial Guinea and Cameroon. In Mercader, J. (ed.) *Under the Canopy: The Archeology of Tropical Rain Forests*, pp. 64–92. Rutgers University Press, New Brunswick.

Mercader, J., F. Runge, L. Vrydaghs, H. Doutrelepont, C. E. N. Ewango & J. Juan-Tresseras 2000. Phytoliths from archaeological sites in the tropical forest of Ituri, Democratic Republic of Congo. *Quaternary Research* 54: 102–112.

Mialoudama, F. 1993. Nutritional and socio-economical value of *Gnetum* leaves in central African forest. In Hladik, C. M., A. Hladik, O. F. Licares, H. Pagezy, A. Semple & M. Hadley (eds.) *Tropical Forests, People and Food: Biocultural Interactions and Applications to Development*, pp. 177–182. UNESCO-Parthenon Publishing, Paris.

Miracle, M. P. 1967. *Agriculture in the Congo Basin; Tradition and Change in African Rural Economies*. The University of Wisconsin Press, Madison.

Mollet, M., F. Herzog, Y. E. N. Behi & Z. Farah 2000. Sustainable exploitation of *Borassus aethiopum*, *Elaeis guineensis* and *Raphia hookeri* for the extraction of palm wine in Côte D'ivoire. *Environment, Development and Sustainability* 2: 43–57.

百瀬邦泰 2005「ニュー・エコロジーなる誤解―環境人類学と生態学の深い溝を埋めるために」『アジア・アフリカ地域研究』5(1): 72–84.

Monod, T. 1928. *L'Industrie des Pêches au Cameroun*. Société d'Édition, Paris.

Moran, E. F. 1975. Food development, and man in the tropics. In Arnott, M. (ed.) *Gastronomy: The Anthropology of Food and Food Habits*, pp. 169–186. Mouton Publishers, The Hague.

森明雄 1994「カメルーン熱帯雨林における跳ね罠猟―マイクロ・ハビタットと罠技術に関する認知構造」『アフリカ研究』45: 1–25.

Murdock, G. P. 1959. *Africa: Its Peoples and Their Culture History*. McGraw-Hill Book Company, New York.

中尾佐助 1993『農業起源をたずねる旅―ニジェールからナイルへ』岩波書店.

中尾佐助 2004「半栽培という段階について」『農耕の起源と栽培植物（中尾佐助著作集第1巻）』pp. 677–689 北海道大学出版会.

Newitt, M. 1973. *Portuguese Settlement on the Zambesi: Exploration, Land Tenure and Colonial Rule in East Africa*. Africana Publishing Company, New York.

Newitt, M. 1995. *A History of Mozambique*. Hurst, London.

西原智昭 2002『終わることなきアフリカ熱帯林におけるマルミミゾウの密猟と象牙取引―コンゴ共和国における事例を中心に』特定非営利法人野生生物保全論研究会（JWCS）.

Nkanje, B. T. & J. C. N. Nkoumou 2000. *Séminaire sur le Partenariat dans la Lutte contre le Braconnage au Sud-Est Cameroun*. WWF-GTZ Cameroun.

Noss, A. J. 1998. The impacts of cable snare hunting on wildlife populations in the forests of the Central African Republic. *Conservation Biology* 12: 390–398.

Noss, A. 2000. Cable snares and nets in the Central African Republic. In Robinson, J. G. & E.

L. Bennett (eds.) *Hunting for Sustainability in Tropical Forest*, pp. 282-304. Colombia University Press, New York.

農文協(編) 1994『最新果樹のせん定―成らせながら樹形をつくる(図解・樹形とせん定シリーズ)』農山漁村文化協会.

Nweke, F. I. 1992. *Processing Potentials for Cassava Production Growth in Africa*. COSCA Working Paper No. 11.

Nye, P. H. & D. J. Greenland 1960. *The Soil under Shifting Cultivation*. Technical Communication No. 51. Commonwealth Bureau of Soils, Harpenden.

Obam, A. 1992. *Conservation et Mise en Valuer de Forêts an Cameroun*. Imprimerie National, Yaoundé.

大石高典 2005「バカンスとして漁撈?―アフリカ熱帯雨林とバントゥー系農民」『生態人類学会ニュースレター』11: 19-20.

Oke, O. L. 1968. Cassava as food in Nigeria. *World Review of Nutrition and Dietetics* 9: 227-250.

応地利明 1997「『アジアの農耕様式』の解題にかえて」『アジアの農耕様式』(農耕文化研究振興会編) pp. 1-9 大明堂.

Ostrom, E. 1990. *Governing the Commons: The Evolution of Institutions for Collective Action*. Cambridge University Press, Cambridge.

大山修一 2004「市場経済化と焼畑農耕社会の変容―ザンビア北部ベンバ社会の事例」『アフリカ農耕民の世界(講座生態人類学3)』(掛谷誠編) pp. 3-50 京都大学学術出版会.

Pélissier, P. 1966. *Les Paysans du Sénégal. Les Civilisations Agraires du Cayor à la Casamance*. Imprimerie Fabrègue, Saint-Yrieix.

Petzell, M. 2002. A sketch of Kimwani. *Africa and Asia* 2: 88-110.

Philippe, R. 1965. *Inongo: Les classes d'âge en région de la Lwafa (Tshuapa)*. Musée Royal de l'Afrique Centrale, Tervuren.

ポルテール, R. & J. バロー 1990「農業技術の起源・発達・伝播」『ユネスコ・アフリカの歴史第一巻 下巻』(キ-ゼルボ, J. 編) pp. 1025-1052 同朋社 (Portères, R. & J. Barrau 1981. Origins, development and expansion of agricultural techniques. In Ki-Zerbo, J. (ed.) *General History of Africa I: Methodology and African Prehistory*, pp. 687-705. UNESCO, Paris).

Prain, G. & M. Piniero 1999. Farmer management of rootcrop genetic diversity in Southern Philippines. In Prain, G., S. Fujisaka & M. D. Warren (eds.) *Biological and Cultural Diversity: The Role of Indigenous Agricultural Experimentation in Development*, pp. 92-112. Intermediate Technology Publications, London.

Pullan, R. A. 1974. Farmed parkland in West Africa. *Savanna* 3(2): 119-151.

Purseglove, J. W. 1968. *Tropical Crops: Dicotyledons*. Longman, Essex.

Purseglove, J. W. 1972. *Tropical Crops: Monocotyledons*. Longman, Essex.

Redford, K. H. 1991. The ecologically noble savage. *Orion* 9: 24-29.

Redford, K. H. 1992. The empty forest. *Bioscience* 42(6): 412-422.

Richards, P. 1985. *Indigenous Agricultural Revolution: Ecology and Food Production in West Africa*. Unwin Hyman, London.

Roberts, T. R. 1973. Ecology of fishes in the Amazon and Congo Basins. In Meggers, B. J., E. S.

Ayensu & W. D. Duckworth (eds.) *Tropical Forest Ecosystem in Africa and South America: Comparative Review.* Smithsonian Institurtian Press, Washington, D.C.

Robinson, J. G. & E. L. Bennett 2000. Carrying capacity limits to sustainable hunting in tropical forests. In Robinson, J. G. & E. L. Bennett (eds.) *Hunting for Sustainability in Tropical Forest*, pp. 13–30. Colombia University Press, New York.

Robinson, J. G. & K. H. Redford 1991. Sustainable Harvest of Neotropical Forest Mammals. In Robinson, J. G. & K. H. Redford (eds.) *Neotropical Wildlife Use and Conservation*, pp. 415–429. University of Chicago Press, Chicago.

Rocheleau, D., D. Weber & F. A. Field-Juma 1988. *Agroforestry in Dryland Africa*. ICRAF, Nairobi.

Rossel, G. 1998. *Taxonomic-Linguistic Study of Plantain in Africa*. CNWS Publication No. 65. Research School CNWS, Leiden University, Leiden.

Roupsard, O., A. Ferhi, A. Granier, F. Pallo, D. Depommier, B. Mallet, H. I. Joly & E. Dreyer 1999. Reverse phenology and dry-season water uptake by *Faidherbia albida* (Del.) A. Chev. in an agroforestry parkland of Sudanese west Africa. *Functional Ecology* 13(4): 460–472.

Ruf, F. & G. Schroth 2004. Chocolate forests and monocultures: A historical review of cocoa growing and its conflicting role in tropical deforestation and forest conservation. In Schroth, G., G. A. B. da Fonseca, C. A. Harvey, C. Gascon, H. L. Vasconcelos & A-M. N. Izac (eds.) *Agroforestry and Biodiversity Conservation in Tropical Landscapes*, pp. 107–134. Island Press, Washington, D. C.

Ruthenberg, H. 1980. *Farming Systems in the Tropics*. Third Edition. Oxford University Press, New York.

Sahlins, M. 1968. Notes on the Original Affluent Society. In Lee, R. B. & I. DeVore (eds.) *Man the Hunter*, pp. 85–89. Aldine Publishing Company, New York.

Sahlins, M. 1972. *Stone Age Economics*. Aldine Publishing Co., Chicago.

坂口勝美 1988『熱帯の飼料木―フォダー木とブラウズ木』社団法人国際農林業協力協会 AICAF.

佐々木高明 1995「農耕文化の異なる論理―熱帯林の破壊とコメ問題」『農耕空間の多様と選択』(農耕文化研究振興会編) pp. 11–28 大明堂.

佐藤仁 2002『稀少資源のポリティクス―タイ農村にみる開発と環境のはざま』東京大学出版会.

佐藤弘明 1984「ボイエラ族の生計活動―キャッサバの利用と耕作」『アフリカ文化の研究』(伊谷純一郎, 米山俊直編) pp. 671–697 アカデミア出版会.

佐藤弘明 1991「定住した狩猟採集民バカ・ピグミー」『ヒトの自然誌』(田中二郎, 掛谷誠編) pp. 543–566 平凡社.

佐藤弘明 1993「象肉が食えないバカピグミーの象猟人」『浜松医科大学紀要(一般教育)』7: 19–30.

Sato, H. 1983. Hunting of the Boyela, slash-and-burn agriculturalists, in the central Zaire Forest. *African Study Monographs* 4: 1–54.

Sato, H. 2001. The potential of edible wild yams and yam-like plants as a staple food resource in the African tropical rain forest. *African Study Monographs,* Suppl. 26: 123–134.

Sato, H. 2006. A brief report on a large mountain-top community of *Dioscorea praehensilis* in the tropical rainforest of southeastern Cameroon. *African Study Monographs,* Suppl. 33: 21-28.

佐藤弘明, 川村協平, 稲井啓之, 山内太郎 2006「カメルーン南部熱帯多雨林における"純粋"な狩猟採集生活―小乾季における狩猟採集民 Baka の 20 日間の調査」『アフリカ研究』69: 1-14.

佐藤靖明 2004「人とバナナが織りなす生活世界―ウガンダ中部ブガンダ地域におけるバナナの栽培と利用」『ビオストーリー』2: 106-121.

Schebesta, P. 1933. *Among Congo Pygmies.* Hutchinson & Co., London.

Schroth, G., G. A. B. da Fonseca, C. A. Harvey, C. Gascon, H. L. Vasconcelos & A-M. N. Izac (eds.) 2004a. *Agroforestry and Biodiversity Conservation in Tropical Landscapes.* Island Press, Washington, D. C.

Schroth, G., G. A. B. da Fonseca, C. A. Harvey, C. Gascon, H. L. Vasconcelos & A. N. Izac 2004b. Introduction: The role of agroforestry in biodiversity conservation in tropical landscapes. In Schroth, G., G. A. B. da Fonseca, C. A. Harvey, C. Gascon, H. L. Vasconcelos & A-M. N. Izac (eds.) *Agroforestry and Biodiversity Conservation in Tropical Landscapes*, pp. 1-12. Island Press, Washington, D. C.

Seyler, J. R. 1993. *A System Analysis of the Status and Potential of Acacia albida (Del.) in the North Central Peanut Basin of Senegal.* Ph. D. Dissertation, Department of Forestry, Michigan State University, East Lansing.

重田眞義 1995「品種の創出と維持をめぐるヒト―植物関係」『自然と人間の共生―遺伝と文化の共進化 (講座地球に生きる 4)』(福井勝義編) pp. 143-164 雄山閣.

重田眞義 2002「根栽型作物からみたアフリカ農業の特質―バナナとエンセーテの民族植物学的比較」『アジア・アフリカ地域研究』2: 44-69.

重田眞義 2009「ヒト―植物関係としてのドメスティケーション」『国立民族学博物館調査報告 84 ドメスティケーション―その民族生物学的研究』(山本紀夫編) pp. 71-96.

四方篝 2004.「二次林におけるプランテインの持続的生産―カメルーン東南部の熱帯雨林帯における焼畑農耕システム」『アジア・アフリカ地域研究』4(1): 4-35.

四方篝 2006「森は何を語るのか？ カメルーン東南部の熱帯雨林に暮らす焼畑農耕民の生活と森林植生との関わり」『日本熱帯生態学会ニューズレター』62: 1-7.

四方篝 2007「伐らない焼畑―カメルーン東南部の熱帯雨林帯におけるカカオ栽培の受容にみられる変化と持続」『アジア・アフリカ地域研究』6(2): 257-278.

嶋田義仁 1999「西アフリカの地域構造と世界」『地域間研究の試み (上) 世界の中で地域をとらえる』(高谷好一編) pp. 247-270 京都大学学術出版会.

嶋田義仁 2003「砂漠と文明―「砂漠化」問題に即して」『地球環境問題の人類学―自然資源へのヒューマンインパクト』(池谷和信編) pp. 172-201 世界思想社.

Sigha-Nkamdjou, L. 1994. *Fonctionnement Hydrochimique d'un Ecosystème Forestier de l'Afrique Centrale: La Ngoko à Moloundou (Sud-est Cameroun).* Thèse de Doctrat, Université Paris-Sud, Orsay.

曽我亨 2007「『稀少資源』をめぐる競合という神話―資源をめぐる民族関係の複雑性をめぐって」『自然の資源化 (資源人類学 6)』(松井健編) pp. 205-249 弘文堂.

Spencer, J. E. 1966. *Shifting Cultivation in Southeastern Asia*. University of California Press, Berkeley.
Speth, J. & K. Spielman 1983. Energy source, protein metabolism, and hunter-gatherer subsistence strategies. *Journal of Anthropological Archaeology* 2: 1–31.
スタンレイ, H. M. 1893『闇黒亜弗利加』(矢部五洲訳) 博文館 (Stanley, H. M. 1890. *In Darkest Africa*. Sampson Low, Marston, Searle and Rivington, London).
Stocking, M., F. Kaihura & L. Liang 2003. Agricultural biodiversity in East Africa: Introduction and acknowledgements. In Kaihura, F. & M. Stocking (eds.) *Agricultural Biodiversity in Smallholder Farms of East Africa*, pp. 3–19. The United Nations University Press, Tokyo.
Stover, R. H. & N. W. Simmonds 1987. *Bananas* (3rd. ed.). Longman, Harlow.
末原達郎 1990『赤道アフリカの食糧生産』同朋舎.
杉村和彦 1995「作物の多様化にみる土着思考」『自然と人間の共生―遺伝と文化の共進化 (講座地球に生きる4)』(福井勝義編) pp. 165–192 雄山閣.
Sunderlin, W. D., O. Ndoye, H. Bikie, N. Laporte, B. Mertens & J. Pokam 2000. Economic crisis, small-scale agriculture, and forest cover change in southern Cameroon. *Environmental Conservation* 27(3): 284–290.
Swaine, M. D. 1992. Characteristics of dry forest in west Africa and the influence of fire. *Journal of Vegetation Science* 3: 365–374.
高桑史子 1998「漁民？商人？スリランカのカラーワ・カースト」『海人の世界』(秋道智彌編著) pp. 293–316 同文舘出版.
高宮広土 2005『島の先史学―パラダイスではなかった沖縄諸島の先史時代』ボーダーインク.
高根務 1999『ガーナのココア生産農民―小農輸出作物生産の社会的側面』アジア経済研究所.
武田淳 1984.「森林部族ンガンドゥの狩猟・狩猟儀礼・肉の分配」『アフリカ文化の研究』(伊谷純一郎, 米山俊直編) pp. 227–280 アカデミア出版会.
武田淳 1987.「熱帯森林部族ンガンドゥの食生態―コンゴ・ベーズンにおける焼畑農耕民の食性をめぐる諸活動と食物摂取傾向」『アフリカ―民族学的研究』(和田正平編) pp. 1071–1137 同朋舎.
Takeda, J. 1996. The Ngandu as hunters in the Zaire river basin. *African Study Monographs,* Suppl. 23: 1–61.
竹内潔 1991「アカにおける社会的アイデンティティ」『ヒトの自然誌』(田中二郎, 掛谷誠編) pp. 415–439 平凡社.
竹内潔 1994「コンゴ東北部の狩猟採集民アカにおける摂食回避」『アフリカ研究』44: 1–28.
竹内潔 1995「アフリカ熱帯雨林のサブシステンス・ハンティング―コンゴ北東部の狩猟採集民アカの狩猟技術と狩猟活動」『動物考古学』4: 27–52.
竹内潔 2001「『彼はゴリラになった』―狩猟採集民アカと近隣農耕民のアンビバレントな共生関係」『森と人の共存世界 (講座生態人類学2)』(市川光雄, 佐藤弘明編) pp. 223–253 京都大学学術出版会.
武内進一 1996「コンゴのキャッサバ流通―生産地から卸売市場まで」『アジア経済』37(6): 29–58.
武内進一 2007「コンゴの平和構築と国際社会―成果と難題」『アフリカレポート』44: 3–9.

竹沢尚一郎 2008「『中世』西アフリカにおける国家の起源」『生態資源と象徴化（資源人類学07）』（印東道子編）pp. 131-160 弘文堂.

田中明編 1997『熱帯農業概論』築地書館.

田中二郎 1971『ブッシュマン—生態人類学的研究』思索社.

田中二郎, 掛谷誠（編）1991『ヒトの自然誌』平凡社.

田中二郎, 掛谷誠, 市川光雄, 太田至（編）1996『続 自然社会の人類学—変貌するアフリカ』アカデミア出版会.

丹野正 1984「ムブティ・ピグミーの植物利用」『アフリカ文化の研究』（伊谷純一郎, 米山俊直編）pp. 43-112 アカデミア出版会.

丹野正 2004「シェアリング, 贈与, 交換—共同体, 親交関係, 社会」『弘前大学大学院地域社会研究科年報』1（別冊）: 63-80.

Tanno, T. 1976. The Mbuti net-hunters in the Ituri forest, eastern Zaire: Their hunting activities and band composition. *Kyoto University African Studies* 10: 101-135.

Tanno, T. 1981. Plant utilization of the Mbuti Pygmies: With special reference to their material culture and use of wild vegetable foods. *African Study Monographs* 1: 1-53.

寺嶋秀明 1996「にぎやかな食卓—イトゥリの森の民にみる動物と食物規制」『続 自然社会の人類学』（田中二郎, 掛谷誠, 市川光雄, 太田至編）pp. 373-408 アカデミア出版会.

寺嶋秀明 1997『共生の森（熱帯林の世界 6）』東京大学出版会.

寺嶋秀明 2002「イトゥリの森の薬用植物利用」『エスノ・サイエンス（講座生態人類学 7）』（寺嶋秀明, 篠原徹編）pp. 13-70 京都大学学術出版会.

寺嶋秀明 2004「人はなぜ, 平等にこだわるのか」『平等と不平等をめぐる人類学的研究』（寺嶋秀明編）pp. 3-52 ナカニシヤ出版.

Terashima, H. 1983. Mota and other hunting activities of the Mbuti archers: A socio-ecological study of subsistence technology. *African Study Monographs* 3: 71-85.

Terashima, H. 1987. Why Efe girls marry farmers?: Socio-ecological backgrounds of inter-ethnic marriage in the Ituri Forest of central Africa. *African Study Monographs,* Suppl. 6: 65-83.

Terashima, H. 1998. Honey and holidays: The interactions mediated by honey between Efe hunter-gatherers and Lese farmers in the Ituri Forest. *African Study Monographs,* Suppl. 25: 123-134.

Terashima, H. 2001. The relationships among plants, animals, and man in the African tropical rain forest. *African Study Monographs,* Suppl. 27: 43-60.

Terashima, H. 2007. The status of birds in the natural world of the Ituri forest hunter-gatherers. In Dounias, E., E. Motte-Florac & M. Mesnil (eds.) *Animal Symbolism. Animals, Keystones in the Relationship between Man and Nature.*, pp. 191-206. IRD, Paris.

Terashima, H. & M. Ichikawa 2003. Comparative ethnobotany of the Mbuti and Efe hunter-gatherers in the Ituri Forest of DRC. *African Study Monographs* 21(1-2): 1-168.

Terashima, H., M. Ichikawa & M. Sawada 1988. Wild plant utilization of the Balese and the Efe of the Ituri forest, the Republic of Zaire. *African Study Monographs,* Suppl. 8: 1-78.

寺内良平 1991「ギニアヤムの分類と系統」『植物分類・地理』42(2): 93-105.

Trilles, R. P. 1936. Les pygmées, leur langue et leur religion. In *XVIe Congrès International d'Anthropologie et d'Archéologie Préhistorique Buruxelle 1935, 1936*, pp. 789-821.

坪井洋文 1983「日本人の再生観」『太陽と月―古代人の宇宙観と死生観（日本民俗文化大系第二巻）』（谷川健一他編）pp. 391-472 小学館.

Turnbull, C. M. 1961. *The Forest People*. The American Museum of Natural History, New York.

Turnbull, C. M. 1965 *Wayward Servants: The Two Worlds of the African Pygmies*. Natural History Press, New York.

Tushemereirwe, W. K., D. Karamura, H. Ssali, D. Bwamiki, I. Kashaija, C. Nankinga, D. Bagamba, A. Kangire & R. Ssebuliba 2001. Bananas (*Musa* spp.) In Mukiibi, J. K. (ed.) *Agriculture in Uganda Vol. 2 Crops*, pp. 281-319. Fountain Publishers, Kampala.

土屋厳，青木宣治，落合盛夫，河村武，倉嶋厚 1972『アフリカの気候（世界気候誌第2巻）』古今書院.

Van der Kerken, G. 1944. *L'Ethnie Mongo*. Mémoires de l'Institut Royal Colonial Belge 13, Brussels.

Vansina, J. 1990. *Paths in the Rainforests, Toward a History of Political Tradition in Equatorial Africa*. The University of Wisconsin Press, Madison.

Van Vliet, N. & R. Nasi 2008. Why do models fail to assess properly the sustainability of duiker (*Cephalophus* spp.) hunting in Central Africa? *Oryx* 42(3): 392-399.

Vayda, A. P. & B. B. Walters 1999. Against Political Ecology. *Human Ecology* 27(1): 167-179.

Vuanza, P. N. & M. Crabbe 1975. *Les Regimes Moyens et Extrêmes des Climats Principaux du Zaïre*. Centre Meteorologique, Kinshasa.

Wæhle E. 1999. Introduction. In Biesbrouck, K., S. Elders & G. Rossel (eds.) *Central African Hunter-Gatherers in a Multidisciplinary Perspective*, pp. 3-17. Research School for Asian, African, and Amerindian Studies, Universiteit Leiden, Leiden.

和崎春日 1990「カメルーン・バムン王権社会のヤシ文化複合―民族文化の創造と現代的展開」『国立民族学博物館研究報告別冊』12: 377-446.

White L. J. T. 2001. Forest-savanna dynamics and the origins of Marantaceae forest in central Gabon. In Weber, W., L. J. T. White, A. Vedder & L. Naughton-Treves (eds.) *African Rain Forest Ecology and Conservation*, pp. 165-182. Yale University Press, New Haven.

ホイットモア，T. C. 1993『「熱帯雨林」総論』（熊崎実，小林繁男監訳）築地書館（Whitmore, T. C. 1990. *An Introduction to Tropical Rain Forests*. Oxford University Press, Oxford）.

Wilkie, D. S. 1988. Hunters and farmers of the African forest. In Denslow, J. S. & C. Padoch (eds.) *People of the Tropical Rain Forest*, pp. 111-126. University of California Press, Berkeley.

Wilkie, D. S. & J. F. Carpenter 1999. Bushmeat hunting in the Congo Basin: An assessment of impacts and options for mitigation. *Biodiversity and Conservation* 8: 927-955.

Wilmsen, E. 1989. *Land Filled with Flies: a Political Economy of the Kalahari*. University of Chicago Press, Chicago.

Whittaker, R. H. & G. E. Likens 1975. The biosphere and man. In Leith, H. & R. H. Whittaker (eds.) *Primary Productivity of the Biosphere*, pp. 305-328. Springer-Verlag, New York.

Wood, P. J. 1992. The botany and distribution of *Faidherbia albida*. In Vandenbelt, R. J. (ed.) *Faidherbia albida in the West African Semi-arid Tropics*, pp. 9-17. Workshop Proceedings

ICRISAT, Niamey.
Woodburn, J. 1982. Egalitarian societies. *Man (n.s.)* 17(3): 431–451.
Woodburn, J. 1997. Indigenous discrimination: The ideological basis for local discrimination against hunter-gatherer minorities in sub-Saharan Africa. *Ethnic and Racial Studies* 20(2): 345–361.
Wu Leung, W-T. 1968. *Food Composition Table for Use in Africa*. U. S. Department of Health, Education, and Welfare, USA. and FAO, Rome.
Yamauchi, T., H. Sato & K. Kawamura 2000. Nutrition status, activity pattern, and dietary intake among the Baka hunter-gatherers in the village camps in Cameroon. *African Study Monographs* 21(2): 67–821.
山内太郎，林耕次，佐藤弘明，川村協平 2006「アフリカ熱帯雨林における"純粋な"狩猟採集生活：3. 身体活動と消費エネルギー」『民族衛生』72（別冊）：182–183.
山本紀夫 2004『ジャガイモとインカ帝国―文明を生んだ植物』東京大学出版会.
家島彦一 1993『海が創る文明―インド洋海域世界の歴史』朝日新聞社.
家島彦一 2006『海域から見た歴史―インド洋と地中海を結ぶ交流史』名古屋大学出版会.
安岡宏和 2004「コンゴ盆地北西部に暮らすバカ・ピグミーの生活と長期狩猟採集行（モロンゴ）―熱帯雨林における狩猟採集生活の可能性を示す事例として」『アジア・アフリカ地域研究』4(1): 36–85.
安岡宏和 2007「アフリカ熱帯雨林における狩猟採集生活の生態基盤の再検討―野生ヤムの利用可能性と分布様式から」『アジア・アフリカ地域研究』6(2): 297–314.
Yasuoka, H. 2006a. Long-term foraging expedition (molongo) among the Baka hunter-gatherers in the northwestern Congo Basin, with special reference to the "Wild Yam Question." *Human Ecology* 34(2): 275–296.
Yasuoka, H. 2006b. The sustainability of duiker (*Cephalophus* spp.) hunting for the Baka hunter-gatherers in southeastern Cameroon. *African Study Monographs,* Suppl. 33: 95–120.
Yasuoka, H. 2009a. Concentrated distribution of wild yam patches: Historical ecology and the subsistence of African rainforest hunter-gatherers. *Human Ecology*. 37(5): 577–587.
Yasuoka, H. 2009b. The variety of forest vegetations in southeastern Cameroon, with special reference to the availability of wild yams for the forest hunter-gatherers. *African Study Monographs* 30(2): 89–119.

参考ウェブサイト

ForesSTAT (FAOSTAT)
    http://faostat.fao.org/site/626/
FAO 2007. State of the World's Forests 2007
    http://www.fao.org/docrep/009/a0773e/a0773e00.htm
Forest Carbon Partnership Facility Brochure
    http://www.forestcarbonpartnership.org/fcp/sites/forestcarbonpartnership.org/files/English_54462_WorldBank
Forest Peoples Programme: Forest People Project

http://www.forestpeoples.org/templates/project/africa_base.shtml
IPACC: News, IPACC delegates arrive in Cape Town for REDD advocacy training（2009 年 2 月 23 日）
　　　http://www.ipacc.org.za/eng/news_details.asp?NID=191L
Oliver, R. 2008. All About: Forest and carbon trading（CNN 2008 年 2 月 11 日）
　　　http://edition.cnn.com/2008/TECH/02/10/eco.carbon/index.html
Stern Review on the economics of climate change
　　　http://webarchive.nationalarchives.gov.uk/+/http://www.hm-treasury.gov.uk/independent_reviews/stern_review_economics_climate_change/stern_review_report.cfm
UNEP/GRID Africa Population Distribution Database 2000
　　　http://na.unep.net/datasets/datalist.php

索　引

凡例：
事項間の参照で，矢印の意味は以下のとおり
→：矢印の先の項目を参照
↗：矢印の先の項目は当該項目の上位分類
⇒：矢印の先の項目は当該項目と関係のある項目（類語，反対語など）

■事項索引

【英字】
CFAフラン　62
FCPF⇒森林炭素パートナーシップ機構
WWF⇒世界自然保護基金

【ア行】
アカシア・サバンナ　265 ↗サバンナ
アグロフォレストリー　218, 234
アフローラ (AFlora)　4, 7
アベイラビリティ⇒食物資源のアベイラビリティ，野生ヤムのアベイラビリティ（動植物名索引）参照
網猟　175, 311-313, 315, 341 ↗猟法
磯漁り　88 ↗漁法
一次林　224
一般的互酬性　185
イトゥリの森　iv, 13, 101, 104, 113, 165
イルビンギア季　143 ↗季節
インド洋交易　79
雨季　24, 199 ↗季節
浮き流し網漁　385 ↗漁法
窪漁　388 ↗漁法
獲物の所有者　358 ↗所有
エネルギー源食物　134 ⇒カロリー，食物
エレファント・ハンター　314 ⇒狩猟，「ピグミーのゾウ狩猟」（民族名・言語名索引）
オノマトペ　178-179

【カ行】
開拓者　98 ⇒自然埋没者
掻い出し漁　388 ↗漁法
開発援助　68

開発プロジェクト　68, 72
カカオ移民　197 ⇒「カカオ」（動植物名索引）
かご漁　84-88 ↗漁法
カメルーン・チャド石油パイプライン　69
カメルーン東南部　v, 65, 143, 304
　　カメルーン東南部の自然保護　65
伐らない焼畑　219 ↗焼畑
カラハリ・ディベート　21 ⇒狩猟採集社会の真正性，リビジョニズム，ワイルドヤム・クエスチョン
カロリー
　カロリー供給　29-30, 50, 142, 154
　カロリー源　25, 43
　カロリー源食物　22 →食物
　カロリー摂取量　148
乾季　24, 143, 199 ↗季節
観光狩猟　66-67, 330, 399 ↗狩猟
間作　221 ↗焼畑
　混合型間作　221
乾性半落葉樹林　23 ↗熱帯雨林
完全な狩猟採集生活　20, 33 ↗狩猟採集生活
カンポ・マーン国立公園　69 ↗国立公園／保護区
擬似栽培　35 ↗栽培
擬制的親族関係　185
季節
　乾季　24, 143, 199
　　大乾季　199, 222, 376
　　小乾季　143, 222, 376
　雨季　24, 199
　　大雨季　143, 199-200, 222, 376
　　小雨季　143, 200, 222, 376

イルビンギア季　143
逆季節性　269
ギネア（ギニア）農耕文化複合　41⇒農耕
逆季節性　269⇒季節
キャンプ　10-11, 33, 36, 116, 121, 124, 126,
　　145, 148, 309, 321, 323, 374
　漁撈キャンプ　378-379, 381
　狩猟キャンプ　330
　農耕キャンプ　145, 147
　罠猟キャンプ　321, 323
休閑地（林）　65, 212, 219, 255⇒焼畑
旧石器時代　13, 21
共生関係　25, 34, 120, 312
共創の文化　57
共有資源　293-294
漁法
　磯漁り　88
　浮き流し網漁　385
　筌漁　388
　掻い出し漁　388
　かご漁　84-88
　固定式刺網漁　383
　刺網漁　88, 383
　刺突漁　88, 386
　地曳網漁　86, 89
　底延縄漁　386
　釣漁　385, 387
　投網漁　385
　延縄漁　385
　魚梁漁　388
漁撈→漁法
　漁撈キャンプ　378-379, 381⇒キャンプ
キリンバ諸島　80, 82
原栽培　35⇒栽培
原生林　14, 25, 199
耕地の跡地→焼畑跡地
国立公園／保護区
　カンポ・マーン国立公園　69
　ザンガ・サンガ国立公園　62
　ジャー動物保護区　401
　ニンバ山厳正自然保護区　244
　ヌアバレ・ンドキ国立公園　62
　ブンバ・ベック国立公園　327-328, 401
　ベヌエ国立公園　400
　ルオー学術保護区　334
　ロベケ国立公園　62, 401
　ンキ国立公園　62, 327-329, 401

ココア・アグロフォレスト　218
固定式刺網漁　383⇒漁法
コモンズの悲劇　265, 329
固有種　60, 375
混合型間作　221⇒間作
コンゴ王国　45
コンゴ川　43, 46, 52
コンゴ盆地　13-14, 17, 60, 63, 79, 148, 263,
　　315-316
　コンゴ盆地探検　101
　コンゴ盆地東部　38
　コンゴ盆地北西部　26, 28, 30, 311
　コンゴ盆地北東部　24, 311
コンゴ民主共和国の内戦　336
根栽作物　41, 47, 55, 238⇒キャッサバ、タロ
　　イモ、サツマイモ、ヤウテア、ヤマノイモ類
　　（動植物名索引）
混作　55, 221⇒焼畑

【サ行】
サースの「しつけ」　270, 286, 291⇒サース（動
　　植物名索引）
採集
　蜂蜜採集　116-117, 162, 307
　野生果実の採集　157
再定住化　59⇒定住化
栽培
　栽培作物　50, 205
　擬似栽培　35
　原栽培　35
　半栽培　37, 57, 156-157, 159
　存在が許容された野生植物　239
刺網漁　88, 383⇒漁法
サステイナビリティ　304⇒狩猟のサステイナビ
　　リティ
サステイナブルな最大狩猟圧　324-327
雑草　226, 239
　雑草の二面性　239
サバンナ
　サバンナ化　115
　アカシア・サバンナ　265
　スーダン・サバンナ　265
ザンガ・サンガ国立公園　62⇒国立公園／保護
　　区
ザンガ・サンガ地域　314
ジェンギ　355→精霊
ジェンギ・プロジェクト　66⇒自然保護⇒自然

保護プロジェクト
時間スケール　39, 118
始原の豊かな社会　20
自然保護　65, 304, 351
　　自然保護団体　59-60, 65, 67, 75
　　自然保護プロジェクト　304, 328-329, 331
　　ジェンギ・プロジェクト　66
自然利用のジェネラリスト　199
自然埋没者　98 ⇒開拓者
しつけ→サースの「しつけ」, ヤル
実験的狩猟採集生活　123 ∥狩猟採集生活⇒ワイルドヤム・クエスチョン
湿潤常緑樹林　23 ∥熱帯雨林
湿性半落葉樹林　23 ∥熱帯雨林
実用選択　238
刺突漁　88, 386 ∥漁法
支配・従属関係　120
地曳網　88
地曳網漁　86, 89 ∥漁法
ジャー川　375
ジャー動物保護区　401 ∥国立公園／保護区
銃猟　355, 357 ∥猟法
主食作物　47, 232
　　主食作物畑　205, 209, 215-216, 225-226, 232
　　主食作物地図　47
狩猟
　　狩猟圧　63, 124, 314, 323-325, 340-342
　　狩猟キャンプ　330 ∥キャンプ
　　狩猟のサステイナビリティ　324
　　狩猟の方法→猟法
　　エレファント・ハンター　314
　　ダイカー・ハンター　314
　　観光狩猟　66-67
狩猟採集生活
　　完全な狩猟採集生活　20, 33 ∥狩猟採集社会⇒狩猟採集社会の真正性
　　"純粋"な狩猟採集生活　121
　　実験的狩猟採集生活　123
　　長期狩猟採集生活　32 ⇒モロンゴ
　　熱帯雨林における狩猟採集生活　134
狩猟採集社会
　　狩猟採集社会の真正性　21 ⇒カラハリディベート, リヴィジョニズム, ワイルドヤム・クエスチョン
　　狩猟採集社会の「豊かさ」　20
　　"純粋"な狩猟採集生活　121 ⇒狩猟採集社会⇒狩猟採集社会の真正性

小雨季　143, 200, 222, 376 ∥季節
小乾季　143, 222, 376 ∥季節
常緑樹林　23
植生攪乱　32, 108, 112-113, 116
植生遷移　37, 106, 115
植民地　56, 82, 185, 335
　　植民地時代　21, 59, 64, 196, 400
　　植民地政府　11, 55, 59, 267
　　植民地統治　156
食物
　　食物獲得活動　135
　　食物規制　178-179, 308
　　食物基盤　6
　　食物資源　159
　　　　食物資源のアベイラビリティ　19, 24, 29, 38
　　食物摂取量　134
　　食物タブー　341, 355
　　食物の「所有者」　162 ∥所有
　　食物不足　25
　　食物分配　20
　　エネルギー源食物　134
　　カロリー源食物　22
　　植物性食物　157
　　動物性食物　135
　　タンパク源食物　303, 346, 348, 374
所有
　　所有権　35, 65, 74, 162
　　　　サースの所有権⇒サース（動植物名索引）
　　　　土地の所有権　65
　　獲物の所有者　358
　　食物の「所有者」　162
人為的攪乱　114
森林炭素パートナーシップ機構（FCPF）　73
森林の空洞化　303, 348 ∥熱帯雨林
森林法　64 ∥熱帯雨林
スーダン・サバンナ　265 ∥サバンナ
スーダン農耕文化複合　41 ∥農耕⇒農耕文化複合
スターン・レビュー　73
スポーツハンティング→観光狩猟
生業経済における資源の稀少性　272
政治生態学　77 ∥三つの生態学
生態学　v
　　生態学的アプローチ　iii
　　生態学という語　v
　　生態学の思想　v

三つの生態学　77, 97
　　政治生態学　77
　　文化生態学　77
　　歴史生態学　34, 37, 77, 97
生態学的に高貴な未開人　329
生態人類学　iv, vi, 18-19, 27, 34, 79, 98, 331, 333-334
生物多様性　57
　　農地の生物多様性　221, 238
精霊　4, 66, 71, 355, 359 ⇒ジェンギ
世界自然保護基金（WWF）　65, 70, 82, 304, 328
遷移畑　236
先住民　6, 59, 72, 74, 120
　　先住民運動　68
ゾウ狩猟　363 ⇒トゥーマ，ゾウ（動植物名索引）
底延縄漁　386 ⇒漁法
存在が許容された野生植物　239 ⇒栽培

【タ行】
大雨季　143, 199-200, 222, 376 ⇒季節
ダイカー・ハンター　314 ⇒狩猟
大乾季　199, 222, 376 ⇒季節
タイムスケール→時間スケール
多湿常緑樹林　23 ⇒熱帯雨林
単一種優占林　103 ⇒熱帯雨林
タンパク源　346, 348, 374
タンパク質　25, 50, 63, 303, 326, 333
　　タンパク質獲得活動　344
　　タンパク質需要の増加　373
地域の生態景観　34
長期狩猟採集生活　32 ⇒狩猟採集生活⇒モロンゴ
釣漁　385, 387 ⇒漁法
定住化　59, 68, 144
　　再定住化　59
投網漁　385 ⇒漁法
トゥーマ　355, 359 ⇒ゾウ狩猟
土地の所有権　65 ⇒所有
奴隷貿易　59
二項対立（採集と農耕）　142
二項対立（作物と雑草）　239
二次植生　198, 206, 210
　　二次植生の回復　219
二次林　11, 13
　　二次林の回復度の指標　210
ニュー・エコロジー　77

認知選択　238
ニンバ山厳正自然保護区　244 ⇒国立公園／保護区
ヌアバレ・ンドキ国立公園　62 ⇒国立公園／保護区
熱帯雨林（熱帯林）　iii　23
　　熱帯雨林の分類
　　　ホイットモアによる熱帯雨林の分類　23
　　　　熱帯湿潤林　23
　　　　熱帯多雨林　23
　　　　熱帯季節林　23
　　　マーティンによる熱帯雨林の分類　23
　　　　常緑樹林
　　　　　湿潤常緑樹林　23
　　　　　多湿常緑樹林　23
　　　　半落葉樹林
　　　　　乾性半落葉樹林　23
　　　　　湿性半落葉樹林　23
　　熱帯雨林における狩猟採集生活　134 ⇒狩猟採集生活
　　熱帯雨林の自然保護　62
　　熱帯雨林の分布　38
混成林　103, 106-107, 111, 113, 116
単一種優占林　103, 106
森林の空洞化　303, 348
森林法　64
農業と牧畜の同所的結合　269
農耕⇒焼畑
農耕化　119-120, 141-142, 159-160
農耕民になる　160, 162-163
農耕システム　147, 197, 211 ⇒バンガンドゥの農耕システム（民族名・言語名索引）
農耕文化　41-43, 58, 200
農耕文化複合
　　ギネア（ギニア）農耕文化複合　41
　　スーダン農耕文化複合　41
農耕キャンプ　145, 147 ⇒キャンプ
農地の生物多様性　221, 238 ⇒生物多様性
農牧業の結合過程　269

【ハ行】
パイオニア植物　36-37
延縄漁　385 ⇒漁法
蜂蜜　25, 150
　　蜂蜜採集　116-117, 162, 307 ⇒採集
半栽培　37, 57, 156-157, 159 ⇒栽培
バントゥー・エクスパンション　39, 120 ⇒バン

トゥー（民族名・言語名索引）
ハンドオフ・マネージメント　239
半落葉樹林　23 ⇗熱帯雨林
庇蔭樹　214, 216 ⇒カカオ
避難地　38
フィールド研究　83
ブッシュミート　303
　ブッシュミート交易　317, 319-320, 329
プランテーション　55, 87, 196-197
プラント・オパール　109-110
文化生態学　77 ⇗三つの生態学
ブンバ・ベック国立公園　327-328, 401 ⇗国立公園／保護区
ブンバ川　375
ベヌエ国立公園　400 ⇗国立公園／保護区
豊作の思想　55 ⇒満作の思想
ポリフォニー　4, 39

【マ行】
満作の思想　55 ⇒豊作の思想
三つの生態学　77, 97 ⇗生態学
　政治生態学　77
　文化生態学　77
　歴史生態学　34, 37, 77, 97
ムワニ世界　79, 81, 84 ⇒ムワニ語（民族名・言語名索引）
モクヌヌ湖　376, 378
森の民　4, 17, 22, 102, 330
モロンゴ　32-33, 36, 143, 150, 154, 156, 306, 321, 327 ⇗狩猟採集生活⇒長期狩猟採集生活

【ヤ行】
焼畑　204, 208
　焼畑跡地　103, 109
　焼畑移動耕作　53-55, 229, 235-236
　焼畑農耕　210
　焼畑農耕民　14
　伐らない焼畑　219
　間作　221
　　混合型間作　221
　混作　55, 221

休閑地　65, 212, 219, 255
ヤシ酒　246, 248, 250-251
　ヤシ酒の飲酒量　252
野生果実の採集　157 ⇗採集
野生動物の減少　63
野生生物の保護　62
野生の力　63
魚梁漁　388 ⇗漁法
槍猟　307, 311, 313, 341 ⇗猟法
ヤル　270 ⇒サースの「しつけ」
弓矢猟　312 ⇗猟法
ヨコイ255 ⇒ラフィアヤシ（動植物名索引）
ヨパミ　247 ⇒ヤシ酒

【ラ行】
リヴィジョニズム　21 ⇒カラハリ・ディベート, 狩猟採集社会の真正性, ワイルドヤム・クエスチョン
猟法　305
　網猟　175, 311-313, 315, 341
　銃猟　355, 357
　槍猟　307, 311, 313, 341
　弓矢猟　312
　罠猟　309, 313, 315, 341, 321, 323
ルオー学術保護区　334 ⇗国立公園／保護区
歴史生態学　34, 37, 77, 97 ⇗三つの生態学
ロベケ国立公園　62, 401 ⇗国立公園／保護区
ロンク　282-283 ⇒サース（動植物名索引）

【ワ行】
ワイルドヤム・クエスチョン　6, 19-21, 35, 37, 134 ⇒リヴィジョニズム, 狩猟採集社会の真正性
罠猟　309, 313, 315, 341, 321, 323 ⇗猟法
　罠猟キャンプ　321, 323 ⇗キャンプ
ワンバ　334, 337

【ン行】
ンキ国立公園　62, 327-329, 401 ⇗国立公園／保護区
ンゴコ川　375

■民族名・言語名索引参照

アカ（Aka） 26, 168 ⇒ピグミー
ウォロフ（Wolof） 273
エフェ（Efe） 166 ⇒ピグミー
カコ（Kako） 202, 222
コナベンベ（Konabembe） 66, 305
サン（San） 120, 128 ⇒ブッシュマン
スワヒリ（Swahili）語 81
セレール（Serrer） 263
　セレールの生業 291
ソンゴーラ（Songola） 45, 49, 209
トゥワ（Twa） 168 ⇒ピグミー
ナイル・サハラ（Nilo-Saharan）語族 166, 181
　中央スーダン（Central Sudanic）諸語 166
ニジェール・コルドファン（Niger-Kordofan）語族 166, 168
　アダマワ・ウバンギ（Adamawa-Ubangi）語派（系） 168, 313
　ニジェール・コンゴ（Niger-Congo）語派 168
　　ベヌエ・コンゴ（Benue-Congo）語群 166, 168
　　　バントゥー（Bantu：英，Bantou：仏）諸語（系） 42, 166, 313
バカ（Baka） 168, 309 ⇒ピグミー
バギエリ（Bagieli） 69-70, 72 ⇒ピグミー
バクウェレ（Bakwele） 375, 377
バンガンドゥ（Bangandu, Bangandou） 146, 195, 199
　バンガンドゥの農耕システム 147, 218
バントゥー（Bantu） 38, 42, 119-120, 166
　西バントゥー（Western Bantu） 42-43, 45
　東バントゥー（Eastern Bantu） 42
バントゥー（Bantu）諸語（系） 42, 166, 313 ⇒ニジェール・コルドファン（Niger-Kordofan）語族
ピグミー（Pygmy）
　ピグミー研究 17
　ピグミーの諸集団 18
　ピグミーと農耕民 72, 120
　ピグミーに対する援助 67, 69
　ピグミーの土地の権利 70
　ピグミーの言語（ピグミー語） 165, 181, 185
　ピグミーの分布 166
　ピグミーのゾウ狩猟 354-355
　ピグミーの猟法 311-313
　ピグミーの社会 72
　ピグミー文化 17, 168
　アカ（Aka） 26, 168
　　アカの食物獲得 28
　　アカの食物分配 162
　　アカの網猟 314
　　アカのゾウ狩猟 355
　エフェ（Efe） 166
　　エフェの食物獲得 25
　　エフェの弓矢猟 311
　トゥワ（Twa） 168
　バカ（Baka） 168, 309
　　バカの野生ヤム利用 35
　　バカの長期狩猟採集生活⇒「モロンゴ」（事項索引）
　　バカの農耕 141-142
　　バカのバナナ栽培 146-148, 160
　　バカの食生活 149
　　バカの生活 142, 157
　　バカの言語 168
　　バカの狩猟行 307
　　バカの罠猟 309
　　バカのゾウ狩猟 354
　バギエリ（Bagieli） 69-70, 72
　ビバヤ（Bibaya） 169, 186 ⇒バカ
　ビアカ（Biaka） 185
　ムブティ（Mbuti） 102, 110, 166, 314
　　ムブティのキャンプ 5, 116
　　ムブティの網猟 311
　　ムブティのゾウ狩猟 354
ビラ（Bira） 166, 182-183
ファン（Fang） 202
ブッシュマン（Bushman） 21 ⇒サン
　クン・ブッシュマン（Kung Bushman） 185
フルベ（Fulbe, Fulani） 279
ボイエラ（Boyela） 49, 51
ボバンダ（Bobanda） 54, 57
ボマン（Boman） 222
ボンガンド（Bongando） 335
マノン（Manon） 244
ムブティ（Mbuti） 102, 110, 166, 314 ⇒ピグミー
ムズグン（Mousgoum, Musgoum） 377
ムワニ（Mwani）語 81
レッセ（Lese） 25, 166, 182-183
ンガンドゥ（Ngandu） 335 ⇒ボンガンド

■動植物名索引

Baillonella toxisperma 151
Ceiba pentandra 198
Chromolaena odorata 230
Entandrophragma cylindricum 37, 70
Faidherbia albida →サース
Gilbertiodendron dewevrei 103, 298
Irvingia gabonensis 29, 143, 149-150, 152-153, 157, 200⇒イルビンギア・ナッツ
Panda oleosa 151
Ricinodendron heudelotii 214, 234
Terminalia superba 37, 198
Triplochiton scleroxylon 14, 37, 198, 214

アカスイギュウ（*Syncerus caffer*） 307
アジアイネ（*Oryza sativa*） 42
アブラヤシ（*Elaeis guineensis*） 43, 46, 56, 132, 243, 255
アフリカイネ（*Oryza glaberrima*） 42
一年型ヤム？ヤマノイモ類（*Dioscorea* spp.）
イルビンギア・ナッツ（*Irvingia* spp.） 29, 132, 147
オクラ 41, 227（*Abelmoschus esculentus*）

カカオ（*Theobroma cacao*） 46, 56, 65, 129, 319
　　カカオ移民 197
　　カカオ栽培 211
　　カカオと庇蔭樹 214
　　カカオの生育環境 215
　　カカオの生産者価格 211
　　カカオ畑 212, 216-217
カワイノシシ（*Potamochoerus porcus*） 307-308, 315, 366-367
キャッサバ（*Manihot esculenta*） 41, 45-47, 50, 56, 159, 202, 205, 226
　　キャッサバの栽培適地 48
　　キャッサバの生産性 49
　　キャッサバの生産と加工 54
　　キャッサバの伝播 52
　　キャッサバの毒抜き法 53
　　キャッサバの葉 137
　　キャッサバの品種多様性 238
　　キャッサバの普及 54
　　キャッサバの料理法 51

スイート・キャッサバ 45, 49, 53, 227
ビター・キャッサバ 45, 49, 52-53, 227
クズウコン科（*Marantaceae*） 110
　　Marantaceae forest 111-113
グネツム（*Gnetum* spp.） 131, 137
コーヒー（*Coffea arabica*） 55-56, 65, 336, 338, 348
ゴリラ（*Gorilla gorilla*） 361

サース（*Faidherbia albida*） 263, 269-270, 277
　　サースの果実 280
　　サースの季節性 277
　　サースの稀少性 272-273, 293
　　サースの給飼パターン 279
　　サースの枯死率 291
　　サースの枝葉の採集 275
　　サースの「しつけ」 286
　　サースの所有権 291
　　サースの樹形 287
　　サースの生態 290
　　サースの切枝 285
　　サースの密度 272
　　サース林 264, 270, 292
ササゲ（*Vigna unguiculata*） 4
サツマイモ（*Ipomoea batatas*） 46, 238
サトウキビ（*Saccharum officinarum*） 42
シコクビエ（*Eleusine coracana*） 41
ジャケツイバラ亜科（*Caesalpinioideae*） 103
　　Cynometra alexandri 103, 175
　　Julbernardia seretii（*eko*） 103, 175
ショウガ科（*Zinziberaceae*） 103, 110
スイート・キャッサバ 45, 49, 53, 227？キャッサバ
ゾウ（マルミミゾウ *Loxodonta africana cyclotis*） 179, 308, 318, 341, 346, 355, 359, 361
ソルガム（*Sorghum bicolor*） 41, 266

ダイカー類 126, 179, 307, 309, 315
　　ピーターズダイカー（*Cephalophus callipygus*） 298, 309, 357
　　ブルーダイカー（*Cephalophus monticola*） 314-315, 357
　　レッドダイカー類 309, 314-315, 318-319, 322-323, 325, 327

タロイモ（*Cyrtosperma* spp.） 42，46
チンパンジー（*Pan troglodytes*） 19，307，361
ティラピア（*Cichlidae* spp.） 349
トウガラシ（*Capsicum* spp.） 227
トウジンビエ（*Pennisetum glaucum*） 41，266，269，272，276
トウモロコシ（*Zea mays*） 41-42，136，202，205，216，224

バナナ（*Musa* spp.） 42-44，46-47，49-50，145，203，216 ⇒プランテン・バナナ
    バナナの栽培方法 50
    バナナの収穫 206-207
    バナナの収穫量 217
    バナナの周年収穫 158，205
    バナナの生産性 49
    バナナの生産力 225
    バナナの品種 44
    バナナ革命 196
    バナナ栽培地域 44
    プランテン・バナナ 44，129，131，201，223，226-227 ?バナナ
    プランテン・バナナの調理法 51
    野生バナナ 43
パラソル・ツリー（*Musanga cecropioides*） 198 ⇒ムサンガ
ピーターズダイカー（*Cephalophus callipygus*） 298，309，357
ビター・キャッサバ 45，49，52-53，227 ?キャッサバ
ヒョウタン（*Lagenaria siceraria*） 41
フサオヤマアラシ（*Atherurus africanus*） 307
プランテン・バナナ 44，129，131，201，223，226-227 ?バナナ
ブタ（*Sus scrofa domesticus*） 348-349
ブルーダイカー（*Cephalophus monticola*） 314-315，357
ボノボ（*Pan paniscus*） 341

ミズマメジカ（*Hyemoschus aquaticus*） 126，310

ムサンガ（*Musanga cecropioides*） 49，105，183，198，206，210，219，230 ⇒パラソルツリー
モルミルス科（*Mormyridae*） 387

ヤウテア（*Xanthosoma* sp.） 46，205，213，216，232
ヤシ科植物 243
野生バナナ 43 ?バナナ
野生ヤム⇒ヤマノイモ類
ヤマノイモ類⇒ヤムイモ
    野生ヤム／野生ヤマノイモ 25-26，30，123，134-136，149，154
        Dioscorea burkilliana 31-32，35，149
        Dioscorea praehensilis 30，32，35，136
        Dioscorea mangenotiana 30，35，149，151
        Dioscorea semperflorens 30，35，155
    野生ヤムのアベイラビリティ 23，26，30，35
    野生ヤムの擬似栽培 35
    野生ヤムの生態学的特徴 30
    一年型ヤム 31，35，154-156，158
        一年型ヤムのアベイラビリティ 34
        一年型ヤムの群生地 33
        一年型ヤムの集中分布 37
        一年型ヤムの半栽培的利用 157
        一年型ヤムの分布 36
    多年型ヤム 32，35，157
ヤムイモ（*Dioscorea* spp.） 41-43，45-46，50

ラッカセイ（*Arachis hypogaea*） 42，132，205，224，227，267-269，271，292
ラフィアヤシ（*Rahia hookeri*） 243-244，309
    ラフィアヤシの管理 243，259-260
    ラフィアヤシの個体数 257
    ラフィアヤシの樹液 247-248
    ラフィアヤシの部位名称 248
    ラフィアヤシの利用法 246
    ラフィアヤシ林 256
レッドダイカー類 309，314-315，318-319，322-323，325，327

■人名索引

伊谷純一郎　iv, 98, 168
ヴァンシナ, J. (Vansina, J.)　43, 196
ウィルキー, D. S. (Wilkie, D. S.)　211
ウッドバーン, J. (Woodburn, J.)　76, 160
ケンリック, J. (Kenrick, J.)　69
サーリンズ, M. (Sahlins, M.)　20
シュロス, G. (Shroth, G.)　219
ジョーンズ, W. O. (Jones, W. O.)　45, 53
ジョワリ, D. V. (Joiris, D. V.)　355
スタンレイ, H. M. (Stanley, H. M.)　46, 101
ターンブル, C. M. (Turnbull, C. M.)　18, 20, 102
ドゥニアス, E. (Dounias, E.)　35
中尾佐助　41, 156
ノス, A. J. (Noss, A. J.)　314
ハート, J. A. (Hart, J. A.)　24, 106–107, 115
ハート, T. B. (Hart, T. B.)　24, 106–107, 115
ハーラン, J. R. (Harlan, J. R.)　57, 239
バウシェ, S. (Bahuchet, S.)　26
原子令三　166, 311, 314, 354

バレー, W. (Bal?e, W.)　34
ヒューレット, B. S. (Hewlett, B. S.)　17
フェアヘッド, J. (Fairhead, J.)　3
福井勝義　236
プレイン, G. (Prain, G.)　239
ベイリー, R. C. (Bailey, R. C.)　22, 24–25, 27, 312
ヘッドランド, T. N. (Headland, T. N.)　22–23, 27
ホイットモア, T. C. (Whitmore, T. C.)　23
ボスター, J. (Boster, J.)　238
マーティン, C. (Martin, C.)　23
マレ, J. (Maley, J.)　38
メルカデル, J. (Mercader, J.)　38, 109
ラディック, A. (Hladik, A.)　26
リチャーズ, P. W. (Richards, P. W.)　14
ルイス, J. (Lewis, J.)　70
ルトゥゼイ, R. (Letouzey, R.)　112, 169, 186
ロビンソン, J. G. (Robinson, J. G.)　324

【執筆者紹介】

飯田　卓（いいだ　たく）

国立民族学博物館准教授
1969年生まれ，京都大学大学院人間・環境学研究科博士後期課程修了，博士（人間・環境学）。
主な著書に，『海を生きる技術と知識の民族誌―マダガスカル漁撈社会の生態人類学』（世界思想社），『電子メディアを飼いならす―異文化を橋渡すフィールド研究の視座』（せりか書房，共編），『講座　世界の先住民族　ファースト・ピープルズの現在　5　サハラ以南アフリカ』（明石書店，共著）。

市川光雄（いちかわ　みつお）

京都大学大学院アジア・アフリカ地域研究研究科教授
1946年生まれ，京都大学大学院理学研究科博士課程単位取得退学，理学博士。
主な著書に，『森の狩猟民―ムブティ・ピグミーの生活』（人文書院），『人類の起源と進化』（有斐閣，共著），『森と人の共存世界』（京都大学学術出版会，共編著）など。

伊藤美穂（いとう　みほ）

住商チューブラーズ株式会社
1980年生まれ，京都大学大学院アジア・アフリカ地域研究研究科博士課程退学，修士（地域研究）。
主な著作に，『ギニア共和国熱帯林地域におけるラフィアヤシの利用と管理』（京都大学大学院アジア・アフリカ地域研究研究科博士予備論文），「ギニア共和国熱帯林地域におけるラフィアヤシの利用と管理」『生態人類学会ニュースレター』13: 14-16。

稲井啓之（いない　ひろゆき）

京都大学大学院アジア・アフリカ地域研究研究科博士課程
1977年生まれ，同志社大学商学部卒業。
主な著作に，『伝統知識と技術の再活性化によるアフリカの草の根開発（Grass Root Development）と環境保護』（名古屋大学大学院文学研究科比較人文学嶋田研究室グループ，共著），『カメルーン熱帯雨林域における漁撈活動』（京都大学大学院アジア・アフリカ地域研究研究科博士予備論文）。

北西功一（きたにし　こういち）

山口大学教育学部准教授
1965 年生まれ，京都大学大学院理学研究科博士後期課程修了，博士（理学）。
主な著書に，『森と人の共存世界』（京都大学学術出版会，共著），『平等と不平等をめぐる人類学的研究』（ナカニシヤ出版，共著）。

木村大治（きむら　だいじ）

京都大学大学院アジア・アフリカ地域研究研究科准教授
1960 年生まれ，京都大学大学院理学研究科博士課程修了，理学博士。
主な著書に，『ヒトの自然誌』（平凡社，共著），『人間性の起源と進化』（昭和堂，共著），『共在感覚―アフリカの二つの社会における言語的相互行為から』（京都大学学術出版会）。

小松かおり（こまつ　かおり）

静岡大学人文学部准教授
1966 年生まれ，京都大学大学院理学研究科博士課程単位取得退学，博士（理学）。
主な著作に，『沖縄の市場〈マチグヮー〉文化誌』（ボーダーインク），「バナナ栽培文化のアジア・アフリカ地域間比較」『アジア・アフリカ地域研究』6 (1): 77-119（共著），『朝倉世界地理講座―大地と人間の物語― 12　アフリカⅡ』（朝倉書店，共著）。

佐藤弘明（さとう　ひろあき）

浜松医科大学教授
1947 年生まれ，東京大学大学院理学研究科修士課程修了，理学博士。
主な著書に，『森と人の共存世界』（京都大学学術出版会，共編著），『アフリカ文化の研究』（アカデミア出版，共著）。

四方　篝（しかた　かがり）

日本学術振興会特別研究員（RPD）
1976 年生まれ，京都大学大学院アジア・アフリカ地域研究研究科博士課程研究指導認定退学，修士（地域研究）。
主な著作に，「二次林におけるプランテインの持続的生産―カメルーン東南部の熱帯雨林帯における焼畑農耕システム」『アジア・アフリカ地域研究』4 (1): 4-35，「伐らない焼畑―カメルーン東南部の熱帯雨林帯におけるカカオ栽培の受容にみられる変化と持続」『アジア・アフリカ地域研究』6 (2): 257-278。

寺嶋秀明（てらしま　ひであき）

神戸学院大学人文学部教授
1951 年生まれ，京都大学大学院理学研究科博士課程修了，理学博士。
主な著書に，『共生の森』（東京大学出版会），『平等と不平等をめぐる人類学的研究』（ナカニシヤ出版，編著）。

林　耕次（はやし　こうじ）

京都大学大学院アジア・アフリカ地域研究研究科研究員
1972 年生まれ，総合研究大学院大学先導科学研究科博士後期課程修了，博士（学術）。
主な著作に，『みんぱく実践人類学シリーズ第 7 巻　開発と先住民』（明石書店，共著），Hunting activities in forest camps among the Baka hunter-gatherers in southeastern Cameroon. *African Study Monographs* 29 (2): 73-92。

平井將公（ひらい　まさあき）

京都大学大学院アジア・アフリカ地域研究研究科研究員，大阪大学外国語学部非常勤講師
1975 年生まれ，京都大学大学院アジア・アフリカ地域研究研究科博士課程修了，博士（地域研究）。
主な著作に，『セネガル中西部におけるアルビダ植生の維持機構』（古今書院，共著），A vegetation-maintaining system as a livelihood strategy among the Sereer, west-central Senegal. *African Study Monographs Suppl.* 30: 183-193。

古市剛史（ふるいち　たけし）

京都大学霊長類研究所教授
1957 年生まれ，京都大学大学院理学研究科博士課程修了，理学博士。
主な著書に，『ビーリャの住む森で―アフリカ・人・ピグミーチンパンジ』（東京化学同人），『性の進化，ヒトの進化―類人猿ボノボの観察から』（朝日新聞社）。

安岡宏和（やすおか　ひろかず）

法政大学人間環境学部専任講師
1976 年生まれ，京都大学大学院アジア・アフリカ地域研究研究科博士課程研究指導認定退学，博士（地域研究）。
主な著作に，*Human Ecology: Contemporary Research and Practice* (Springer-Verlag, 共著), Concentrated distribution of wild yam patches: Historical ecology and the subsistence of African

rainforest hunter-gatherers. *Human Ecology* 37 (5): 577–587。

安田章人（やすだ　あきと）

京都大学大学院アジア・アフリカ地域研究研究科研究員
1982年生まれ，京都大学大学院アジア・アフリカ地域研究研究科博士課程研究指導認定退学，修士（地域研究）。
主な著作に，『環境倫理学』（東京大学出版会，共著），「自然保護政策におけるスポーツハンティングの意義と住民生活への影響―カメルーン共和国・ベヌエ国立公園地域を事例に」『アフリカ研究』73: 1-15,「狩るものとしての「野生」：アフリカにおけるスポーツハンティングが内包する問題―カメルーン・ベヌエ国立公園地域を事例に」『環境社会学研究』14: 38-53。

森棲みの生態誌 ── アフリカ熱帯林の人・自然・歴史 I
Ⓒ D. Kimura & K. Kitanishi 2010

2010年2月28日　初版第一刷発行

編　者		木　村　大　治
		北　西　功　一
発行人		加　藤　重　樹

発行所　京都大学学術出版会
京都市左京区吉田河原町 15-9
京 大 会 館 内（〒606‐8305）
電　話（075）761‐6182
FAX（075）761‐6190
U R L　http://www.kyoto-up.or.jp
振　替　01000‐8‐64677

ISBN 978-4-87698-952-2
Printed in Japan

印刷・製本　㈱クイックス東京
定価はカバーに表示してあります